"十三五"普通高等教育本科系列教材

U0204603

电路原理

第二版

主　编　王　玫

副主编　宋卫菊　徐国峰

编　写　陆欣云　陈兴荣

主　审　孟正大

中国电力出版社

CHINA ELECTRIC POWER PRESS

内 容 提 要

根据教育部颁布的高等学校工科本科电路课程教学基本要求编写。

全书共有十三章，内容包括：电路元件和电路定理、电路的等效变换、电阻电路的一般分析方法、线性电路的基本定理、正弦稳态电路的分析、含耦合电感和理想变压器电路的分析、三相电路、动态电路的时域分析、非正弦周期信号激励下稳态电路的分析、动态电路的复频域分析、二端口网络、非线性电阻电路简介、磁路。每章配有大量的例题、思考题和习题，并附参考答案。

书中系统地阐述了电路的基本概念、基本理论和基本分析方法。内容全面、难易适中、叙述清晰透彻，便于组织教学和学生自学。

本书可作为应用型本科电气工程、自动化、通信工程、计算机等专业教材，也可作为有关工程技术人员的参考书。

图书在版编目（CIP）数据

电路原理/王玫主编 . —2 版 . —北京：中国电力出版社，2018.8（2025.1重印）
"十三五"普通高等教育本科规划教材
ISBN 978 - 7 - 5198 - 2089 - 3

Ⅰ.①电…　Ⅱ.①王…　Ⅲ.①电路理论—高等学校—教材　Ⅳ.①TM13

中国版本图书馆 CIP 数据核字（2018）第 116549 号

出版发行：中国电力出版社
地　　　址：北京市东城区北京站西街 19 号（邮政编码 100005）
网　　　址：http://www.cepp.sgcc.com.cn
责任编辑：陈　硕（010 - 63412532）李文娟
责任校对：郝军燕
装帧设计：赵姗姗
责任印制：吴　迪

印　　　刷：望都天宇星书刊印刷有限公司
版　　　次：2011 年 6 月第一版　2018 年 8 月第二版
印　　　次：2025 年 1 月北京第十一次印刷
开　　　本：787 毫米×1092 毫米　16 开本
印　　　张：19
字　　　数：464 千字
定　　　价：46.00 元

前　言

电路原理是电气及电子信息类专业的重要基础课。为了适应当前教育改革，培养创新型高素质人才，课程的教学内容也在不断改进。

本书的初版《电路分析基础》被评为电力行业精品教材，在此基础上，2011 年出版《电路原理》第一版。通过几年教学实践，并听取使用该书的同行专家、学生和读者的宝贵意见，第二版保留初版、一版的特色，并对第一版的内容、例题、习题作了一些调整和修改，使知识面进一步扩大，内容更加结合工程实际应用，更加适应当今新技术发展。

全书由南京工程学院老师承担编写。其中第一、二、三、四、六章由王玫编写；第五章第十一、十二节，第七、八、十、十三章由宋卫菊编写；第五章第一节～第十节、十一章由徐国峰编写；第九章由陆欣云编写；、第十二章由陈兴荣编写。由王玫担任主编并负责统稿，东南大学孟正大教授担任主审。

本书的出版得到了中国电力出版社的大力支持和帮助。此外，书中还参考了众多文献资料，得到许多启发和收获。在此谨表示诚挚的感谢。

限于编者水平，书中难免有疏误和不妥之处，恳请读者和专家指正。

编　者
2018 年 6 月于南京

第 一 版 前 言

　　本书以教育部新颁布的本科"电路分析基础"和"电路理论基础"两门课程的教学基本要求为指导，结合现代电工电子技术的发展对电气信息类专业人才的要求，在初版《电路分析基础》（王玫主编）一书的基础上重新编写。本书既保持了原书重视基本概念、基本理论和基本分析方法的特点，同时又对原书内容进行增删和更新，使教材内容体系更加合理。在编写中较好地处理了教材内容深度和广度、理论性和适用性的关系，方便后续课程的开展。

　　编者多年来一直从事电类本科专业基础课、专业课的教学和科研工作，积累了丰富的教学经验。在教材的编写工作中，着重考虑应用型本科院校的特点，以学以致用、够用为度为原则，力求做到以下几方面：

　　（1）注重基本知识、基本理论和基本分析方法的阐述，以培养学生分析问题和解决问题的能力。

　　（2）教材不仅具有合理的科学体系，而且紧密结合专业，可供电类各专业选用。

　　（3）书中叙述简明扼要、清楚透彻，语言流畅，便于自学。

　　另外，还编写有与本书配套的《电路原理学习指导与习题详解》。

　　全书由南京工程学院老师承担编写。其中第一、二、三、四、六章由王玫编写；第五章第十一、十二节，第七、八、十、十三章由宋卫菊编写；第五章第一节～第十节、第十一章由徐国峰编写；第九章由陆欣云编写；第十二章由陈兴荣编写。全书由王玫担任主编并负责统稿，东南大学孟正大教授担任主审。孟教授对本书的初稿提出了十分宝贵的意见，在此表示衷心的感谢。此外，书中还参考了众多文献资料，得到许多启发和收获，在此谨表示诚挚的感谢。

　　限于编者水平，书中难免有疏误和不妥之处，敬请读者和专家指正。

编　者

2011 年 5 月于南京

目　录

第一章　电路元件和电路定理

　　本章主要介绍电路、电路模型、参考方向等基本概念，讨论电路中电压、电流、功率等基本物理量和电路电阻、电感、电容、独立电源和受控电源五种元件及其特性，阐述电路中电压和电流应服从的两类约束，即元件的伏安关系和基尔霍夫定律以及简单电路的分析和计算方法。这些内容是全书的基础。

第一节　电路和电路模型

　　电路是由若干个电气设备或电路元器件（如电阻器、电容器、电感线圈、变压器、电源、半导体器件、集成电路、发电机、电动机等）按一定方式连接而成的电流通路。在现代科技领域中电路的结构形式、完成的任务各有不同，但就其功能而言，大体可分为两类：一类是进行能量的转换、传输和分配的电路，如电力系统中：发电机组将热能、水能、风能等其他形式的能量转换为电能，经过输电线、变压器、开关等电气设备传输、分配给各种用电设备，这些用电设备吸收电能再转换为光能、热能、机械能等其他形式的能量而得以利用。另一类是对电信号进行传递、存储、加工和处理的电路，如通信系统中，收音机和电视机通过天线接收来自空间的音频和视频等信号，经过调谐、变频、放大、检波等处理，分别送到扬声器和显像管还原成原有的声音和图像。

　　图 1-1（a）所示是一个手电筒的实际电路。它由电池、导线、开关和灯泡连接而成，当开关闭合时，灯泡的两端建立起电压，电路中形成电流，电流通过灯泡使其发光。图1-1（a）中电池是提供电能的器件，称为电源；灯泡是耗能的器件，称为负载；连接电源和负载的是导线。由于电路中的电流和电压是在电源的作用下产生的，因此，电源称为电路的"激励"，而电流和电压则称为电路的"响应"。

　　实际电路中的电路元器件在工作时的电磁性质是比较复杂的，往往同时具有多种电磁效应，这给电路的分析和计算带来困难。为了简化问题，以便于探讨电路的普遍规律，在分析实际电路时，人们往往将实际的元器件理想化，抓住其主要特性，忽略其他次要因素，用一个足以表征其主要性能的理想化电路元件近似代替实际电路器件。在手电筒电路中，当有电流流过灯泡时，灯丝对电流产生阻碍作用，呈现电阻特性，但同时还会产生磁场，因而兼有电感性质。实际的电池总有内阻，因而工作时其端电压会有所下降。连接导体多少有一点电阻，甚至还有电感。但灯泡的电感是很小的，可用一个理想电阻代替。一个新电池的内阻比灯泡的电阻小得多，可以忽略不计，故可以用一个电压恒定的理想电压源代替。在连接导体不长且截面积足够大时，其电阻可忽

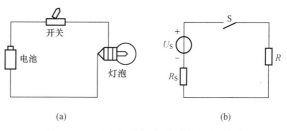

图 1-1　手电筒实际电路及其电路模型

（a）实际电路；（b）电路模型

略不计，作为理想导体。这样处理后的各电路元件只具有单一电磁特性，可以用简单的电路符号及数学表达式来精确描述。

由各种理想电路元件组成的电路称为电路模型，图 1-1（b）就是图 1-1（a）的电路模型。电路理论分析的对象是电路模型，而不是实际电路，本书所指电路均为电路模型。

实际电路可分为集中参数电路和分部参数电路两大类。当实际电路的几何尺寸远小于电路工作频率所对应的信号波长时，即可作为集中参数电路。我国电网供电频率为 50Hz，对应的波长为 6000km，这一波长远远大于电子电路的尺寸，因此可以采用集中参数的概念。而对于远距离的输电和通信线路来说，就必须考虑到电场和磁场沿线路的分布情况，不能用集中参数来分析。集中参数电路理论是电路的最基本理论，本书讨论的电路都是集中参数电路。

第二节　电路中的基本物理量

电路分析的主要任务是在已知电路结构和元器件参数的情况下，分析和求解电路任意处的电压、电流和功率。电路分析中所涉及的基本物理量主要有电流、电压和功率。此外还有电位、能量、电量、磁链等。本节主要介绍电流、电压、功率和能量的概念以及电压、电流的参考方向和功率正、负的含义。

一、电流及其参考方向

在电场力的作用下电荷产生定向移动便形成电流。为了衡量电流的大小，引入电流强度这一物理量。电流强度简称电流，用 i 表示。其定义为：单位时间内通过导体横截面的电荷量，即

$$i = \frac{dq}{dt} \tag{1-1}$$

在国际单位制（SI）中，电荷 q 的单位为 C（库仑），时间 t 的单位为 s（秒），电流 i 的单位为 A（安培）。常用的电流单位还有 mA（毫安）和 μA（微安），$1A = 10^3 mA = 10^6 \mu A$。

习惯上把正电荷运动的方向规定为电流的正方向。如果电流的大小和方向都不随时间变化，则称之为直流电流，简称直流，记作 DC，用 I 表示。如果电流的大小和方向都随时间做周期性变化，则称之为交变电流，简称交流，记作 AC，用 i［或 $i(t)$］表示。其他形式的电流总可以用直流叠加交流的方式来表示。

上述规定的电流方向是电流在电路中的真实方向。对简单电路而言，电流的真实方向可以直观地确定，但在一个复杂电路中，往往很难判断出电路中电流的真实方向，而对于大小和方向都随时间变化的交变电流来说，判断其真实方向就更加困难了。为此，引入参考方向的概念。

电流的参考方向可以任意假设，在图中用箭头表示，它并不一定代表电流的真实流向。通常规定：如果电流的真实方向与参考方向相同，则电流为正值；如果电流的真实方向与参考方向相反，则电流为负值。例如：在图 1-2 所示的电路中，方框泛指某电路的一部分，假设电流 i 的参考方向为 a→b，如箭头所示，若计算或测量得出 i 为正值，说明电流的真实方向与参考方向一致，即 i 由 a 端流向 b 端；若计算或测量得出 i 为负值，说明电流的真实方向与参考方向相反，即 i 由 b 端流向 a 端。这就是说，可以用电流的正、负值，再结合电流的参

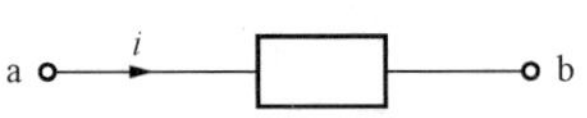

图 1-2　电流参考方向

考方向来确定电流的真实方向。因此，不标出电流的参考方向，电流值的正负是没有意义的。

二、电压及其参考方向

在电路中电荷能够产生定向移动，一定受到电场力的作用，也就是电场力对电荷做了功。为了衡量电场力做功的大小，引入电压这一物理量，电压用 u 表示。电路中 a、b 两点间的电压等于电场力把单位正电荷从 a 点移到 b 点所做的功。设 $\mathrm{d}w$ 为电场力将电路中单位正电荷 $\mathrm{d}q$ 从 a 点移到 b 点所做的功，则电路中 a、b 两点间的电压 u 定义为

$$u = \frac{\mathrm{d}w}{\mathrm{d}q} \tag{1-2}$$

在国际单位制（SI）中，电荷 q 的单位为 C（库仑），功 w 的单位为 J（焦耳），电压 u 的单位为 V（伏特）。常用的电压单位还有 kV（千伏）、mV（毫伏）和 μV（微伏），$1\mathrm{V} = 10^3\mathrm{mV} = 10^6\mu\mathrm{V}$。

电压总与电路中的两个点有关，通常给电压 u 加上脚标，如将 u 写成 u_{ab}，以明确电路中 a、b 两点间的电压。如果正电荷从 a 点移到 b 点是失去能量，则 a 点是高电位，为正端，标以"＋"号，b 点是低电位，为负端，标以"－"号，即 u_{ab} 是电压降，其值为正。反之，如果正电荷从 a 点移到 b 点是获得能量，则 a 点是低电位，为负端，标以"－"号，b 点是高电位，为正端，标以"＋"号，即 u_{ab} 是电压升，其值为负。

习惯上称电压降为电压，将电压降的方向规定为电压的正方向。如果电压的大小和方向都不随时间变化，则称之为直流电压，用 U 表示。如果电压的大小和方向都随时间做周期性变化，则称之为交流电压，用 u［或 $u(t)$］表示。其他形式的电压总可以用直流电压叠加交流电压的方式来表示。

对于一个复杂电路而言，电路中电压的真实极性也称真实方向，往往也是很难判断的。为此，也需引入电压参考方向的概念。

电压的参考方向可以任意假设，在元件或电路的两端用"＋""－"符号表示，它并不一定代表电压的真实方向。通常规定：如果电压的真实方向与参考方向相同，则电压为正值；如果电压的真实方向与参考方向相反，则电压为负值。例如在图 1-3 所示的电路中，假设电压 u 的参考方向为 a 端"＋"，b 端"－"，若计算或测量得 u 为正值，则说明电压的真实方向与参考方向相同，a 端电位高于 b 端电位；若计算或测

图 1-3　电压参考方向

量得 u 为负值，则说明电压的真实方向与参考方向相反，b 端电位高于 a 端电位。

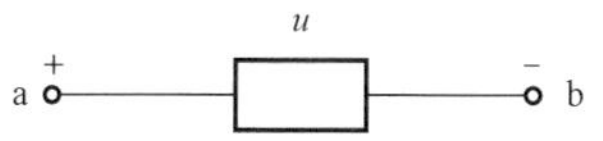

电路中同一个元件上的电压、电流的参考方向是相互独立的，均可任意假设。如果选择电流的参考方向是从标以电压正极的一端流向标以电压负极的一端，即两者的参考方向一致时，则称为关联参考方向，如图 1-4（a）所示；如果选择电流的参考方向是从标以电压负极的一端流向标以电压正极的一端时，则称为非关联参考方向，如图 1-4（b）所示。当采用关

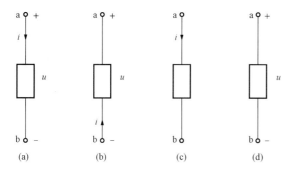

图 1-4　关联参考方向和非关联参考方向

(a) 关联参考方向；(b) 非关联参考方向；
(c) 电流参考方向；(d) 电压参考方向

联参考方向后，就只需标出一套参考方向，即电流参考方向或电压参考方向，分别如图1-4（c）和图1-4（d）所示。

三、功率和能量

电路工作时总是存在电能与其他形式能量之间的相互转换，为了衡量电路中能量转换的速度，引入功率这一物理量，功率用 p［或 $p(t)$］表示。设在 dt 时间内电路转换的电能为 dw，则功率定义为

$$p = \frac{dw}{dt} \tag{1-3}$$

在国际单位制（SI）中，能量 w 的单位为 J（焦耳），时间 t 的单位为 s（秒），功率 p 的单位为 W（瓦特）。

电路中，人们更感兴趣的是功率与电压、电流之间的关系。对式（1-3）进一步推导可得

$$p = \frac{dw}{dt} = \frac{dw}{dq} \times \frac{dq}{dt} = ui \tag{1-4}$$

式（1-4）表明电路的功率等于该电路的电压与电流的乘积。直流情况下，可表示为

$$P = UI \tag{1-5}$$

在国际单位制（SI）中，功率 p 的单位为 W（瓦特）。常用的功率单位还有 kW（千瓦）、mW（毫瓦）等，$1kW = 10^3 W = 10^6 mW$。

因为 u 和 i 的值都是代数量，所以功率 p 可为正值亦可为负值，而功率正、负也有其特定的物理含义。在 u 和 i 为关联参考方向下，计算功率为 $p = ui$，若 $p > 0$，则表明电压和电流的实际方向相同，正电荷从高电位端移到低电位端，电场力对正电荷做功，电路吸收功率；若 $p < 0$，则表明电压和电流的实际方向相反，正电荷从低电位端移到高电位端，外力克服电场力做功，电路将其他形式能量转换成电能释放出功率，此时电路发出（或提供）功率。在 u 和 i 为非关联参考方向下，若计算功率仍为 $p = ui$，情况则正好相反。

因此，在电压 u 和电流 i 参考方向选定后，可根据功率 p 值的正负确定电路是发出功率，还是吸收功率。当 u 和 i 为关联参考方向时，$p = ui$ 表示电路吸收功率，若 $p > 0$，则表明电路确实是吸收功率；若 $p < 0$，则表明电路是发出功率。当 u 和 i 为非关联参考方向时，$p = ui$ 表示电路发出功率，若 $p > 0$，则表明电路确实是发出功率；若 $p < 0$，则表明电路是吸收功率。

在关联参考方向下，$t_0 \sim t$ 时间内电路所吸收的能量为

$$w(t_0, t) = \int_{t_0}^{t} p(\xi) d\xi = \int_{t_0}^{t} u(\xi) i(\xi) d\xi \tag{1-6}$$

在国际单位制（SI）中，能量 w 的单位为 J（焦耳）。

【**例 1-1**】 计算图 1-5 所示各电路的功率，并指出它们是吸收功率，还是发出功率。

解 图 1-5（a）电路中，电压、电流为关联参考方向，则

$$P = UI = 3 \times 2 = 6(W) > 0（吸收功率）$$

图 1-5（b）电路中，电压、电流为非关联参考方向，则

$$P = UI = (-2) \times 4 = -8(W) < 0（吸收功率）$$

图 1-5（c）电路中，电压、电流为关联参考方向，则

$$P = UI = 4 \times (-5) = -20(W) < 0（发出功率）$$

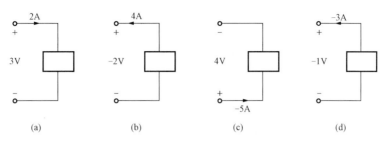

图 1-5 【例1-1】图

图 1-5（d）电路中，电压、电流为非关联参考方向，则

$$P = UI = (-1) \times (-3) = 3(\text{W}) > 0(\text{发出功率})$$

【例1-2】 电路如图 1-6 所示。

（1）如果 $i = -8\text{A}$，N 吸收的功率为 16W，求 u。

（2）如果 $i = 3\text{A}$，N 吸收的功率为 -12W，求 u。

（3）如果 $u = -5\text{V}$，N 发出的功率为 20W，求 i。

（4）如果 $u = 2\text{V}$，N 发出的功率为 -10W，求 i。

图 1-6 【例1-2】图

解 （1）因为 u、i 为关联参考方向，N 吸收功率为 $p = ui = (-8) \times u = 16\text{W}$

解得

$$u = -2\text{V}$$

（2）因为 u、i 为关联参考方向，N 吸收的功率为 $p = ui = 3u = -12\text{W}$

解得

$$u = -4\text{V}$$

（1）（2）两种情况下，表明 u 的真实方向与参考方向相反。

（3）因为 u、i 为关联参考方向，N 吸收的功率为 $p = ui = (-5) \times i = -20\text{W}$

解得

$$i = 4\text{A}$$

（4）因为 u、i 为关联参考方向，N 吸收的功率为 $p = ui = 2i = -(-10)\ \text{W}$

解得

$$i = 5\text{A}$$

第三节 电 阻 元 件

一、电路元件

电路是由各种电路元件组成的，要知晓电路中电压和电流的求解方法，首先要掌握电路元件的特性。本书涉及八种常用电路元件，即电阻元件、电感元件、电容元件、电压源、电流源、受控电源、耦合电感、理想变压器。前五种元件只有两个端钮，故称为二端元件；后三种有多个端钮，故称为多端元件。每种电路元件端钮上的电压和电流之间都存在确切的关系，称伏安关系或伏安特性，简称 VAR 或 VAC。VAR 可以用数学式描述，也可以在 $u-i$ 平面中用曲线描述，称伏安特性曲线。

二、电阻元件的伏安关系

电阻元件是对电流呈现阻力的元件，它反映电路器件消耗电能的性能，许多实际的电路器件如电阻器、电灯泡、电热器、扬声器等都可以用电阻元件来表征。电阻元件可以是线性的或非线性的，非时变的或时变的。如果电阻元件上的电压与电流关系是线性关系，则是线性电阻元件，否则是非线性电阻元件；如果电阻元件上电压与电流的关系是不随时间变化的，则是时不变电阻元件，否则是时变电阻元件。本书只涉及线性和非线性的时不变电阻元件。本节重点介绍线性电阻元件，有关非线性电阻及其电路将在第十二章中介绍。

线性电阻元件的电路符号如图1-7（a）所示。在关联参考方向下，线性电阻元件的伏安关系服从欧姆定律，即

$$u = Ri \qquad (1-7)$$

式中：R 为电阻元件的电阻，为常数；u 是电阻元件两端的电压；i 是流过电阻元件的电流。当 u 的单位为 V（伏特），i 单位为 A（安培）时，R 单位为 Ω（欧姆）。此外常用的电阻单位还有 kΩ（千欧）、MΩ（兆欧），其中 $1\text{M}\Omega = 10^3\text{k}\Omega = 10^6\Omega$。

欧姆定律表明了线性电阻的特性：当电流通过线性电阻时，要消耗电能，在沿电流方向上电阻的两端将会产生电压降，此电压降与流过的电流大小成正比，比例系数为常数 R，就是电阻元件的电阻值，简称电阻。在 $u-i$ 平面中线性电阻元件的伏安特性曲线是一条在第1、3象限内通过坐标原点，斜率为 R 的直线，如图1-7（b）所示。

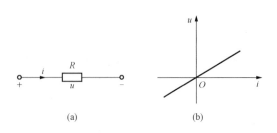

图1-7　线性电阻元件符号及伏安特性曲线
(a) 符号；(b) 伏安特性曲线

在非关联参考方向下，欧姆定律的表达形式应为

$$u = -Ri \qquad (1-8)$$

在 $u-i$ 平面中电阻元件的伏安特性曲线是一条在第2、4象限内通过坐标原点，斜率为 $-R$ 的直线。

电阻既有阻止电流通过的一面，又有允许电流通过的一面，这就是它的电导特性。电导用 G 表示，单位是 S（西门子），它是电阻的倒数，即

$$G = \frac{1}{R}$$

当用电导表示欧姆定律时，在关联参考方向下，欧姆定律可表示为

$$i = \frac{u}{R} = Gu \qquad (1-9)$$

线性电阻有两种特殊状态：开路和短路。如果一个线性电阻元件不论其两端电压为多大而电流恒等于零，则该电阻元件处于开路状态，相当于 $R=\infty$，$G=0$。如果一个线性电阻元件不论流过它的电流为多大而其两端电压恒等于零，则该电阻元件处于短路状态，相当于 $R=0$，$G=\infty$。

在电子电路中也常用到各种非线性电阻元件，它们的共同特点是，伏安关系是非线性方程，伏安特性曲线是非线性曲线。半导体二极管是典型的非线性电阻元件，当它工作于正向导通区和反向截止区时，其伏安关系可用方程 $i = I_s(e^{u/V_T} - 1)$ 近似描述，伏安特性曲线如

图1-8所示。

三、电阻元件的功率和能量

线性电阻元件在任一时刻吸收的功率可按式（1-4），再结合欧姆定律得到计算公式，即

$$p = ui = i^2R = \frac{u^2}{R} \qquad (1-10)$$

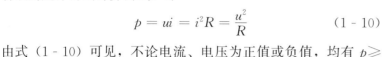

图1-8　半导体二极管伏安特性曲线

由式（1-10）可见，不论电流、电压为正值或负值，均有 $p \geqslant$ 0，表明电阻元件总是消耗功率的。对于一个实际的电阻器，使用时不能超过其所标明功率，否则将可能被烧毁。因此，各种电气设备如灯泡、电炉和电阻器都规定有额定功率、额定电流（或额定电压）。

在 $t_0 \sim t$ 时间范围内电阻元件吸收的能量为

$$w(t_0,t) = \int_{t_0}^{t} p(\xi)\mathrm{d}\xi = R\int_{t_0}^{t} i^2(\xi)\mathrm{d}\xi = \frac{1}{R}\int_{t_0}^{t} u^2(\xi)\mathrm{d}\xi \qquad (1-11)$$

在电力系统中，常用"kW·h"（千瓦·小时）作电能的计量单位，即 1kW 功率在 1h 里所消耗的电能。1kW·h 电能又称为 1 "度"电。

【例1-3】　有一个 100Ω、$\frac{1}{4}$W 的电阻元件，使用时电流不得超过多大数值？它能承受的最大电压是多少？

解　由 $P = I^2R$ 得

$$I = \sqrt{\frac{P}{R}} = \sqrt{\frac{1}{4 \times 100}} = \frac{1}{20}(\mathrm{A}) = 50(\mathrm{mA})$$

$$U = IR = \frac{1}{20} \times 100 = 5(\mathrm{V})$$

计算结果表明：使用时该电阻通过的电流不得超过 50mA，所能承受最大电压是 5V。

第四节　电　容　元　件

一、电容

电容元件是具有储存电场能量性质的元件，是实际电容器的理想化模型。实际电容器一般由两块相互绝缘的金属平行板所构成，并从两极板分别引出外接端。当外接端加有电压 u 时，两极板上分别存储有等量的异性电荷 $+q$ 和 $-q$，如图1-9所示。当两极板之间的电压 u 变化时，所储存的电荷量 q 亦随之变化，将电荷量 q 与电压 u 的比值定义为电容器的电容量，简称电容，用 C 表示。即

$$C = \frac{q}{u} \qquad (1-12)$$

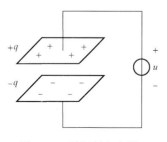

图1-9　平行板电容器

若电荷量 q 与电压 u 变化关系成正比，则电容 C 为常数，此时 q 与 u 的变化关系在 $q-u$ 平面上是一条通过坐标原点的直线，直线的斜率是 C，如图1-10所示，具有这种性质的电容称为线性电容。线性电容元件的符号如图1-11所示。电容 C 是表示电容元件电容量的参数，因此电容元件

通常简称为电容。

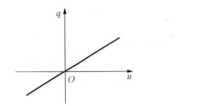

图 1-10   线性电容元件的 $q-u$ 特性曲线   图 1-11   线性电容元件的符号

在国际制单位（SI）中，电量 q 的单位是 C（库仑），电压 u 的单位是 V（伏特），电容 C 的单位是 F（法拉）。常用的电容单位还有 μF（微法）、pF（皮法），其中 $1\mu F = 10^{-6} F$，$1 pF = 10^{-12} F$。

实用中的大多数电容器都属于线性电容，而填充了特殊的介质使得 C 不是常数的电容器属于非线性电容。此外，还有时不变电容和时变电容，本书只讨论线性时不变电容。

实际电容器标定电容量和额定工作电压两个参数，在工作电压超过额定工作电压时，电容器中间的绝缘介质就有可能被击穿或因漏电剧增而导致损坏，使用中应特别注意。

二、电容元件的伏安关系

在图 1-11 所示电路中，u 和 i 采用关联参考方向，根据电流的定义

$$i = \frac{\mathrm{d}q}{\mathrm{d}t} \tag{1-13}$$

将式（1-12）代入式（1-13），即得出线性电容的伏安关系式为

$$i = \frac{\mathrm{d}(Cu)}{\mathrm{d}t} = C\frac{\mathrm{d}u}{\mathrm{d}t} \tag{1-14}$$

电容元件具有以下几方面特性：

（1）任一时刻流过电容的电流取决于该时刻电容两端电压的变化率。如果加在电容两端的电压为不随时间变化的直流电压，即电压的变化率为零，则电容中的电流亦为零，此时电容元件相当于开路。当电容两端的电压随时间变化时，电容中就会有电流流过，而且电容上的电压变化越快，流过的电流就越大。所以说，电容元件具有隔直流、通交流的作用。值得注意的是，电容电流是位移电流，而并非有电子流真正流过电容内部的绝缘介质。

（2）如果在任何时刻电容电流皆为有限值，则电容两端的电压就不会发生跃变。因为，若电容电压发生跃变，那么 $\mathrm{d}u/\mathrm{d}t$ 将趋于无穷大，就有电容电流 $i \to \infty$，这在实际工程中显然是不可能的。因此，在绝大多数应用场合，总是可以认为电容两端的电压 u_C 是处处连续的，即对任一时刻 t 而言有

$$u_C(t_-) = u_C(t_+) \tag{1-15}$$

式（1-15）称为换路定理，它是分析动态电路的重要依据。

由于流过电容的电流取决于电容两端电压的变化率，故电容元件是一种动态元件。电容元件 VAR 的另一种形式为

$$u(t) = \frac{1}{C}\int_{-\infty}^{t} i(\xi)\mathrm{d}\xi \tag{1-16}$$

式（1-16）表明：某一时刻 t，电容两端的电压，取决于电容电流从 $-\infty$ 到 t 的积分，即与

电流过去的全部历史有关。电容元件具有记忆电流的功能，故它又是一种记忆元件。

在任意选定 t_0 作为初始时刻后，式（1-16）还可表示为

$$u(t) = \frac{1}{C}\int_{-\infty}^{t_0} i(\xi)\mathrm{d}\xi + \frac{1}{C}\int_{t_0}^{t} i(\xi)\mathrm{d}\xi = u(t_0) + \frac{1}{C}\int_{t_0}^{t} i(\xi)\mathrm{d}\xi \qquad (1-17)$$

式（1-17）中：$u(t_0)$ 是初始时刻 t_0 电容两端的电压，称为初始电压。

三、电容元件的功率和储能

在关联参考方向下，电容元件吸收的瞬时功率为

$$p(t) = u(t)i(t) = Cu(t)\frac{\mathrm{d}u(t)}{\mathrm{d}t} \qquad (1-18)$$

当 $p(t) > 0$ 时，表示电容元件从电路中吸收能量并以电场能量的形式储存在电容中。反之，当 $p(t) < 0$ 时，表示电容元件释放所储存的电场能量，而电容元件自身并不消耗能量。

电容元件的储能 w_C 是瞬时功率对时间的积分，即

$$w_C(t) = \int_{-\infty}^{t} p(\xi)\mathrm{d}\xi = \int_{-\infty}^{t} Cu(\xi)\frac{\mathrm{d}u(\xi)}{\mathrm{d}\xi}\mathrm{d}\xi = \frac{1}{2}Cu^2(t) - \frac{1}{2}Cu^2(-\infty) \qquad (1-19)$$

由于在 $t = -\infty$ 时电容未被充电，故 $u(-\infty) = 0$，则式（1-19）可写为

$$w_C = \frac{1}{2}Cu^2(t) \qquad (1-20)$$

式（1-20）表明：电容在某一时刻的储能，只取决于该时刻电容两端的电压，而与流过电容的电流无关。只要电容上有电压，它就有储能。并且，尽管电容的瞬时功率有正有负，但储能总为正值。

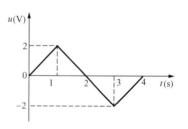

图 1-12 【例 1-4】u 波形图

综上所述，电容元件是一种动态的、有记忆的储能元件。

【例 1-4】 $2F$ 电容元件两端电压 u 如图 1-12 所示，求电容电流 i，并绘出 i 的波形。设 u、i 为关联参考方向。

解 写出电容电压分段表达式为

$$u = \begin{cases} 2t & (\text{V}) \quad (0 \leqslant t \leqslant 1\text{s}) \\ -2t+4 & (\text{V}) \quad (1 \leqslant t \leqslant 3\text{s}) \\ 2t-8 & (\text{V}) \quad (3 \leqslant t \leqslant 4\text{s}) \\ 0 & (\text{V}) \quad (t \geqslant 4\text{s}) \end{cases}$$

根据式（1-14）分段计算得

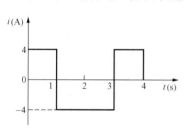

图 1-13 【例 1-4】i 波形图

$$i = C\frac{\mathrm{d}u}{\mathrm{d}t} = \begin{cases} 4 & (\text{A}) \quad (0 < t < 1\text{s}) \\ -4 & (\text{A}) \quad (1 < t < 3\text{s}) \\ 4 & (\text{A}) \quad (3 < t < 4\text{s}) \\ 0 & (\text{A}) \quad (t > 4\text{s}) \end{cases}$$

由 i 表达式可绘出电容电流 i 的波形，如图 1-13 所示。

第五节 电 感 元 件

一、电感

电感元件是具有储存磁场能量性质元件，是实际电感线圈的理想化模型。用导线绕制成

螺线管后，就可以构成电感线圈，如图 1 - 14 所示。当一个匝数为 N 的线圈通以变化的电流 i 时，线圈内部以及周围便产生磁场，形成磁通 Φ，磁通与 N 匝线圈相交链，则称为磁链 Ψ，即 $\Psi = N\Phi$。由于电流 i 的变化，引起磁通 Φ 和磁链 Ψ 的变化。将磁链 Ψ 与电流 i 的比值定义为电感线圈的电感量，简称电感，用 L 表示。即

$$L = \frac{\Psi}{i} \qquad\qquad (1 - 21)$$

若磁链 Ψ 与电流 i 的变化关系成正比，则电感 L 为常数，此时 Ψ 与 i 的变化关系在 $\Psi - i$ 平面上是一条通过坐标原点的直线，直线的斜率是 L，如图 1 - 15（a）所示，具有这种性质的电感称为线性电感。线性电感元件的符号如图 1 - 15（b）所示。电感 L 是表示电感元件电感量的参数，因此电感元件通常简称为电感。

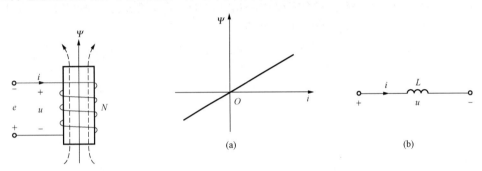

图 1 - 14　电感线圈　　　　　　图 1 - 15　线性电感元件的 $\Psi - i$ 特性曲线及符号

（a）$\Psi - i$ 特性曲线；（b）符号

在国际制单位（SI）中，磁通 Φ 和磁链 Ψ 的单位都是 Wb（韦伯），电流 i 的单位是 A（安培），电感的单位是 H（亨利）。常用的电感单位还有 mH（毫亨）、μH（微亨），其中 $1\text{mH} = 10^{-3}\text{H}$，$1\mu\text{H} = 10^{-6}\text{H}$。

实用中的空芯线圈或以非铁磁材料做骨架的电感线圈都属于线性电感元件，而以铁磁材料做成磁芯的线圈，其电感不是常数，属于非线性电感元件，但在一定条件下，仍可当作线性电感元件处理。电感元件除了有线性和非线性之分外，还有时不变和时变之分，本书只讨论线性时不变电感元件。

二、电感元件的伏安关系

如果电感线圈中通过随时间变化的电流 i 时，则随之产生的磁链 Ψ 也做相应变化，Ψ 的方向与 i 参考方向符合右手螺旋法则。根据法拉第电磁感应定律和楞次定律，电感两端要产生感应电压 u，其方向与感应电动势 e 方向相反。如图 1 - 14 所示，感应电压为

$$u = -e = \frac{\text{d}\Psi}{\text{d}t} \qquad\qquad (1 - 22)$$

将式（1 - 21）代入式（1 - 22），可得关联参考方向下线性电感元件的伏安关系式为

$$u = \frac{\text{d}(Li)}{\text{d}t} = L\frac{\text{d}i}{\text{d}t} \qquad\qquad (1 - 23)$$

式（1 - 23）表明，电感元件具有以下几方面特性。

（1）任一时刻电感两端的电压取决于该时刻流过电感电流的变化率。如果流过电感的电流为不随时间变化的直流电流，即电流的变化率为零，则电感两端的电压亦为零，此时电感

元件相当于短路。当流过电感的电流随时间变化时，电感两端就会建立起电压，而且电感中的电流变化越快，两端建立起的电压就越大。所以说，电感元件具有通直流、隔交流的作用。

（2）如果在任何时刻电感电压皆为有限值，则流过电感的电流就不会发生跃变。因为，若电感中的电流发生跃变，那么 $\mathrm{d}i/\mathrm{d}t$ 将趋于无穷大，就有电感电压 $u\rightarrow\infty$，这在实际工程中显然是不可能的。因此，在绝大多数应用场合，总是可以认为流过电感的电流 i_L 是处处连续的，即对任一时刻 t 而言有

$$i_L(t_-) = i_L(t_+) \tag{1-24}$$

式（1-24）亦称为换路定理，同样是分析动态电路的重要依据。

由于电感电压取决于电感电流的变化率，故电感元件是一种动态元件。

电感元件 VAR 的另一种形式为

$$i(t) = \frac{1}{L}\int_{-\infty}^{t} u(\xi)\mathrm{d}\xi \tag{1-25}$$

式（1-25）表明：某一时刻 t，流过电感的电流，取决于电感电压从 $-\infty$ 到 t 的积分，与电压过去的全部历史有关。电感元件具有记忆电压的功能，故它又是一种记忆元件。

在任意选定 t_0 作为初始时刻后，式（1-25）还可表示为

$$i(t) = \frac{1}{L}\int_{-\infty}^{t_0} u(\xi)\mathrm{d}\xi + \frac{1}{L}\int_{t_0}^{t} u(\xi)\mathrm{d}\xi = i(t_0) + \frac{1}{L}\int_{t_0}^{t} u(\xi)\mathrm{d}\xi \tag{1-26}$$

式中：$i(t_0)$ 为初始时刻 t_0 电感中的电流，称为初始电流。

三、电感元件的功率和储能

在关联参考方向下，电感元件吸收的瞬时功率为

$$p(t) = u(t)i(t) = Li(t)\frac{\mathrm{d}i(t)}{\mathrm{d}t} \tag{1-27}$$

当 $p(t)>0$ 时，表示电感元件从电路中吸收能量并以磁场能量的形式储存在电感中。反之，当 $p(t)<0$ 时，表示电感元件释放所储存的磁场能量，而电感元件自身并不消耗能量。

电感的储能 w_L 是瞬时功率对时间的积分，即

$$w_L(t) = \int_{-\infty}^{t} p(\xi)\mathrm{d}\xi = \int_{-\infty}^{t} Li(\xi)\frac{\mathrm{d}i(\xi)}{\mathrm{d}\xi}\mathrm{d}\xi = \frac{1}{2}Li^2(t) - \frac{1}{2}Li^2(-\infty) \tag{1-28}$$

由于电感电流 $i(-\infty)$ 为零，则式（1-28）可写为

$$w_L(t) = \frac{1}{2}Li^2(t) \tag{1-29}$$

式（1-29）表明：电感在某一时刻的储能，只取决于该时刻电感中的电流，而与电感两端的电压无关。只要电感中有电流通过，它就有储能。并且，尽管电感的瞬时功率有正有负，但储能总为正值。

综上所述，电感元件也是一种动态的、有记忆的储能元件。

【例1-5】　0.5H 电感元件两端电压 u 的波形如图1-16所示，且有 $i(0)=-1$A，试绘出电感电流 i 的波形。设 u、i 为关联参考方向。

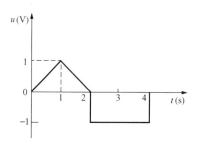

图1-16　【例1-5】u 波形图

解　此题可用两种方法求解。一是先写出电感两端电压的分段表达式，然后根据式（1-26）对各段电压进行积分运算，写出相应段电流表达式，再画出电感电流波形，这种方法为积分运算法。二是根据定积分的几何意义，求曲线与横轴围成的面积，分段确定曲线形状及相关点的数值，再绘成曲线，这种方法为积分效应法。本例采用积分效应法求解，设 S 表示 u 与横轴围成的面积，由式（1-26）确定流过电感的电流为

$$i(t) = i(t_0) + \frac{1}{L}\int_{t_0}^{t} u(\xi)\mathrm{d}\xi$$

（1）$0 \leqslant t \leqslant 1\mathrm{s}$：因 u 是线性上升（正斜率），则 i 应为开口向上的抛物线（即凹抛线），且有

$$i(1) = i(0) + \frac{1}{L} \times S = -1 + \frac{1}{0.5} \times \frac{1}{2} \times 1 \times 1 = 0(\mathrm{A})$$

（2）$1\mathrm{s} \leqslant t \leqslant 2\mathrm{s}$：因 u 是线性下降（负斜率），则 i 应为开口向下的抛物线（即凸抛线），且有

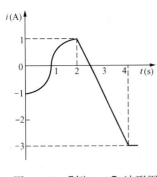

图 1-17　【例 1-5】i 波形图

$$i(2) = i(1) + \frac{1}{L} \times S = 0 + \frac{1}{0.5} \times \frac{1}{2} \times 1 \times 1 = 1(\mathrm{A})$$

（3）$2\mathrm{s} < t < 4\mathrm{s}$：因 u 是负常数，则 i 应为斜率为负的直线（即线性下降），且有

$$i(4) = i(2) + \frac{1}{L} \times S = 1 + \frac{1}{0.5} \times 2 \times (-1) = -3(\mathrm{A})$$

（4）$t > 4\mathrm{s}$：因 $u = 0(\mathrm{V})$，$S = 0$，则 i 应维持不变，即 $i(t) = i(4) = -3(\mathrm{A})$

根据上述分析计算，可画出电感电流 i 的波形，如图 1-17 所示。

第六节　独　立　电　源

在电路中电源通常起到提供能量的作用。电源按其在电路中能否独立工作，可分为独立电源（简称独立源）和受控电源（简称受控源）。本节介绍两种独立电源——独立电压源和独立电流源，受控源将在下节中介绍。独立电源是指能够独立存在于电路中进行工作的一类电源，是实际电源，如发电机、稳压源、各类电池等电气设备、电路元器件的电路模型。

一、电压源和电流源

实际电源在工作时，如不计其本身的能量损耗，就可以视为理想电源。理想电源可分为理想电压源和理想电流源两种，它们均是一个二端元件。

1. 电压源

电压源是理想电压源的简称。电压源的电路符号如图 1-18（a）所示，该符号既可表示随时间变化的电压源 $u_\mathrm{s}(t)$，也可表示直流电压源 U_s，"＋"和"－"表示电压的参考极性。图 1-18（b）所示为直流电压源符号，常用于表示电池，长线表示高电位端，即"＋"极，短线表示低电位端，即"－"极。图 1-18（c）所示为电压源 $u_\mathrm{s}(t)$ 连接外电路时的伏安特性曲线，在任意时刻 t，它是 $u-i$ 平面上一条平行于 i 轴，电压值为 $u_\mathrm{s}(t)$ 的直线。图 1-18（d）所示为直流电压源 U_s 连接外电路时的伏安特性曲线。这些曲线都表明电

压源两端的电压 u 与流过它的电流 i 无关，也就是与外接电路无关。

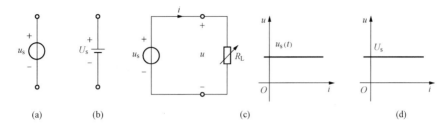

图 1-18 电压源符号及其伏安特性曲线

(a) 电压源符号；(b) 直流电压源符号；(c)、(d) 伏安特性曲线

理想电压源具有以下两个基本特性：

(1) 理想电压源外接任一电路后，其两端电压总能保持恒定值 U_s（直流电压）或总能保持为给定的时间函数 $u_s(t)$，而与流过电压源的电流大小无关。

(2) 理想电压源的端电压由其本身确定，而流过电压源的电流则应由电压源和与它相连接的外电路共同确定。

一般认为，电压源在电路中都是提供功率的元件，但由于流过电压源的电流不是仅由它本身决定的，所以流过电压源的电流方向是任意的，因此电压源有时也可以从外电路吸收功率。可参阅思考题 1-6。

2. 电流源

电流源是理想电流源的简称，电流源的电路符号如图 1-19（a）所示。它既可表示随时间变化的电流源 $i_s(t)$，也可表示直流电流源 I_s。图 1-19（b）是电流源 $i_s(t)$ 连接外电路时的伏安特性曲线，在任意时刻 t，它是 $i-u$ 平面上一条平行于 u 轴，电流值为 $i_s(t)$ 的直线。图 1-19（c）所示为直流电流源 I_s 连接外电路时的伏安特性曲线。这些曲线都表明电流源向外电路提供的电流 i 与其两端电压 u 无关，也就是与外接电路无关。

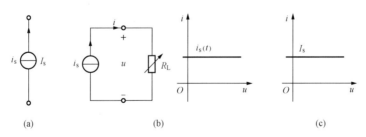

图 1-19 电流源符号及其伏安特性曲线

(a) 电流源符号；(b)、(c) 伏安特性曲线

理想电流源具有以下两个基本特性。

(1) 电流源外接任一电路后，其向外电路提供的电流总能保持恒定值 I_s（直流电流）或总能保持为给定的时间函数 $i_s(t)$，而与电流源两端的电压大小无关。

(2) 电流源的电流由其本身确定，而电流源两端的电压则应由电流源和与它相连接的外电路共同确定。

与电压源类似，电流源在电路中可以向外电路提供功率，也可以从外电路吸收功率。

二、电压源模型和电流源模型

实际中理想电源是不存在的，因为实际电源在工作时，总会发热，说明其内部存在功率损耗。电阻是消耗功率的元件，因此可以用电阻来等效电源内部的功率损耗，这个等效电阻称之为电源的内阻。这样，一个实际电源就可以用一个理想电源与一个内阻的组合来等效，作为其电路模型。一个实际电源有两种电路模型即电压源模型和电流源模型。

1. 电压源模型

实际电源的电压源模型是一个理想电压源 u_s 和一个电阻 R_s 的串联组合，如图 1-20 (a) 中虚线框内所示。电压源模型端口 a、b 间伏安关系可表示为

$$u = u_s - iR_s \tag{1-30}$$

如图 1-20 (b) 所示为电压源模型的伏安关系曲线。式（1-30）结合图 1-20 可见电压源模型的特点如下。

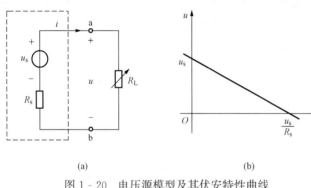

图 1-20　电压源模型及其伏安特性曲线

(a) 电压源模型；(b) 伏安特性曲线

(1) 如果 $i=0$，即端钮 a、b 处开路，端口开路后的电压称为开路电压，用 "u_{oc}" 表示，此时有 $u=u_{oc}=u_s$。

(2) 如果 $u=0$，即端钮 a、b 处短路，端口短路后的电流称为短路电流，用 "i_{sc}" 表示，此时有 $i=i_{sc}=u_s/R_s$。

(3) 如果 $i\neq0$，即端钮 a、b 处接外电路，则有 $u<u_s$，u 与 i 之间的关系用式（1-30）描述。

显然，电压源的内阻 R_s 越小，实际电压源特性越接近理想电压源。

2. 电流源模型

实际电源的电流源模型是一个理想电流源 i_s 和一个电阻 R_s 的并联组合，如图 1-21 (a) 中虚线框内所示。电流源模型端口 a、b 间伏安关系可表示为

$$i = i_s - \frac{u}{R_s} \tag{1-31}$$

图 1-21 (b) 为电流源模型的伏安关系曲线。式（1-31）结合图 1-21 可见电流源模型的特点如下。

(1) 如果 $i=0$，即端钮 a、b 处开路，其端口的开路电压为 $u_{oc}=u=i_sR_s$。

(2) 如果 $u=0$，即端钮 a、b 处短路，其端口的短路电流为 $i_{sc}=i=i_s$。

(3) 如果 $i\neq0$，即端钮 a、b 处接外电路，则有 $i<i_s$，u 与 i 之间的关系用式

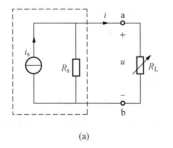
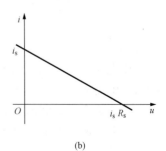

(a)　(b)

图 1-21　电流源模型及其伏安关系

(a) 电流源模型；(b) 伏安特性曲线

（1-31）描述。显然，电流源的内阻 R_s 越大，实际电流源特性越接近理想电流源。

第七节　受　控　电　源

受控电源与独立电源有着完全不同的特点。在理想情况下，独立源的电压值或电流值是由其本身决定的，而与外接电路无关。受控电源又称非独立电源，它的电压值或电流值受电路中某支路电压或电流的控制。这种控制关系恰好反映了半导体器件如晶体三极管、场效应管在放大器中的电压、电流控制作用。所以受控源是一些电子器件的电路模型。

受控源是一个具有两对端钮的四端元件，即一对输入端钮和一对输出端钮。输入端是控制量所在支路，称为控制支路，控制量可以是电压或电流。输出端是受控源所在支路，称为受控支路，它可以提供电压或电流，也可以吸收电压或电流。根据控制量是电压或电流，受控的对象是电压源或电流源，受控源可分为四种类型：电压控制电压源（VCVS）、电流控制电压源（CCVS）、电压控制电流源（VCCS）、电流控制电流源（CCCS）。它们的电路符号如图 1-22 所示。图中用菱形符号表示受控源，以区别于圆形符号的独立源。

如图 1-22（a）所示为电压控制电压源，受控电压源的输出电压 u_2 与输入量即控制电压 u_1 之间的关系为

$$u_2 = \mu u_1 \qquad (1-32)$$

式中：μ 为电压放大系数，无量纲。

如图 1-22（b）所示为电流控制电压源，受控电压源的输出电压 u_2 与输入量即控制电流 i_1 之间的关系为

$$u_2 = r i_1 \qquad (1-33)$$

式中：r 为转移电阻，Ω。

如图 1-22（c）所示为电压

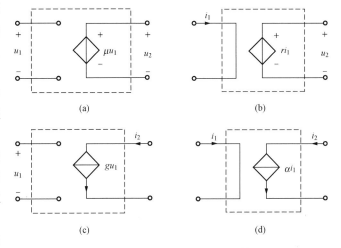

图 1-22　受控电源的四种电路符号
（a）VCVS；（b）CCVS；（c）VCCS；（d）CCCS

控制电流源，受控电流源的输出电流 i_2 与输入量即控制电压 u_1 之间的关系为

$$i_2 = g u_1 \qquad (1-34)$$

式中：g 称为转移电导，S。此种受控源可作为场效应管的小信号模型。

如图 1-22（d）所示为电流控制电流源，受控电流源的输出电流 i_2 与输入量即控制电流 i_1 之间的关系为

$$i_2 = \alpha i_1 \qquad (1-35)$$

式中：α 为电流放大系数，无量纲。此种受控源可作为晶体三极管小信号模型。

显然，受控源的电压或电流是受控制量支路的电压或电流控制的，当控制电压或电流为零，则受控源亦不复存在。所以受控源是非独立源，它不可能独立地成为电路的激励。

需要说明的是，在电路中受控源不一定画成图 1-22 所示的结构，只要画出受控源的符

号、控制量所处的位置及参考方向即可。

第八节 基 尔 霍 夫 定 律

电路分析的基本依据是电路中的电压和电流存在着的两类约束关系。第一类约束称为元件约束，它是电路元件给电路中电压和电流带来的约束，具体体现为元件的伏安关系。第二类约束称为拓扑约束，它是电路结构（连接方式）给电路中电压和电流带来的约束，具体体现为基尔霍夫电压定律和基尔霍夫电流定律。

一、支路、节点、回路和网孔

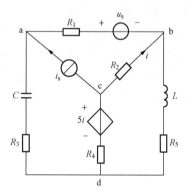

图 1 - 23 支路、节点、回路和
网孔举例电路

支路：一个二端元件或若干个二端元件的串联组合称为一条支路。同一条支路上的各元件通过的电流相同，支路数用 b 表示。如图 1 - 23 所示电路，$b=6$，它们分别是：ab、ac、ad、bc、bd 和 cd。

节点：三条或三条以上支路的交汇点称为节点。节点数用 n 表示，如图 1 - 23 所示电路中，$n=4$，它们分别是：a、b、c 和 d。对于任何电路，均满足节点数小于支路数，即 $n < b$。

回路：电路中任何一个闭合路径称为回路。回路数用 l 表示，如图 1 - 23 所示电路中，$l=7$，它们分别是：abca、acda、bdcb、abcda、abdca、acbda、abda。

网孔：内部不含有支路的回路称为网孔。网孔数用 m 表示，图 1 - 22 所示电路中，$m=3$，它们分别是：abca、acda、bdcb。

网孔是针对平面电路而言的，即能画在一个平面上，而又不使任何两条支路交叉的电路，否则称为非平面电路。本书涉及的电路均属平面电路。

可以证明，对任何一个电路而言，其支路数 b、节点数 n、网孔数 m 之间均满足关系式

$$m = b - (n-1)$$

二、基尔霍夫电流定律

当一个电路的结构确定以后，各支路中的电流或各回路中的电压不再是相互无关的变量，它们之间的关系满足基尔霍夫电流定律和基尔霍夫电压定律。

基尔霍夫电流定律（KCL）可表述为：对集中电路中的任一节点，在任一时刻，流入（或流出）该节点的所有支路电流的代数和等于零。也可表述为：在任一时刻，流入任一节点的电流（i_{in}）之和等于流出该节点的电流（i_{out}）之和。其数学表达式为

$$\sum i = 0 \qquad\qquad (1-36)$$

或
$$\sum i_{in} = \sum i_{out} \qquad\qquad (1-37)$$

在运用式（1-36）列 KCL 方程时，应根据各支路电流的参考方向，选择以流入节点或流出节点为正，若以流入节点电流为正，则流出节点电流为负。图 1 - 24 所示为某电路中的一个节点 a，根据 KCL，若将流入该节点的电流方向规定为"＋"，流出节点的电流方向规定为"－"，则

$$i_1 - i_2 - i_3 + i_4 = 0$$

或 $$i_2 + i_3 = i_1 + i_4$$

KCL 不仅适用电路中的任一节点，也可将其推广到任意一个封闭面。如图 1 - 25 所示的虚线部分即可看成一个封闭面，也称广义节点，对该节点 KCL 依然满足，有

$$-i_1 - i_2 + i_3 + i_4 = 0$$

需要注意，在使用式（1 - 36）时，通常有两套符号，一套是 KCL 方程中各电流的正负号；另一套是各支路电流本身数值的正负号。

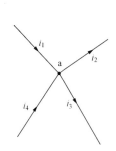

图 1 - 24　电路中的一个节点

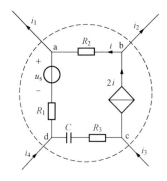

图 1 - 25　电路中的一个广义节点

三、基尔霍夫电压定律

基尔霍夫电压定律（KVL）可表述为：沿着集中电路中的任一回路，在任一时刻，所有支路电压降的代数和等于零。也可表述为：在任一时刻，回路中所有支路电压降（u_{down}）之和等于所有支路电压升（u_{up}）之和。其数学表达式为

$$\sum u = 0 \tag{1 - 38}$$

或

$$\sum u_{down} = \sum u_{up} \tag{1 - 39}$$

在运用式（1 - 38）列 KVL 方程时，首先应给回路设定一个绕行方向。若支路电压的参考电压与绕行方向一致，则该项电压为正，反之，则为负。图 1 - 26 为某电路中的一个回路，若从 a 点出发，按顺时针方向绕行一圈，箭头如图 1 - 26 所示。根据 KVL，得

$$u_{ab} + u_{bc} + u_{cd} + u_{da} = 0$$

$$u_1 - u_2 - u_3 + u_4 = 0$$

或

$$u_1 + u_4 = u_2 + u_3$$

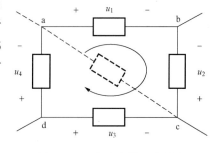

图 1 - 26　电路中的一个回路

同样需要注意，在使用式（1 - 38）时，也有两套符号，一套是 KVL 方程中各电压的正负号；另一套是各支路电压本身数值的正负号。

KVL 不仅适用于一个真实的闭合回路，也可将其推广到一个假想的闭合回路。如图 1 - 26 中假想在 a 点到 c 点之间接有一条支路（虚线部分），这样 abca 和 adca 就可以看成两个假想回路，对假想回路分别列 KVL 方程

$$u_1 - u_2 - u_{ac} = 0 \tag{1 - 40}$$

和

$$u_{ac} - u_3 + u_4 = 0 \tag{1 - 41}$$

将式（1 - 40）和式（1 - 41）移项后得

$$u_{ac} = u_1 - u_2 \tag{1 - 42}$$

$$u_{ac} = -u_4 + u_3 \tag{1-43}$$

式（1-42）是选择 abc 路径，计算 ac 两点间电压的表达式；式（1-43）是选择 adc 路径，计算 ac 两点间电压的表达式。可见，用假想回路的方法可以方便地求出电路中任意两点之间的电压，而这两点间的电压又与路径无关。计算时，只要在这两点之间任意选择一条路径，写出该路径上的电压降之和即可。

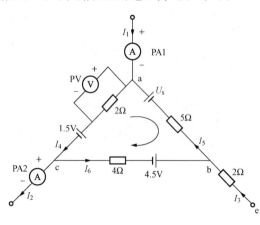

图 1-27　【例 1-6】图

至此，已介绍了五种电路元件的伏安关系（VAR），以及电路结构的拓扑约束关系（KCL 和 KVL）。这两类约束关系结合起来共同制约着电路中各处的电压和电流，并为电路的分析和计算提供基本依据。

【**例 1-6**】　图 1-27 所示电路中，直流电流表 PA1 和 PA2 分别指示为 1A 和 0.4A，直流电压表 PV 读数 1.2V，求 I_3、U_s 和 U_{ce}。

说明：在直流电路中，测量电流要根据电流的实际方向将电流表串联在被测支路中。测量电压要根据电压的实际极性将电压表并联在被测支路两端。直流电流表和直流电压表两边所标"+"和"－"是它们的极性端。

解　对三角形电路作一个封闭面，看成一个广义节点，由 KVL 可得

$$I_1 - I_2 + I_3 = 0$$

即

$$1 - 0.4 + I_3 = 0$$

解得

$$I_3 = -0.6(A)$$

由电阻的元件 VAR 得

$$I_4 = \frac{1.2}{2} = 0.6(A)$$

对节点 a，由 KCL 可得

$$I_1 - I_4 + I_5 = 0$$

即

$$1 - 0.6 + I_5 = 0$$

解得

$$I_5 = -0.4(A)$$

对节点 b，由 KCL 可得

$$I_3 - I_5 + I_6 = 0$$

即

$$-0.6 - (-0.4) + I_6 = 0$$

解得

$$I_6 = 0.2(A)$$

设闭合回路顺时针绕行如图 1-27 所示，由 KVL 和欧姆定律得

$$U_s - 5I_5 + 4.5 - 4I_6 - 1.5 - 1.2 = 0$$

即

$$U_s - 5 \times (-0.4) + 4.5 - 4 \times 0.2 - 1.5 - 1.2 = 0$$

解得

$$U_s = -3(V)$$

选择 cbe 路径，求 ce 间的电压

$$U_{ce} = 4I_6 - 4.5 - 2I_3 = 4 \times 0.2 - 4.5 - 2 \times (-0.6) = -2.5(V)$$

可见，本例在应用 KCL 时，与两套符号打交道，一套是 KCL 方程中各电流的正负号；另一套是各支路电流本身数值的正负号；在应用 KVL 时，也与两套符号打交道，一套是 KVL 方程中各电压的正负号；另一套是各元件电压本身数值的正负号。

【例 1-7】　图 1-28 所示电路中，$R_1 = 3\Omega$，$R_2 = 2\Omega$，$I_1 = 4A$，问受控源 F 属于哪于种类型？求出电流源 I_s 的值及电流源和受控源的功率。

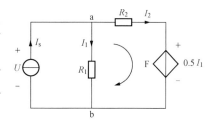

图 1-28　【例 1-7】图

解　电路中受控源 F 属于电流控制电压源。在分析含受控源电路时，受控源先当独立源处理。然后再代入电压或电流的控制关系。

应用两类约束求解。设右边回路顺时针绕行，由 KVL 得

$$R_2 I_2 + 0.5I_1 - R_1 I_1 = 0$$

代入各已知量，解得

$$I_2 = \frac{(R_1 - 0.5)I_1}{R_2} = \frac{(3 - 0.5) \times 4}{2} = 5(A)$$

对节点 a 列 KCL 得

$$I_s = I_1 + I_2 = 4 + 5 = 9(A)$$

电流源的功率为

$$P_s = UI_s = (R_1 I_1)I_s = 3 \times 4 \times 9 = 108(W)$$

因为，电流源的电压和电流为非关联参考方向，且 $P_s > 0$，所以电流源提供 108W 功率。

受控源的功率为

$$P_F = (0.5I_1)I_2 = 0.5 \times 4 \times 5 = 10(W)$$

因为，受控源的电压和电流为关联参考方向，且 $P_F > 0$，所以受控源吸收 10W 功率。

第九节　电位及其计算

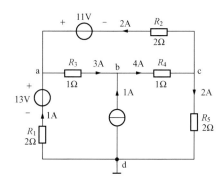

图 1-29　具有参考点的电路

电位在电路的测量以及电子电路的分析中都是十分重要概念。在电路中任意选择一点作为参考点，通常设参考点的电位为零值，用符号"⊥"标出。则电路中其他点到参考点的电压就称为各点的电位，电位用符号 V 加单下标表示。电位的单位也是 V（伏特）。

在图 1-29 所示的电路中，若选择 d 为参考点，即 $V_d = 0$，则另外三个节点到参考点的电压就是各自的电位，即 V_a、V_b 和 V_c。由图 1-29 可得

$$V_a = U_{ad} = V_a - V_d = 13 - 1 \times R_1 = 13 - 1 \times 2 = 11(\text{V})$$
$$V_b = U_{bd} = V_b - V_d = 4R_4 + 2R_5 = 4 \times 1 + 2 \times 2 = 8(\text{V})$$
$$V_c = U_{cd} = V_c - V_d = 2R_5 = 2 \times 2 = 4(\text{V})$$

电路中任意两点之间的电位差就是这两点之间的电压，如

$$U_{ab} = V_a - V_b = 11 - 8 = 3(\text{V})$$
$$U_{bc} = V_b - V_c = 8 - 4 = 4(\text{V})$$
$$U_{ac} = V_a - V_c = 11 - 4 = 7(\text{V})$$

若选择 b 为参考点，即 $V_b = 0$，则另外三个节点的电位分别为

$$V_a = U_{ab} = 3R_1 = 3 \times 1 = 3(\text{V})$$
$$V_c = U_{cb} = -4R_4 = -4 \times 1 = -4(\text{V})$$
$$V_d = U_{db} = 1R_1 - 13 + 3R_3$$
$$= 1 \times 2 - 13 + 3 \times 1 = -8(\text{V})$$
$$U_{ab} = V_a - V_b = 3 - 0 = 3(\text{V})$$
$$U_{bc} = V_b - V_c = 0 - (-4) = 4(\text{V})$$
$$U_{ac} = V_a - V_c = 3 - (-4) = 7(\text{V})$$

从以上的计算结果可以看出：电路中的参考点可以任意选取，当参考点一旦选定，电路中其他各点的电位便随之而定。当参考点改变时，电路中各点的电位也随之而改变，但电路中任意两点间的电位差即电压却是不变的。电路中其他点的电位可能高于参考点电位，为正值；也可能低于参考点电位，为负值。

对于较复杂的电路图，特别是电子电路图，常采用一种习惯画法：在电路图中，不画出电压源符号，而只标出其电位值和极性，这种画法又称之为电位画法。图 1-30（a）所示电路的电位画法如图 1-30（b）所示。

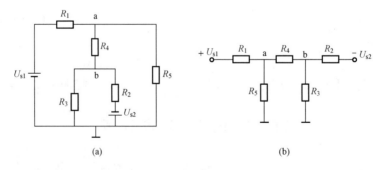

图 1-30　电路的两种画法
（a）电路图的电源画法；（b）电路图的电位画法

【例 1-8】　计算图 1-31（a）所示电路中 a 点和 b 点的电位。

解　可以将图 1-31（a）所示电路图的电位画法还原成电源画法如图 1-31（b）所示。并设回路电流为 I，解得

$$I = \frac{4+8}{3+1} = 3(\text{mA})$$
$$V_b = -1 \times 10^3 \times I + 4 = 1(\text{V})$$
$$V_a = -3 + V_b = -2(\text{V})$$

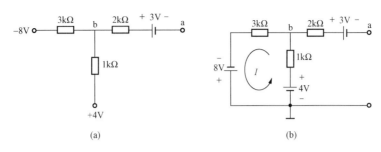

图 1-31　【例 1-8】图
（a）电位画法；（b）电源画法

第十节　电路中的对偶关系

通过前面的学习，不难发现电路中的一些物理量、元件的伏安关系、电路定律、分析方法等存在着一定的对应关系，这种对应关系通常称为对偶关系。

例如，在关联参考方向下电阻元件的伏安关系有两个表达式，分别为

$$u = Ri; \quad i = Gu$$

若将电压 u 与电流 i 互换，电阻 R 与电导 G 互换，就可从一个表达式得到另一表达式。在关联参考方向下电感元件和电容元件的伏安关系式分别为

$$u = L\frac{\mathrm{d}i}{\mathrm{d}t}; \quad i = C\frac{\mathrm{d}u}{\mathrm{d}t}$$

若将电压 u 与电流 i 互换，电感 L 与电容 C 互换，就可从一个关系得到另一关系。基尔霍夫电流定律和基尔霍夫电压定律中，若将电压 u 与电流 i 互换，节点与回路互换，就可从一个定律得到另一个定律。将电压源模型的伏安特性曲线与电流源模型的伏安特性曲线作比较，不难发现，若将 u 与 i、R 与 G 互换，则两者一致，等等，这些并不是偶然巧合，而是一种普遍规律。

在电路分析中，常见的对偶关系还有很多，如：磁链与电荷、串联电路与并联电路、分压与分流、短路与开路、网孔电流与节点电位、阻抗与导纳、戴维南定理与诺顿定理等等。现将电路分析中常用的一些对偶关系列于表 1-1 中。掌握电路中的对偶关系，对加深理解、巧妙记忆和融会贯通地学习，无疑是十分有益的。

表 1-1　　　　　　　　　　　　电路分析中的一些对偶关系

电阻 R	电感 L	电压源 u_s	磁链 ψ	电流 i	串联电路	分压	开路	网孔电流	阻抗 Z
电导 G	电容 C	电流源 i_s	电荷 q	电压 u	并联电路	分流	短路	节点电位	导纳 Y

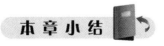

本 章 小 结

1. 电路和电路模型

电路是由若干个电气设备或电路元器件按一定方式连接而成的电流通路。实际电路器件

在工作时的电磁特性是比较复杂的，往往同时兼有多种电磁效应。为了便于电路的分析计算，人们将实际的元器件理想化，用一个足以表征其主要性能的理想化电路元件近似代替实际电路器件。由各种理想电路元件组成的电路称为电路模型。

2. 电压、电流及其参考方向

（1）电流。电流定义为 $i=\mathrm{d}q/\mathrm{d}t$，电流的方向为正电荷运动的方向或为负电荷运动的反方向。

（2）电压。电压定义为 $u=\mathrm{d}w/\mathrm{d}q$，电压的方向为从高电位指向低电位即为电压降的方向。

（3）电位。电路中任意一点到参考点的电压称为该点的电位。电压与电位的关系为 $U_{ab}=V_a-V_b$。

（4）参考方向。在一个复杂电路中，要判断电流或电压真实方向需要引入参考方向的概念。电流或电压的参考方向均可任意假设，若电流或电压的真实方向与参考方向一致时，则电流或电压为正值，若电流或电压的真实方向与参考方向相反时，则电流或电压为负值。

（5）关联参考方向。如果选择电流的参考方向是从标以电压正极的一端流向标以电压负极的一端，则称为关联参考方向，反之则称为非关联参考方向。

3. 功率和能量

（1）功率。功率与电压、电流之间的关系为 $p=ui$。在关联参考方向下，若 $p>0$，表明该电路吸收功率；若 $p<0$，表明该电路发出功率。在非关联参考方向下，若 $p>0$，表明该电路发出功率，若 $p<0$，表示该电路吸收功率。

（2）能量。电路在 t_0 到 t 时间内所吸收的能量为 $w(t_0,t)=\int_{t_0}^{t}p(\xi)\mathrm{d}\xi=\int_{t_0}^{t}u(\xi)i(\xi)\mathrm{d}\xi$。

4. 电路元件及其特性

（1）电阻元件。电阻元件 VAR 可表示为 $u=\pm Ri$ 或 $i=\pm u/R=\pm Gu$，关联参考方向下取"＋"，非关联参考方向下取"－"。

电阻元件功率为 $p=ui=i^2R=u^2/R$。可见，不论电流、电压为正值或负值，均有 $p\geqslant0$，说明电阻元件总是消耗功率的。

（2）电容元件。电容元件 VAR 可表示为 $i=\pm C\dfrac{\mathrm{d}u}{\mathrm{d}t}$ 或 $u(t)=\pm u(t_0)\pm\dfrac{1}{C}\int_{t_0}^{t}i(\xi)\mathrm{d}\xi$。关联参考方向下取"＋"，非关联参考方向下取"－"。

电容元件的储能为 $w_C=\dfrac{1}{2}Cu^2(t)$，在任意时刻电容元件的储能总为正值。

（3）电感元件。电感元件 VAR 可表示为 $u=\pm L\dfrac{\mathrm{d}i}{\mathrm{d}t}$ 或 $i(t)=\pm i(t_0)\pm\dfrac{1}{L}\int_{t_0}^{t}u(\xi)\mathrm{d}\xi$。关联参考方向下取"＋"，非关联参考方向下取"－"。

电感元件的储能为 $w_L=\dfrac{1}{2}Li^2(t)$，在任意时刻电感元件的储能总为正值。

电容元件和电感元件都是种动态的、有记忆的储能元件。

（4）理想电源。理想电压源 VAR 为 $u=u_s$。理想电压源的电压值由其本身决定，与流过它的电流大小无关，而流过理想电压源的电流则随外电路的改变而改变。

理想电流源 VAR 为 $i=i_s$。理想电流源的电流值由其本身决定，与它两端的电压大小无关，而理想电流源两端的电压则随外电路的改变而改变。

（5）电源模型。电压源模型是：一个理想电压源 u_s 和一个电阻 R_s 的串联组合，其端口的 VAR 可以表示为 $u=u_s-iR_s$。

电流源模型是：一个理想电流源 i_s 和一个电阻 R_s 的并联组合，其端口的 VAR 可表示为 $i=i_s-u/R_s$。

电压源模型和电流源模型之间是可以相互转换的，而理想电压源和理想电流源之间是不能相互转换的。

（6）受控电源。受控源的四种形式：①电压控制电压源（VCVS），$u_2=\mu u_1$；②电流控制电压源（CCVS），$u_2=ri_1$；③电压控制电流源（VCCS），$i_2=gu_1$；④电流控制电流源（CCCS），$i_2=\alpha i_1$。

5. 基尔霍夫定律

（1）基尔霍夫电流定律：在任一时刻，对集中电路中的任一节点，流入（或流出）该节点的所有支路电流的代数和等于零。其数学表达式为

$$\sum i = 0$$

KCL 可推广到任意一个封闭面。

（2）基尔霍夫电压定律：在任一时刻，沿着集中电路中的任一回路，所有支路电压降的代数和等于零。其数学表达式为

$$\sum u = 0$$

 思考题

1-1 下述说法正确吗？正确的说法是什么？

（1）电阻元件的 VAR 有时写成 $u=-Ri$，说明该电阻值一定是负的。

（2）电阻元件是一种消耗电能的元件，当电流流过时，它总是吸收功率。

（3）电容元件是一种储能的元件，它所存储的电场能量与其极板上的电荷量二次方成正比。

（4）电感元件是一种储能的元件，它所存储的磁场能量与其磁链二次方成正比。

（5）电压源和电流源都是有源器件，当它们与外电路相接时，总是提供功率。

（6）电路中各点的电位与参考点的选择无关，而电路中任意两点之间的电压则与参考点的选择有关。

1-2 一台 5kW 的空调在 2h 内消耗多少度电？

1-3 有 220V，60W 和 220V，100W 的灯泡各一只，将它们并联在 220V 电源上，哪盏亮？为什么？若串联接在 220V 电源上，哪盏亮？为什么？

1-4 图 1-32 中各方框表示某种电路元件，在图示电压和电流参考方向下，已知 $I_1=5A$，$I_2=3A$，$I_3=-2A$，$U_1=6V$，$U_2=1V$，$U_3=5V$，$U_4=-8V$，$U_5=-3V$。试求（1）标出各电压和电流的实际方向；（2）计算各元件发出的功率，并验算该电路是否满足功率平衡关系。

1-5 基尔霍夫定律适用于下列哪几种电路？（1）集中参数的线性电路；（2）集中参数

的非线性电路；（3）集中参数的动态电路；（4）分布参数电路。

1-6　求图 1-33 所示电路中各元件的功率。试问电源一定提供功率吗？

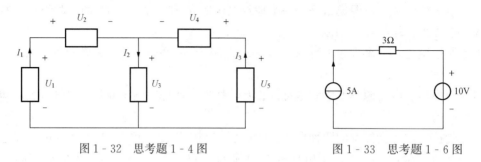

图 1-32　思考题 1-4 图　　　　　　　　图 1-33　思考题 1-6 图

习　题　一

1-1　试说明图 1-34 所示电路中电压、电流参考方向是否关联。计算各方框中电路的功率，并指出它们是吸收功率还是发出功率。

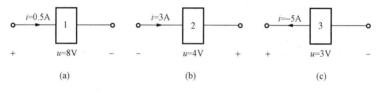

图 1-34　习题 1-1 图

1-2　计算图 1-35 所示电路中各方框两端的电压，并标出其真实极性。

1-3　额定值分别为 0.5kΩ、2W 和 1kΩ、5W 的两个电阻，若串联，试问它们两端允许的最高电压为多少？若并联，试问允许流过它们总的最大电流为多少？

1-4　图 1-36（a）所示电路中，已知 $C=500\mu F$，$u_C(0)=1V$。试根据图 1-36（b）所示 i_C 的波形，求 u_C，并画出 u_C 的波形图。

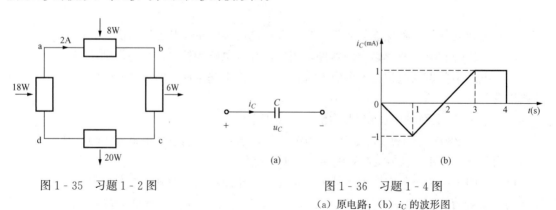

图 1-35　习题 1-2 图　　　　　　图 1-36　习题 1-4 图
　　　　　　　　　　　　　　　（a）原电路；（b）i_C 的波形图

1-5　图 1-37（a）所示电路中，已知 $R=1\Omega$，$L=1H$，$C=1F$，$u_C(0)=1V$。试根据图 1-37（b）所示 i 的波形，求 u_R、u_L 和 u_C，并画出它们的波形图。

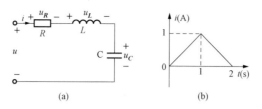

图 1-37　习题 1-5 图

（a）原电路；（b）i 的波形图

1-6　求图 1-38 所示电路中各独立源的功率，并指出它们是发出功率还是吸收功率。

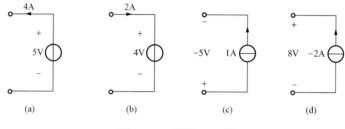

图 1-38　习题 1-6 图

1-7　测得一个实际电源的开路电压为 20V，短路电流为 2A，分别做出其电压源模型和电流源模型。

1-8　试问图 1-39 所示电路中有几条支路？几个节点？几个网孔？几个回路？设 $u_C(0)=0$，下列 KCL 方程和 KVL 方程是否正确？若不正确请改正。

（1）$i_1-i_2+i_s=0$；（2）$i_1+i_3-i_5=0$；（3）$i_3+i_4+i_s=0$；（4）$i_2+i_4-i_5=0$；

（5）$-R_1i_1+R_3i_3+u_{s1}+u_{s2}=0$；（6）$R_2i_2+R_4i_4-\dfrac{1}{C}\displaystyle\int_0^t i_2\,\mathrm{d}t-u_{s2}=0$；

（7）$L\dfrac{\mathrm{d}i_5}{\mathrm{d}t}+R_3i_3+R_4i_4+R_5i_5=0$；（8）$R_1i_1+R_2i_2+R_5i_5+L\dfrac{\mathrm{d}i_5}{\mathrm{d}t}+\dfrac{1}{C}\displaystyle\int_0^t i_2\,\mathrm{d}t-u_{s1}=0$；

（9）$-R_1i_1-R_2i_2+R_3i_3+R_4i_4-\dfrac{1}{C}\displaystyle\int_0^t i_2\,\mathrm{d}t+u_{s1}=0$；

（10）$-R_1i_1+L\dfrac{\mathrm{d}i_5}{\mathrm{d}t}+R_4i_4+R_5i_5+u_{s1}-u_{s2}=0$。

1-9　图 1-40 所示电路中，已知 $U_{ab}=2\text{V}$，$U_{ad}=4\text{V}$，$U_{bc}=6\text{V}$，求 U_{cd}。

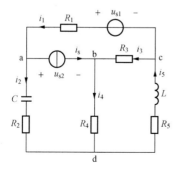

图 1-39　习题 1-8 图

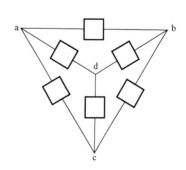

图 1-40　习题 1-9 图

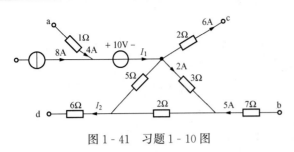

图 1-41 习题 1-10 图

1-10 根据图 1-41 所示电路中的已知条件，求 I_2、U_{ab} 和 U_{cd}。（提示：可以对三角形连接的三个电阻做一个封闭曲面，视为广义节点，求 I_2）

1-11 写出图 1-42 所示电路中各条支路的伏安关系式。

1-12 图 1-43 所示电路中，已知 50V 电压源发出 40W 的功率，求电路中的 I 和 U。

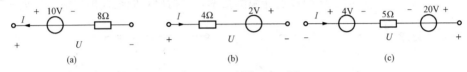

图 1-42 习题 1-11 图

1-13 图 1-44 所示电路中，已知 $U_{s1}=10$V，$I_{s2}=3$A，$R_1=5\Omega$，$R_2=2\Omega$，求两个电源各自发出的功率。

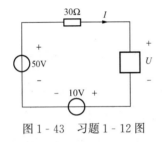

图 1-43 习题 1-12 图

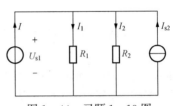

图 1-44 习题 1-13 图

1-14 求图 1-45 所示电路中负载吸收的功率。

1-15 图 1-46 所示电路中，分别以 b 点和 c 点作为参考点，求 a、b、c 和 d 的电位 V_a、V_b、V_c 和 V_d 以及两点间的电位差 U_{ac}、U_{ad} 和 U_{cd}。

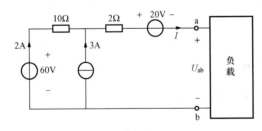

图 1-45 习题 1-14 图

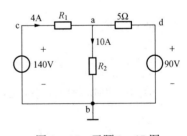

图 1-46 习题 1-15 图

1-16 求图 1-47 所示电路中的电阻 R。

1-17 求图 1-48 所示各电路中电源的功率，并指出它们是发出功率还是吸收功率？

1-18 图 1-49 所示电路中，已知 $I_1=I_2=2$mA，$I_5=1$mA，$U_{s1}=3$V，$U_{s2}=4$V，$U_{s3}=6$V，$R_1=2$kΩ，$R_2=3$kΩ，$R_3=4$kΩ，$R_4=5$kΩ，$R_5=6$kΩ。求：（1）电位 V_c 和 V_e；（2）电压 U_{ae} 和 U_{ce}；（3）三个电源各自发出的功率。

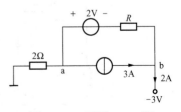

图 1-47 习题 1-16 图

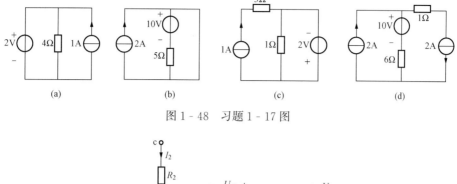

图 1 - 48　习题 1 - 17 图

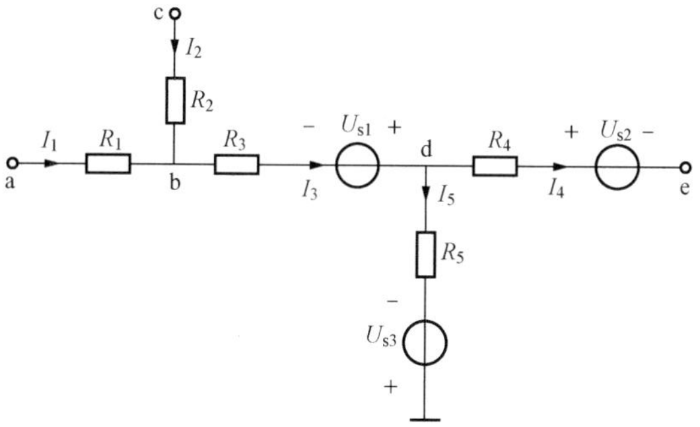

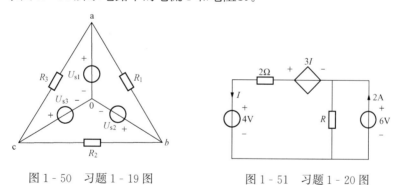

图 1 - 49　习题 1 - 18 图

1 - 19　图 1 - 50 所示电路中，已知 $U_{s1}=1V$，$U_{s2}=2V$，$U_{s3}=3V$，$R_1=3\Omega$，$R_2=5\Omega$，$R_3=2\Omega$。求：（1）R_1、R_2 和 R_3 各自吸收的功率；（2）流过各电压源的电流；（3）验证功率平衡关系。

1 - 20　求图 1 - 51 所示电路中的电流 I 和电阻 R。

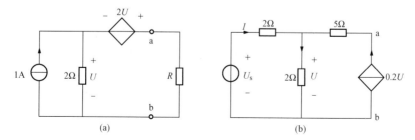

图 1 - 50　习题 1 - 19 图　　　　　图 1 - 51　习题 1 - 20 图

1 - 21　图 1 - 52（a）、（b）所示电路中，已知 $U_{ab}=2V$，求图 1 - 52（a）中的 R 和图 1 - 52（b）中的 U_s。

图 1 - 52　习题 1 - 21 图

第二章 电路的等效变换

电路的等效变换法是电路分析中一种很重要的方法。应用它，可以把一些复杂的电路变换成单回路或双节点的简单电路，从而简化电路的计算。本章主要介绍等效变换的概念、方法以及等效变换在电路分析中的应用。

第一节 二端网络❶等效变换的概念

二端网络又称为单口网络，是指具有两个端钮或一个端口的电路。图 2-1（a）和图

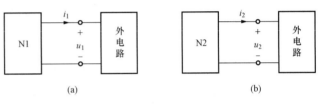

图 2-1 二端网络的等效
（a）含二端网络 N1；（b）含二端网络 N2

2-1（b）中各有一个二端网络 N1 和 N2，当它们与同一个外电路相接时，若端口的伏安关系（VAR）完全相同，即满足 $i_1 = i_2$，$u_1 = u_2$，则二端网络 N1 和 N2 对外电路是等效的。尽管 N1 和 N2 的内部结构、元件参数可以完全不同，但它们对外电路的作用完全相同。就其外电路而言，无论接入 N1 或 N2，外电路各处的电压和电流都不会改变。

含有独立电源的二端网络称为含源二端网络。不含独立电源的二端网络则称为无源二端网络。

第二节 电阻的串联、并联和混联

不含任何电源，仅由电阻元件构成的网络，称为无源电阻网络，也称纯电阻网络。对于这种网络，总可以用一个等效电阻来代替。该等效电阻可以通过二端网络端口的 VAR 求得，也可以从网络内部电阻的串、并联关系直接求得。

一、电阻的串联

1. 电阻串联等效

串联是指各元件依次首尾相接，其特点是流过各元件的电流相同。图 2-2（a）所示电路为 n 个电阻的串联连接，下面应用等效的概念推导串联等效电阻。

图 2-2（a）和图 2-2（b）中各有一个二端网络 N1 和 N2，它们端口的 VAR 分别为

$$u = (R_1 + R_2 + \cdots + R_k + \cdots + R_n)i \tag{2-1}$$

和
$$u = Ri \tag{2-2}$$

比较式（2-1）和式（2-2）可知，如果有

---

❶ 网络一般指较复杂的电路。

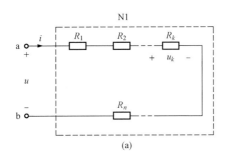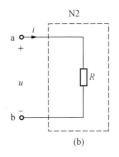

图 2-2 电阻串联及其等效电路

(a) n 个电阻的串联连接；(b) 等效电路

$$R = R_1 + R_2 + \cdots + R_k + \cdots + R_n = \sum_{k=1}^{n} R_k \qquad (2-3)$$

则 N1 和 N2 端口的 VAR 完全相同，N1 和 N2 就是等效的，式（2-3）称为这两个网络的等效条件，R 称为 n 个串联电阻的等效电阻。显然它大于任意一个被串联的电阻。

2. 分压公式

由于在电阻串联电路中各电阻上流过同一个电流，计算任意一个串联电阻上的电压，均可以采用分压关系。对图 2-2 (a) 所示电路，电阻 R_k 上的电压 u_k 为

$$u_k = R_k i = R_k \times \frac{u}{R} = \frac{R_k}{\sum_{k=1}^{n} R_k} u \quad k = 1, 2, \cdots, n \qquad (2-4)$$

可见，每个串联电阻上的电压与各自电阻值成正比。式（2-4）称为分压公式，使用时应注意各元件上的电压参考方向。

二、电阻的并联

1. 电阻并联等效

并联是指各二端元件的两端分别连接在一起，形成两个节点、多条支路的二端网络，其特点是各元件两端的电压相等。如图 2-3 (a) 所示的电路为 n 个电阻并联连接，分别用它们的电导表示，下面应用等效的概念推导并联等效电阻。

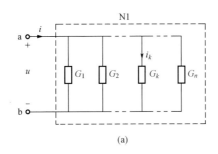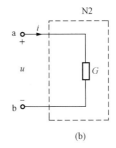

图 2-3 电导并联及其等效电路

(a) n 个电导的并联连接；(b) 等效电路

图 2-3 (a) 和图 2-3 (b) 中各有一个二端网络 N1 和 N2，它们端口的 VAR 分别为

$$i = (G_1 + G_2 + \cdots + G_k + \cdots + G_n)u \qquad (2-5)$$

和
$$i = Gu \qquad (2-6)$$

比较式（2-5）和式（2-6）可知，如果有

$$G = G_1 + G_2 + \cdots + G_k + \cdots + G_n = \sum_{k=1}^{n} G_k \qquad (2-7)$$

则 N1 和 N2 端口的 VAR 完全相同，N1 和 N2 就是等效的，式（2-7）称为这两个网络的等效条件。G 称为 n 个并联电导的等效电导，显然它大于任意一个被并联的电导。式（2-7）还可以表示为

$$\frac{1}{R} = \frac{1}{R_1} + \frac{1}{R_2} \cdots + \frac{1}{R_k} + \cdots + \frac{1}{R_n} = \sum_{k=1}^{n} \frac{1}{R_k} \qquad (2-8)$$

R 称为 n 个并联电阻的等效电阻，显然它小于任意一个被并联的电阻。

对于两个电阻并联的电路，如图 2-4 所示，其等效电阻为

$$R = \frac{R_1 R_2}{R_1 + R_2}$$

图 2-4　两个电阻并联

2. 分流公式

在电阻并联电路中，计算任意一个电阻上流过的电流，可采用分流关系。对图 2-3（a）所示电路，利用电路的对偶关系，很容易由式（2-4）直接得出电导 G_k 中的电流 i_k 为

$$i_k = \frac{G_k}{\sum_{k=1}^{n} G_k} i \quad k = 1, 2, \cdots, n \qquad (2-9)$$

可见，每个并联电导中的电流与各自的电导值成正比，与各自的电阻值成反比。式（2-9）称为分流公式，使用时应注意各元件上的电流参考方向。

对于图 2-4 所示两个电阻并联的电路，分流公式为

$$i_1 = \frac{R_2}{R_1 + R_2} i \qquad (2-10)$$

$$i_2 = \frac{R_1}{R_1 + R_2} i \qquad (2-11)$$

三、电阻的混联

混联是指串联与并联的组合。在计算混联等效电阻时，首先应正确判断电阻之间的串联和并联结构，然后应用相应的串、并联公式进行化简。在判断电阻的串、并联结构时，应注意：对等电位电阻支路可将其作开路处理，也可作短路处理；对无电阻的导线，可将其缩成一点。

【例 2-1】　图 2-5（a）、（b）所示电路中，已知 $R = 40\text{k}\Omega$，$R_1 = R_2 = 40\text{k}\Omega$，$R_3 = 12\text{k}\Omega$，$R_4 = 24\text{k}\Omega$，$R_5 = 30\text{k}\Omega$。分别求出当开关 S 断开和闭合时两个电路的等效电阻 R_{ab}。

为了书写方便，有时用符号"//"表示电阻并联。串联、并联本身不含有诸如数学中"先乘除后加减"的运算顺序。为表示运算先后顺序可引用

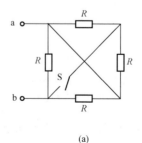
(a)

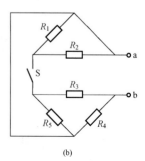
(b)

图 2-5　【例 2-1】图

括号，如：小括号（　）、中括号［　］和大括号〔　〕。

解　图 2-5（a）所示电路，S 断开时有

$$R_{ab} = R /\!/ R = \frac{R \times R}{R + R} = \frac{R}{2} = 20(\text{k}\Omega)$$

S 闭合时，四个电阻的两端均分别接在 a 点与 b 点之间，为并联关系，所以有

$$R_{ab} = R /\!/ R /\!/ R /\!/ R = \frac{1}{\frac{1}{R} + \frac{1}{R} + \frac{1}{R} + \frac{1}{R}} = \frac{R}{4} = 10(\text{k}\Omega)$$

图 2-5（b）所示电路，S 断开时有

$$R_{ab} = (R_3 + R_5) /\!/ R_4 = \frac{(R_3 + R_5) \times R_4}{R_3 + R_4 + R_5} = 15.3(\text{k}\Omega)$$

S 闭合时有

$$R_{ab} = (R_1 /\!/ R_2 /\!/ R_5 + R_3) /\!/ R_4 = \frac{(12 + 12) \times 24}{12 + 12 + 24} = 12(\text{k}\Omega)$$

其中

$$R_1 /\!/ R_2 /\!/ R_5 = \frac{1}{\frac{1}{R_1} + \frac{1}{R_2} + \frac{1}{R_5}} = 12\ (\text{k}\Omega)$$

【**例 2-2**】　图 2-6 所示电路中，已知 $I_s = 6\text{A}$，$R_1 = 2\Omega$，$R_2 = 3\Omega$，$R_3 = 6\Omega$，求 I_3。

解　应用两次分流法计算。先将 R_2、R_3 并联成一个电阻 R_{23} 与 R_1 分电流 I_s 得 I_{23}，然后 R_2 和 R_3 再分电流 I_{23} 得 I_3。

$$R_{23} = R_2 /\!/ R_3 = \frac{R_2 R_3}{R_2 + R_3} = \frac{3 \times 6}{3 + 6} = 2(\Omega)$$

$$I_{23} = \frac{R_1}{R_1 + R_{23}} I_s = \frac{2}{2 + 2} \times 6 = 3(\text{A})$$

$$I_3 = -\frac{R_2}{R_2 + R_3} I_{23} = -\frac{3}{3 + 6} \times 3 = -1(\text{A})$$

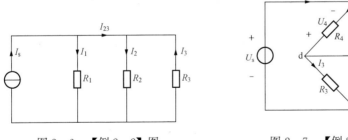

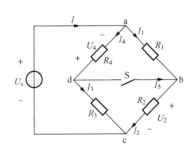

图 2-6　【例 2-2】图　　　　　　　图 2-7　【例 2-3】图

【**例 2-3**】　图 2-7 所示电路中，$U_s = 39\text{V}$，$R_1 = 4\Omega$，$R_2 = 2\Omega$，$R_3 = R_4 = 6\Omega$。求：
（1）当开关 S 断开时 U_2 和 U_4；（2）当开关 S 闭合时 I_5。

解　（1）S 断开时，应用分压公式求 U_2 和 U_4 得

$$U_2 = \frac{R_2}{R_1 + R_2} U_s = \frac{2}{4 + 2} \times 39 = 13(\text{V})$$

$$U_4 = -\frac{R_4}{R_3 + R_4} U_s = -\frac{6}{6 + 6} \times 39 = -19.5(\text{V})$$

（2）S闭合时，要注意短路线电流 I_5 既不等于总电流 I 也不等于零。a、c 间等效电阻为

$$R_{ac} = (R_1 /\!/ R_4) + (R_2 /\!/ R_3) = \frac{R_1 R_4}{R_1 + R_4} + \frac{R_2 R_3}{R_2 + R_3} = \frac{4 \times 6}{4 + 6} + \frac{2 \times 6}{2 + 6} = 3.9(\Omega)$$

电路的总电流为

$$I = \frac{U_s}{R_{ac}} = \frac{39}{3.9} = 10(A)$$

由分流公式得

$$I_1 = \frac{R_4}{R_1 + R_4} I = \frac{6}{4 + 6} \times 10 = 6(A)$$

$$I_2 = \frac{R_3}{R_2 + R_3} I = \frac{6}{2 + 6} \times 10 = 7.5(A)$$

对节点 b 应用 KCL 得

$$I_5 = I_2 - I_1 = 7.5 - 6 = 1.5(A)$$

第三节　电阻星形连接和三角形连接及其等效变换

在纯电阻电路的等效中，有时会遇到不能用电阻串、并和混联进行化简的情况，如图 2-8（a）、（b）所示电路中的五个电阻之间既不是串联，也不是并联。但运用本节所介绍的星形网络和三角形网络的等效转换，便可以将它们转变为简单的串、并联和混联结构。

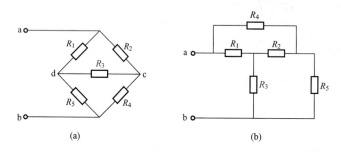

图 2-8　不能用电阻串、并联和混联化简的电路

星形网络又称 Y 形或 T 形网络。它的结构特点是将三个电阻的一端连接在一个节点上，而另一端则分别接到三个不同的端钮上，如图 2-9（a）所示。三角形网络又称△形或 π 形网络。它的结构特点是将三个电阻依次首尾相接，在每两个电阻的连接处引出一个端子，共三个端子，如图 2-9（b）所示。

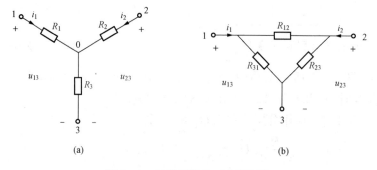

图 2-9　星形网络和三角形网络

（a）星形网络；（b）三角形网络

星形网络和三角形网络均是三端网络，若它们任意两个端口的 VAR 完全相同，则这两个网络是等效的。在对两个三端网络的端子编号后，如图 2 - 9 所示，根据两个网络的 u_{13}、u_{23} 和 i_1、i_2 的关系可推导出 Y—△等效转换的公式。

图 2 - 9（a）中，端口 1、3 和端口 2、3 的 VAR 分别为

$$\left.\begin{array}{l} u_{13} = R_1 i_1 + R_3(i_1 + i_2) = (R_1 + R_3)i_1 + R_3 i_2 \\ u_{23} = R_2 i_2 + R_3(i_1 + i_2) = R_3 i_1 + (R_2 + R_3)i_2 \end{array}\right\} \tag{2 - 12}$$

图 2 - 9（b）中，端口 1、3 和端口 2、3 的 VAR 分别为

$$\left.\begin{array}{l} i_1 = \dfrac{u_{13}}{R_{31}} + \dfrac{u_{13} - u_{23}}{R_{12}} \\ i_2 = \dfrac{u_{23}}{R_{23}} + \dfrac{u_{23} - u_{13}}{R_{12}} \end{array}\right\} \tag{2 - 13}$$

由式（2 - 13）可解得

$$\left.\begin{array}{l} u_{13} = \dfrac{R_{31}(R_{12} + R_{23})}{R_{12} + R_{23} + R_{31}} i_1 + \dfrac{R_{23}R_{31}}{R_{12} + R_{23} + R_{31}} i_2 \\ u_{23} = \dfrac{R_{23}R_{31}}{R_{12} + R_{23} + R_{31}} i_1 + \dfrac{R_{23}(R_{12} + R_{31})}{R_{12} + R_{23} + R_{31}} i_2 \end{array}\right\} \tag{2 - 14}$$

如果要使图 2 - 9（a）和图 2 - 9（b）中端口 1、3 和端口 2、3 的 VAR 完全相同，则式（2 - 12）和式（2 - 14）中 i_1 和 i_2 的系数应分别相等，即

$$\left.\begin{array}{l} R_1 + R_3 = \dfrac{R_{31}(R_{12} + R_{23})}{R_{12} + R_{23} + R_{31}} \\ R_3 = \dfrac{R_{23}R_{31}}{R_{12} + R_{23} + R_{31}} \\ R_2 + R_3 = \dfrac{R_{23}(R_{12} + R_{31})}{R_{12} + R_{23} + R_{31}} \end{array}\right\} \tag{2 - 15}$$

由式（2 - 15）可解得

$$\left.\begin{array}{l} R_1 = \dfrac{R_{31}R_{12}}{R_{12} + R_{23} + R_{31}} \\ R_2 = \dfrac{R_{12}R_{23}}{R_{12} + R_{23} + R_{31}} \\ R_3 = \dfrac{R_{23}R_{31}}{R_{12} + R_{23} + R_{31}} \end{array}\right\} \tag{2 - 16}$$

式（2 - 16）就是△形网络等效转换为 Y 形网络的公式。为了便于记忆，可将它概括为

$$R_Y = \frac{\triangle \text{形夹边电阻的乘积}}{\triangle \text{形三个电阻之和}} \tag{2 - 17}$$

如图 2 - 10 所示。

由式（2 - 15）可解得

$$\left.\begin{array}{l} R_{12} = \dfrac{R_1 R_2 + R_2 R_3 + R_3 R_1}{R_3} \\ R_{23} = \dfrac{R_1 R_2 + R_2 R_3 + R_3 R_1}{R_1} \\ R_{31} = \dfrac{R_1 R_2 + R_2 R_3 + R_3 R_1}{R_2} \end{array}\right\} \tag{2 - 18}$$

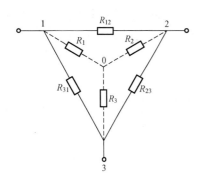

图 2 - 10　星形网络和二角形
网络的等效转换

式（2 - 18）就是 Y 形网络等效转换为△形网络的公式。为了便于记忆，可将它概括为

$$R_\triangle = \frac{\text{Y 形电阻两两乘积之和}}{\text{Y 形对边电阻}} \qquad (2-19)$$

如图 2 - 10 所示。

【例 2 - 4】　应用 Y 形和△形等效转换方法，写出图 2 - 8（a）所示电阻网络等效电阻 R_{ab} 的表达式。

解　本例可选取电路中的 Y 形网络转换为△形网络，亦可选取△形网络转换 Y 形网络求解，下面分别讨论。

（1）△形→Y 形。将图 2 - 8（a）中 R_3、R_4 和 R_5 构成的△形网络变换为 R_6、R_7 和 R_8 构成的 Y 形网络，如图 2 - 11（a）所示。图 2 - 11（a）中可得

$$R_6 = \frac{R_3 R_4}{R_3 + R_4 + R_5}$$

$$R_7 = \frac{R_3 R_5}{R_3 + R_4 + R_5}$$

$$R_8 = \frac{R_4 R_5}{R_3 + R_4 + R_5}$$

$$R_{ab} = \left[(R_1 + R_7) \ /\!/ \ (R_2 + R_6) \right] + R_8$$

（2）Y 形→△形。将图 2 - 8（a）中 R_2、R_3 和 R_4 构成的 Y 形网络变换为 R_6、R_7 和 R_8 构成的△形网络，如图 2 - 11（b）所示。图 2 - 11（b）中可得

$$R_6 = \frac{R_2 R_3 + R_3 R_4 + R_4 R_2}{R_4}$$

$$R_7 = \frac{R_2 R_3 + R_3 R_4 + R_4 R_2}{R_2}$$

$$R_8 = \frac{R_2 R_3 + R_3 R_4 + R_4 R_2}{R_3}$$

$$R_{ab} = \left[(R_1 \ /\!/ \ R_6) + (R_5 \ /\!/ \ R_7) \right] \ /\!/ \ R_8$$

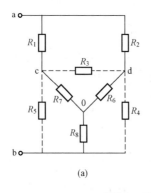
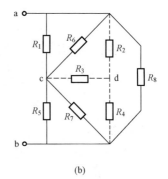

(a)　　　　　　　　　　　(b)

图 2 - 11　【例 2 - 4】图
(a) △形→Y 形；(b) Y 形→△形

第四节 独立电源的连接和等效变换

一、理想电源的串联和并联等效

理想电源（简称电源）包括理想电压源（简称电压源）和理想电流源（简称流电源），下面分别讨论它们的串联和并联等效。

1. 电源的串联等效

（1）电压源串联等效。设一个由三个电压源串联组成的二端网络，如图 2 - 12（a）所示，根据 KVL 得 $u_{ab}=u_{s1}-u_{s2}+u_{s3}$，因此可用一个电压值为

$$u_s = u_{ab} = u_{s1} - u_{s2} + u_{s3}$$

的电压源来等效替代，如图 2 - 12（b）所示。

对 n 个电压源串联组成的二端网络也可以等效为一个电压源，该电压源的电压值为各串联电压源电压值的代数和。即

$$u_s = u_{s1} + u_{s2} + \cdots + u_{sn} = \sum_{k=1}^{n} u_{sk} \qquad (2-20)$$

（2）电流源串联等效。对 n 个电流源串联而言，只有在各电流源的电流值相等且方向一致时才能串联，此时的串联等效电路为其中任意一个电流源，否则违背 KCL。图 2 - 13 所示为两个电流源串联及其等效电路。

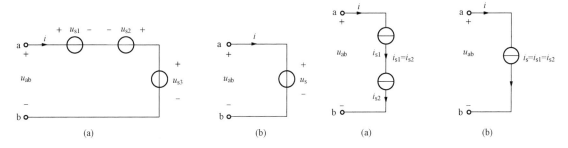

图 2 - 12 电压源串联及其等效电路
（a）电压源串联；（b）等效电压源

图 2 - 13 电流源串联及其等效电路
（a）电流源串联；（b）等效电流源

电流源与任意元件（用 M 表示）串联的二端网络如图 2 - 14（a）所示，对虚框部分以外的电路而言，应等效为一个电流源，如图 2 - 14（b）所示。这是因为 M 的存在与否并不影响端钮上电流的大小，端钮上电流总是等于电流源的电流，M 的存在只会改变电流源两端的电压。所以，与电流源串联的元件对端钮 ab 以外的电路而言是多余元件，而电流源与任意元件串联的等效电路就是电流源本身。但就其内部电路而言（虚框部分），M 并不是多余元件。

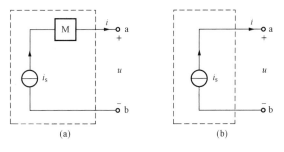

图 2 - 14 电流源与任意元件串联及其等效电路
（a）电流源与任意元件串联；（b）等效电路

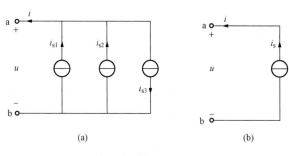

图 2 - 15　电流源并联及其等效电路
(a) 电流源并联；(b) 等效电流源

2. 电源的并联等效

（1）电流源并联等效。设一个由三个电流源并联组成的二端网络，如图 2 - 15（a）所示，根据 KCL 得 $i = i_{s1} + i_{s2} - i_{s3}$，因此可用一个电流值为

$$i_s = i = i_{s1} + i_{s2} - i_{s3}$$

的电流源来等效替代，如图 2 - 15（b）所示。

对 n 个电流源并联组成的二端网络也可以等效为一个电流源，该电流源的电流值为各并联电流源电流值的代数和。即

$$i_s = i_{s1} + i_{s2} + \cdots + i_{sn} = \sum_{k=1}^{n} i_{sk} \tag{2-21}$$

（2）电压源并联等效。对 n 个电压源并联而言，只有在各电压源的电压值相等且极性一致时才能并联，此时的并联等效电路为其中任意一个电压源，否则违背 KVL。如图 2 - 16 所示为两个电压源并联及其等效电路。

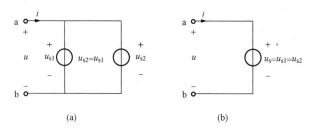

图 2 - 16　电压源并联及其等效电路
(a) 电压源并联；(b) 等效电压源

电压源与任意元件（用 M 表示）并联的二端网络如图 2 - 17（a）所示，对虚框部分以外的电路而言，该二端网络应等效为一个电压源，如图 2 - 17（b）所示。这是因为 M 的存在与否并不影响端口电压的大小，端口电压总等于电压源的电压值，M 的存在只会改变流过电压源的电流值。所以，与电压源并联的元件对端钮 ab 以外的电路而言是多余元件，而电压源与任意元件并联的等效电路就是电压源本身。但就其内部电路而言（虚框部分），M 并不是多余元件。

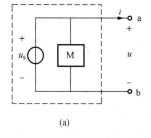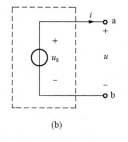

图 2 - 17　电压源与任意元件并联及其等效电路
(a) 电压源与任意元件并联；(b) 等效电路

【例 2 - 5】　化简图 2 - 18（a）和图 2 - 18（b）所示电路为最简电路。

解　（1）图 2 - 18（a）中，因 2V 电压源与 2A 电流源串联，故 2V 电压源是多余元件，应除去，作短路处理，如图 2 - 18（c）所示。图 2 - 18（c）中，因 2A 电流源与 3A 电

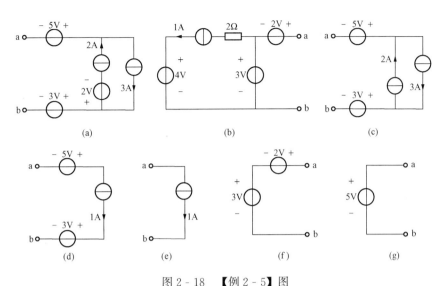

图 2 - 18 【例 2 - 5】图

(a)、(b) 原电路；(c)、(d)、(f) 化简等效电路；(e)、(g) 最简电路

流源并联，等效为 1A 电流源，如图 2 - 18（d）所示。图 2 - 18（d）中，因 1A 电流源、3V 电压源和 5V 电压源构成串联支路，故 3V 电压源和 5V 电压源是多余元件，应除去，作短路处理，仅留下 1A 电流源，即为最简电路，如图 2 - 18（e）所示。

（2）图 2 - 18（b）中，2Ω 电阻、1A 电流源和 4V 电压源构成串联支路后，再与 3V 电压源并联，与 3V 电压源并联的支路是多余的，应除去，作开路处理，如图 2 - 18（f）所示。图 2 - 18（f）中，3V 电压源和 2V 电压源串联，等效为 5V 电压源，即为最简电路，如图 2 - 18（g）所示。

二、电源模型的等效互换

前已阐述，同一个实际的电源有两种不同的电路模型即电压源模型和电流源模型，如图 2 - 19（a）、（b）所示，它们之间存在着相互转换关系。

由图 2 - 19（a）可知，其端钮的 VAR 为

$$u = u_s - R_s i \qquad (2 - 22)$$

由图 2 - 19（b）可知，其端钮的 VAR 为

$$u = R'_s(i_s - i) = R'_s i_s - R'_s i \qquad (2 - 23)$$

比较式（2 - 22）和式（2 - 23），如果同时满足条件

$$u_s = R'_s i_s \quad 和 \quad R_s = R'_s \qquad (2 - 24)$$

或同时满足条件

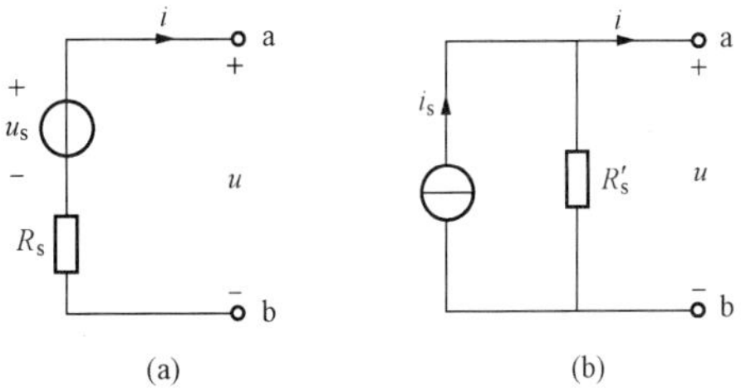

图 2 - 19 两种电源模型

(a) 电压源模型；(b) 电流源模型

$$i_s = \frac{u_s}{R'_s} \quad 和 \quad R'_s = R_s \qquad (2 - 25)$$

则由式（2 - 22）和式（2 - 23）所表示的两个 VAR 式完全相同，即图 2 - 19（a）、（b）所示的两种电源模型就等效。式（2 - 24）是已知电流源模型转换为电压源模型的条件，式（2 - 25）是已知电压源模型转换为电流源模型的条件。显然，在电压源模型和电流源模型的等效互换中，电阻是不变的，可以统一用 R_s 表示，电压源和电流源的方向应为：

电流源箭头方向应从电压源的"－"端指向"＋"端。电源模型的等效互换时还需要注意：

（1）两种电源模型之间的等效互换是对外电路而言的，它们的内部是不等效的；

（2）理想电压源和理想电流源是不能进行等效互换的。

【例2-6】 用等效变换法将图2-20（a）所示电路化为最简形式。

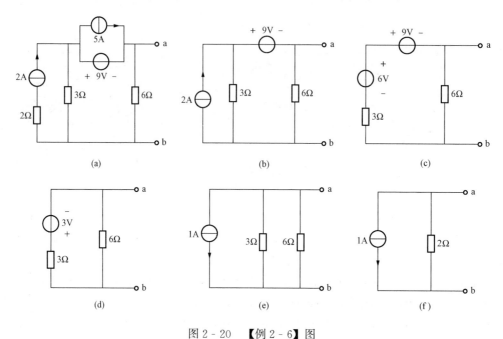

图2-20 【例2-6】图

(a) 原电路；(b)、(c)、(d)、(e) 化简等效电路；(f) 电路的最简形式

解 在进行电路的化简时，通常应首先除去电路中的所有多余元件，再利用电源模型的等效互换，逐步化简为电路的最简形式。图2-20（a）所示电路中2Ω电阻和5A电流源是多余元件，除去后的电路如图2-20（b）所示。图2-20（b）中，2A电流源与3Ω电阻并联为电流源模型，将其等效转换为电压源模型，如图2-20（c）所示。图2-20（c）中，6V电压源与9V电压源串联，等效为一个3V电压源，如图2-20（d）所示。图2-20（d）中，3V电压源与3Ω电阻串联为电压源模型，将其等效转换为电流源模型，如图2-20（e）所示。图2-20（e）中，3Ω电阻与6Ω电阻并联，等效为一个2Ω电阻，如图2-20（f）所示，图2-20（f）即为电路的最简形式之一。

【例2-7】 求图2-21（a）所示电路中电流 I。

解 将图2-21（a）所示电路中虚线框内的电路看作内电路，内电路中无多余元件。利用电源模型的等效变换，对虚线框内电路逐步化简为最简形式，分别如图2-21（b）～图2-21（e）所示。其中，图2-21（e）为单回路电路，根据全电路欧姆定律可得

$$I = \frac{-12}{6+24} = -0.4(\text{A})$$

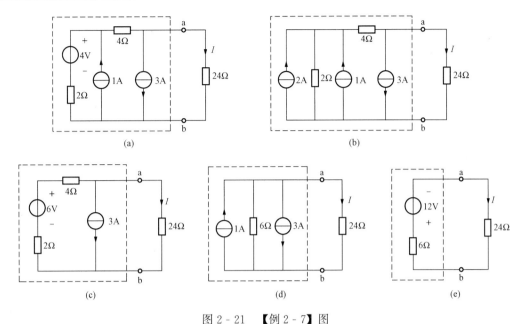

图 2 - 21 【例 2 - 7】图

(a) 原电路；(b)、(c)、(d) 化简等效电路；(e) 单回路电路

第五节 含受控源电路的等效变换

对于受控电压源与电阻的串联组合和受控电流源与电阻的并联组合，也可以像电压源模型和电流源模型一样进行等效变换。但应注意在变换的过程中最好不要消去或改变控制量所在支路，下面举例说明。

【例 2 - 8】 求图 2 - 22 (a)、(b) 所示电路中 a、b 端口的等效电阻，并化简电路为最简形式。

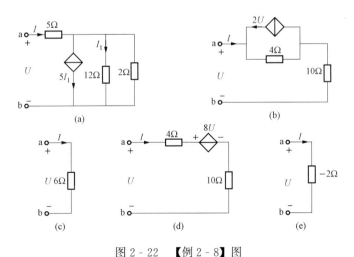

图 2 - 22 【例 2 - 8】图

(a)、(b) 原电路；(c)、(e) 电路的最简形式；(d) 化简等效电路

解 对图 2 - 22 (a)、(b) 所示电路，可以通过求出它们 a、b 端口的电压、电流关系

（VAR）求等效电阻，确定电路的最简形式。

（1）图 2 - 22（a）中，由 KCL 可得

$$I = 5I_1 + I_1 + \frac{12I_1}{2} = 12I_1$$

解得

$$I_1 = \frac{I}{12}$$

由 KVL 可得 a、b 端的 VAR 为

$$U = 5I + 12I_1 = 5I + 12 \times \frac{I}{12} = 6I$$

a、b 端等效电阻为

$$R = \frac{U}{I} = 6\Omega$$

根据 a、b 端的 VAR 可得图 2 - 22（a）所示电路的最简形式，如图 2 - 22（c）所示。

（2）图 2 - 22（b）中，将受控电流源与 4Ω 电阻的并联形式转换为受控电压源与 4Ω 电阻的串联形式，如图 2 - 22（d）所示。

图 2 - 22（d）中，可得其 a、b 端的 VAR 为

$$U = 4I + 8U + 10I = 14I + 8U$$

a、b 端等效电阻为

$$R = \frac{U}{I} = -2\Omega$$

根据 a、b 端的 VAR 可得图 2 - 22（b）所示电路的最简形式，如图 2 - 22（e）所示。

该例题说明，仅由电阻和受控源构成的二端网络，可等效为一个电阻，此电阻可以为正值或负值。

【例 2 - 9】　求图 2 - 23 所示电路中的电压 U。

解　图 2 - 23 所示电路中含有一个 $4I_1$ 受控电流源与 10Ω 电阻并联构成的电流源模型，如果将它变换为受控电压源与电阻串联的电压源模型，控制量 I_1 所在支路必须消去。因此本题采取保持原电路结构不变，根据电路中存在的两类约束关系求解电路。由 KVL 和 KCL 得

$$10I + 10I_1 = 10$$
$$4I_1 + I_1 = I$$

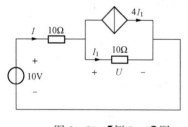

由欧姆定律得

$$U = 10I_1$$

联立求解上述三个方程得

$$U = \frac{5}{3}(\text{V})$$

图 2 - 23　【例 2 - 9】图

本 章 小 结

1. 二端网络的等效及其等效变换

（1）二端网络的等效。如果两个二端网络尽管其内部结构可以完全不同，但当它们分别

与相同的外电路连接时，端口上呈现出的伏安关系则完全相同，具有这样性质的两个网络就是等效二端网络。

（2）网络的等效变换。如果用一个网络去替换另一个网络的某一部分，替换后保持电路中未被替换部分的各处电压和电流均不变，则这种替换称为等效替换。

2. 无源电阻网络的等效变换

（1）电阻串联。n 个电阻串联其等效电阻为 $R = \sum\limits_{k=1}^{n} R_k$；分压公式为 $u_k = \dfrac{R_k}{\sum\limits_{k=1}^{n} R_k} u$。

（2）电阻并联。n 个电阻并联其等效电导为 $G = \sum\limits_{k=1}^{n} G_k$；分流公式为 $i_k = \dfrac{G_k}{\sum\limits_{k=1}^{n} G_k} i$。

（3）Y⇔△。电阻星形（Y）连接和三角形（△）连接之间的等效变换归纳为

Y→△　　　　　　　　　　$R_\triangle = \dfrac{\text{Y 形电阻两两乘积之和}}{\text{Y 形对边电阻}}$

△→Y　　　　　　　　　　$R_Y = \dfrac{\text{△形夹边电阻的乘积}}{\text{△形三个电阻之和}}$

当三个电阻相等时，有 $R_\triangle = 3R_Y$。

3. 含源网络的等效变换

（1）电源的串联等效。电源的串联等效可归纳为以下几种情况。

1）电压源串联等效。n 个电压源串联可以等效为一个电压源，该电压源的电压值为各串联电压源电压值的代数和。即

$$u_s = u_{s1} + u_{s2} + \cdots + u_{sn} = \sum_{k=1}^{n} u_{sk}$$

2）电流源串联等效。只有在各电流源的电流值相等且方向一致时才能串联，此时串联等效电路为其中任意一个电流源。

3）电流源与任意元件串联对外电路而言应等效为一个电流源。

（2）电源的并联等效。电源的串联等效可归纳为以下几种情况。

1）电流源并联等效。n 个电流源并联可以等效为一个电流源，该电流源的电流值为各并联电流源电流值的代数和。即

$$i_s = i_{s1} + i_{s2} + \cdots + i_{sn} = \sum_{k=1}^{n} i_{sk}$$

2）电压源并联等效。只有在各电压源的电压值相等且极性一致时才能并联，此时并联等效电路为其中任意一个电压源。

3）电压源与任意元件并联对外电路而言应等效为一个电压源。

（3）电源模型的等效变换。电压源模型和电流源模型等效变换的条件如下。

1）电压源模型→电流源模型时，$i_s = \dfrac{u_s}{R_s}$ 和 $R_s = R_s$，如图 2 - 24 所示。

2）电流源模型→电压源模型时，$u_s =$

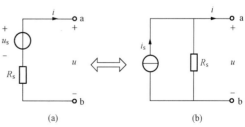

图 2 - 24　电源模型的等效变换
（a）电压源模型；（b）电流源模型

$R_s i_s$ 和 $R_s = R_s$，如图 2 - 24 所示。

（4）含受控源电路的等效。

1）受控电压源与电阻的串联组合和受控电流源与电阻的并联组合，也可以像电压源模型和电流源模型一样进行等效变换。但在变换的过程中不要将控制量所在支路消去。

2）仅由电阻和受控源构成的二端网络，可等效为一个电阻，此电阻可以为正值、负值和零。为正值，表明二端网络吸收功率；为负值，表明二端网络发出功率。

 思考题

2-1 判断下列说法哪些是正确的。

（1）两个二端网络尽管其内部结构完全不同，但当它们分别接于相同外电路时，端口上的电压和电流均相同，则这两个二端网络就是等效的。

（2）电路中没有电流的支路可以将它断开，电位相等的点可将它们短路。

（3）电压源为零值可以用短路代之；电流源为零值可以用开路代之。

（4）电流源与任何元件的串联组合就等效于电流源；电压源与任何元件并联的组合就等效于电压源。

（5）对于仅由电阻和受控源构成的二端网络，其等效电阻一定大于零。

（6）图 2 - 14（a）中电流源两端电压小于图 2 - 14（b）中电流源两端电压。

（7）流过图 2 - 17（a）中电压源的电流与流过图 2 - 17（b）中电压源的电流大小相等。

（8）两个不同电压值的电压源不能并联，两个电压值相同的电压源就能并联。

（9）两个不同电流值的电流源不能串联，两个电流值相同的电流源就能串联。

（10）理想电压源和理想电流源不能进行等效变换。

2-2 电压源模型和电流源模型等效转换的条件是什么？电压源的参考极性和电流源的参考方向有何关系？

2-3 测得一个实际电源的开路电压为 6V，当它与 2Ω 电阻相接时，该电源的端电压则降到 4V。画出这个电源的电压源模型和电流源模型。

2-4 一个电炉接到 220V 的电源上，电炉的发热元件由两个阻值分别为 30Ω 和 60Ω 的电阻组成。试问该电炉的最大功率和最小功率各是多少？

2-5 一支电压为 10V，功率为 0.5W 的测电笔接到 12V 的电源上，应串联多大的电阻才能使它正常工作？

习 题 二

2-1 求图 2 - 25 所示各电路分别在开关 S 断开和闭合两种情况下的等效电阻 R_{ab}。图 2 - 25（a）中，已知 $R_1 = R_3 = 6Ω$，$R_2 = R_4 = 3Ω$；图 2 - 25（b）中，已知 $R_1 = 12Ω$，$R_2 = 6Ω$，$R_3 = 4Ω$，$R_4 = 2Ω$；图 2 - 25（c）中，已知 $R_1 = R_4 = 2kΩ$，$R_2 = R_3 = 4kΩ$；图 2 - 25（d）中，已知 $R = 18kΩ$。

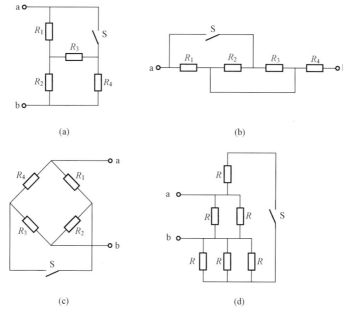

(a) (b)

(c) (d)

图 2 - 25　习题 2 - 1 图

2 - 2　求图 2 - 26 所示各电路中的 U_x。

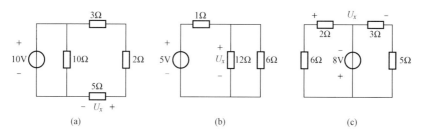

(a) (b) (c)

图 2 - 26　习题 2 - 2 图

2 - 3　如图 2 - 27 所示电路中，已知 $R=2\mathrm{k}\Omega$，要求当开关 S1、S2 相继闭合时，输出电压 U_2 分别等于输入电压 U_1 的 1/2 和 1/3，试计算 R_1 和 R_2。

2 - 4　求图 2 - 28 所示电路中的 I_1、I_2、U_{ab} 和 U_{bc}。

2 - 5　求图 2 - 29 所示电路中的等效电阻 R_{ab} 和电流 I。

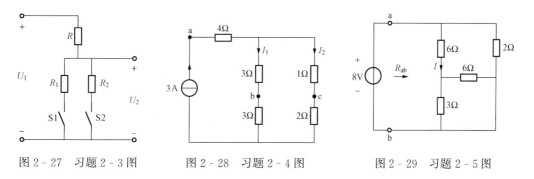

图 2 - 27　习题 2 - 3 图　　图 2 - 28　习题 2 - 4 图　　图 2 - 29　习题 2 - 5 图

2 - 6　图 2 - 30 所示电路中，已知 $I_3=1\mathrm{A}$，求电压源 U_s 的数值和它发出的功率 P_s。

2-7 图2-31所示电路是某万用表测量直流部分的电路。表头灵敏度（满刻度电流）$I_g=0.1\text{mA}$，表头内阻 $R_g=0.9\text{k}\Omega$。为了能测量不同大小的电流，一般要并联不同的分流电阻。量程要求为：$I_1=1\text{mA}$，$I_2=10\text{mA}$，$I_3=100\text{mA}$（它们分别是开关S拨到1、2和3位置，表头指示满刻度时由"+"端流入的电流），求分流电阻 R_1、R_2 和 R_3 的阻值。

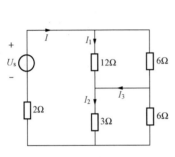

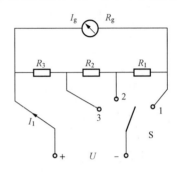

图 2-30 习题 2-6 图   图 2-31 习题 2-7 图

2-8 应用 Y-△变换，求：(1) 图 2-32 (a) 中的 I 和电流源提供的功率 P_s；(2) 图 2-32 (b) 中的电压 U。

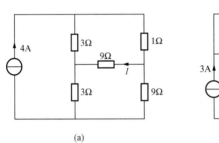

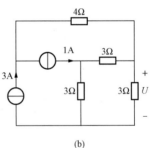

(a)   (b)

图 2-32 习题 2-8 图

2-9 将图 2-33 所示各电路化简为最简电路。

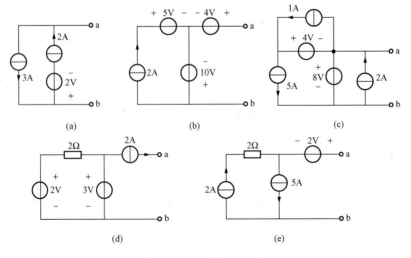

(a)   (b)   (c)

(d)   (e)

图 2-33 习题 2-9 图

2-10　求图 2-34 所示各电路的电压源模型和电流源模型。

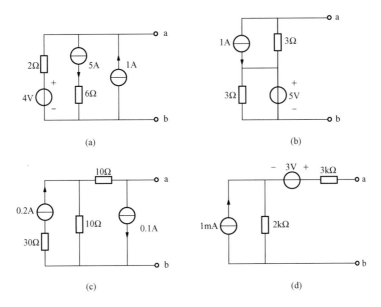

(a)　　　　　　　　　　　　　　　(b)

(c)　　　　　　　　　　　　　　　(d)

图 2-34　习题 2-10 图

2-11　用电源等效变换，求图 2-35 所示电路中的电压 U。

2-12　用电源等效变换，求图 2-36 所示电路中的电流 I 和 9V 电压源提供的功率 P_s。

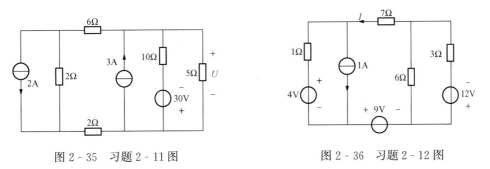

图 2-35　习题 2-11 图　　　　　　　　　图 2-36　习题 2-12 图

2-13　将图 2-37 所示电路化为最简形式。将图 2-37 中受控电流源 $2I$ 反向后，再求其最简形式。

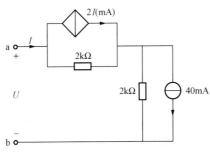

图 2-37　习题 2-13 图

2-14　求图 2-38（a）、（b）所示电路中的等效电阻 R_{ab}。

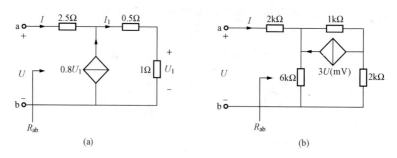

图 2 - 38　习题 2 - 14 图

2 - 15　求图 2 - 39 所示电路中的电压 U。

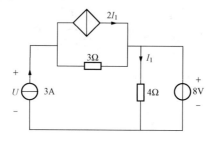

图 2 - 39　习题 2 - 15 图

第三章　电阻电路的一般分析方法

　　前面讨论了简单电路的分析计算方法。本章介绍复杂电路❶的一般分析计算方法，如支路电流法、网孔分析法、回路分析法、节点分析法等。

　　电阻电路的一般分析方法包括支路电流法、网孔分析法、回路分析法、节点分析法等。这些方法是在不改变电路结构的情况下，以减少电路方程数为目的，选择一组合适的电路变量。根据电路中存在的两类约束建立独立的方程组，求得电路变量，进而求得所需物理量。这些分析方法，不仅适用于直流电路，也适用于正弦稳态电路。

第一节　支路电流法

　　支路电流法是以支路电流为电路变量，根据电路中存在的两类约束关系：KCL、KVL和元件的 VAR，对独立的节点和独立回路建立方程组，求出各支路电流，再进一步求得所需物理量的方法。这种方法是分析电路的最基本方法。

　　独立方程是指：由 n 个方程组成的方程组中，其中任何一个方程都不能通过其余 $n-1$ 个方程的线性组合得到，则这组方程是独立的，否则是非独立的。

　　独立节点方程是指：对于含 n 个节点的电路，有 $n-1$ 个节点是独立的。对其中任意 $n-1$ 个节点列 KCL 方程，则是独立节点方程。

　　独立回路方程是指：对于含有 b 条支路，n 个节点的平面电路，有 $m=b-(n-1)$ 个独立的回路，对其中任意 $b-(n-1)$ 个回路列 KVL 方程，则是独立回路方程。而平面电路的网孔数一定等于 $b-(n-1)$，所以网孔一定是独立回路。对于电路中的网孔列 KVL 方程，则一定是独立回路方程。

　　因此，对于含有 n 个节点、b 条支路的平面电路而言，有 b 个未知量需要求解。只要列出（$n-1$）个节点的 KCL 方程和 $b-(n-1)$ 个回路的 KVL 方程或各网孔的 KVL 方程，由它们组成的方程组一定是独立的，而且对于求解 b 个未知量是够数的。

　　下面结合具体电路加以说明。如图 3-1 所示电路中，设各电压源和电阻均为已知量，用支路电流法求解各支路电流。

　　图 3-1 所示电路中有四个节点 $n=4$，六条支

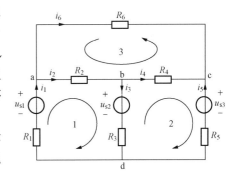

图 3-1　支路电流法示例

---

❶　复杂电路：一般指不能通过电阻串联、并联、混联和 Y—△转换等方法变为单回路或双节点的电路，反之，则是简单电路。

路 $b=6$，以支路电流为电路变量需要建立六个独立方程。

（1）选定各支路电流 i_1、i_2、i_3、i_4、i_5 和 i_6 的参考方向如图 3 - 1 所示。

（2）应用 KCL 列出 $n-1=3$ 个独立节点电流方程。选择图 3 - 1 中节点 a、b、c 列 KCL 方程为

节点 a $\qquad\qquad\qquad i_1-i_2-i_6=0$ $\qquad\qquad\qquad$ (3 - 1)

节点 b $\qquad\qquad\qquad i_2-i_3-i_4=0$ $\qquad\qquad\qquad$ (3 - 2)

节点 c $\qquad\qquad\qquad i_4+i_5+i_6=0$ $\qquad\qquad\qquad$ (3 - 3)

显然，式（3 - 1）～式（3 - 3）三个节点方程中的任意一个方程都不可能由另外两个方程推导得到，所以它们是相互独立的。若对节点 d 再列一个节点方程：$-i_1+i_3-i_5=0$，不难看出，将上述三个方程相加的结果就是节点 d 的节点方程。由此说明，具有四个节点的电路，只能得到三个独立节点方程，至于选择哪三个节点列方程则是任意的。

（3）应用 KVL 和欧姆定律，列出以支路电流为变量的 $m=b-(n-1)=3$ 个独立回路方程或网孔方程。选择图 3 - 1 中回路 1、2 和 3，即三个网孔，列 KVL 方程，设各回路的绕行方向如图 3 - 1 所示，则

回路 1 $\qquad\qquad R_1i_1+R_2i_2+R_3i_3-u_{s1}+u_{s2}=0$ $\qquad\qquad$ (3 - 4)

回路 2 $\qquad\qquad -R_3i_3+R_4i_4-R_5i_5-u_{s2}+u_{s3}=0$ $\qquad\qquad$ (3 - 5)

回路 3 $\qquad\qquad R_2i_2+R_4i_4-R_6i_6=0$ $\qquad\qquad$ (3 - 6)

显然，上述三个回路方程中的任意一个方程都不可能由另外两个方程推导得到，所以它们是相互独立的。不难看出，如果将回路 1 和回路 2 方程相加可以得到

$$R_1i_1+R_2i_2+R_4i_4-R_5i_5-u_{s1}+u_{s3}=0$$

此方程正好是回路 abcda 的回路方程。同样还有三个回路方程都可以由上述三个独立方程的线性组合推出。由此说明，具有四个节点、六条支路的电路，只能得到三个独立回路方程，至于选择哪三个回路列方程则是任意的。

（4）联立求解式（3 - 1）～式（3 - 6）六个独立方程，即可求得电路中各支路电流。

归纳应用支路电流法求解电路的步骤为：

（1）标出各支路电流参考方向；

（2）对电路中 $n-1$ 个独立节点列出 KCL 方程；

（3）对电路中 $m=b-(n-1)$ 个独立回路列出 KVL 方程；

（4）联立求解上述 b 个方程，得到各支路电流。

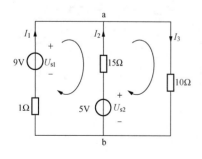

图 3 - 2 【例 3 - 1】图

【例 3 - 1】 求图 3 - 2 所示电路中两个电压源各自发出的功率。

解 首先应用支路电流法求出支路电流 I_1 和 I_2，进而求两个电压源发出的功率。因为该电路中 $n=2$，$b=3$，故独立节点 $n-1=1$，独立回路 $m=b-(n-1)=2$，则需要列出一个独立节点的 KCL 方程和两个独立回路的 KVL 方程。设各支路电流参考方向和两个网孔的绕行方向如图 3 - 2 所示。

对 a 节点列 KCL 方程为

$$I_1+I_2-I_3=0$$

对两网孔列 KVL 方程为

$$I_1 - 9 - 15I_2 + 5 = 0$$
$$-5 + 15I_2 + 10I_3 = 0$$

联立求解得

$$I_1 = 1(\text{A}), \quad I_2 = -0.2(\text{A})$$

电压源 U_{s1} 发出的功率为

$$P_{s1} = U_{s1}I_1 = 9 \times 1 = 9(\text{W})$$

电压源 U_{s2} 发出的功率为

$$P_{s2} = U_{s2}I_2 = 5 \times (-0.2) = -1(\text{W})$$

"一" 号表示该电源吸收功率。

【例 3 - 2】　电路如图 3 - 3（a）所示，应用支路电流法列出求解各支路电流所需的方程。

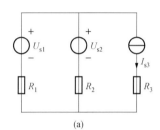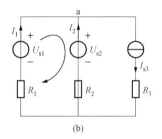

图 3 - 3　【例 3 - 2】图

解　该电路中节点数 $n = 2$，网孔数 $m = 2$，支路数 $b = 3$，其中一条支路是由电流源与电阻串联构成，电流为已知，故只要解出另两条支路的电流，需要两个独立方程即可。它们分别是一个独立的 KCL 方程和一个独立的 KVL 方程。设各支路电流 I_1、I_2 的参考方向和网孔的绕行方向如图 3 - 3（b）所示。

图 3 - 3（b）中，对节点 a 列 KCL 方程为

$$I_1 + I_2 - I_{s3} = 0$$

对左边网孔列 KVL 方程为

$$R_1 I_1 - U_{s1} + U_{s2} - R_2 I_2 = 0$$

联立求解上述两个方程即可求得 I_1 和 I_2。

【例 3 - 3】　应用支路电流法列出图 3 - 4 所示电路的方程。

解　因该电路中 $n = 3$，$b = 5$，故 $n - 1 = 2$，$m = b - (n - 1) = 3$，需要列出两个独立节点的 KCL 方程和三个独立回路的 KVL 方程。电路中含有受控源，还要列出控制量 U 与方程变量（支路电流）关系的附加方程。设各支路电流的参考方向和三个独立回路（选三个网孔）的绕行方向如图 3 - 4 所示。

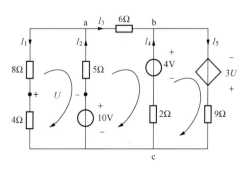

图 3 - 4　【例 3 - 3】图

对两个节点 a、b 列 KCL 方程为

$$-I_1 + I_2 - I_3 = 0$$
$$I_3 + I_4 - I_5 = 0$$

对三个网孔列 KVL 方程为

$$-12I_1 - 5I_2 + 10 = 0$$
$$-10 + 5I_2 + 6I_3 + 4 - 2I_4 = 0$$
$$2I_4 - 4 - 3U + 9I_5 = 0$$

上述五个方程中含有六个未知量，要解出五条支路的电流还需要建立一个方程，这个方程应该由受控源的控制量 U 与支路电流之间存在的关系来提供，即为

$$U = 4I_1 - 10$$

或

$$U = -8I_1 - 5I_2$$

用支路电流法求解电路的优势是它的直效性，即方程的变量就是支路电流也就是所需求解的结果。但由于独立方程数等于电路的支路数，对于支路数较多的电路，列解方程组的工作量比较大。为此，需要寻找既能减少独立方程数又能方便电路计算的方法，这就是本章下面几节要讨论的问题。

第二节　网 孔 分 析 法

网孔分析法是以网孔电流作为电路变量，根据 KVL 列出网孔的电压方程，求出网孔电流，再进一步求得支路电流的方法。这种方法仅适用于平面电路。

一、网孔电流

网孔电流是一种沿着电路中网孔边界流动的假想电流，如图 3-5 中虚线所示的电流 i_{m1}、i_{m2} 和 i_{m3}。网孔电流没有物理含义，只是为了减少电路变量而提出的，电路中真正流动的是支路电流。网孔电流是否能够作为电路的变量，这需要看它是否是一组独立的并且完备的变量。

（1）网孔电流是一组独立的变量。这是因为每一个网孔电流只能沿着网孔流动，当它流经某节点时不会被分流，而是以同样大小流出该节点，因而自身满足 KCL。而各网孔电流之间则不能通过 KCL 建立关系，它们之间是线性无关的，因此，网孔电流是一组独立的变量。

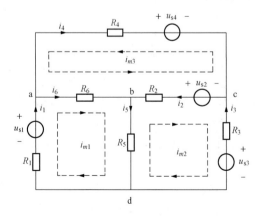

图 3-5　网孔分析法示例

（2）网孔电流是一组完备的变量。从图 3-5 可以看出，电路中所有的支路电流都可以用网孔电流表示。任何一条支路一定属于一个或两个网孔，如果属于一个网孔，那么该支路电流就等于网孔电流，如 $i_1 = i_{m1}$，$i_3 = -i_{m2}$，$i_4 = -i_{m3}$；如果属于两个网孔，那么该支路电流就等于流过它的两个网孔电流的代数和，如 $i_2 = -(i_{m3} + i_{m2})$，$i_6 = i_{m1} + i_{m3}$，$i_5 = i_{m1} - i_{m2}$。可见，一旦求出网孔电流，则所有支路电流就可随之确定，这样网孔电流就是一组完备变量。

所以，网孔电流是一组完备的独立变量，可以作为电路变量。

二、网孔分析法

仍以图 3 - 5 所示电路为例，选择网孔的绕行方向与网孔电流 i_{m1}、i_{m2} 和 i_{m3} 的参考方向一致。以网孔电流为变量，写出三个网孔的 KVL 方程为

$$R_1 i_{m1} - u_{s1} + R_6(i_{m1} + i_{m3}) + R_5(i_{m1} - i_{m2}) = 0$$
$$R_2(i_{m2} + i_{m3}) + u_{s2} + R_3 i_{m2} + u_{s3} + R_5(i_{m2} - i_{m1}) = 0$$
$$R_6(i_{m1} + i_{m3}) + R_2(i_{m2} + i_{m3}) + u_{s2} - u_{s4} + R_4 i_{m3} = 0$$

整理后得

$$\left. \begin{aligned} (R_1 + R_5 + R_6)i_{m1} - R_5 i_{m2} + R_6 i_{m3} &= u_{s1} \\ -R_5 i_{m1} + (R_2 + R_3 + R_5)i_{m2} + R_2 i_{m3} &= -u_{s2} - u_{s3} \\ R_6 i_{m1} + R_2 i_{m2} + (R_2 + R_4 + R_6)i_{m3} &= -u_{s2} + u_{s4} \end{aligned} \right\} \quad (3 - 7)$$

式（3 - 7）就是以网孔电流为变量的网孔方程，可以进一步概括为一般形式

$$\left. \begin{aligned} R_{11} i_{m1} + R_{12} i_{m2} + R_{13} i_{m3} &= u_{s11} \\ R_{21} i_{m1} + R_{22} i_{m2} + R_{23} i_{m3} &= u_{s22} \\ R_{31} i_{m1} + R_{32} i_{m2} + R_{33} i_{m3} &= u_{s33} \end{aligned} \right\} \quad (3 - 8)$$

式（3 - 8）中，具有相同下标的电阻 R_{11}、R_{22} 和 R_{33} 称为网孔的自电阻，它们分别是各自网孔中所有电阻之和，例如 $R_{11} = R_1 + R_5 + R_6$，$R_{22} = R_2 + R_3 + R_5$，$R_{33} = R_2 + R_4 + R_6$。当网孔的绕行方向与网孔电流方向一致时，自电阻都是正值。具有不同下标的电阻 R_{12}、R_{13}、R_{21}、R_{23}、R_{31} 和 R_{32}，称为互电阻，它们分别是两个网孔之间公共支路上的电阻。互电阻可为正值，也可为负值，当两个网孔电流以相同方向流过公共电阻时取正值，例如 $R_{13} = R_{31} = R_6$；当两个网孔电流以相反方向流过公共电阻时取负值，例如 $R_{12} = R_{21} = -R_5$。u_{s11}、u_{s22} 和 u_{s33} 分别是各个网孔中所有电压源电压升的代数和，即绕行方向从电压源的"－"极到"＋"极时，取正值，反之取负值，例如 $u_{s33} = -u_{s2} + u_{s4}$。

对具有 m 个网孔的平面电路，亦可推出其网孔方程的一般形式为

$$\left. \begin{aligned} R_{11} i_{m1} + R_{12} i_{m2} + \cdots + R_{1m} i_{mm} &= u_{s11} \\ R_{21} i_{m1} + R_{22} i_{m2} + \cdots + R_{2m} i_{mm} &= u_{s22} \\ \vdots \\ R_{m1} i_{m1} + R_{m2} i_{m2} + \cdots + R_{mm} i_{mm} &= u_{smm} \end{aligned} \right\} \quad (3 - 9)$$

根据以上讨论，可以归纳出用网孔分析法求解电路的步骤为：

（1）在电路中标明网孔电流的参考方向，并以此方向作为网孔的绕行方向；

（2）按照式（3 - 9）列网孔方程；

（3）联立方程组，求解各网孔电流；

（4）选择各支路电流的参考方向，根据支路上流过网孔电流的代数和，求得支路电流。

【例 3 - 4】 如图 3 - 5 所示电路，已知：$R_1 = R_2 = 1\Omega$，$R_3 = R_6 = 2\Omega$，$R_4 = R_5 = 3\Omega$，$u_{s1} = 10V$，$u_{s2} = 4V$，$u_{s3} = u_{s4} = 6V$。试用网孔分析求各支路电流。

解 按式（3 - 7）列出网孔方程为

$$(1 + 3 + 2)i_{m1} - 3i_{m2} + 2i_{m3} = 10$$
$$-3i_{m1} + (1 + 2 + 3)i_{m2} + i_{m3} = -4 - 6$$
$$2i_{m1} + i_{m2} + (1 + 3 + 2)i_{m3} = -4 + 6$$

整理得

$$6i_{m1} - 3i_{m2} + 2i_{m3} = 10$$
$$-3i_{m1} + 6i_{m2} + i_{m3} = -10$$
$$2i_{m1} + i_{m2} + 6i_{m3} = 2$$

联立上述方程，解得各网孔电流为

$$i_{m1} = 1(\text{A}), \quad i_{m2} = -1.2(\text{A}), \quad i_{m3} = 0.2(\text{A})$$

各支路电流为

$$i_1 = i_{m1} = 1(\text{A})$$
$$i_2 = -(i_{m2} + i_{m3}) = -(-1.2 + 0.2) = 1(\text{A})$$
$$i_3 = -i_{m2} = 1.2(\text{A})$$
$$i_4 = -i_{m3} = -0.2(\text{A})$$
$$i_5 = i_{m1} - i_{m2} = 1 - (-1.2) = 2.2(\text{A})$$
$$i_6 = i_{m1} + i_{m3} = 1 + 0.2 = 1.2(\text{A})$$

从本例可见图 3 - 5 中，有 6 条支路，若用支路电流法求解支路电流需要列 6 个独立方程，而用网孔分析法求解，则只需要列 3 个方程，简化了电路的计算。

【**例 3 - 5**】 用网孔分析法列出图 3 - 6 （a）、（b）、（c）所示电路的网孔方程（含附加方程）。

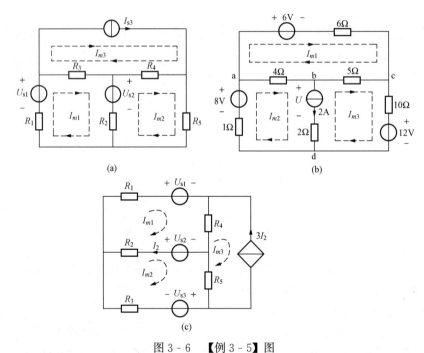

图 3 - 6 【例 3 - 5】图

解 （1）图 3 - 6 （a）所示电路中，设网孔电流分别为 I_{m1}、I_{m2} 和 I_{m3}。显然，电流源 I_{s3} 的电流就是网孔电流 I_{m3}，这样只需要列两个网孔方程。选择各网孔的绕行方向与网孔电流 I_{m1}、I_{m2} 的参考方向一致。列出网孔方程为

$$(R_1 + R_2 + R_3)I_{m1} - R_2 I_{m2} - R_3 I_{m3} = U_{s1} - U_{s2}$$
$$-R_2 I_{m1} + (R_2 + R_4 + R_5)I_{m2} - R_4 I_{m3} = U_{s2}$$

$$I_{m3} = I_{s3}$$

（2）图 3 - 6（b）所示电路中，2A 电流源支路为两个网孔所共有，其电流不能作为网孔电流。电流源两端是有电压的，假设为 U，在列网孔方程时应将其考虑在内。由于 U 也是一个未知量，故需要补充一个方程，该方程应为电流源的电流与网孔电流关系的方程。选择各网孔的绕行方向与网孔电流 I_{m1}、I_{m2} 和 I_{m3} 的参考方向一致。列出网孔方程为

$$15I_{m1} - 4I_{m2} - 5I_{m3} = -6$$
$$-4I_{m1} + 7I_{m2} - 2I_{m3} = 8 - U$$
$$-5I_{m1} - 2I_{m2} + 17I_{m3} = -12 + U$$

显然，上述三个方程中有四个未知量，要解出这四个未知量，还需要补充一个方程，该方程是电流源支路的电流等于两个网孔电流的代数和，即为

$$I_{m2} - I_{m3} = 2$$

联立求解上述四个方程，即可解出四个未知量，I_{m1}、I_{m2}、I_{m3} 和 U。

（3）如图 3 - 6（c）所示电路中含有一个受控电流源，在列写网孔方程时，先将受控源当作独立源处理，列出方程，但会在方程组中多出一个未知量 I_2。为了解出所有的未知量，需附加一个方程，该方程应该是一个建立受控源的控制量 I_2 与网孔电流之间关系的方程。选择各网孔的绕行方向与网孔电流 I_{m1}、I_{m2} 和 I_{m3} 的参考方向一致。列出网孔方程为

$$(R_1 + R_2 + R_4)I_{m1} - R_2 I_{m2} - R_4 I_{m3} = -U_{s1} + U_{s2}$$
$$-R_2 I_{m1} + (R_2 + R_3 + R_5)I_{m2} - R_5 I_{m3} = -U_{s2} - U_{s3}$$
$$I_{m3} = -3I_2$$

附加方程为
$$I_2 = I_{m1} - I_{m2}$$

【例 3 - 6】　电路如图 3 - 7 所示，求各支路电流和 4V 电压源、$6I_2$ 受控电压源各自发出的功率。

解　应用网孔分析法，设两个网孔电流为 I_{m1} 和 I_{m2}，并以此作为回路的绕行方向。列出网孔方程为

$$5I_{m1} - 3I_{m2} = 4$$
$$-3I_{m1} + 4I_{m2} = 6I_2$$

控制量 I_2 与网孔电流关系为
$$I_2 = I_{m2} - I_{m1}$$

联立求解得

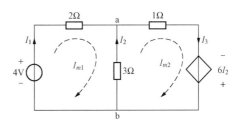

图 3 - 7　【例 3 - 6】图

$$I_{m1} = 8(\text{A}), \quad I_{m2} = 12(\text{A})$$

再设支路电流 I_1 和 I_3，得

$$I_1 = I_{m1} = 8(\text{A})$$
$$I_3 = I_{m2} = 12(\text{A})$$
$$I_2 = I_{m2} - I_{m1} = 12 - 8 = 4(\text{A})$$

4V 电压源发出的功率为

$$P_s = 4I_1 = 4 \times 8 = 32(\text{W})$$

$6I_2$ 受控电压源发出的功率为

$$P_F = 6I_2 \times I_3 = 6 \times 4 \times 12 = 288(\text{W})$$

通过以上例题可见，如果电路中含有受控源，则在列写网孔方程时，应先将受控源当作独立源列出方程，再补充控制量与网孔电流（电路变量）关系的方程，联立求解得出结果。

第三节　回 路 分 析 法

回路分析法是以独立回路电流为电路变量，根据 KVL 列出独立回路电压方程，求出回路电流，再进一步求得支路电流的方法。这种方法不仅适用于平面电路，而且适用于非平面电路。为了讨论回路分析法，首先需要掌握电路的线图、树、基本回路等概念。

一、线图、树和基本回路

1. 线图

由于 KCL 和 KVL 只是分别对电路中节点上的支路电流和回路中的支路电压产生约束关系。而这些约束关系与各支路元件的性质无关，因此，在研究这些约束关系时可以不考虑元件的性质，而用线段来表示各支路。

用线段表示电路中各支路后，电路便抽象为几何结构图，这种结构图就称为线图，图 3 - 8（b）即为图 3 - 8（a）所示电路图的线图。若线图中每条支路都规定一个方向并用箭头表示，则该图称为有向线图，如图 3 - 8（c）所示。

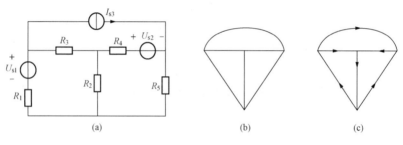

图 3 - 8　电路及其线图

（a）电路图；（b）线图；（c）有向线图

建立线图概念以后，支路、节点、回路、网孔可以定义为：在线图中，支路就是线段，节点就是线段的端点，回路就是任何闭合线，网孔就是内部不含线段的闭合线。

2. 树

连接线图中所有节点，而不构成任何闭合路径的支路组合，称为树。构成树的所有支路称为树支，通常用粗线表示，其余支路称为连支。同一个线图常对应着多个不同的树，图 3 - 9（a）～图 3 - 9（c）中粗线为图 3 - 8（a）所示电路的三种树。

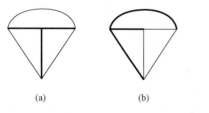

图 3 - 9　线图的三种树

（a）图 3 - 8（a）所示电路的树之一；（b）图 3 - 8（a）所示电路的树之二；（c）图 3 - 8（a）所示电路的树之三

对于一个具有 n 个节点，b 条支路的线图，树支数恒等于 $n-1$，则连支数恒等于 $b-(n-1)$，显然，树支数即为独立节点数，而连支数即为独立回路数。

3. 基本回路

很明显，在线图的树确定后，只要接上一条连支，就会构成一个闭合回路。这个闭合回路是仅由一条连支和多条树支构成的回路，称为基本回路。显然，基本回路数等于连支数恒等于 $b-(n-1)$，也等于独立回路数。如选择图 3-9（b）所示的树，分别加上连支 A、B、C，就构成三个基本回路 1、2、3，在图中用虚线表示，如图 3-10 所示。

在平面电路的线图中，通常可以选取一树，使得每接上一条连支所得到的基本回路就是网孔，如选择图 3-9（a）所示的树，则基本回路就是网孔，如图 3-11 所示。当然亦有选不出这样一种树使得网孔就是基本回路的情况。

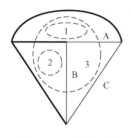

图 3-10　基本回路

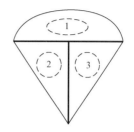

图 3-11　基本回路选为网孔

二、回路分析法

与网孔电流类似，回路电流是一种沿着电路中独立回路边界流动的假想电流。通常选取基本回路作为独立回路，此时基本回路电流就是相应的连支电流。由于每个基本回路中包含一条其他基本回路所没有的连支，所以连支电流是独立的。又因为树支电流是连支电流的代数和，所以连支电流是完备的，因而连支电流是一组完备的独立变量。也就可以用独立回路电流即连支电流作为电路变量来建立回路电压方程。对于具有 n 个节点，b 条支路的电路，有 $m=b-(n-1)$ 个独立回路（基本回路），故有 m 个独立回路电流，回路方程的一般形式为

$$\left.\begin{array}{c} R_{11}i_{m1}+R_{12}i_{m2}+\cdots+R_{1m}i_{mm}=u_{s11} \\ R_{21}i_{m1}+R_{22}i_{m2}+\cdots+R_{2m}i_{mm}=u_{s22} \\ \vdots \\ R_{m1}i_{m1}+R_{m2}i_{m2}+\cdots+R_{mm}i_{mm}=u_{smm} \end{array}\right\} \quad (3-10)$$

式中：电流为独立回路电流；而其他各量的含义，正、负的确定方法以及列方程的规律均类似于网孔分析法。

一个电路的基本回路有多种选择，回路分析法与网孔分析法相比有着更大的灵活性。在列回路电压方程时，应尽可能将独立电流源、受控电流源和控制量所在支路等作为连支。这样就使得这些支路均分别只属于一个基本回路，该回路方程则不需要再列出，以减少列电路方程的数目。

【例 3-7】　用回路分析法求图 3-12（a）所示电路中的支路电流。

解　画出图 3-12（a）所示电路的线图如图 3-12（b）所示，其中粗线是所选取的树，2A 电流源所在支路作为连支，这样三个连支电流只有两个是未知量。设三个连支电流即回路电流为 I_{m1}、I_{m2}、I_{m3}，并以此方向作为回路的绕行方向，如图 3-12（a）、（b）所示。在图 3-12（a）中列出回路方程为

$$(6+5+4)I_{m1}-4I_{m2}+(4+5)I_{m3}=-6$$
$$(4+5)I_{m1}-(1+4)I_{m2}+(1+4+5+10)I_{m3}=12-8$$

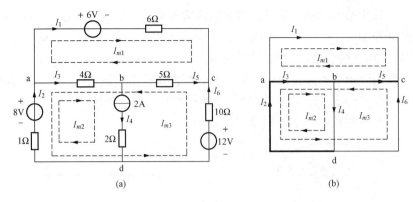

图 3 - 12　【例 3 - 7】图

（a）原电路；（b）选取树的线图

$$I_{m2} = 2$$

整理上述三个方程，得

$$15I_{m1} + 9I_{m3} = 2$$
$$9I_{m1} + 20I_{m3} = 14$$

联立上述两个方程，解得

$$I_{m1} = -0.39(\text{A}), \quad I_{m3} = 0.88(\text{A})$$

各支路电流包括连支电流和树支电流，其中连支电流为

$$I_1 = I_{m1} = -0.39(\text{A}), \quad I_4 = I_{m2} = 2(\text{A}), \quad I_6 = I_{m3} = 0.88(\text{A})$$

树支电流为

$$I_2 = I_{m2} - I_{m3} = 1.12(\text{A})$$
$$I_3 = -I_{m1} + I_{m2} - I_{m3} = 1.51(\text{A})$$
$$I_5 = -I_{m1} - I_{m3} = -0.49(\text{A})$$

此电路即为例 3 - 5 中图 3 - 6（b）所示电路，可见用网孔分析法求解网孔电流共需要四个方程。本例采用回路分析法，将电流源所在支路作为连支来选择基本回路可以减少回路的未知电流数，从而减少列回路方程的数目。

【例 3 - 8】　电路如图 3 - 13（a）所示，用回路分析法求解电流 I。

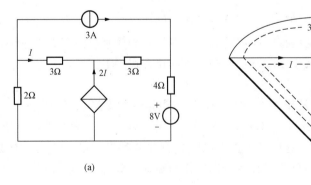

图 3 - 13　【例 3 - 8】图

（a）原电路；（b）选取树的线图

解 画出图 3-13（a）所示电路的线图，在选取树时，应分别将电流源支路、受控电流源支路和控制量支路作为三条连支，这样，三个基本回路电流分别为 3A、2I 和 I，如图 3-13（b）所示。此时，只有一个未知电流 I 需要求解，因此只要对 I 所流过的回路列回路方程为

$$(3+3+4+2)I+(3+4)\times 2I+(2+4)\times 3 =-8$$

解得

$$I =-1(A)$$

第四节 节点分析法

节点分析法是以电路中的节点电压为电路变量，根据 KCL 对独立节点建立用节点电压表示支路电流的方程，求出节点电压，再进一步求得支路电压、电流的方法。

一、节点电压

在电路中任意选择一个节点作为参考节点，则其他各节点到参考节点之间的电压称为该节点的节点电压。节点电压是一组独立的变量。以图 3-14 所示电路为例，电路中有四个节点，若选节点 4 为参考节点，则其他三个节点到参考节点的电压分别为 u_{n1}、u_{n2} 和 u_{n3}。在电路中任意选择一个回路，用节点电压表示支路电压，列 KVL 方程，其代数和恒等于零。如沿 G_4、G_3 和 G_1 支路所构成的回路，列 KVL 方程为 $u_{n1}-u_{n3}+u_{n3}-u_{n2}+u_{n2}-u_{n1}=0$。显然，各节点电压之间不能通过 KVL 建立关系，说明它们是线性无关的，因此，节点电压是一组独立的变量。

节点电压是一组完备的变量。从图 3-14 可以看出，电路中所有的支路电压都可以用节点电压表示。任何一条支路一定接在一个节点和参考节点之间或接在两个节点之间。对于前者，支路电压就是节点电压，如：$u_{14}=u_{n1}$，$u_{24}=u_{n2}$，$u_{34}=u_{n3}$，对于后者支路电压就等于两个相关节点的节点电压之差，如：$u_{12}=u_{n1}-u_{n2}$，$u_{13}=u_{n1}-u_{n3}$，$u_{23}=u_{n2}-u_{n3}$。可见，一旦求出节点电压，所有支路电压就可确定，这样，节点电压又是一组完备的变量。

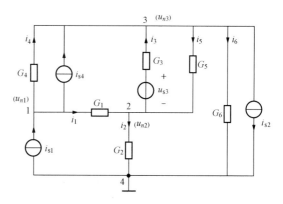

图 3-14 节点分析法示例

所以，节点电压是一组完备的独立变量，可以作为电路变量。

二、节点分析法

仍以图 3-14 所示电路为例，此电路有四个节点，选取节点 4 为参考节点，即 $u_{n4}=0$，还有三个独立节点的电压 u_{n1}、u_{n2} 和 u_{n3} 需要确定。对节点 1、2 和 3 运用 KCL，可得

$$\left.\begin{array}{l} -i_1-i_4+i_{s1}-i_{s4}=0 \\ i_1-i_2-i_3+i_5=0 \\ i_3+i_4-i_5-i_6-i_{s2}+i_{s4}=0 \end{array}\right\} \tag{3-11}$$

用节点电压表示各支路电流，根据欧姆定律可得

$$
\left.
\begin{aligned}
i_1 &= G_1(u_{n1} - u_{n2}) \\
i_2 &= G_2 u_{n2} \\
i_3 &= G_3(u_{s3} + u_{n2} - u_{n3}) \\
i_4 &= G_4(u_{n1} - u_{n3}) \\
i_5 &= G_5(u_{n3} - u_{n2}) \\
i_6 &= G_6 u_{n3}
\end{aligned}
\right\}
\tag{3-12}
$$

将式（3-12）代入式（3-11），整理后得

$$
\left.
\begin{aligned}
(G_1+G_4)u_{n1} - G_1 u_{n2} - G_4 u_{n3} &= i_{s1} - i_{s4} \\
-G_1 u_{n1} + (G_1+G_2+G_3+G_5)u_{n2} - (G_3+G_5)u_{n3} &= -G_3 u_{s3} \\
-G_4 u_{n1} - (G_3+G_5)u_{n2} + (G_3+G_4+G_5+G_6)u_{n3} &= -i_{s2} + i_{s4} + G_3 u_{s3}
\end{aligned}
\right\}
\tag{3-13}
$$

式（3-13）就是以节点电压为变量的节点方程，可概括为一般形式为

$$
\left.
\begin{aligned}
G_{11}u_{n1} + G_{12}u_{n2} + G_{13}u_{n3} &= i_{s11} \\
G_{21}u_{n1} + G_{22}u_{n2} + G_{23}u_{n3} &= i_{s22} \\
G_{31}u_{n1} + G_{32}u_{n2} + G_{33}u_{n3} &= i_{s33}
\end{aligned}
\right\}
\tag{3-14}
$$

式（3-14）中，具有相同下标的电导 G_{11}、G_{22}、G_{33} 称为独立节点的自电导，它们分别是连接在各对应节点上所有支路电导之和。例如 $G_{11}=G_1+G_4$，$G_{22}=G_1+G_2+G_3+G_5$，$G_{33}=G_3+G_4+G_5+G_6$，自电导总是正值。具有不同下标的电导 G_{12}、G_{13}、G_{21}、G_{23}、G_{31}、G_{32} 称为互电导，它们分别是两个相关节点之间各支路的电导之和，例如 $G_{12}=G_{21}=-G_1$；$G_{23}=G_{32}=-(G_3+G_5)$，互电导总是负值。i_{s11}、i_{s22}、i_{s33} 分别是流入对应节点的电流源电流的代数和。对于电压源与电阻的串联支路可以转换为电流源与电阻的并联支路，从而求出流入节点的电流源电流。电流源电流以流入节点为正，流出节点为负。例如 $i_{s33}=-i_{s2}+i_{s4}+G_3 u_{s3}$。

对具有 $n-1$ 个独立节点的电路，亦可推出其节点方程的一般形式为

$$
\left.
\begin{aligned}
G_{11}u_{n1} + G_{12}u_{n2} + \cdots + G_{1(n-1)}u_{n(n-1)} &= i_{s11} \\
G_{21}u_{n1} + G_{22}u_{n2} + \cdots + G_{2(n-1)}u_{n(n-1)} &= i_{s22} \\
&\cdots \\
G_{(n-1)1}u_{n1} + G_{(n-1)2}u_{n2} + \cdots + G_{(n-1)(n-1)}u_{n(n-1)} &= i_{s(n-1)(n-1)}
\end{aligned}
\right\}
\tag{3-15}
$$

应用节点分析法求解电路的步骤如下：

（1）选择电路中某一节点为参考节点，用符号"⊥"表示，标出其余各节点电压；

（2）按照式（3-15）列节点方程；

（3）联立方程组，求解各节点电压；

（4）选择各支路电流的参考方向，根据节点电压求得支路电流。

【例3-9】 列出图3-15（a）所示电路的节点电压方程。

解 设图3-15（a）所示电路中节点1、2、3和4的节点电压分别为 U_1、U_2、U_3 和 U_4，如图3-15（b）和图3-15（c）所示。

解法一 图3-15（a）所示电路中，若选择节点3为参考节点，令 $U_3=0$。因为2V电压源支路存在电流，设其为 I，如图3-15（b）所示。分别列出节点1、2和4的节点电压方程为

$$(1+2)U_1 - 2U_2 = 2\times1 + I$$

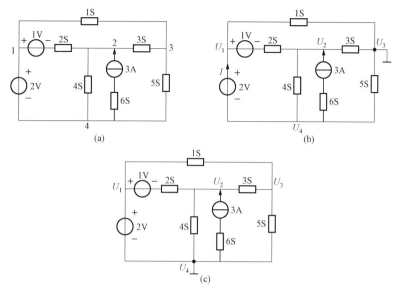

图 3-15　【例 3-9】图

(a) 原电路；(b) 节点 3 为参考点电路；(c) 节点 4 为参考点电路

$$-2U_1 + (2+3+4)U_2 - 4U_4 = -2 \times 1 + 3$$
$$-4U_2 + (4+5)U_4 = -3 - I$$

上述三个方程中有四个未知量，要解出它们，还需补充一个方程，该方程是节点电压与电压源电压之间关系的方程为

$$U_1 - U_4 = 2$$

解法二　图 3-15（a）所示电路中，若选择节点 4 为参考节点，令 $U_4 = 0$，如图 3-15（c）所示。显然 $U_1 = 2V$ 为已知，故无须再对节点 1 列方程。分别列出节点 2 和 3 的节点电压方程为

$$-2U_1 + (2+3+4)U_2 - 3U_3 = -2 \times 1 + 3$$
$$-1U_1 - 3U_2 + (1+3+5)U_3 = 0$$

比较上述两种解法，显然解法二比较简单。在列节点电压方程时应注意以下几点：

（1）对于电路中仅含一个独立电压源支路的情况，常选独立电压源一端为参考节点，这样，另一端的节点电压就为已知量，据此可减少节点方程数。

（2）在列节点电压方程时，与电流源串联的电导或电阻不再写入方程中（如上例中 6S），因为该支路的电流已经由电流源的电流值决定，而与串联的元件无关，应将串联元件短路。

（3）理想电压源中是有电流的（如上例中 2V 电压源），应作假设，在列相关节点方程时不应遗漏。

【例 3-10】　电路如图 3-16 所示，用节点分析法，求电路中各支路电压、电流和三个电源发出的功率 P_{s1}、P_{s2}、P_{s3}。

解　选择电路中节点 c 为参考节点，设节点 a 和 b 的节点电压分别为 U_a 和 U_b，则节点方程为

节点 a　　　　$(1+1)U_a - U_b = -10 + 1$

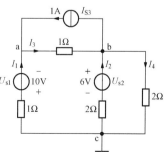

图 3-16　【例 3-10】图

节点 b $\qquad -U_a + \left(1 + \dfrac{1}{2} + \dfrac{1}{2}\right)U_b = \dfrac{6}{2} - 1$

解方程组得 $\qquad U_a = -\dfrac{16}{3}(\text{V}), \quad U_b = -\dfrac{5}{3}(\text{V})$

支路电压分别为

$$U_{ab} = U_a - U_b = -\dfrac{11}{3}(\text{V})$$

$$U_{ac} = U_a = -\dfrac{16}{3}(\text{V})$$

$$U_{bc} = U_b = -\dfrac{5}{3}(\text{V})$$

设备支路电流的参考方向如图 3-16 所示，其值分别为

$$I_1 = -\dfrac{10 + U_a}{1} = -\dfrac{14}{3}(\text{A})$$

$$I_2 = -\dfrac{U_b - 6}{2} = \dfrac{23}{6}(\text{A})$$

$$I_3 = \dfrac{U_a - U_b}{1} = -\dfrac{11}{3}(\text{V})$$

$$I_4 = \dfrac{U_b}{2} = -\dfrac{5}{6}(\text{A})$$

三个电源的功率分别为

$$P_{s1} = U_{s1}I_1 = 10 \times \left(-\dfrac{14}{3}\right) \approx -46.7(\text{W})$$

$$P_{s2} = U_{s2}I_2 = 6 \times \left(\dfrac{23}{6}\right) = 23(\text{W})$$

$$P_{s3} = U_{ab}I_{s3} = -\dfrac{11}{3} \times 1 \approx -3.7(\text{W})$$

P_{s1} 发出 46.7W 功率；P_{s2} 发出 23W 功率；P_{s3} 吸收 3.7W 功率。

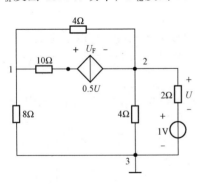

图 3-17 【例 3-11】图

【例 3-11】 电路如图 3-17 所示，用节点分析法求节点 1、节点 2 的节点电压 U_{n1}、U_{n2} 和受控源吸收的功率 P_F。

解 如图 3-17 所示电路中含有受控源，处理的方法是先将受控源当作独立源一样列出节点方程，再补充列写控制量与节点电压（方程变量）之间关系的方程，联立求解得出结果。在列节点方程时应注意，与受控电流源串联的电阻（10Ω）是多余元件，应将其短路。但在计算受控电流源两端电压时应保留它，列出节点电压方程为

$$\left(\dfrac{1}{4} + \dfrac{1}{8}\right)U_{n1} - \dfrac{1}{4}U_{n2} = -0.5U$$

$$-\dfrac{1}{4}U_{n1} + \left(\dfrac{1}{4} + \dfrac{1}{2} + \dfrac{1}{4}\right)U_{n2} = 0.5U + \dfrac{1}{2}$$

控制量与节点电压关系的方程为
$$U = U_{n2} - 1$$
联立上述方程组，求解得
$$U_{n1} = 1(\text{V}), \quad U_{n2} = 0.5(\text{V}), \quad U = -0.5(\text{V})$$
受控电流源两端电压为
$$U_\text{F} = U_{12} - 0.5U \times 10 = U_{n1} - U_{n2} - 5U = 3(\text{V})$$
受控源吸收的功率为
$$P_\text{F} = 0.5U \times U_\text{F} = -0.75(\text{W})$$
"—"则表示受控源实际发出 0.75W 的功率。

三、弥尔曼定理

在节点分析法中，常常会遇到只有两个节点，但有多条支路的电路，称为双节点电路，如图 3-18 所示。选择电路中一个节点为参考节点，如节点 2，列出另一节点的节点方程为
$$(G_1 + G_2 + G_3 + G_4)u_{n1} = G_1 u_{s1} - G_2 u_{s2} + G_3 u_{s3} - i_{s4}$$
即

$$u_{n1} = \frac{G_1 u_{s1} - G_2 u_{s2} + G_3 u_{s3} - i_{s4}}{G_1 + G_2 + G_3 + G_4}$$

其一般形式为

$$u_{n1} = \frac{\sum i_\text{s}}{\sum G} \qquad (3\text{-}16)$$

式中：$\sum G$ 为各条支路电导之和，$\sum i_\text{s}$ 为流入独立节点的电流源电流的代数和。式（3-16）称为弥尔曼定理。

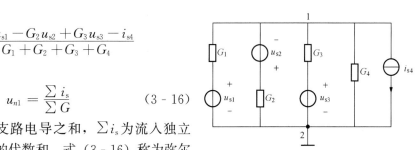

图 3-18 双节点电路

【例 3-12】 电路如图 3-19（a）所示，试证明输出电压与输入电压之和成正比。

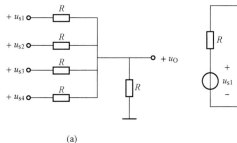

(a)

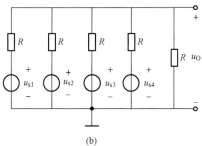

(b)

图 3-19 【例 3-12】图
(a) 电路的电位画法；(b) 电路的电源画法

解 图 3-19（a）所示电路是一种电位的画法，在电子电路中常见。图 3-19 所示电路的电源画法如图 3-19（b）所示，该电路为两个节点的电路，应用弥尔曼定理得

$$u_\text{O} = \frac{\dfrac{1}{R}(u_{s1} + u_{s2} + u_{s3} + u_{s4})}{5 \times \dfrac{1}{R}} = \frac{1}{5} \times (u_{s1} + u_{s2} + u_{s3} + u_{s4})$$

可见，输出电压 u_O 与输入电压之和（$u_{s1} + u_{s2} + u_{s3} + u_{s4}$）成正比，比例系数为 1/5。

本章小结

本章介绍电阻电路的一般分析方法：支路电流法、网孔分析法、回路分析法和节点分析法。这些方法都是电路分析最基本、最常用的方法，而且它们的优缺点具有互补性。如以求解支路电流为目的，不难看出支路电流法是直接法，而网孔分析法、回路分析法和节点分析法则是间接法，但网孔分析法、回路分析法和节点分析法则以最少的独立方程数、规范化的方程、较强的通用性为优势而得到广泛应用。显然，网孔方程（回路方程）与节点方程之间存在对偶关系。

1. 线图、树和基本回路

（1）线图。线图是指电路中的各支路用线段表示后得到的几何结构图。若线图中每条支路都规定一个方向并用箭头表示，则该图称为有向线图。在线图中，支路就是线段，节点就是线段的端点，回路就是任何一个闭合线，网孔就是内部不含线段的闭合线。

（2）树。树是指连接线图中所有节点，但不构成任何闭合路径的支路组合。构成树的所有支路称为树支，其余支路称为连支。同一个线图常对应着多个不同的树。

对于一个具有 n 个节点，b 条支路的线图，树支数恒等于 $n-1$，则连支数恒等于 $b-(n-1)$，树支数即为独立节点数，而连支数即为独立回路数。

（3）基本回路。在线图的树确定后，只要每当接上一条连支，就会构成一个闭合回路。这个闭合回路是仅由一条连支和多条树支构成的，称之为基本回路。显然，基本回路数等于连支数 $b-(n-1)$，也等于独立回路数。

2. 支路电流法

支路电流法是以支路电流为电路变量，根据两类约束：KCL、KVL 和电路元件的 VAR，对独立的节点和独立回路建立方程组，求出各支路电流，再进一步求得其他变量的方法。

当电路中含受控源时，可将受控源当独立源一样对待来列方程，但需要补充建立一个控制量与支路电流关系的附加方程。

3. 网孔分析法

网孔分析法是在平面电路中，以网孔电流作为电路变量，根据 KVL 建立网孔电压方程求出网孔电流，再进一步求得支路电流的方法。其中列网孔方程是网孔分析法的关键一步，网孔方程的一般形式见式（3-9）。

当电路中含受控源时，可将受控源当独立源一样对待来列方程，但需要补充建立一个控制量与网孔电流关系的附加方程。

4. 回路分析法

回路分析法是以独立回路电流为电路变量，根据 KVL 建立独立回路电压方程，求出回路电流，再进一步求得支路电流的方法。通常选取基本回路作为独立回路，回路方程的一般形式见式（3-10）。

当电路中含受控源时，可将受控源当独立源一样对待列方程，但需要补充建立一个控制量与回路电流关系的附加方程。

式（3-9）和式（3-10）具有相同的形式，只是式（3-9）中变量为网孔电流，而式（3-10）变量为回路电流，其他各量的含义，正、负值的确定方法以及列方程的规律均相同。网孔分析法仅适用于平面电路，而回路分析法既适用于平面电路又适用于非平面电路。

5. 节点分析法

节点分析法是以电路中的独立节点电压为电路变量，根据 KCL 列出以节点电压为变量的方程，求出节点电压，再进一步求得支路电压和电流的方法。其中列节点电压方程是节点分析法的关键一步，节点方程的一般形式见式（3 - 15）。

当电路中含受控源时，可将受控源当独立源一样对待列方程，但需要补充建立一个控制量与节点电压关系的附加方程。

思考题

3 - 1　说明图 3 - 20 所示的线图有几条支路、几个节点、几个独立节点、几个回路、几个基本回路？画出四种树的线图，你能选择一种树使得基本回路就是网孔吗？若能找到请画出。

3 - 2　用支路电流法、网孔分析法和节点分析法分析电路的特点、方法是什么？求解电路的步骤是什么？受控源应如何处理？

3 - 3　网孔电流和支路电流哪个是电路中真实流动的电流？用电流表能直接测到的是哪个电流？为什么？

3 - 4　若电路中存在仅含理想电流源支路，在列网孔（回路）方程时，有哪几种处理方法？若电路中存在仅含理想电压源支路，在列节点方程时，有哪几种处理方法？

3 - 5　节点分析法是在参考节点确定的情况下，计算各节点的电压。若改变参考节点，各节点电压是否发生变化？各支路电压、电流是否发生变化？

3 - 6　对于图 3 - 21 所示的电路，下列节点方程是否正确？如不正确，请改正。

$$(G_1 + G_2 + G_3)U_{n1} = G_1 U_s + g U_1 - I_s$$

$$U_1 = U_{n1}$$

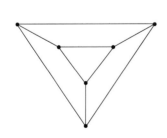

图 3 - 20　思考题 3 - 1 图

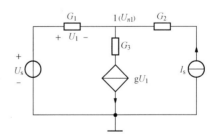

图 3 - 21　思考题 3 - 6 图

习　题　三

3 - 1　用支路电流法列出图 3 - 22 所示两电路的方程。

3 - 2　用支路电流法列出图 3 - 23 所示电路的方程（含附加方程）。

3 - 3　分别用支路电流法和网孔分析法，求图 3 - 24 所示两电路中各支路电流和各电源发出的功率。

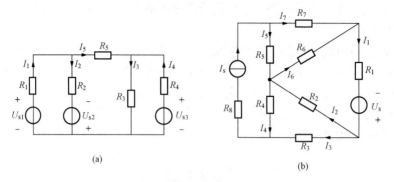

图 3-22　习题 3-1 图

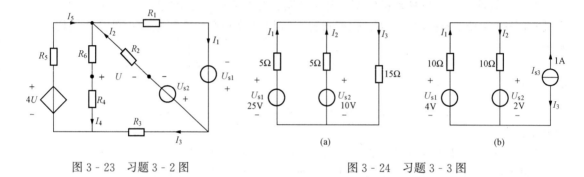

图 3-23　习题 3-2 图　　　　　　　　　　　　图 3-24　习题 3-3 图

3-4　用网孔分析法列出图 3-25 所示两电路的方程（含附加方程）。

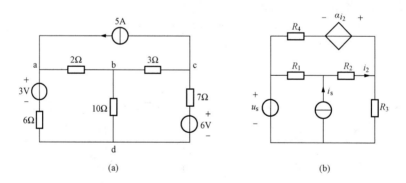

图 3-25　习题 3-4 图

3-5　求图 3-26 所示电路中各支路电流 I_1、I_2 和 I_3。

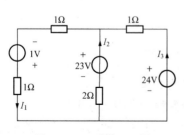
　　　　　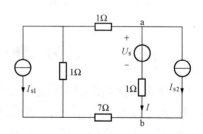

图 3-26　习题 3-5 图　　　　　　　　　图 3-27　习题 3-6 图

3-6　电路如图 3-27 所示，已知电流源 $I_{s1}=3A$，$I_{s2}=2A$，电压源 $U_s=9V$，试用网孔分析法求电流 I 和电压 U_{ab}。

3-7　用网孔分析法求图 3-28 所示电路中的电流 I。

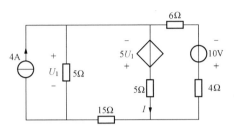

图 3-28　习题 3-7 图

3-8　用回路分析法，求图 3-29 所示电路中的电流 I。

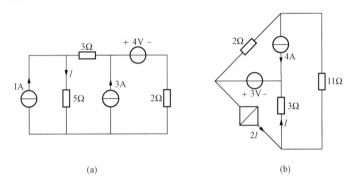

(a)　　　　　　　　　　　　(b)

图 3-29　习题 3-8 图

3-9　对图 3-30 所示电路，分别以节点 b 和 e 为参考点，列节点电压方程。

3-10　列出图 3-31 所示电路的节点电压方程。

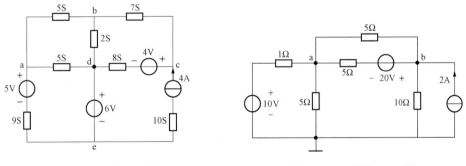

图 3-30　习题 3-9 图　　　　　　图 3-31　习题 3-10 图

3-11　如图 3-32 所示电路，已知 $U_{s1}=3V$，$U_{s2}=4V$，$R_1=R_2=R_3=1\Omega$，$R_4=2\Omega$，$R_5=3\Omega$。用节点分析法求：（1）支路电压 U_{ab}、U_{ac} 和 U_{bc}；（2）各支路电流；（3）两个电源发出的功率 P_{s1} 和 P_{s2}。

3-12　求图 3-33 所示电路中的电流 I 和受控源发出的功率 P_F。

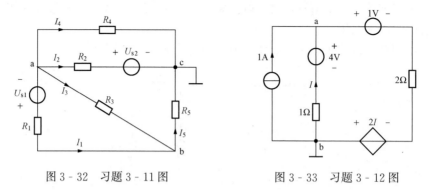

图 3 - 32　习题 3 - 11 图　　　　　　　图 3 - 33　习题 3 - 12 图

3 - 13　分别用节点分析法和网孔分析法，求图 3 - 34 所示电路中的电流 I_1 和电压 U。

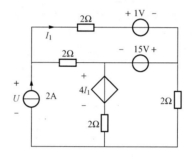

图 3 - 34　习题 3 - 13 图

第四章 线性电路的基本定理

本章讨论线性电路的基本性质和定理，包括叠加定理、替代定理、戴维南定理和诺顿定理。这些定理为求解电路提供了另一类方法，可大大简化电路的计算，是求解部分电路❶的有效方法。最后介绍最大功率传输定理。

第一节 叠 加 定 理

由线性元件和独立电源组成的电路称为线性电路。线性电路的特点是同时具有叠加性和齐次性。因此对于线性电路而言，激励 $x(t)$ 和响应 $y(t)$ 之间具有下列关系。

(1) 若 $x(t) \rightarrow y(t)$❷，则

$$ax(t) \rightarrow ay(t)$$

这个性质称为齐次性。

(2) 若 $x_1(t) \rightarrow y_1(t), x_2(t) \rightarrow y_2(t)$，则

$$x_1(t) + x_2(t) \rightarrow y_1(t) + y_2(t)$$

这个性质称为叠加性。

叠加定理反映了线性电路的上述基本内容，它为线性电路中有多个信号源同时激励时，研究响应与激励的关系提供了理论依据和方法。为了说明叠加定理的内容和特点，先看一个例子。如图 4 - 1 (a) 所示电路，如果求电路中的电流 i_1，则可以用节点分析法，令 $U_b = 0$，列节点 a 的节点方程得

$$u_a = \frac{\dfrac{u_s}{R_2} + i_s}{\dfrac{1}{R_1} + \dfrac{1}{R_2}} = \frac{R_1}{R_1 + R_2} u_s + \frac{R_1 R_2}{R_1 + R_2} i_s$$

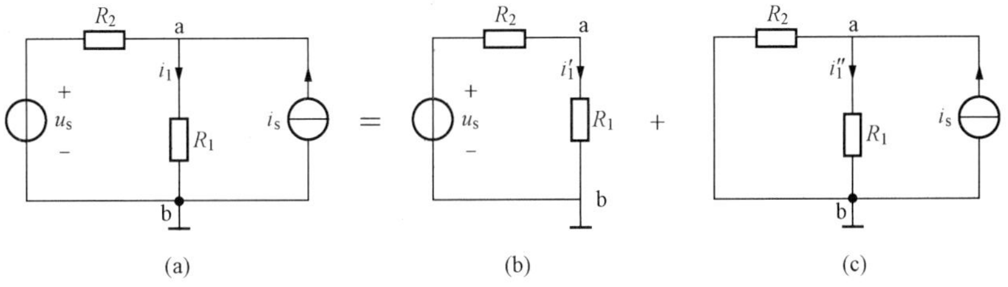

图 4 - 1 叠加定理举例

(a) 原电路；(b) u_s 单独作用时的电路；(c) i_s 单独作用时的电路

由欧姆定律得

---

❶ 求解电路中某一条或某几条支路电压、电流。

❷ 用"→"表示由激励 $x(t)$ "得到"响应 $y(t)$。

$$i_1 = \frac{u_\text{a}}{R_1} = \frac{1}{R_1 + R_2} u_\text{s} + \frac{R_2}{R_1 + R_2} i_\text{s} = i_1' + i_1'' \tag{4-1}$$

式（4-1）中

$$i_1' = \frac{1}{R_1 + R_2} u_\text{s}, \quad i_1'' = \frac{R_2}{R_1 + R_2} i_\text{s}$$

由式（4-1）可以看出，i_1 由两项组成，前项 i_1' 仅与电压源 u_s 有关，它是在电流源 i_s 视为零值（电流源开路）、电路仅由 u_s 单独作用时所产生的电流，如图 4-1（b）所示。后项 i_1'' 仅与电流源 i_s 有关，它是在电压源 u_s 视为零值（电压源短路）、电路仅由 i_s 单独作用时所产生的电流，如图 4-1（c）所示。也就是说，当两个独立电源共同激励时，电路所产生的响应等于每个独立源单独激励时所产生的响应之和。激励与响应之间的这种关系体现了线性电路的叠加性，这种特性不仅存在于本例，而且可以推广到任意一个线性电路。

在线性电路中，当有多个独立电源共同作用时，每一个元件上的电压或电流都等于各个独立源分别单独作用于电路时，在该元件上所产生的电压或电流的代数和，这就是叠加定理。当某一独立源单独作用时，其他独立源应赋予零值，即独立电压源为零值，作短路处理；独立电流源为零值，作开路处理。

用叠加定理求解电路时，应注意以下几个问题。

（1）当某一独立源单独作用时，其他独立源应视为零值，而受控源则应保留在电路中，受控源的值随每一个独立源单独作用时控制量的变化而变化。

（2）叠加是求每个响应分量的代数和。凡是每个独立源单独作用所产生的响应分量与总响应参考方向一致时，取正值；反之，取负值。

（3）叠加的方式是任意的，一次可以是一个独立源作用，也可以是几个独立源同时作用，选择何种方式取决于计算是否简便。

（4）叠加定理只适用于计算线性电路中的电压和电流，而不能用于计算功率。因为功率与电压和电流之间不是线性关系。例如图 4-1（a）中 R_1 消耗的功率应为

$$P_1 = i_1^2 R_1 = (i_1' + i_1'')^2 R_1 = (i_1')^2 R_1 + 2i_1' i_1'' R_1 + (i_1'')^2 R_1$$

而不应为

$$P_1 = (i_1')^2 R_1 + (i_1'')^2 R_1$$

【例 4-1】 电路如图 4-2（a）所示，用叠加定理求电压 U 和电流 I。

解 （1）70V 电压源单独作用时，3.5A 电流源视为零值，作开路处理，如图 4-2（b）所示，可求得

$$R_\text{o}' = \frac{12 \times (20 + 4)}{12 + 20 + 4} = 8(\Omega)$$

由分压公式得

$$U' = -70 \times \frac{6}{6 + 8} = -30(\text{V})$$

运用 KVL 得

$$I' = \frac{70 + U'}{20 + 4} = \frac{5}{3}(\text{A})$$

（2）3.5A 电流源单独作用时，70V 电压源视为零值，作短路处理，如图 4-2（c）所示，可求得

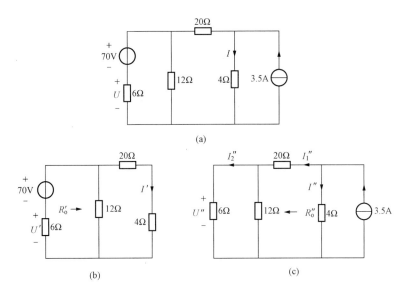

图 4 - 2 【例 4 - 1】图

(a) 原电路；(b) 电压源单独作用时的电路；(c) 电流源单独作用时的电路

$$R''_o = 20 + \frac{6 \times 12}{6 + 12} = 24(\Omega)$$

由分流公式得

$$I''_1 = 3.5 \times \frac{4}{R''_o + 4} = \frac{1}{2}(A)$$

$$I''_2 = I''_1 \times \frac{12}{6 + 12} = \frac{1}{3}(A)$$

$$I'' = 3.5 - I''_1 = 3.5 - 0.5 = 3(A)$$

$$U'' = I''_2 \times 6 = \frac{1}{3} \times 6 = 2(V)$$

（3）总响应为

$$U = U' + U'' = -30 + 2 = -28(V)$$

$$I = I' + I'' = \frac{5}{3} + 3 = \frac{14}{3}(A)$$

【例 4 - 2】 电路如图 4 - 3（a）所示，用叠加定理求：（1）电流 I_1；（2）电压 U_{ab}；（3）6V 电压源的功率 P_{6V} 和 3A 电流源的功率 P_{3A}。

解 此电路中有四个独立源，若以每个电源单独作用一次来计算，则需要计算四次。本例采用将独立源分组的方法，首先计算两个独立电压源同时作用时电路的响应，此时将两个独立电流源视为零值，作开路处理，如图 4 - 3（b）所示。然后再计算两个独立电流源同时作用时电路的响应，此时将两个独立电压源视为零值，作短路处理，如图 4 - 3（c）所示，这样处理后，只需对电路计算两次。

图 4 - 3（b）中

$$I'_1 = -\frac{(6 + 12)}{3 + 6} = -2(A)$$

$$U'_{ab} = 6I'_1 + 6 = 6 \times (-2) + 6 = -6(V)$$

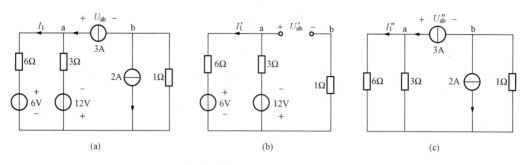

图 4 - 3 　【例 4 - 2】图

（a）原电路；（b）两个电压源同时作用时的电路；（c）两个电流源同时作用时的电路

图 4 - 3（c）中

$$I''_1 = \frac{3}{3+6} \times 3 = 1(\text{A})$$

$$U''_{ab} = 6I''_1 + (3+2) \times 1 = 11(\text{V})$$

总响应为

$$I_1 = I'_1 + I''_1 = -2 + 1 = -1(\text{A})$$

$$U_{ab} = U'_{ab} + U''_{ab} = -6 + 11 = 5(\text{V})$$

$$P_{6V} = 6I_1 = 6 \times (-1) = -6(\text{W})$$

$$P_{3A} = 3U_{ab} = 3 \times 5 = 15(\text{W})$$

P_{6V} 发出 6W 功率，P_{3A} 发出 15W 功率。

【例 4 - 3】　试用叠加定理求图 4 - 4（a）所示电路中的电流 I 和受控源的功率 P_F。

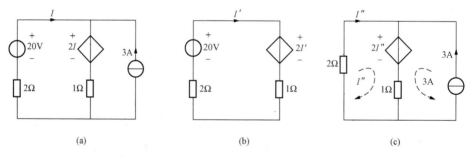

图 4 - 4 　【例 4 - 3】图

（a）原电路；（b）20V 电压源单独作用的电路；（c）3A 电流源单独作用的电路

解　当 20V 电压源单独作用时，3A 电流源应视为零，将其开路，如图 4 - 4（b）所示，可求得

$$3I' + 2I' - 20 = 0$$

$$I' = 4(\text{A})$$

当 3A 电流源单独作用时，20V 电压源应源视为零，将其短路。设网孔电流参考方向，如图 4 - 4（c）所示，以网孔电流方向为绕行方向，列网孔方程为

$$3I'' + 3 + 2I'' = 0$$

解得

$$I'' = -0.6(\text{A})$$

根据叠加定理可得

$$I = I' + I'' = 3.4(\text{A})$$

受控源的功率为

$$P_\text{F} = 2I \times (I + 3) = 43.52(\text{W})(\text{吸收功率})$$

【例 4 - 4】 电路图 4 - 5 所示，当开关 S 拨在位置 "1" 时，流过毫安表的电流 I_1 为 40mA；当开关 S 拨在位置 "2" 时，流过毫安表的电流 I_2 为 -60mA；求当开关 S 拨在位置 "3" 时，流过毫安表的电流 I_3 等于多少。

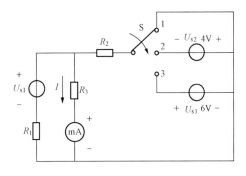

图 4 - 5 【例 4 - 4】图

解 此电路中 U_s1、R_1、R_2 和 R_3 均未知，但开关 S 位置变化时只改变了电路输入情况，电路其余部分的结构均未变，相当于只改变了电压源的电压值，故用叠加定理求解较为方便。

当 S 接至 "1" 时，$I = I_1 = 40$mA，此时电路中只有 U_s1 一个电源作用。

当 S 接至 "2" 时，$I = I_2 = -60$mA，这是电路中 U_s1 与 U_s2 两个电源共同作用的结果。因此，可求得 U_s2 单独作用时流过毫安表的电流为

$$I'_2 = I_2 - I_1 = -60 - 40 = -100(\text{mA})$$

当 S 接至 "3" 时，为 U_s1 和 U_s3 两个电源共同作用，由于 U_s3 与 U_s2 的关系为 $U_\text{s3} = -1.5U_\text{s2}$，根据线性电路的齐次性，则 U_s3 单独作用时流过毫安表的电流为

$$I'_3 = -1.5I'_2 = 150(\text{mA})$$

因此，U_s1 和 U_s3 共同作用时流过毫安表的总电流为

$$I_3 = I = I_1 + I'_3 = 40 + 150 = 190(\text{mA})$$

第二节 替 代 定 理

对于一个线性或非线性电路，若已知第 K 条支路的电压为 u_k 或电流为 i_k，则可用一个电压值为 u_k 的理想电压源或一个电流值为 i_k 的理想电流源来替代这条支路。替代后电路中各支路的电压和电流保持不变，这就是替代定理。被替代的支路可以是由任意元件组成的一条支路，也可以是由任意元件组成的二端网络。

替代定理常用于证明网络定理和简化电路的分析计算。但应该注意的是，替代定理与等效变换是有区别的。电路等效变换是指当两个二端网络的 VAR 相同时，无论外电路如何变化，它们都可以等效互换。而替代则是当被替代部分以外的电路发生变化时，将会引起各处电压、电流的变化，这时需要重新 "替代"。

【例 4 - 5】 电路如图 4 - 6（a）所示，已知 $u = 10\sin\omega t$ V，试用替代定理求 u_1。

解 由欧姆定律得

$$i = \frac{u}{5} = \frac{10\sin\omega t}{5} = 2\sin\omega t(\text{A})$$

根据替代定理，可用 $2\sin\omega t$ 的电流源替代虚线左侧的二端网络，如图 4 - 6（b）所示，

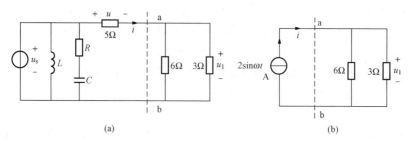

图 4-6 【例 4-5】图

(a) 原电路；(b) 电流源替代二端网络后的电路

可求得

$$u_1 = \frac{6 \times 3}{6+3} \times i = 2 \times 2\sin\omega t = 4\sin\omega t \, (\text{V})$$

第三节　戴维南定理和诺顿定理

　　通过第二章讨论可知，一个线性无源二端网络，总可以等效为一个电阻。那么对于一个线性有源二端网络，可以等效为怎样的电路？戴维南定理和诺顿定理将回答这个问题。

一、戴维南定理

　　戴维南定理指出：任何一个线性含源二端网络 N，如图 4-7 (a) 所示，就其两端钮 a、b 来看，可以等效为一个电压源和一个电阻的串联组合，即电压源模型，如图 4-7 (b) 所示。其中：电压源的电压值 u_{oc} 等于该含源二端网络端口的开路电压，如图 4-8 (c) 所示；串联电阻 R_{eq} 等于该含源二端网络中所有独立源为零值时，所得无源二端网络 N_0 的等效电阻，如图 4-8 (d) 所示。而这一电压源与电阻的串联组合，称为戴维南等效电路。

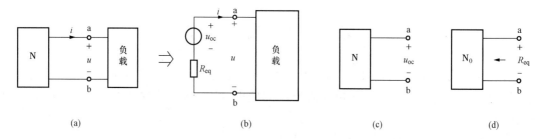

图 4-7 戴维南定理

(a) 线性含源二端网络；(b) 电压源模型（戴维南等效电路）；

(c) 求 u_{oc} 等效电路；(d) 求 R_{eq} 等效电路

　　戴维南定理证明如下：图 4-8 (a) 所示电路为一个线性含源二端网络 N 与负载相接，负载可以是一个元件，也可以是一个二端网络；可以是无源的，也可以是有源的；可以是线性的，也可以是非线性的。若流过负载的电流为 i，根据替代定理，可以用一个电流值为 i 的电流源来代替负载，如图 4-8 (b) 所示。再根据叠加定理，端钮 ab 间电压 u 应由两个分量叠加而成，一个分量是电流源开路后，由 N 内所有独立源共同作用产生的开路电压 $u' = u_{oc}$，如图 4-8 (c) 所示；另一部分是在 N 内所有独立源不起作用时，由电流源 i 单独作用时在端钮 ab 间产生的电压 u''。当电流源 i 单独作用时，N 中的所有独立源应赋予零值，此时的无源二端网络用 N_0 表示，其等效电阻用 R_{eq} 表示，显然，$u''=-iR_{eq}$，如图 4 - 8（d）所示。从而得出端钮 ab 的伏安关系为

$$u = u' + u'' = u_{oc} - iR_{eq} \tag{4-2}$$

根据式（4 - 2），可以画出对应的等效电路，如图 4 - 8（e）所示。它与图 4 - 7（b）完全相同，从而证明了戴维南定理。

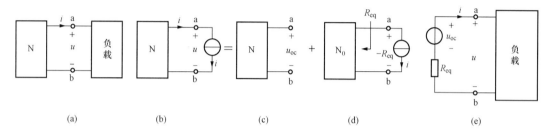

图 4 - 8　戴维南定理证明
（a）线性含源二端网络；（b）用电流源代替负载；（c）、（d）用叠加定理求 u；（e）戴维南等效电路

戴维南定理常用于计算复杂电路中某条支路的电流和电压。由于戴维南定理只要求被等效的二端网络是线性的，而负载可以是非线性的，因此在电子电路中得到广泛的应用。用戴维南定理求解电路的关键是如何正确地求出开路电压 u_{oc} 和等效电阻 R_{eq}。

1. u_{oc} 的求法

u_{oc} 的求解方法较多，可视具体电路形式而定。如：串、并联等效，分压、分流关系，电压源模型与电流源模型的互换，支路分析法，节点分析法，网孔分析法，叠加定理，戴维南定理等都可选用。

2. R_{eq} 的求法

若二端网络 N 中无受控源，则可以选用化简法。若含有受控源，则适合选用外加电源法或开路—短路法。

（1）化简法。将含源二端网络 N 中所有独立源赋予零值，即理想电压源短路，理想电流源开路，留下无源二端网络 N_0。利用电阻的串、并联和 Y - △等效变换等方法，即可求出等效电阻 R_{eq}。

（2）外加电源法。外加电源法又分为外加电压法和外加电流法。无论哪一种方法均需先将含源二端网络 N 中所有独立源赋予零值，保留受控源，得到一个无源二端网络 N_0 后再求等效电阻 R_{eq}。

1）外加电压法：若在无源二端网络 N_0 两个端钮 a、b 之间外加一个电压源 u_s，求其端钮上的电流 i，如图 4 - 9（a）所示，则等效电阻为

$$R_{eq} = \frac{u_s}{i}.$$

2）外加电流法：若在无源二端网络 N_0 的两个端钮 a、b 之间外加一个电流源 i_s，求其端钮之间的电压 u，如图 4 - 9（b）所示，则等效电阻为

$$R_{eq} = \frac{u}{i_s}.$$

需注意：图 4 - 9 （a）、（b）端钮上的电压和电流是非关联参考方向。

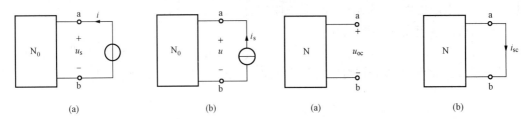

图 4 - 9　外加电源法求等效电阻　　　　　图 4 - 10　求开路电压和短路电流的电路
（a）外加电压法；（b）外加电流法　　　（a）求开路电压电路；（b）求短路电流电路

（3）开路—短路法。分别求出含源二端网络 N a、b 端口的开路电压 u_{oc}，如图 4 - 10
（a）所示和 a、b 端口的短路电流 i_{sc}，如图 4 - 10 （b）所示，则等效电阻为

$$R_{eq} = \frac{u_{oc}}{i_{sc}}$$

需注意：u_{oc} 和 i_{sc} 是关联参考方向。

二、诺顿定理

诺顿定理指出：任何一个线性含源二端网络 N，就其两个端钮 a、b 来看，可以等效为
一个电流源和一个电阻的并联组合，即电流源模型，如图 4 - 11 （a）所示。电流源的电流
值等于该含源二端网络端口处的短路电流 i_{sc}，如图 4 - 11 （b）所示。并联电阻 R_{eq} 等于该含
源二端网络中所有独立源为零值时，所得无源二端网络 N_0 的等效电阻，如图 4 - 11 （c）所
示。这一电流源与电阻的并联组合称为诺顿等效电路。

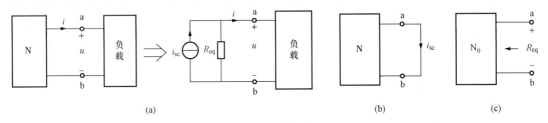

图 4 - 11　诺顿定理
（a）线性含源二端网络的电流源模型（诺顿等效电路）；（b）、（c）求 i_{sc}、R_{eq} 等效电路

根据电源模型的等效变换，可以很方便地将一个含源二端网络的戴维南等效电路变换成
诺顿等效电路，如图 4 - 12 所示，从而证明了诺顿定理。当然也可以通过分别求含源二端网
络 N 的端口短路电流 i_{sc} 和等效电阻 R_{eq} 的方法得到诺顿等效电路。而 i_{sc} 和 R_{eq} 的求法与戴维
南定理中叙述的方法类似。

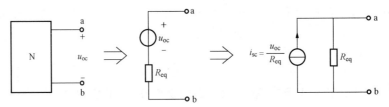

图 4 - 12　诺顿定理证明

三、应用戴维南定理和诺顿定理计算电路

电路分析中，常常只要求计算某一条支路的电压或电流，这时，就可以把该支路以外的电路等效为戴维南等效电路或诺顿等效电路。这样，一个复杂的电路就可以化简为一个单回路电路或双节点电路，从而能够很方便地求出该支路的电压和电流。

应用戴维南定理或诺顿定理解题的步骤可归纳为"断、算、画、接"四步。"断"是指断开待求部分，"算"是指分别算出 u_{oc}（或 i_{sc}）和 R_{eq}，"画"是指画出戴维南等效电路或诺顿等效电路，"接"是指接上待求部分，求出待求量。

【例 4 - 6】 电路如图 4 - 13（a）所示，试用戴维南定理求 I。

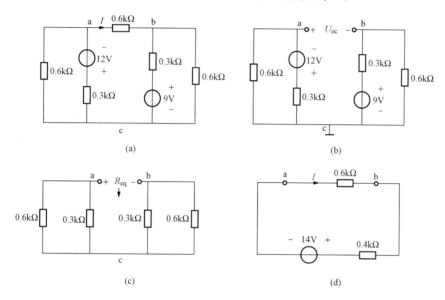

图 4 - 13 【例 4 - 6】图

（a）原电路；（b）求 U_{oc} 等效电路；（c）求 R_{eq} 等效电路；（d）接上待求部分的电路

解 （1）断开待求支路 ab。设开路电压 U_{oc} 参考方向，且取节点 c 为参考节点，如图 4 - 13（b）所示。

（2）求 U_{oc} 和 R_{eq}。图 4 - 13（b）中，设 a 点和 b 点的电位分别为 V_a 和 V_b，可求得

$$U_{oc} = V_a - V_b = -12 \times \frac{0.6}{0.6+0.3} - 9 \times \frac{0.6}{0.6+0.3} = -14(V)$$

将图 4 - 13（b）中电压源短路，如图 4 - 13（c）所示，可求得

$$R_{eq} = 0.6//0.3 + 0.6//0.3 = 0.4(k\Omega)$$

（3）根据所求得的 U_{oc} 和 R_{eq}，画出戴维南等效电路，并接上待求支路，如图 4 - 13（d）所示，求得

$$I = \frac{U_{oc}}{R_{eq}} = -\frac{14}{0.4+0.6} = -14(mA)$$

【例 4 - 7】 电路如图 4 - 14（a）所示，求通过两个理想二极管 VD1 和 VD2 的电流。

解 理想二极管是非线性元件，就 VD1 而言上为正极，下为负极。若正、负极之间电压为正值，则称二极管接正向电压，此时，二极管导通，相当于一个零值的电阻；若正、负极之间电压为负值，则称二极管接反向电压，此时，二极管截止，相当于一个无穷大的电

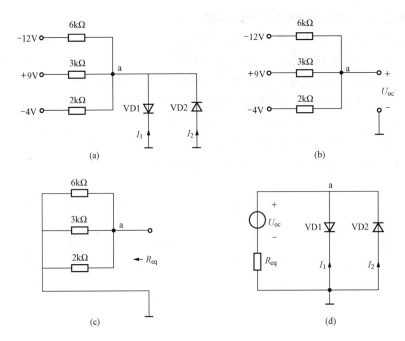

图 4 - 14　【例 4 - 7】图

(a) 原电路；(b) 求 U_{oc} 等效电路；(c) 求 R_{eq} 等效电路；(d) 接上待求部分的电路

阻，没有电流流过。在电路比较复杂的情况下，往往不能直接判断二极管是导通还是截止。应用戴维南定理可以很好地解决这个问题。

（1）求 U_{oc}。将 VD1 和 VD2 看作负载，从 a 点将电路断开，并设开路电压 U_{oc} 参考方向如图 4 - 14（b）所示。在图 4 - 14（b）中运用弥尔曼定理可得

$$U_{oc} = \frac{-\dfrac{12}{6} + \dfrac{9}{3} - \dfrac{4}{2}}{\dfrac{1}{6} + \dfrac{1}{3} + \dfrac{1}{2}} = \frac{-2 + 3 - 2}{1} = -1(\text{V})$$

（2）求 R_{eq}。将图 4 - 14（b）中各电压源短路，如图 4 - 14（c）所示。可求得

$$R_{eq} = 6//3//2 = 1(\text{k}\Omega)$$

（3）画出戴维南等效电路，并接上待求支路，如图 4 - 14（d）所示。因 VD1 加反向电压而截止，故 $I_1 = 0$；VD2 加正向电压而导通，I_2 支路可用短路线代替，可求得

$$I_2 = -\frac{U_{oc}}{R_{eq}} = -\frac{-1}{1} = 1(\text{mA})$$

【例 4 - 8】　求图 4 - 15（a）所示二端口网络的戴维南等效电路。

解　（1）求开路电压 U_{oc}。因 a、b 端口开路，$I = 0$，$0.5I = 0$，所以受控电流源支路开路，如图 4 - 15（b）所示，可求得

$$U_{oc} = \frac{3}{1 + 2 + 3} \times 6 = 3(\text{V})$$

（2）求 a、b 端口等效电阻 R_{eq}。分别用开路—短路法和外加电压法求解。

1）开路—短路法：因为开路电压 U_{oc} 已求得，只需求 a、b 端口的短路电流 I_{sc} 即可，如图 4 - 15（c）所示，由 KVL 可得

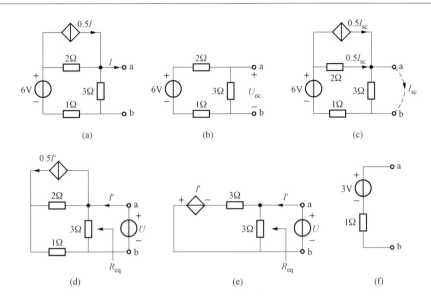

图 4 - 15 【例 4 - 8】图

(a) 原电路；(b) 求 U_{oc} 的电路；(c) 求 I_{sc} 的电路；(d)、(e) 外加电压源求电路 R_{eq}；(f) 戴维南等效电路

$$2 \times 0.5I_{sc} + 1 \times I_{sc} = 6$$

解得

$$I_{sc} = 3(A)$$

故有

$$R_{eq} = \frac{U_{oc}}{I_{sc}} = \frac{3}{3} = 1(\Omega)$$

2) 外加电压法：将图 4 - 15 (a) 中 6V 电压源短路，保留受控源。在 a、b 端钮间外加电压源 U，便在电路中产生电流，设备电流及参考方向如图 4 - 15 (d) 所示。此处应注意，控制量电流及方向的改变，引起受控电流源电流及方向的改变。经图 4 - 15 (d) 等效变换为图 4 - 15 (e)，可得 a、b 端口电压电流关系为

$$U = 3\left(I' - \frac{U}{3}\right) - I'$$

故有

$$R_{eq} = \frac{U}{I'} = 1(\Omega)$$

3) 画出戴维南等效电路，如图 4 - 15 (f) 所示。

【例 4 - 9】 求如图 4 - 16 (a) 所示电路中的电流 I_0。

解 用戴维南定理求解。

(1) 求开路电压 U_{oc}。断开并移去图 4 - 16 (a) 中 a、b 左边支路，设 U_{oc} 参考方向如图 4 - 16 (b) 所示，可求得

$$U'_1 = 15 \times \frac{(8+10)//6}{3+[(8+10)//6]} = 9(V)$$

故得

$$U_{oc} = 2U'_1 - U'_1 \times \frac{10}{8+10} = 2 \times 9 - 9 \times \frac{10}{18} = 13(V)$$

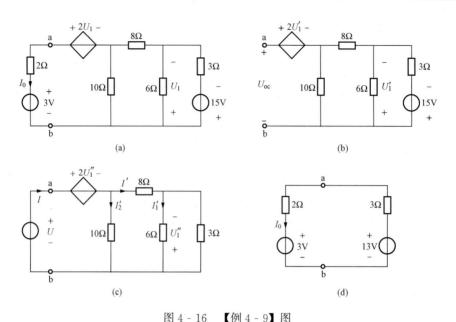

图 4 - 16　【例 4 - 9】图

(a) 原电路；(b) 求 U_{oc} 的电路；(c) 求 R_{eq} 的电路；(d) 接上待求支路的电路

（2）求 a、b 端口等效电阻 R_{eq}。用外加电压源法，将图 4 - 16 (b) 中 15V 电压源短路，保留受控源。在 a、b 端钮间外加电压源 U，便在端钮上产生电流 I，设各支路电流参考方向如图 4 - 16 (c) 所示，可求得

$$I' = \frac{10}{10 + (3 /\!/ 6) + 8} \times I = \frac{1}{2} I$$

$$I'_2 = \frac{1}{2} I$$

$$I'_1 = \frac{3}{6 + 3} \times I' = \frac{1}{6} I$$

$$U''_1 = -6 I'_1 = -I$$

$$U = 2 U''_1 + 10 I'_2 = -2I + 10 \times \frac{1}{2} I = 3I$$

故得

$$R_{eq} = \frac{U}{I} = \frac{3I}{I} = 3 (\Omega)$$

（3）画出戴维南等效电路，并接上待求支路，如图 4 - 16 (d) 所示。可求得

$$I_0 = \frac{13 - 3}{2 + 3} = 2 (A)$$

从以上两例可见，含受控源的电路在应用戴维南定理求解时还应注意以下几点：

（1）在求等效电阻 R_{eq} 时，一般应采用外加电源法或开路—短路法；

（2）当电路状态改变时（如端钮开路或短路等），若控制量发生变化，必然会引起受控源的变化；

（3）线性含源二端网络 N 中，受控源的控制量一般不应在 N 之外，但控制量可以是 N 的端钮电压或电流。

【例 4 - 10】　电路如图 4 - 17（a）所示，用诺顿定理求 I。

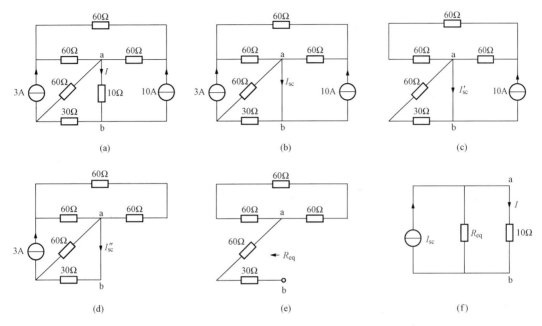

图 4 - 17　【例 4 - 10】图

（a）原电路；（b）、（c）、（d）求 I_{sc} 的电路；（e）求 R_{eq} 的电路；（f）接上待求部分电路

解　（1）求短路电流 I_{sc}。移去 10Ω 支路，将 a、b 两端短路，设短路电流为 I_{sc}，如图 4 - 17（b）所示，用叠加定理计算 I_{sc}。

当 10A 电流源单独作用时，3A 电流源开路，如图 4 - 17（c）所示，可求得

$$I'_{sc} = 10(A)$$

当 3A 电流源单独作用时，10A 电流源开路，如图 4 - 17（d）所示，可求得

$$I''_{sc} = \frac{60}{60 + 30} \times 3 = 2(A)$$

根据叠加定理得

$$I_{sc} = I'_{sc} + I''_{sc} = 10 + 2 = 12(A)$$

（2）求等效电阻 R_{eq}。移去图 4 - 17（a）中 10Ω 支路，求从 a、b 端看入的等效电阻 R_{eq}。将图 4 - 17（a）中两个电流源开路，如图 4 - 17（e）所示，可求得

$$R_{eq} = 60 + 30 = 90(\Omega)$$

（3）画出诺顿等效电路，并接上 10Ω 支路，如图 4 - 17（f）所示，由分流关系得

$$I = \frac{R_{eq}}{R_{eq} + 10} \times I_{sc} = \frac{90}{90 + 10} \times 12 = 10.8(A)$$

第四节　最大功率传输定理

一个线性含源二端网络，当其两端接上不同的负载时，二端网络传输给负载的功率也不同。在给定线性含源二端网络后，负载满足什么条件时，能获得最大功率？最大功率为多大？负载获得最大功率时电路的功率传输效率为多大？为了解决这些问题，首先作出线性含

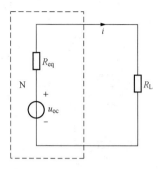

图 4 - 18 最大功率传输原理图

源二端网络的戴维南等效电路，如图 4 - 18 所示。

由图 4 - 18 可知

$$i = \frac{u_{oc}}{R_{eq} + R_L}$$

负载获得的功率为

$$p_L = i^2 R_L = \left(\frac{u_{oc}}{R_{eq} + R_L} \right)^2 R_L \qquad (4 - 3)$$

根据数学中求极值的方法可知，要使 p_L 为最大值，应满足 $\dfrac{\mathrm{d}p_L}{\mathrm{d}R_L} = 0$，即

$$\frac{\mathrm{d}p_L}{\mathrm{d}R_L} = u_{oc}^2 \frac{(R_L + R_{eq})^2 - 2R_L(R_L + R_{eq})}{(R_L + R_{eq})^4} = 0$$

从而有

$$(R_L + R_{eq})^2 - 2R_L(R_L + R_{eq}) = 0$$

解得

$$R_L = R_{eq} \qquad (4 - 4)$$

式（4 - 4）表明：当满足条件 $R_L = R_{eq}$ 时，即当负载 R_L 等于戴维南等效电阻 R_{eq} 时，负载可以从线性含源二端网络获得最大功率，这就是最大功率传输定理。满足条件 $R_L = R_{eq}$，称为电路达到最大功率匹配。将式（4 - 4）代入式（4 - 3）可以得到电路在最大功率匹配时，负载所获得的最大功率为

$$p_{max} = \frac{u_{oc}^2}{4R_{eq}} \qquad (4 - 5)$$

对图 4 - 18 所示电路而言，负载获得最大功率时，电路的传输效率为

$$\eta = \frac{p_{Lmax}}{p_{u_{oc}}} \times 100\% = \frac{I^2 R_L}{I^2 (R_{eq} + R_L)} \times 100\% = \frac{R_L}{2R_L} \times 100\% = 50\%$$

可见，当电路达到匹配时，电路的传输效率只有 50%，也就是说电源所产生的功率只有一半供给负载，而另一半则为电源内阻所消耗。在电力系统中，要高效率地传输电功率，应使 R_L 远大于 R_{eq}，而不允许"匹配"所造成的浪费。但在无线电技术和通信系统中，由于传输功率较小，通常需要电路处于"匹配"的工作状态，以力求使负载获得最大的信号功率。

【例 4 - 11】 图 4 - 19（a）所示电路中，当 R_L 调至多大时可获得最大功率？并求此最大功率。

解 （1）断开待求支路，求 a、b 左边电路的戴维南等效电路。

1）求开路电压 U_{oc}。用叠加定理求开路电压 U_{oc}，12V 电压源单独作用时等效电路如图 4 - 19（b）所示，两次应用分压公式可得

$$U'_{oc} = -\frac{(36 + 60)//40}{(36 + 60)//40 + 60} \times 12 \times \frac{60}{36 + 60} = -2.4(V)$$

0.8A 电流源单独作用时等效电路，如图 4 - 19（c）所示，应用分流公式可得

$$I''_1 = \frac{36 + 10}{(60//40 + 50) + (36 + 10)} \times 0.8 = 0.31(A)$$

$$I''_2 = 0.8 - I''_1 = 0.49(A)$$

$$U''_{oc} = 50I''_1 - 10I''_2 = 10.6(V)$$

在两个电源的共同作用下，开路电压 U_{oc} 为

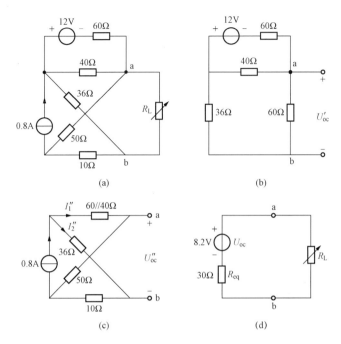

图 4 - 19　【例 4 - 11】图

(a) 原电路；(b) 求 U'_{oc} 电路；(c) U''_{oc} 和 R_{eq} 电路；(d) 求最大功率电路

$$U_{oc} = U'_{oc} + U''_{oc} = -2.4 + 10.6 = 8.2(\text{V})$$

2）求戴维南等效电阻 R_{eq}。将图 4 - 19（a）中电压源短路，电流源开路后从 a、b 端钮往左边求等效电阻 R_{eq} 可得

$$R_{eq} = (60//40 + 36)//(50 + 10) = 30(\Omega)$$

根据最大功率传输定理可知：当 $R_L = R_{eq} = 30$（Ω）时，可获得最大功率。

（2）接上待求支路，求最大功率。

根据 U_{oc} 和 R_{eq} 做出戴维南等效电路，并接上待求支路 R_L，如图 4 - 19（d）所示。可求得最大功率为

$$P_{Lmax} = \frac{U_{oc}^2}{4R_{eq}} = \frac{8.2^2}{4 \times 30} \approx 0.56(\text{W})$$

【例 4 - 12】　电路如图 4 - 20（a）所示，求：（1）R_L 为多大时可获得最大功率；（2）R_L 获得的最大功率。

解　（1）图 4 - 20（a）中断开 R_L 支路，求二端网络 N 的戴维南等效电路。

1）求开路电压 U_{oc}。设 a、b 端口开路电压 U_{oc}，如图 4 - 20（b）所示，可求得

$$U_{oc} = 6I + 3I = 9I = 9 \times \frac{9}{6+3} = 9(\text{V})$$

2）求等效电阻 R_{eq}。用开路—短路法求解，将图 4 - 20（b）中 a、b 端口短路，设短路电流 I_{sc}，并进行电压源模型和电流源模型等变换后得到图 4 - 20（c）。对节点 k 列 KCL 方程得

$$I_{sc} = \frac{3}{2} - I'$$

$$I' = -\frac{6I'}{2} = -3I'$$

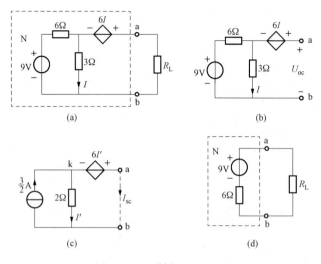

图 4 - 20 【例 4 - 12】图

(a) 原电路；(b) 求 U_{oc} 电路；(c) 求 I_{sc} 电路；(d) 最大功率传输电路

解得

$$I' = 0$$

故有

$$I_{sc} = \frac{3}{2}\text{A}$$

可求得

$$R_{eq} = \frac{U_{oc}}{I_{sc}} = 6(\Omega)$$

3）画出戴维南等效电路，如图 4 - 20 (d) 中二端网络 N 所示。

接上 R_L 支路，如图 4 - 20 (d) 所示，当 $R_L = R_{eq} = 6\Omega$ 时，R_L 可获得最大功率。

（2）由式（4 - 5）可得 R_L 获得的最大功率为

$$P_{L\max} = \frac{U_{oc}^2}{4R_{eq}} = \frac{9^2}{4 \times 6} = 3.375(\text{W})$$

本 章 小 结

本章介绍了线性电路的基本定理包括：叠加定理、替代定理、戴维南定理、诺顿定理和最大功率传输定理，这些定理描述了电路的基本性质。在线性电路分析中，当需要求解多条支路的电压、电流时，一般采用第三章中介绍的电路方程求解法较方便；当需要求解电路中某条支路电压、电流时，一般采用本章介绍的电路定理求解较为简单。

1. 叠加定理

叠加定理指出：在线性电路中，当有多个独立电源共同作用时，每个元件上的电压或电流等于各独立源单独作用于电路时，在该元件上所产生的电压或电流的代数和。

叠加定理只适用于线性电路，用于计算线性电路中的电压和电流，而不能计算功率。当电路中某一独立源单独作用时，其他独立源均应视为零值，即独立电压源作短路处理，独立电流源作开路处理。而受控源则应保留在电路中，其值随每一个独立源单独作用时控制量的变化而变化。

2. 替代定理

替代定理指出：对于一个线性或非线性电路，若已知第 k 条支路的电压为 u_k 或电流为 i_k，则可用一个电压值为 u_k 的理想电压源或一个电流值为 i_k 的理想电流源来替代这条支路，替代后电路中各支路的电压和电流保持不变。

3. 戴维南定理

戴维南定理指出：任何一个线性含源二端网络，对外电路而言，可以等效为一个电压源和一个电阻的串联组合，即电压源模型。其中电压源的电压值等于该二端网络端口的开路端电压 u_{oc}，串联电阻等于该网络中所有独立源为零值后的等效电阻 R_{eq}。而这一电压源串联电阻的组合称为戴维南等效电路。

4. 诺顿定理

诺顿定理指出：任何一个线性含源二端网络，对外电路而言，可以等效为一个电流源和一个电阻的并联组合，即电流源模型。其中电流源的电流值等于该二端网络端口的短路电流 i_{sc}，并联电阻等于该网络中所有独立源为零值后的等效电阻 R_{eq}。而这一电流源与电阻的并联组合称为诺顿等效电路。

u_{oc} 和 i_{sc} 的求法：可根据电路的结构特点选用电阻性电路的各种分析方法求得。

R_{eq} 的求法：若二端网络中无受控源，则可选用化简法。若含有受控源，则可选用外加电源法或开路—短路法。

5. 最大功率传输定理

最大功率传输定理指出：当负载 R_L 等于线性含源二端网络的戴维南等效电阻 R_{eq} 时，即满足条件 $R_L = R_{eq}$ 时，负载可以从该二端网络获得最大功率。负载所获得的最大功率为

$$p_{max} = \frac{u_{oc}^2}{4R_{eq}}$$

式中：u_{oc} 为二端网络的开路电压。

 思考题

4-1　在一个含独立源的线性电阻网络中，当其中一个独立电压源的电压从 10V 增加到 20V 时，某一支路的电流从 2A 增加到 6A；当该电压源的电压为 -20V 时，这一支路的电流为多大？

4-2　图 4-21 所示电路中，N_0 为无源线性电阻网络，已知 10Ω 电阻的功率 $P = 1.6W$，若电流源电流由 6A 增加到 24A，则 10Ω 电阻的功率为多大？

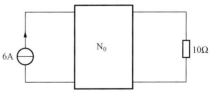

图 4-21　思考题 4-2 图

4-3　应用叠加定理求解电路时，不起作用的理想电压源应作怎样的处理？不起作用的理想电流源应作怎样的处理？受控源应如何处理？

4-4　一个线性含源二端网络可以等效为哪两种电路？如何求得？

4-5　在求含受控源的二端网络戴维南等效电阻时，应用外加电源法和开路—短路法，这两种方法对二端网络内部有什么不同要求？

4-6 在对放大器进行测试时发现，将信号源的输出电压调至 10mV，但将放大器接到信号源的输出端后，再次测信号源的输出电压便降至 8mV，请解释这是什么原因？

4-7 在电子电路实验中常用表达式

$$R_o = \left(\frac{u_{oc}}{u} - 1 \right) R_L \tag{4-6}$$

来测试含源二端网络的输出电阻，试证明。式（4-6）中，R_L 为二端网络输出端所接的负载电阻，u_{oc} 为二端网络输出端口的开路电压，u 为二端网络接上 R_L 后端口处的电压。

4-8 负载获得最大功率的条件理解为："当负载电阻 R_L 等于戴维南等效电阻 R_{eq} 时，负载 R_L 就可以获得最大功率"是否确切？为什么？如果 R_L 固定，而 R_{eq} 可变，此时负载 R_L 获得最大功率的条件又是什么？

习 题 四

4-1 用叠加定理求图 4-22 所示电路中的 I。

4-2 用叠加定理求图 4-23 所示电路中的 U 和电流源发出的功率 P_I。

4-3 用叠加定理求（1）图 4-24（a）所示电路中的 I；（2）图 4-24（b）所示电路中的 U。

4-4 试用叠加定理求图 4-25 所示电路中的电压 U_{ac} 和受控源的功率 P_F。

4-5 图 4-26 所示电路中，已知 $R_1 = R_2 = 1\text{k}\Omega$，$R_3 = 3\text{k}\Omega$，$R_4 = 6\text{k}\Omega$，$I_4 = 4\text{mA}$，各电源值均不知。问当 U_{s1} 增加 30V 时，通过 R_4 的电流 I_4' 等于多少？（设 I_4' 的方向与 I_4 相同）

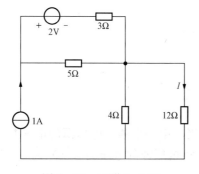

图 4-22 习题 4-1 图

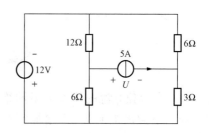

图 4-23 习题 4-2 图

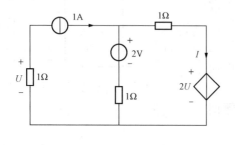

(a)

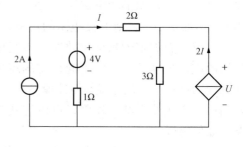

(b)

图 4-24 习题 4-3 图

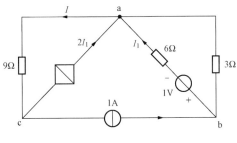

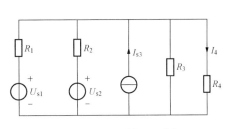

图 4 - 25　习题 4 - 4 图　　　　　　　　图 4 - 26　习题 4 - 5 图

4 - 6　电路如图 4 - 27 所示，当 3A 电流源未接入时，2A 电流源对网络提供 28W 功率，U_3 为 8V；当 2A 电流源未接入时，3A 电流源对网络提供 54W 功率，U_2 为 12V。求两个电流源同时接入时，各电流源发出的功率。

4 - 7　用替代定理求图 4 - 28 所示电路中，当 R 为多大时，25V 电压源中的电流为零。

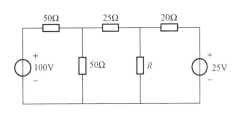

图 4 - 27　习题 4 - 6 图　　　　　　　　图 4 - 28　习题 4 - 7 图

4 - 8　求图 4 - 29 所示电路中 a、b 端的戴维南等效电路。

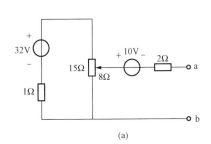

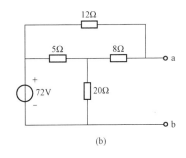

(a)　　　　　　　　　　　　　　(b)

图 4 - 29　习题 4 - 8 图

4 - 9　求图 4 - 30 所示电路中 a、b 端的诺顿等效电路和戴维南等效电路。

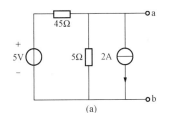

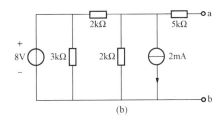

(a)　　　　　　　　　　　　　　(b)

图 4 - 30　习题 4 - 9 图

4 - 10　求图 4 - 31（a）所示电路中的电流 I 和图 4 - 31（b）所示电路中的电流 I_1、I_2。

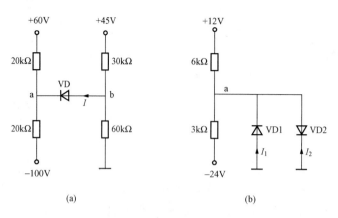

图 4 - 31　习题 4 - 10 图

4 - 11　求图 4 - 32 所示两电路中 a、b 端的戴维南等效电路。

4 - 12　求图 4 - 33 所示两电路中 a、b 端的诺顿等效电路。

4 - 13　电路如图 4 - 34 所示，试用戴维南定理求 R_L 在 $1\sim6\Omega$ 范围内变化时，I 的变化范围。

4 - 14　试用戴维南定理求图 4 - 35 所示电路中的电流 I。

4 - 15　求图 4 - 36 所示电路中的电压 U。

4 - 16　图 4 - 37 所示电路中，当 R_L 调至多大时可获得最大功率？最大功率为多少？

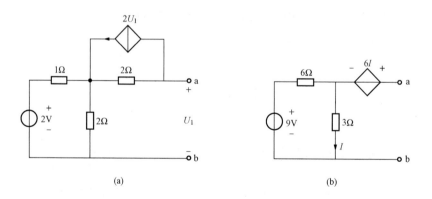

图 4 - 32　习题 4 - 11 图

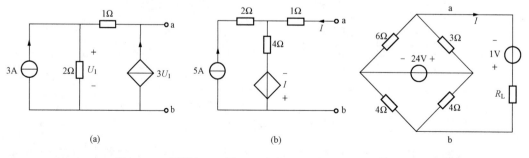

图 4 - 33　习题 4 - 12 图　　　　　　　　图 4 - 34　习题 4 - 13 图

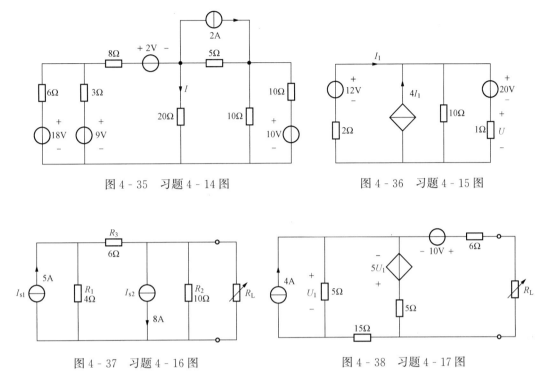

图 4-35　习题 4-14 图　　　　　　图 4-36　习题 4-15 图

图 4-37　习题 4-16 图　　　　　　图 4-38　习题 4-17 图

4-17　图 4-38 所示电路中，当 R_L 调至多大时可获得最大功率？最大功率为多少？

4-18　电路如图 4-39 所示，试问 R_L 为多大时可获得最大功率？最大功率为多少？当 R_L 获得最大功率时，求 3A 电流源的功率传输效率 η。

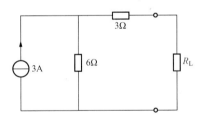

图 4-39　习题 4-18 图

第五章　正弦稳态电路的分析

本章首先介绍正弦交流电的基本概念，其次介绍正弦稳态电路中电阻、电容和电感元件电压电流关系的相量形式、基尔霍夫定律相量形式、正弦稳态电路分析方法和正弦稳态电路的各种功率概念及计算方法，最后介绍了交流电路的最大功率传输和谐振现象。

线性时不变电路在正弦信号激励下的全响应仍由暂态响应和稳态响应两部分组成。对于有损耗的电路而言，其暂态响应最终将趋于零，留下的为正弦稳态响应。其中暂态响应可按第八章列写微分方程的方法求解，本章仅讨论正弦激励下的稳态响应。

第一节　正弦量的基本概念

一、正弦量的三要素

电路中按照正弦函数或余弦函数规律变化的电压和电流统称为正弦量，也称交流电。本书采用余弦函数表示正弦交流电。

在图 5-1 所示的一段电路中有正弦电流 $i(t)$，在图示参考方向下，其数学表达式定义为

$$i(t) = I_m \cos(\omega t + \varphi_i) \tag{5-1}$$

式中：三个常数 I_m、ω 和 φ_i 分别称为正弦电流的振幅（最大值）、角频率和初相位，是正弦电流的三要素。正弦量的大小和方向随时间变化。瞬时值为正，表示实际方向与参考方向一致；瞬时值为负，表示实际方向与所选参考方向相反，其波形如图 5-2 所示。

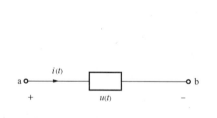

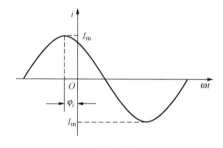

图 5-1　一段正弦电流电路　　　　图 5-2　正弦电流波形

下面分别解释 I_m、ω 和 φ_i 的含义。

I_m 是正弦量的振幅。正弦量是一个等幅振荡、正负交替变化的周期函数，振幅是正弦量在整个振荡过程中达到的最大值，$2I_m$ 称为正弦量的峰—峰值。

正弦量变化一周所需要的时间称为周期，用字母 T 表示，其单位为秒（s），正弦量在单位时间内变化的周期数称为频率，用字母 f 表示，其单位为赫兹（Hz）。显然，频率和周期互为倒数，即

$$f = \frac{1}{T}$$

随时间变化的角度（$\omega t + \varphi_i$）称为正弦量的相位角，简称相位。其中 ω 称为正弦量的角频率，它是正弦量相位随时间变化的角速度，其单位为弧度每秒（rad/s）。

角频率（ω）与周期（T）和频率（f）之间的关系为

$$\omega = \frac{2\pi}{T} = 2\pi f$$

式中：ω、T、f 反映正弦量变化的快慢，ω 越大即 f 越大或 T 越小，正弦量变化越快；反之正弦量变化越慢。直流量的大小和方向都不变，可以看成 $\omega = 0$（$f = 0$、$T \rightarrow \infty$）的正弦量。我国电力工业的标准频率，简称"工频"是指交流 50Hz，周期为 0.02s，角频率 $\omega = 2\pi f = 100\pi \approx 314\text{rad/s}$。

φ_i 是正弦量在 $t = 0$ 时刻的相位，称为正弦量的初相位，简称初相，即

$$(\omega t + \varphi_i)\big|_{t=0} = \varphi_i$$

初相位反映了正弦量在计时零点的状态，它的单位为弧度（rad）或者度（°）。选择不同的计时起点，相位和初相位均不相同。对于一个正弦量，计时点是任意的，即初相位可以随意指定，如果一个电路中有多个正弦量，它们只能相对于一个共同的零点确定各自的初相位和相位。

初相位的取值范围为 $-\pi \leqslant \varphi_i \leqslant \pi$，如果正弦量距离时间起点（如 $t = 0$）最近的正峰值出现在 $t = 0$ 之前，如图 5 - 2 所示，则初相位 φ_i 应取正值。如果正弦量距离时间起点最近的正峰值出现在 $t = 0$ 之后，如图 5 - 3 所示，则初相位 φ_i 应取负值。

若一个正弦量的三要素已知，则该正弦量就确定，所以正弦量三要素是正弦量之间进行比较和区分的依据。

【例 5 - 1】　已知一个正弦电压的振幅为 20V，周期为 100ms，初相位为 $-\dfrac{\pi}{6}$。试写出该正弦电压的函数表达式并画出波形。

解　正弦电压的一般表达式为

$$u(t) = U_\text{m}\cos(\omega t + \varphi_u)$$

其中

$$U_\text{m} = 20\text{V}$$

$$\omega = \frac{2\pi}{T} = \frac{2\pi}{100 \times 10^{-3}} = 20\pi = 62.8\text{rad/s}$$

$$\varphi_u = -\frac{\pi}{6}(\text{rad})$$

所以

$$u(t) = 20\cos\left(62.8t - \frac{\pi}{6}\right)(\text{V})$$

波形如图 5 - 3 所示。

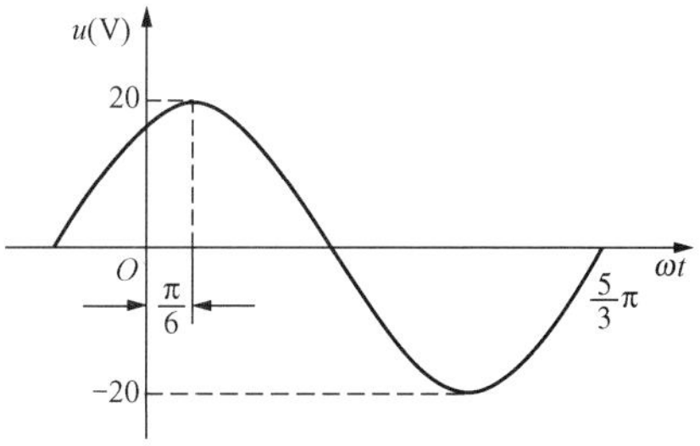

图 5 - 3　电压波形

二、相位差

电路中常常要比较两个同频率正弦量的相位之间的关系，把两个同频率正弦量的相位之差称为相位差。设有两个同频率的正弦量分别为

$$i(t) = I_\text{m}\cos(\omega t + \varphi_i)$$

$$u(t) = U_\text{m}\cos(\omega t + \varphi_u)$$

则电流与电压的相位差 φ 为

$$\varphi = (\omega t + \varphi_i) - (\omega t + \varphi_u) = \varphi_i - \varphi_u \qquad (5 - 2)$$

相位差取值范围也是$-\pi \leqslant \varphi \leqslant \pi$。式（5-2）表明：同频率正弦量的相位差等于它们的初相位之差。电路中常采用"超前"和"滞后"来说明两个同频率正弦量相位比较的结果。

当$\varphi > 0$，称为电流$[i(t)]$超前电压$[u(t)]$，或者电压$[u(t)]$滞后电流$[i(t)]$，如图5-4（a）所示；

当$\varphi < 0$，称为电流$[i(t)]$滞后电压$[u(t)]$或者电压$[u(t)]$超前电流$[i(t)]$；

当$\varphi = 0$，称为电流$[i(t)]$与电压$[u(t)]$同相，如图5-4（b）所示；

当$\varphi = \pm\dfrac{\pi}{2}$，称为电流$[i(t)]$与电压$[u(t)]$正交，如图5-4（c）所示；

当$\varphi = \pm\pi$，称为电流$[i(t)]$与电压$[u(t)]$反相，如图5-4（d）所示。

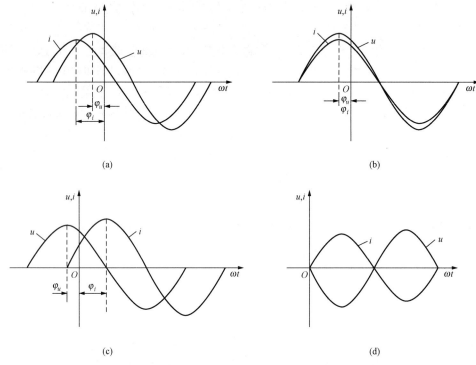

图5-4 电流与电压相位关系

(a) 电流超前电压；(b) 电流电压同相；(c) 电流、电压正交；(d) 电流电压反相

三、正弦量的有效值

电路的功能之一是能量转换。周期量的瞬时值和最大值都不能有效反映电路在能量转换方面的效果，为此定义周期量的有效值的概念。

若周期为T的周期电流$i(t)$与直流电流I，分别通过相同的电阻R，在相同的时间T内所产生的热量相等，则直流电流I称为周期电流$i(t)$的有效值。即

$$I^2RT = \int_0^T i^2(t)R\,\mathrm{d}t$$

则有

$$I = \sqrt{\frac{1}{T}\int_0^T i^2(t)\,\mathrm{d}t} \tag{5-3}$$

把式（5-1）代入式（5-3）得

$$I = \sqrt{\frac{1}{T}\int_0^T [I_{\mathrm{m}}\cos(\omega t + \varphi_i)]^2 \mathrm{d}t} = \frac{I_{\mathrm{m}}}{\sqrt{2}} = 0.707I_{\mathrm{m}} \tag{5-4}$$

对于交流电压也有上面结论，即

$$U = \frac{U_{\mathrm{m}}}{\sqrt{2}} = 0.707U_{\mathrm{m}} \tag{5-5}$$

由式（5-4）和式（5-5）可得正弦量的最大值是有效值的$\sqrt{2}$倍，而与频率和初相位无关。根据这一关系，式（5-1）正弦量可以写成

$$i(t) = \sqrt{2}I\cos(\omega t + \varphi_i)$$

有效值是交流设备上一个重要的参数，一般交流设备的额定电流、额定电压的数值，交流电压表、电流表表面上标出的数字均为有效值。电力系统中常说的 220V 和 380V 均指有效值，对应的最大值分别为 311V 和 537V。

第二节　正弦交流电的相量表示

复数和复数运算是正弦稳态电路分析和计算的数学基础，所以有必要先对此进行简单复习。

一、复数及其运算

1. 复数的四种形式

一个复数 A 的代数形式记为

$$A = a + \mathrm{j}b \tag{5-6}$$

式中：a 是复数 A 的实部，可表示为 $a = \mathrm{Re}[A]$；b 是复数 A 的虚部，可表示为 $b = \mathrm{Im}[A]$；j 是虚数单位，$\mathrm{j} = \sqrt{-1}$。在数学中，i 是虚数单位，在电工技术中为了与电流 i 相区分而改用 j。

在复平面中，复数也可以用有向线段表示，如图 5-5 所示。图 5-5 中，有向线段 $\overrightarrow{OA}$ 的长度称为复数 A 的模，用 $|A|$ 表示。有向线段 $\overrightarrow{OA}$ 与横轴（实轴）正方向的夹角 θ 称为复数的辐角。复数 A 的实部 a 为有向线段 $\overrightarrow{OA}$ 在横轴上投影，它的虚部 b 为有向线段 $\overrightarrow{OA}$ 在纵轴上投影。

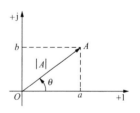

图 5-5　复数表示

复数 A 的三角函数形式记为

$$A = |A|(\cos\theta + \mathrm{j}\sin\theta) \tag{5-7}$$

比较式（5-7）和式（5-6）可以得到

$$a = |A|\cdot\cos\theta, \qquad b = |A|\cdot\sin\theta;$$

$$|A| = \sqrt{a^2 + b^2}, \qquad \theta = \arctan\left(\frac{b}{a}\right).$$

由欧拉公式，$\mathrm{e}^{\mathrm{j}\theta} = \cos\theta + \mathrm{j}\sin\theta$，可得复数 A 的指数形式为

$$A = |A|\cdot\mathrm{e}^{\mathrm{j}\theta} \tag{5-8}$$

式（5-8）指数形式也可写成极坐标形式

$$A = |A|\underline{/\theta} \tag{5-9}$$

式（5-6）～式（5-9）是复数的常见四种形式。若复数的某种形式已知，则可推出其

他形式。

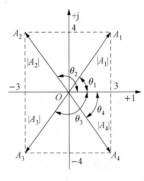

图 5 - 6　【例 5 - 2】图

【例 5 - 2】　设 $A_1=3+j4$，$A_2=-3+j4$，$A_3=-3-j4$，$A_4=3-j4$。求 A_1、A_2、A_3、A_4 的极坐标形式。

解　在复平面上画出复数 A_1、A_2、A_3、A_4，如图 5 - 6 所示。

复数的极坐标形式为：$A=a+jb=|A|\angle\theta$

在图 5 - 6 中，$|A_1|=\sqrt{3^2+4^2}=5$，$\theta_1=\arctan\left(\dfrac{4}{3}\right)=53.1°$，所以 $A_1=5\underline{/53.1°}$；

$$|A_2|=\sqrt{(-3)^2+4^2}=5，\theta_2=180°-\arctan\left(\frac{4}{3}\right)=126.9°，$$

所以 $A_2=5\underline{/126.9°}$；

$$|A_3|=\sqrt{(-3)^2+(-4)^2}=5，\theta_3=-\left(180°-\arctan\left(\frac{4}{3}\right)\right)=-126.9°，$$

所以 $A_3=5\underline{/-126.9°}$；

$$|A_4|=\sqrt{3^2+(-4)^2}=5，\theta_4=-\arctan\left(\frac{4}{3}\right)=-53.1°，所以 A_4=5\underline{/-53.1°}。$$

2. 复数的四则运算

（1）复数的加、减法运算。设 $A_1=a_1+jb_1$，$A_2=a_2+jb_2$，则

$$A_1\pm A_2=(a_1+jb_1)\pm(a_2+jb_2)=(a_1\pm a_2)+j(b_1\pm b_2)$$

复数的加减法利用代数形式进行运算比较简单。复数加减法也可以运用平行四边形法在复平面上利用作图的方法求出，分别如图 5 - 7（a）和图 5 - 7（b）所示。

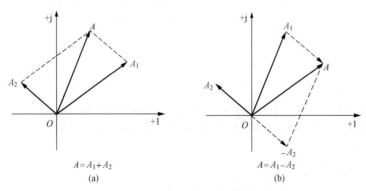

图 5 - 7　复数代数运算图解

（a）加法运算图解示意；（b）减法运算图解示意

（2）复数的乘除法。两个复数，设 $A_1=a_1+jb_1=|A_1|\cdot e^{j\theta_1}$，$A_2=a_2+jb_2=|A_2|\cdot e^{j\theta_2}$。

用代数形式进行乘法运算为

$$A_1\cdot A_2=(a_1+jb_1)\cdot(a_2+jb_2)=(a_1a_2-b_1b_2)+j(a_1b_2+a_2b_1)$$

用指数形式进行乘法运算为

$$A=A_1\cdot A_2=|A_1|\cdot e^{j\theta_1}\cdot|A_2|\cdot e^{j\theta_2}=|A_1|\cdot|A_2|\cdot e^{j(\theta_1+\theta_2)}=|A|\cdot e^{j\theta}\qquad(5-10)$$

极坐标进行乘法运算为

$$A = A_1 \cdot A_2 = |A_1| \underline{/\theta_1} \cdot |A_2| \underline{/\theta_2} = |A_1| \cdot |A_2| \underline{/\theta_1 + \theta_2} = |A| \underline{/\theta} \qquad (5\text{-}11)$$

式（5-10）和式（5-11）中

$$|A| = |A_1| \cdot |A_2|, \quad \theta = \theta_1 + \theta_2$$

即复数乘积的模等于各复数模的乘积，其辐角等于各复数辐角的和。

复数的除法采用极坐标表示为

$$A = \frac{A_1}{A_2} = \frac{|A_1| \underline{/\theta_1}}{|A_2| \underline{/\theta_2}} = \frac{|A_1|}{|A_2|} \underline{/\theta_1 - \theta_2} = |A| \underline{/\theta} \qquad (5\text{-}12)$$

式中

$$|A| = \frac{|A_1|}{|A_2|}, \quad \theta = \theta_1 - \theta_2$$

即复数商的模等于各复数模的商，其辐角等于分子复数辐角与分母复数辐角的差。

复数的除法也可以代数形式进行运算，主要思想是将分母进行有理化，在这里不再赘述，在电路里主要采用极坐标形式运算。显然，复数的乘除法运算采用指数或极坐标形式较为方便。

复数 $e^{j\theta} = 1\underline{/\theta}$ 是一个模为 1，辐角为 θ 的复数。任意复数 $F = |F| e^{j\varphi}$ 乘以 $e^{j\theta}$，相当于把复数 F 逆时针旋转 θ，而模不变，所以 $e^{j\theta}$ 称为旋转因子。

由欧拉公式，不难得出 $e^{j\frac{\pi}{2}} = j$，$e^{-j\frac{\pi}{2}} = -j$，$e^{\pm j\pi} = -1$。因此"$\pm j$"、"-1"都可以看作是旋转因子。例如一个复数乘以 j，相当于把该复数逆时针旋转 $\frac{\pi}{2}$；一个复数乘以 $-j$，相当于把该复数顺时针旋转 $\frac{\pi}{2}$。

在复数运算中有两个复数，如 $A_1 = |A_1| \underline{/\theta_1}$，$A_2 = |A_2| \underline{/\theta_2}$，若要使它们相等则必须满足条件

$$\text{Re}[A_1] = \text{Re}[A_2], \quad \text{Im}[A_1] = \text{Im}[A_2]$$

或满足条件

$$|A_1| = |A_2|, \quad \theta_1 = \theta_2$$

【例 5-3】 设 $A_1 = 6 - j8$，$A_2 = 10\underline{/135°}$。求 $A_1 - A_2$，$A_1 \cdot A_2$，$\dfrac{A_2}{A_1}$。

解 A_2 的代数形式为

$$A_2 = 10\underline{/135°} = 10(\cos135° + j\sin135°) = -7.07 + j7.07$$

则

$$A_1 - A_2 = (6 - j8) - (-7.07 + j7.07) = 13.07 - j15.07 = 19.95\underline{/-49.1°}$$

又 A_1 的极坐标形式为

$$A_1 = 6 - j8 = 10\underline{/-53.1°}$$

则

$$A_1 \cdot A_2 = 10\underline{/-53.1°} \times 10\underline{/135°} = 100\underline{/81.9°}$$

$$\frac{A_2}{A_1} = \frac{10\underline{/135°}}{10\underline{/-53.1°}} = 1\underline{/188.1°} = 1\underline{/-171.9°}$$

二、正弦量的相量表示

设复数 $A = |A| e^{j\theta}$ 中辐角为 $\theta = \omega t + \varphi$，则

$$A = |A| e^{j(\omega t + \varphi)} = |A| \cos(\omega t + \varphi) + j|A| \sin(\omega t + \varphi)$$

对 A 取实部有

$$\mathrm{Re}[A] = |A| \cos(\omega t + \varphi)$$

如果一个正弦电流为 $i = \sqrt{2} I \cos(\omega t + \varphi_i)$，则可表示为

$$i = \mathrm{Re}\left[\sqrt{2} I e^{j(\omega t + \varphi_i)}\right] = \mathrm{Re}\left[\sqrt{2} I e^{j\varphi_i} e^{j\omega t}\right] \tag{5-13}$$

从式（5-13）中可知：复指数函数 $\sqrt{2} I e^{j\varphi_i} e^{j\omega t}$ 中的 $I e^{j\varphi_i}$ 是以正弦量的有效值 I 为模，初相位 φ_i 为辐角的一个复常数，这个复常数定义为正弦量的有效值相量，记为 $\dot{I}$，有

$$\dot{I} = I e^{j\varphi_i} = I \underline{/\varphi_i}$$

若以正弦量的最大值 I_m 为模，初相位为辐角的复常数则定义为最大值相量，记为 $\dot{I}_\mathrm{m}$，有

$$\dot{I}_\mathrm{m} = I_\mathrm{m} e^{j\varphi_i} = I_\mathrm{m} \underline{/\varphi_i}$$

若已知正弦量，则可以写出正弦量对应的相量；若已知正弦量对应的相量，则也能写出该正弦量，即正弦量和相量是一一对应的关系。

例如，电流 $i(t) = 100\sqrt{2} \cos(\omega t + 60°)$ A，则该电流对应的相量为 $\dot{I} = 100 \underline{/60°}$ A；若某正弦电压对应相量为 $\dot{U} = 220 \underline{/-30°}$ V，则正弦电压 $u = 220\sqrt{2} \cos(\omega t - 30°)$ V。

正弦量和相量的对应的关系可以通过图 5-8 表示出来。

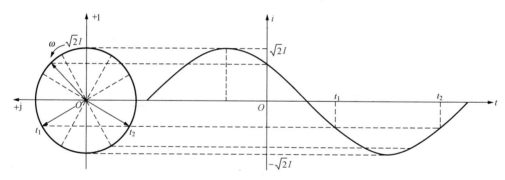

图 5-8　正弦量与相量之间关系

相量是复数，可以用有向线段表示，令其长度为正弦量的有效值，有向线段与实轴正方向的夹角等于正弦量的初相位。相量这种图形表示法称为相量图，如图 5-9 所示。只有同频率正弦量的相量才可画在同一个相量图中。

【**例 5-4**】　已知正弦电流 $i_1 = 6\sqrt{2} \cos(314t + 30°)$ A，$i_2 = 6\sqrt{2} \cos(314t - 30°)$ A。试求：（1）相量 $\dot{I}_1$、$\dot{I}_2$；（2）做出 $\dot{I}_1$、$\dot{I}_2$ 的相量图。

　　解　（1）正弦电流 i_1 和 i_2 对应的相量为

$$\dot{I}_1 = 6 \underline{/30°} \text{A}, \dot{I}_2 = 6 \underline{/-30°} \text{A}$$

（2）因为 i_1 和 i_2 为同频率正弦量，所以它们的相量 $\dot{I}_1$、$\dot{I}_2$ 可画在同一个图中，如图 5-10 所示。

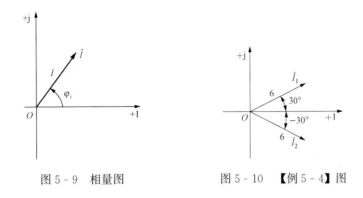

图 5-9　相量图　　　　　图 5-10　【例 5-4】图

第三节　基尔霍夫定律的相量形式

在电路中电压和电流存在两类约束关系即基尔霍夫定律和元件 VAR 约束，在正弦稳态电路中，电压相量和电流相量也受到基尔霍夫定律相量形式和元件 VAR 相量形式的约束。因此，在介绍正弦稳态电路分析方法之前先要弄清楚基尔霍夫定律和元件 VAR 的相量形式，首先介绍相量的运算。

一、相量的运算

1. 同频率正弦量的代数和

设 $i_1 = \sqrt{2} I_1 \cos(\omega t + \varphi_1)$，$i_2 = \sqrt{2} I_2 \cos(\omega t + \varphi_2)$，……这些正弦量的和设为 i，则

$$
\begin{aligned}
i &= i_1 + i_2 + \cdots \\
&= \mathrm{Re}[\sqrt{2} \dot{I}_1 e^{j\omega t}] + \mathrm{Re}[\sqrt{2} \dot{I}_2 e^{j\omega t}] + \cdots \\
&= \mathrm{Re}[\sqrt{2}(\dot{I}_1 + \dot{I}_2 + \cdots) e^{j\omega t}]
\end{aligned}
$$

而 $i = \mathrm{Re}[\sqrt{2} \dot{I} e^{j\omega t}]$，因此有

$$
\mathrm{Re}[\sqrt{2} \dot{I} e^{j\omega t}] = \mathrm{Re}[\sqrt{2}(\dot{I}_1 + \dot{I}_2 + \cdots) e^{j\omega t}] \tag{5-14}
$$

式（5-14）在任何时刻都成立，故有

$$
\dot{I} = \dot{I}_1 + \dot{I}_2 + \cdots
$$

2. 正弦量的微分

设正弦电流 $i = \sqrt{2} I \cos(\omega t + \varphi_i)$，对 i 求导，则

$$
\begin{aligned}
\frac{\mathrm{d}i}{\mathrm{d}t} &= \frac{\mathrm{d}}{\mathrm{d}t} \mathrm{Re}[\sqrt{2} \dot{I} e^{j\omega t}] = \mathrm{Re}\left[\frac{\mathrm{d}}{\mathrm{d}t}(\sqrt{2} \dot{I} e^{j\omega t})\right] \\
&= \mathrm{Re}[\sqrt{2}(j\omega \dot{I}) e^{j\omega t}] = \mathrm{Re}\left[\sqrt{2}(I\omega) e^{j\left(\varphi_i + \frac{\pi}{2}\right)} \cdot e^{j\omega t}\right] \\
&= \sqrt{2}(\omega I) \cos\left(\omega t + \varphi_i + \frac{\pi}{2}\right)
\end{aligned} \tag{5-15}
$$

式（5-15）表明正弦量的导数是一个同频率的正弦量，其相量等于原正弦量 i 的相量 $\dot{I}$ 乘以 $j\omega$，即 $\mathrm{d}i/\mathrm{d}t$ 的相量形式可以表示为

$$
j\omega \dot{I} = \omega I \left/ \varphi_i + \frac{\pi}{2}\right.
$$

3. 正弦量的积分

设正弦电流 $i=\sqrt{2}I\cos(\omega t+\varphi_i)$，则

$$\int i\,\mathrm{d}t = \int \mathrm{Re}\left[\sqrt{2}\dot{I}\,\mathrm{e}^{\mathrm{j}\omega t}\right]\mathrm{d}t = \mathrm{Re}\left[\int\left(\sqrt{2}\dot{I}\,\mathrm{e}^{\mathrm{j}\omega t}\right)\mathrm{d}t\right]$$

$$= \mathrm{Re}\left[\sqrt{2}\left(\frac{\dot{I}}{\mathrm{j}\omega}\right)\mathrm{e}^{\mathrm{j}\omega t}\right] = \sqrt{2}\frac{I}{\omega}\cos\left(\omega t+\varphi_i-\frac{\pi}{2}\right) \tag{5-16}$$

式（5-16）表明正弦量的积分结果为同频率的正弦量，其相量等于原正弦量 i 的相量 $\dot{I}$ 除以 $\mathrm{j}\omega$，其模为 $\frac{I}{\omega}$，辐角滞后 $\frac{\pi}{2}$。

二、基尔霍夫定律的相量形式

对于电路中任一节点，根据 KCL 定律有

$$\sum i = 0$$

由于所有支路电流都是同频率的正弦量，故其相量电流满足

$$\sum \dot{I} = 0 \tag{5-17}$$

式（5-17）为基尔霍夫电流定律的相量形式。

同理，对于任一回路，根据 KVL 定律有

$$\sum u = 0$$

由于所有支路电压都是同频率的正弦量，故其相量电压满足

$$\sum \dot{U} = 0 \tag{5-18}$$

式（5-18）为基尔霍夫电压定律的相量形式。

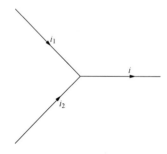

图 5-11 【例 5-5】图

【例 5-5】 已知 $i_1=3\sqrt{2}\cos(10t+60°)\mathrm{A}$，$i_2=3\sqrt{2}\cos(10t-60°)\mathrm{A}$，电路如图 5-11 所示，求（1）$i$；（2）$\mathrm{d}i_1/\mathrm{d}t$；（3）$\int i_2\,\mathrm{d}t$。

解 根据已知条件得

$$\dot{I}_1 = 3\underline{/6°}\,(\mathrm{A}),\quad \dot{I}_2 = 3\underline{/-60°}\,(\mathrm{A})$$

（1）因为 $i=i_1+i_2$，所以 $\dot{I}=\dot{I}_1+\dot{I}_2=3\underline{/60°}+3\underline{/-60°}=3\,(\mathrm{A})$，因此有

$$i = 3\sqrt{2}\cos(10t)\,(\mathrm{A})$$

（2）因为 $\dot{I}_1=3\underline{/60°}$（A），$\mathrm{d}i_1/\mathrm{d}t$ 对应的相量为

$$\mathrm{j}\omega \dot{I}_1 = \mathrm{j}10\times 3\underline{/60°} = 10\times 3\underline{/60°+90°} = 30\underline{/150°}$$

所以

$$\frac{\mathrm{d}i_1}{\mathrm{d}t} = 30\sqrt{2}\cos(10t+150°)$$

（3）因为 $\dot{I}_2=3\underline{/-60°}$（A），$\int i_2\,\mathrm{d}t$ 对应的相量为

$$\frac{\dot{I}_2}{\mathrm{j}\omega} = \frac{3\underline{/-60°}}{\mathrm{j}10} = \frac{3\underline{/-60°}}{10\underline{/90°}} = 0.3\underline{/-150°}$$

所以

$$\int i_2 \mathrm{d}t = 0.3\sqrt{2}\cos(10t - 150°)$$

第四节　电阻、电感和电容元件伏安特性的相量形式

一、电阻元件电压电流关系的相量形式

如图 5-12（a）所示电阻 R，当有电流 $i_R = \sqrt{2}I_R\cos(\omega t + \varphi_i)$ 流过电阻 R 时，电阻 R 两端电压 u_R 为

$$u_R = R \cdot i_R = \sqrt{2}I_R R\cos(\omega t + \varphi_i) = \sqrt{2}U_R\cos(\omega t + \varphi_u) \qquad (5\text{-}19)$$

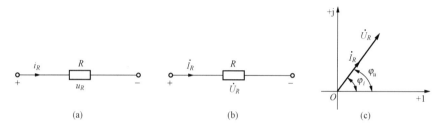

图 5-12　电阻中的正弦电流

(a) 电阻元件瞬时模型；(b) 电阻元件相量模型；(c) 电阻元件相量图

式（5-19）中 $U_R = R \cdot I_R$，$\varphi_u = \varphi_i$。由此可知：①正弦电路中电阻元件上的电压与电流为同频率正弦量；②电压与电流有效值（最大值）满足欧姆定律；③电压与电流同相位，即相位差为零。电阻元件的电流和电压相量分别为

$$\dot{I}_R = I_R \underline{/\varphi_i}$$

$$\dot{U}_R = U_R \underline{/\varphi_u} = R \cdot I_R \underline{/\varphi_i}$$

即

$$\frac{\dot{U}_R}{\dot{I}_R} = R\underline{/0°} = R$$

或

$$\dot{U}_R = R \cdot \dot{I}_R \qquad (5\text{-}20)$$

由式（5-20）画出电阻元件的相量模型如图 5-12（b）所示，图 5-12（c）为电阻元件相量图。

二、电感元件电压电流关系的相量形式

如图 5-13（a）所示，当电流 $i_L = \sqrt{2}I_L\cos(\omega t + \varphi_i)$ 流过电感 L 时，电感 L 两端电压 u_L

$$u_L = L\frac{\mathrm{d}i_L}{\mathrm{d}t} = -\sqrt{2}\omega L I_L\sin(\omega t + \varphi_i)$$

$$= \sqrt{2}\omega L I_L\cos\left(\omega t + \varphi_i + \frac{\pi}{2}\right) = \sqrt{2}U_L\cos(\omega t + \varphi_u) \qquad (5\text{-}21)$$

式中：$U_L = \omega L \cdot I_L$，$\varphi_u = \varphi_i + \dfrac{\pi}{2}$。由此可知：①正弦电路中，电感元件上的电压与电流为同频率正弦量；②电感电压超前电流 $\dfrac{\pi}{2}$。电感元件的电流和电压相量分别为

$$\dot{I}_L = I_L \underline{/\varphi_i}$$

$$\dot{U}_L = U_L \underline{/\varphi_u} = \omega L \cdot I_L \underline{\Big/\varphi_i + \frac{\pi}{2}}$$

则

$$\frac{\dot{U}_L}{\dot{I}_L} = \omega L \underline{\Big/\frac{\pi}{2}} = \mathrm{j}\omega L$$

或

$$\dot{U}_L = \mathrm{j}\omega L \cdot \dot{I}_L \qquad\qquad (5\text{-}22)$$

由式（5-22）画出电感元件的相量模型如图 5-13（b）所示，其中 ωL 具有与电阻相同的量纲。当 $\omega=0$（直流）时，$\omega L=0$，此时相当于短路，图 5-13（c）为电感元件相量图。

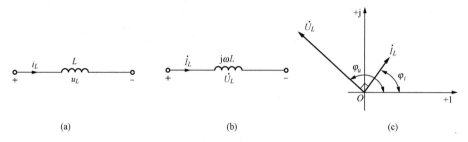

图 5-13　电感中的正弦电流
（a）电感元件瞬时模型；（b）电感元件相量模型；（c）电感元件相量图

三、电容元件电压电流关系的相量形式

图 5-14（a）中电容 C 两端电压 $u_C=\sqrt{2}U_C\cos(\omega t+\varphi_u)$，则流过电容 C 电流 i_C 为

$$i_C = C\frac{\mathrm{d}u_C}{\mathrm{d}t} = -\sqrt{2}\omega C U_C\sin(\omega t+\varphi_u)$$

$$= \sqrt{2}\omega C U_C\cos\left(\omega t+\varphi_u+\frac{\pi}{2}\right) = \sqrt{2}I_C\cos(\omega t+\varphi_i) \qquad (5\text{-}23)$$

式中：$I_C=\omega C \cdot U_C$，$\varphi_i=\varphi_u+\dfrac{\pi}{2}$。由此可知：①正弦电路中电容元件上的电压与电流为同频率正弦量；②电容上的电压滞后电流 $\dfrac{\pi}{2}$。电容元件的电压和电流的相量为

$$\dot{U}_C = U_C\underline{/\varphi_u}$$

$$\dot{I}_C = I_C\angle\varphi_i = \omega C \cdot U_C\underline{\Big/\varphi_u+\frac{\pi}{2}}$$

则

$$\frac{\dot{I}_C}{\dot{U}_C} = \omega C\underline{\Big/\frac{\pi}{2}} = \mathrm{j}\omega C$$

或

$$\dot{U}_C = \frac{1}{\mathrm{j}\omega C} \cdot \dot{I}_C = -\mathrm{j}\frac{1}{\omega C} \cdot \dot{I}_C \qquad\qquad (5\text{-}24)$$

由式（5-24）画出电容元件的相量模型如图 5-14（b）所示，其中 $\dfrac{1}{\omega C}$ 具有与电阻相同的量

纲。当 $\omega=0$（直流）时，$\dfrac{1}{\omega C}\to\infty$，此时相当于开路，图 5 - 14（c）为电容元件相量图。

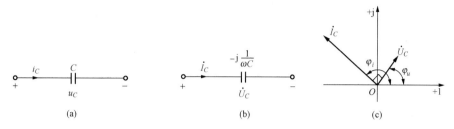

图 5 - 14　电容中的正弦电流

（a）电容元件瞬时模型；（b）电容元件相量模型；（c）电容元件相量图

四、受控源的相量模型

如果受控源的控制电压或电流是正弦量，则受控源的电压或电流将是同一频率的正弦量。现以图 5 - 15（a）电流控制电压源（CCVS）为例说明，有

$$u_2 = r i_1 \quad (r\ 为常数)$$

则相量形式为

$$\dot{U}_2 = r \dot{I}_1$$

相量模型如图 5 - 15（b）所示。

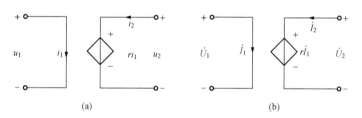

图 5 - 15　CCVS 的相量表示

（a）瞬时模型；（b）相量模型

【**例 5 - 6**】　图 5 - 16（a）所示电路中，i_s 为正弦电流源的电流，其有效值 $I_s=10\text{A}$，角频率 $\omega=1000\text{rad/s}$，$\varphi_i=0$，$R=3\Omega$，$L=1\text{H}$，$C=1\mu\text{F}$。求电压 u_{ad}、u_{bd}。

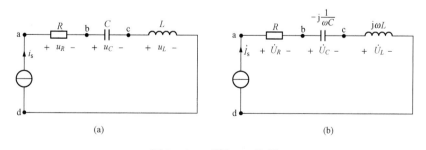

图 5 - 16　【例 5 - 6】图

（a）瞬时模型；（b）相量模型

解　画出 5 - 16（a）所示电路图的相量形式的电路图，如图 5 - 16（b）所示。

因为 $i_s=10\sqrt{2}\cos(1000t)\text{A}$，则 $\dot{I}_s=10\underline{/0^\circ}\text{A}$。根据元件端钮上电压电流关系有

$$\dot{U}_R = R\,\dot{I}_s = 3 \times 10\underline{/0^\circ} = 30\underline{/0^\circ}(\text{V})$$

$$\dot{U}_C = -\text{j}\frac{1}{\omega C}\,\dot{I}_s = -\text{j}\frac{1}{1000 \times 1 \times 10^{-6}} \times 10\underline{/0^\circ} = 10^4\underline{/-90^\circ} = -\text{j}10^4(\text{V})$$

$$\dot{U}_L = \text{j}\omega L\,\dot{I}_s = \text{j}1000 \times 1 \times 10\underline{/0^\circ} = 10^4\angle 90^\circ = \text{j}10^4(\text{V})$$

在图 5 - 16（b）中，根据 KVL 定律，有

$$\dot{U}_{bd} = \dot{U}_C + \dot{U}_L = 0$$

$$\dot{U}_{ad} = \dot{U}_R + \dot{U}_{bd} = 30\underline{/0^\circ}(\text{V})$$

所以

$$u_{bd} = 0$$

$$u_{ad} = 30\sqrt{2}\cos(1000t)(\text{V})$$

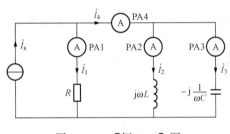

图 5 - 17 【例 5 - 7】图

【例 5 - 7】 图 5 - 17 所示电路中的仪表均为交流电流表，其仪表所指示的读数为有效值，其中电流表 PA1 的读数为 3A，电流表 PA2 的读数为 20A，电流表 PA3 的读数为 16A。求电流表 PA4 的读数和电流源的电流大小。

解 设电流源 $\dot{I}_s$ 提供的电压 $\dot{U} = U\underline{/0^\circ}\text{V}$，则根据元件的电压电流关系有

$$\dot{I}_1 = 3\underline{/0^\circ} = 3(\text{A}),\quad \dot{I}_2 = 20\underline{/-90^\circ} = -\text{j}20(\text{A}),$$

$$\dot{I}_3 = 16\underline{/90^\circ} = \text{j}16(\text{A})$$

根据 KCL 定律，有

$$\dot{I}_4 = \dot{I}_2 + \dot{I}_3 = (-\text{j}20) + \text{j}16 = -\text{j}4 = 4\underline{/-90^\circ}(\text{A})$$

$$\dot{I}_s = \dot{I}_1 + \dot{I}_4 = 3 - \text{j}4 = 5\underline{/-53.13^\circ}(\text{A})$$

所以电流表 PA4 的读数为 4A，电流源的电流大小为 5A。

第五节 阻 抗 和 导 纳

一、阻抗

图 5 - 18（a）所示为一个含线性电阻、电感和电容等元件，但不含独立源的二端网络 N_0。当它在角频率为 ω 的正弦电压（或正弦电流）激励下处于稳定状态时，端口的电流（或电压）将是与激励同频率的正弦量。若端口电压和电流相量分别表示为 $\dot{U}$ 和 $\dot{I}$，则端口电压相量 $\dot{U}$ 与电流相量 $\dot{I}$ 的比值定义为该二端网络的阻抗 Z，也称复阻抗，即

$$Z = \frac{\dot{U}}{\dot{I}} = \frac{U\underline{/\varphi_u}}{I\underline{/\varphi_i}} = \frac{U}{I}\underline{/\varphi_u - \varphi_i} = |Z|\underline{/\varphi_z} = R + \text{j}X \tag{5 - 25}$$

阻抗的图形符号为 5 - 18（b）所示，式（5 - 25）中 $|Z|$ 称为阻抗模，φ_z 称为阻抗角。阻抗的实部 $R = |Z|\cos\varphi_z$ 称为电阻，虚部 $X = |Z|\sin\varphi_z$ 称为电抗。

如果二端网络 N_0 内部仅含单个元件电阻 R、电感 L 或电容 C，则对应的阻抗分别为

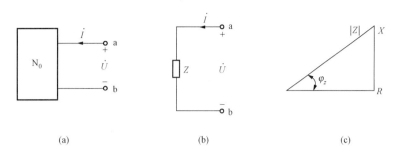

图 5 - 18　二端网络

(a) 等效前框图；(b) 等效阻抗；(c) 阻抗三角形

$$Z_R = R$$
$$Z_L = j\omega L$$
$$Z_C = \frac{1}{j\omega C} = -j\frac{1}{\omega C}$$

显然，电阻元件的阻抗虚部为零，实部为 R；电感元件阻抗实部为零，虚部为 ωL；电容元件阻抗实部为零，虚部为 $-\frac{1}{\omega C}$。电感元件的电抗用 X_L 表示，即 $X_L = \omega L$，称为感性电抗，简称感抗；电容元件的电抗用 X_C 表示，即 $X_C = \frac{1}{\omega C}$，称为容性电抗，简称容抗。这样，

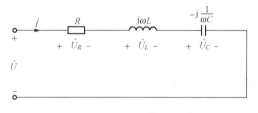

图 5 - 19　RLC 串联电路

电感和电容元件的阻抗可分别表示为：$Z_L = jX_L$，$Z_C = -jX_C$。

如果二端网络 N_0 内部为 RLC 串联电路，如图 5 - 19 所示。由 KVL 可得

$$\dot{U} = \dot{U}_R + \dot{U}_L + \dot{U}_C = R\dot{I} + j\omega L\dot{I} - j\frac{1}{\omega C}\dot{I} = \left[R + j\left(\omega L - \frac{1}{\omega C}\right)\right]\dot{I}$$

由阻抗定义可得

$$Z = \frac{\dot{U}}{\dot{I}} = R + j\left(\omega L - \frac{1}{\omega C}\right) = R + j(X_L - X_C) = R + jX = |Z|\underline{/\varphi_z}$$

Z 的实部就是电阻 R，它的虚部 X 即电抗为

$$X = X_L - X_C = \omega L - \frac{1}{\omega C}$$

Z 的模 $|Z|$、阻抗角 φ_z、阻抗实部 R 和阻抗虚部 X 满足关系为

$$|Z| = \sqrt{R^2 + X^2}; \quad \varphi_z = \arctan\left(\frac{X}{R}\right)$$
$$R = |Z|\cos\varphi_z; \quad X = |Z|\sin\varphi_z$$

当 $X > 0$，即 $\omega L - \frac{1}{\omega C} > 0$，称 Z 呈感性，表明二端网络 N_0 端口的电压相量超前电流相量；当 $X < 0$，即 $\omega L - \frac{1}{\omega C} < 0$，称 Z 呈容性，表明二端网络 N_0 端口的电压相量滞后电流相量；当 $X = 0$，即 $\omega L - \frac{1}{\omega C} = 0$，称 Z 呈纯阻性，表明二端网络 N_0 端口电压与电流同相位。

在阻抗代数形式中，R、X 和 $|Z|$ 之间的关系可以用一个直角三角形表示，如图 5 - 18 (c) 所示，这个三角形称为阻抗三角形。阻抗的量纲和电阻的量纲相同，单位为欧姆。

二、导纳

阻抗的倒数定义为导纳，用 Y 表示，为

$$Y = \frac{1}{Z} = \frac{\dot{I}}{\dot{U}} = \frac{I\angle\varphi_i}{U\angle\varphi_u} = \frac{I}{U}\angle\varphi_i - \varphi_u = |Y|\angle\varphi_Y = G + jB \tag{5 - 26}$$

式中：$|Y|$ 称为导纳模，φ_Y 称为导纳角。导纳实部 $G = |Y|\cos\varphi_Y$ 称为电导，虚部 $B = |Y|\sin\varphi_Y$ 称为电纳。

对于单个元件电阻 R、电感 L 或电容 C 的导纳分别为

$$Y_R = G$$

$$Y_L = \frac{1}{j\omega L} = -j\frac{1}{\omega L}$$

$$Y_C = j\omega C$$

显然，电阻元件的导纳虚部为零，实部为电导 G；电感元件导纳实部为零，虚部为 $-\frac{1}{\omega L}$；电容元件导纳实部为零，虚部为 ωC。电感元件的电纳用 B_L 表示，即 $B_L = \frac{1}{\omega L}$，称为感性电纳，简称感纳；电容元件的电纳用 B_C 表示，$B_C = \omega C$，称为容性电纳，简称容纳。这样电感和电容的导纳分别表示为：$Y_L = -jB_L = -j\frac{1}{\omega L}$，$Y_C = jB_C = j\omega C$。

如果二端网络 N_0 内部为 GLC 并联电路，如图 5 - 20 (a) 所示。根据 KCL 可得

$$\dot{I} = \dot{I}_1 + \dot{I}_2 + \dot{I}_3 = \dot{U}G + \dot{U}\left(-j\frac{1}{\omega L}\right) + \dot{U}(j\omega C) = \left[G + j\left(\omega C - \frac{1}{\omega L}\right)\right]\dot{U}$$

根据导纳定义可得

$$Y = \frac{\dot{I}}{\dot{U}} = G + j\left(\omega C - \frac{1}{\omega L}\right) = G + j(B_C - B_L) = G + jB = |Y|\angle\varphi_Y$$

Y 的实部就是电导 G，它的虚部电纳 B 为

$$B = B_C - B_L = \omega C - \frac{1}{\omega L}$$

Y 的模 $|Y|$、导纳角 φ_Y、导纳的实部 G 和导纳的虚部 B 满足关系

$$|Y| = \sqrt{G^2 + B^2}, \quad \varphi_Y = \arctan\left(\frac{B}{G}\right)$$

$$G = |Y|\cos\varphi_Y, \quad B = |Y|\sin\varphi_Y$$

当 $\varphi_Y > 0$，即 $\omega C - \frac{1}{\omega L} > 0$，电路呈容性，表明二端网络 N_0 端口的电压相量滞后电流相量；当 $\varphi_Y < 0$，即 $\omega C - \frac{1}{\omega L} < 0$，电路呈感性，表明二端网络 N_0 端口电压相量超前电流相量；当 $\varphi_Y = 0$，即 $\omega C = \frac{1}{\omega L}$，电路呈纯阻性，表明二端网络 N_0 端口电压与电流同相位。

G、B 和 $|Y|$ 之间的关系也可以用一个直角三角形表示，如图 5 - 20 (b) 所示，这个三角形称为导纳三角形。导纳的量纲和电导的量纲相同，单位为西门子。

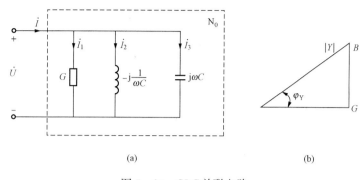

图 5 - 20　*GLC* 并联电路

（a）*GLC* 并联电路；（b）导纳三角形

三、阻抗（导纳）串、并联

阻抗串、并联的等效阻抗计算，与等效电阻计算方法类似。对于 n 个阻抗串联的等效阻抗为

$$Z_{\text{eq}} = Z_1 + Z_2 + \cdots Z_n = \sum_{k=1}^{n} Z_k$$

各个阻抗上分得的电压为

$$\dot{U}_k = \frac{Z_k}{Z_{\text{eq}}} \dot{U} \qquad k = 1, 2, \cdots, n \tag{5 - 27}$$

式中：$\dot{U}$ 为总电压，$\dot{U}_k$ 为第 k 个串联阻抗 Z_k 的电压。

同理，对于 n 个导纳并联组成的电路，其等效导纳为

$$Y_{\text{eq}} = Y_1 + Y_2 + \cdots Y_n = \sum_{k=1}^{n} Y_k$$

各个导纳上分得的电流为

$$\dot{I}_k = \frac{Y_k}{Y_{\text{eq}}} \dot{I} \qquad k = 1, 2, \cdots, n \tag{5 - 28}$$

式中：$\dot{I}$ 为总电流，$\dot{I}_k$ 为第 k 个并联导纳 Y_k 的电流。

【例 5 - 8】　二端网络如图 5 - 21（a）所示，已知电压 u 的角频率 $\omega = 100 \text{rad/s}$。试求：（1）等效复阻抗 Z_{eq}；（2）若 $\dot{U} = 220 \underline{/0^\circ} \text{V}$，求支路电流 $\dot{I}_1$ 和 $\dot{I}_2$；（3）做出串联和并联等效电路。

解　（1）分别计算各个元件阻抗为

$$Z_{L_1} = \text{j}\omega L_1 = \text{j}100 \times 2 = \text{j}200 = 200 \underline{/90^\circ} (\Omega)$$

$$Z_R = R = 100 (\Omega)$$

$$Z_{L_2} = \text{j}\omega L_2 = \text{j}100 \times 1 = \text{j}100 = 100 \underline{/90^\circ} (\Omega)$$

$$Z_C = -\text{j}\frac{1}{\omega C} = -\text{j}\frac{1}{100 \times 50 \times 10^{-6}} = -\text{j}200 = 200 \underline{/-90^\circ} (\Omega)$$

画出相量模型，如图 5 - 21（b）所示，并计算电路的等效复阻抗为

$$Z_{\text{eq}} = \text{j}200 + (100 + \text{j}100) // (-\text{j}200) = \text{j}200 + \frac{(100 + \text{j}100) \times (-\text{j}200)}{(100 + \text{j}100) + (-\text{j}200)}$$

$$= \text{j}200 + 200 = 200\sqrt{2} \underline{/45^\circ} (\Omega)$$

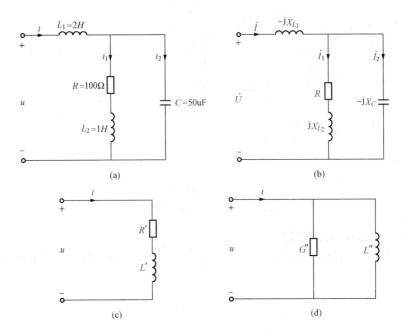

图 5 - 21　【例 5 - 8】图

(a) 瞬时模型；(b) 相量模型；(c) 串联等效电路；(d) 并联等效电路

（2）当电压 $\dot{U}=220\underline{/0^\circ}\text{V}$ 时，由欧姆定律，有

$$\dot{I}=\frac{\dot{U}}{Z_{\text{eq}}}=\frac{220\underline{/0^\circ}}{200\sqrt{2}\angle 45^\circ}=0.55\sqrt{2}\underline{/-45^\circ}(\text{A})$$

根据分流公式有

$$\dot{I}_1=\frac{-\text{j}200}{(100+\text{j}100)+(-\text{j}200)}\times 0.55\sqrt{2}\underline{/-45^\circ}=1.1\underline{/-90^\circ}(\text{A})$$

$$\dot{I}_2=\frac{100+\text{j}100}{(100+\text{j}100)+(-\text{j}200)}\times 0.55\sqrt{2}\underline{/-45^\circ}=0.55\sqrt{2}\underline{/45^\circ}(\text{A})$$

（3）由（1）中计算知

$$Z_{\text{eq}}=200+\text{j}200=200\sqrt{2}\underline{/45^\circ}\Omega=R'+\text{j}X'_L$$

所以知该二端网络串联等效电路为一个电阻和一个电感串联组合，如图 5 - 21（c）所示，且

$$R'=200\Omega$$

$$X'_L=\omega L'=200\Omega\Rightarrow L'=\frac{200}{100}=2(\text{H})$$

该二端口网络等效导纳为

$$Y_{\text{eq}}=\frac{1}{Z_{\text{eq}}}=\frac{1}{200\sqrt{2}\angle 45^\circ}=\frac{\sqrt{2}}{400}\underline{/-45^\circ}=(2.5\times 10^{-3}-\text{j}2.5\times 10^{-3})(\text{S})$$

$$Y_{\text{eq}}=G''+\text{j}B''=2.5\times 10^{-3}-\text{j}2.5\times 10^{-3}(\text{S})$$

所以该二端口网络并联等效电路为一个电导和一个电感并联组合，如图 5 - 21（d）所示，且

$$G'' = 2.5 \times 10^{-3} (\text{S})$$

$$\frac{1}{\omega L''} = 2.5 \times 10^{-3} \Rightarrow L'' = \frac{1}{2.5 \times 10^{-3} \times 100} = 4 (\text{H})$$

第六节　正弦稳态电路分析

前面已经得到了正弦稳态电路中基尔霍夫定律的相量形式，电阻、电感和电容元件两端电压电流关系的相量形式并引入阻抗和导纳概念，从而为正弦稳态电路分析奠定了基础。正弦稳态电路分析计算采用相量法，以下将加以介绍。

一、相量法与相量模型

1. 相量模型

利用相量法分析正弦稳态电路首先得画出电路的相量模型所画的电路相量模型应遵循以下原则：

（1）将时域模型中各个正弦电压源和电流源用相量表示，并标注在电路中。

（2）计算各个元件的阻抗或导纳，并标注在电路中。

2. 相量法

在分析正弦稳态电路中时，首先画出电路的相量模型，再利用基尔霍夫定律和元件伏安关系的相量形式，采用线性电阻电路的各种分析方法对电路中的电压和电流相量进行计算，最后将各电压和电流相量转换为对应的正弦量，这种分析计算方法称为相量法。

二、应用相量法求解电路

利用相量法分析正弦稳态电路的步骤如下：

（1）画出时域电路的相量模型；

（2）利用电路定律和元件伏安关系的相量形式列写方程；

（3）求解相应的电路方程，得到相应的相量形式；

（4）将相应的相量形式转化为对应的正弦量。

【例 5 - 9】　图 5 - 22（a）所示电路中，已知 $u_s(t) = 100\sqrt{2}\cos(1000t + 30°)\text{V}$，$R_1 = R_2 = 100\Omega$，$L = 50\text{mH}$，$L_1 = 100\text{mH}$，$C = 10\mu\text{F}$。用网孔法求电流 i、i_1 和 i_2。

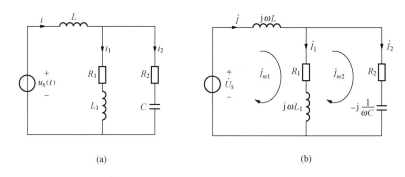

图 5 - 22　【例 5 - 9】图
(a) 瞬时模型；(b) 相量模型

解　图 5 - 22（a）中，$u_s(t)$ 的相量为 $\dot{U}_s = 100\underline{/30°}(\text{V})$，电感和电容元件的阻抗分别为

$$Z_L = \mathrm{j}\omega L = \mathrm{j}1000 \times 50 \times 10^{-3} = \mathrm{j}50(\Omega)$$

$$Z_{L1} = \mathrm{j}\omega L_1 = \mathrm{j}1000 \times 100 \times 10^{-3} = \mathrm{j}100(\Omega)$$

$$Z_C = -\mathrm{j}\frac{1}{\omega C} = -\mathrm{j}\frac{1}{1000 \times 10 \times 10^{-6}} = -\mathrm{j}100(\Omega)$$

画出原电路的相量模型，如图 5-22（b）所示。以 $\dot{I}_{m1}$ 和 $\dot{I}_{m2}$ 为变量，列写网孔法方程为

$$\left.\begin{array}{l}(\mathrm{j}50 + 100 + \mathrm{j}100)\dot{I}_{m1} - (100 + \mathrm{j}100)\dot{I}_{m2} = 100\underline{/30^\circ} \\ -(100 + \mathrm{j}100)\dot{I}_{m1} + (100 + \mathrm{j}100 + 100 - \mathrm{j}100)\dot{I}_{m2} = 0\end{array}\right\}$$

整理并解得

$$\dot{I}_{m1} = 0.89\underline{/3.43^\circ}(\mathrm{A}); \quad \dot{I}_{m2} = 0.63\underline{/48.43^\circ}(\mathrm{A})$$

所以

$$\dot{I} = \dot{I}_{m1} = 0.89\underline{/3.43^\circ}(\mathrm{A})$$

$$\dot{I}_1 = \dot{I}_{m1} - \dot{I}_{m2} = 0.63\underline{/-41.62^\circ}(\mathrm{A})$$

$$\dot{I}_2 = \dot{I}_{m2} = 0.63\underline{/48.43^\circ}(\mathrm{A})$$

故

$$i(t) = 0.89\sqrt{2}\cos(1000t + 3.43^\circ)(\mathrm{A})$$

$$i_1(t) = 0.63\sqrt{2}\cos(1000t - 41.62^\circ)(\mathrm{A})$$

$$i_2(t) = 0.63\sqrt{2}\cos(1000t + 48.43^\circ)(\mathrm{A})$$

【**例 5-10**】   图 5-23（a）所示，已知 $u_s(t) = 2\sqrt{2}\cos(2t)\mathrm{V}$，$i_s(t) = \sqrt{2}\cos(2t)\mathrm{A}$，用节点电压法求 $u_C(t)$。

解   画出电路相量模型如图 5-23（b）所示，且 $\dot{U}_s = 2\underline{/0^\circ}\mathrm{V}$，$\dot{I}_s = 1\underline{/0^\circ}\mathrm{A}$。以节点④为参考节点，节点①②③对节点④的电压分别为 $\dot{U}_{n1}$、$\dot{U}_{n2}$ 和 $\dot{U}_{n3}$，节点电压方程为

$$\dot{U}_{n1} = \dot{U}_s = 2\underline{/0^\circ}$$

$$-\frac{1}{2}\dot{U}_{n1} + \left(\frac{1}{2} + \frac{1}{\mathrm{j}2} + \frac{1}{-\mathrm{j}2}\right)\dot{U}_{n2} - \frac{1}{-\mathrm{j}2}\dot{U}_{n3} = 0$$

$$-\frac{1}{-\mathrm{j}2}\dot{U}_{n2} + \frac{1}{-\mathrm{j}2}\dot{U}_{n3} = \dot{I}_s - \dot{I}$$

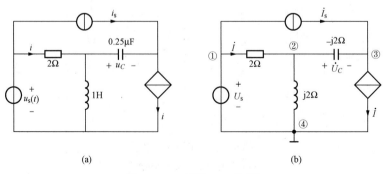

图 5-23   【例 5-10】图

（a）瞬时模型；（b）相量模型

辅助方程为

$$\dot{I} = \frac{1}{2}(\dot{U}_{n1} - \dot{U}_{n2})$$

联立以上四个方程解得

$$\dot{U}_{n1} = 2\underline{/0^\circ}(\text{V})，\quad \dot{U}_{n2} = 2\underline{/90^\circ}(\text{V})，\quad \dot{U}_{n3} = 2\sqrt{2}\underline{/45^\circ}(\text{V})$$

由图 5 - 23（b）得

$$\dot{U}_C = \dot{U}_{n2} - \dot{U}_{n3} = 2\underline{/180^\circ}(\text{V})$$

故有

$$u_C(t) = 2\sqrt{2}\cos(2t + 180^\circ)(\text{V})$$

三、用相量图求解电路

正弦稳态电路的分析除了采用相量法外还有一种相量图法。利用相量图法求解响应一般步骤如下所述。

（1）选择合适的相量作为参考相量。对于串联电路，一般以电流为参考相量；对于并联电路，一般以电压为参考相量；对于混联电路，需根据电路情况选择某条支路的电压或电流作为参考相量，然后做出整个电路的相量图。

（2）画出参考相量后，然后找到其他相量与参考相量之间的关系，并在一个相量图里画出所有相量。

利用相量图法求解正弦稳态电路响应，应注意以下几个问题

（1）只有同频率的正弦量对应的相量才能画在同一复平面上。

（2）相量图上的不同相量，体现了相位关系（超前、滞后）和模的比例关系。

（3）KCL 定律体现的是电流封闭三角形，KVL 定律体现的是电压封闭三角形。

【例 5 - 11】 电路如图 5 - 24（a）所示，各个电表所测均为有效值。试求电压表 PV 及电流表 PA 的读数。

解　以电压 $\dot{U}_1$ 作为参考相量，设 $\dot{U}_1 = 100\underline{/0^\circ}$，如图 5 - 24（b）所示。
因为

$$I_L = \frac{100}{\sqrt{5^2 + 5^5}} = 10\sqrt{2}(\text{A})$$

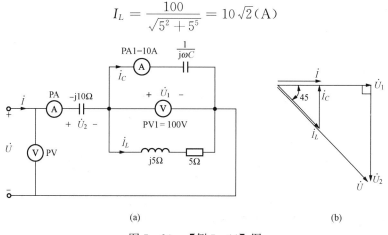

(a)　　　　　　　　　　　　(b)

图 5 - 24　【例 5 - 11】图
(a) 相量模型；(b) 相量图

$\dot{I}_L$ 是电阻和电感串联支路的电流，由于电阻和感抗相等所以 $\dot{I}_L$ 滞后 $\dot{U}_1$ 45°，即

$$\dot{I}_L = \frac{100}{5\sqrt{2}}\underline{/-45°} = 10\sqrt{2}\underline{/-45°}(A)$$

$\dot{I}_C$ 是电容的电流，所以 $\dot{I}_C$ 超前 $\dot{U}_1$ 90°，即 $\dot{I}_C = 10\underline{/90°}$ (A)

又有

$$\dot{I} = \dot{I}_C + \dot{I}_L$$

所以由 $\dot{I}_L$、$\dot{I}_C$ 和 $\dot{I}$ 构成电流封闭三角形，如图 5 - 24（b）所示。

由电流封闭三角形知

$$\dot{I} = 10(A)$$

并且 $\dot{I}$ 与电压 $\dot{U}_1$ 同相位。

因为

$$U_2 = I \cdot X_C = 10 \times 10 = 100(V)$$

$\dot{U}_2$ 是电容的电压，所以 $\dot{U}_2$ 滞后 $\dot{I}$ 90°。

而

$$\dot{U} = \dot{U}_1 + \dot{U}_2$$

所以 $\dot{U}_1$、$\dot{U}_2$ 和 $\dot{U}$ 形成电压封闭三角形，如图 5 - 24（b）所示。

$$U = \sqrt{100^2 + 100^2} = 100\sqrt{2} = 141.4(V)$$

故电压表 PV 的读数为 141.4V，电流表 PA 的读数为 10A。

第七节　电阻、电容和电感元件的功率

功率是电路中另一个重要的物理量，为了说清楚正弦稳态电路的功率问题，首先有必要弄清楚单个元件即电阻、电感和电容元件的功率。

一、电阻元件的功率

设有正弦电流 $i_R(t) = \sqrt{2}I_R\cos(\omega t)$ 流过电阻元件，如图 5 - 25（a）所示，则

$$u_R = i_R R = \sqrt{2}I_R R\cos(\omega t) = \sqrt{2}U_R\cos(\omega t) \tag{5-29}$$

式中：$U_R = I_R R$。

电阻元件的瞬时功率为

$$\begin{aligned}p_R &= u_R \cdot i_R = \sqrt{2}U_R\cos(\omega t) \cdot \sqrt{2}I_R\cos(\omega t) \\ &= 2U_R I_R\cos^2(\omega t) = U_R I_R[1 + \cos(2\omega t)]\end{aligned} \tag{5-30}$$

电阻元件的瞬时功率 p_R 波形图如 5 - 25（b）所示，从 p_R 波形图可以看出，电阻元件的瞬时功率是以两倍于电压或电流的频率变化的，而且总有 $p_R \geq 0$，这说明电阻元件始终在吸收电功率即为耗能元件。

瞬时功率的意义并不大，工程上通常定义瞬时功率在一个周期内的平均值为平均功率或有功功率来衡量元件功率的大小。平均功率用大写字母 P 表示，即

$$P = \frac{1}{T}\int_0^T p\mathrm{d}t \tag{5-31}$$

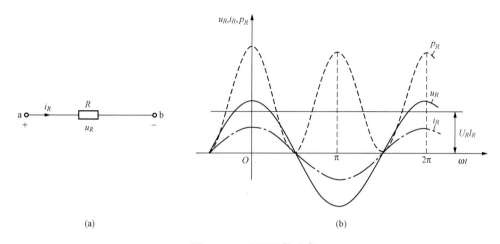

图 5 - 25　电阻元件功率

（a）电阻元件上电压电流；（b）电阻元件电压、电流和功率波形

将式（5 - 30）代入式（5 - 31）得

$$P_R = \frac{1}{T}\int_0^T U_R I_R \left[1 + \cos(2\omega t)\right]\mathrm{d}t = U_R I_R = I_R^2 R = \frac{U_R^2}{R} \tag{5-32}$$

式中：U_R、I_R 分别为电压和电流的有效值。正弦稳态电路中电阻元件平均功率的计算公式在形式上与直流电路中的相似。有功功率单位为瓦特，简称瓦。

二、电感元件的功率

设有正弦电流 $i_L(t) = \sqrt{2}I_L\cos(\omega t)$ 流过电感元件 L，如图 5 - 26（a）所示，则电感 L 两端电压为

$$u_L = L\frac{\mathrm{d}i_L}{\mathrm{d}t} = -\sqrt{2}\omega L I_L\sin(\omega t) = \sqrt{2}\omega L I_L\cos\left(\omega t + \frac{\pi}{2}\right)$$

$$= \sqrt{2}U_L\cos\left(\omega t + \frac{\pi}{2}\right) \tag{5-33}$$

其中　　　　　　　　　　　　　　$U_L = \omega L \cdot I_L$

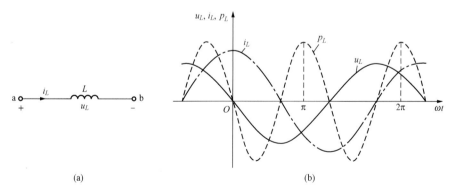

图 5 - 26　电感元件功率

（a）电感元件上电压电流；（b）电感元件电压、电流和功率波形

电感元件的瞬时功率为

$$p_L = u_L \cdot i_L = \sqrt{2}U_L \cos\left(\omega t + \frac{\pi}{2}\right) \cdot \sqrt{2}I_L \cos(\omega t)$$

$$= 2U_L I_L \cos\left(\omega t + \frac{\pi}{2}\right) \cdot \cos(\omega t) = -U_L I_L \sin(2\omega t) \qquad (5-34)$$

电感元件的瞬时功率 p_L 波形如图 5-26（b）所示，从 p_L 波形图上可以看出，p_L 有正有负，并且是以电感电压或电流两倍频率变化的。当 u_L、i_L 均为正值或负值时，p_L 为正，此时电感元件吸收电能并转化为磁场能储存起来；当 u_L、i_L 一正一负时，p_L 为负，此时电感元件向外释放电能。在一个周期内，p_L 值正、负值交替，即电感元件与外电路不断地进行着能量交换，并且 p_L 波形与横轴包围的面积正负相等，即电感元件储存和释放的能量相等，它本身不消耗功率。因此，电感元件的平均功率为零，即

$$P_L = \frac{1}{T}\int_0^T -U_L I_L \sin(2\omega t)\,\mathrm{d}t = 0 \qquad (5-35)$$

　　不同的电感元件与外电路交换能量的规模（最大值）是不一样的，工程上把电感元件与外电路交换能量的最大值定义为无功功率，用大写的 Q 表示，即

$$Q_L = U_L I_L = I_L^2 X_L = \frac{U_L^2}{X_L} \qquad (5-36)$$

　　无功功率的单位规定为乏，字母符号为 var。但应当注意，"无功"并不表示"没有用的功率"，而应该理解为"交换能量的最大速率"。例如电动机和变压器这类电感设备与电源之间时刻进行着能量交换，是靠无功才正常工作的。

三、电容元件的功率

设电容 C 两端电压 $u_C(t) = \sqrt{2}U_C\cos(\omega t)$，如图 5-27（a）所示，则流过电容 C 的电流

$$i_C = C\frac{\mathrm{d}u_C}{\mathrm{d}t} = -\sqrt{2}\omega CU_C\sin(\omega t) = \sqrt{2}\omega CU_C\cos\left(\omega t + \frac{\pi}{2}\right)$$

$$= \sqrt{2}I_C\cos\left(\omega t + \frac{\pi}{2}\right) \qquad (5-37)$$

式中：$I_C = \omega C \cdot U_C$。

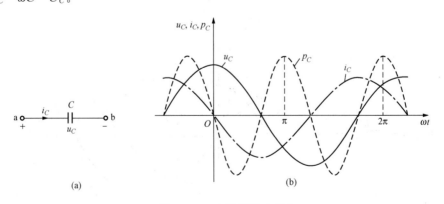

图 5-27　电容元件功率

（a）电容元件上电压电流；（b）电容元件电压、电流和功率波形

电容元件的瞬时功率为

$$p_C = u_C \cdot i_C = \sqrt{2}U_C\cos(\omega t) \cdot \sqrt{2}I_C\cos\left(\omega t + \frac{\pi}{2}\right)$$

$$= 2U_C I_C \cos(\omega t) \cdot \cos\left(\omega t + \frac{\pi}{2}\right) = -U_C I_C \sin(2\omega t) \quad\quad (5\text{-}38)$$

电容元件的瞬时功率 p_C 的波形如图 5-27（b）所示。从 p_C 的波形上可见，p_C 也是以电压或电流的两倍频率变化的。把 p_C 波形与 p_L 波形相比较，可看出，电容元件吸收与释放能量过程和电感元件类似，即电容元件也只与外电路存在能量交换，而不消耗能量。它的平均功率也为零，即

$$P_C = \frac{1}{T}\int_0^T -U_C I_C \sin(2\omega t)\,\mathrm{d}t = 0 \quad\quad (5\text{-}39)$$

电容元件与外电路是以电场能的形式进行能量交换，这和电感元件不同。电容元件的无功功率仍以瞬时功率最大值来定义，它定义为

$$Q_C = -U_C I_C = -I_C^2 X_C = -\frac{U_C^2}{X_C} \qu\quad (5\text{-}40)$$

式（5-36）与式（5-40）中的正负号是用来区分感性和容性电路的。

第八节　二端网络的功率

在分析清楚了电阻、电感和电容元件的功率后，讨论二端网络的功率更具有一般意义。

一、瞬时功率

如图 5-28（a）所示为一个无源（内部不含独立源，仅仅为电阻、电感和电容元件构成的）二端网络 N_0，设二端网络的电压和电流分别为

$$u(t) = \sqrt{2}U\cos(\omega t + \varphi_u)$$

$$i(t) = \sqrt{2}I\cos(\omega t + \varphi_i)$$

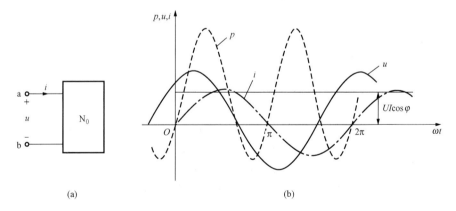

图 5-28　无源二端网络功率
（a）二端网络；（b）瞬时功率波形

则该二端网络吸收的功率为

$$p = u \cdot i = \sqrt{2}U\cos(\omega t + \varphi_u) \cdot \sqrt{2}I\cos(\omega t + \varphi_i) = 2UI\cos(\omega t + \varphi_u) \cdot \cos(\omega t + \varphi_i)$$

$$= UI\cos(\varphi_u - \varphi_i) + UI\cos(2\omega t + \varphi_u + \varphi_i)$$

令 $\varphi = \varphi_u - \varphi_i$，因为 φ 为 N 端口上电压与电流的相位差，所以满足条件 $-90° \leqslant \varphi \leqslant 90°$，则瞬时功率可表示为

$$p = UI\cos\varphi + UI\cos(2\omega t + \varphi_u + \varphi_i) \tag{5-41}$$

二端网络的瞬时功率 p 波形如图 5 - 28（b）所示。从式（5 - 41）中可以看出：①瞬时功率有两个分量，第一个是大于或等于零的常量，第二个为正弦量，其频率是电压或电流频率的两倍。②从物理意义上讲，第一部分表示二端网络从外电路吸收并消耗的能量，第二部分表明二端网络与外电路间能量交换。

二、有功功率、无功功率及视在功率

1. 有功功率

有功功率即为平均功率，是指瞬时功率在一个周期内的平均值，因此，如图 5 - 28 所示二端网络的有功功率为

$$P = \frac{1}{T}\int_0^T p\,\mathrm{d}t = \frac{1}{T}\int_0^T UI\left[\cos\varphi + \cos(2\omega t + \varphi_u + \varphi_i)\right]\mathrm{d}t = UI\cos\varphi$$

有功功率代表二端网络实际消耗的功率，它不仅与电压和电流的有效值的乘积有关，还与 $\cos\varphi$ 有关。$\cos\varphi$ 称为二端网络的功率因数，用 λ 表示，即 $\lambda = \cos\varphi$，φ 称为功率因数角。

2. 无功功率

在工程上还引用无功功率的概念，用大写字母 Q 表示，其定义为

$$Q = UI\sin\varphi$$

式中：$\sin\varphi$ 值有正有负，当 $\sin\varphi > 0$ 时，即 $Q > 0$，表示二端网络呈感性；当 $\sin\varphi < 0$ 时，即 $Q < 0$，表示二端网络呈容性。

根据二端网络的内部元件和功率定义可以得出如下结论。

（1）若二端网络由单个元件电阻、电容和电感构成，则它们的有功功率和无功功率分别为

$$P_R = U_R I_R = I_R^2 R = \frac{U_R^2}{R}; \quad Q_R = 0$$

$$P_C = 0; \quad Q_C = -U_C I_C = -I_C^2 X_C = -\frac{U_C^2}{X_C}$$

$$P_L = 0; \quad Q_L = U_L I_L = I_L^2 X_L = \frac{U_L^2}{X_L}$$

（2）二端网络的有功功率和无功功率等于内部各个元件有功功率和无功功率之和，即

$$P = \sum P_i; \quad Q = \sum Q_i \tag{5-42}$$

式中：P_i、Q_i 分别为第 i 个元件的有功功率和无功功率。

（3）若二端网络的功率因数角（φ）或阻抗角（φ_Z）已知，则二端网络的有功功率和无功功率可以表示为

$$P = UI\cos\varphi = UI\cos\varphi_Z \tag{5-43}$$

$$Q = UI\sin\varphi = UI\sin\varphi_Z \tag{5-44}$$

式中：U、I 分别为二端网络电压和电流的有效值。

3. 视在功率

视在功率定义为电压和电流有效值乘积，用大写字母 S 表示，即

$$S = UI$$

视在功率的单位用 V · A（伏 · 安）或 kV · A（千伏 · 安）表示。

视在功率 S 通常用来表示电气设备的额定容量，它是指电气设备可能发出的最大有功功率。但实际中电源设备如发电机能发出多大的有功功率，还和与之相接的负载的功率因数有关。

P、Q 和 S 组成一个直角三角形，即功率三角形，如图 5 - 29 所示，功率三角形和前面述及的阻抗三角形为相似三角形。

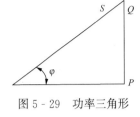

图 5 - 29 功率三角形

综上所述，P、Q 和 S 存在如下关系

$$P = UI\cos\varphi = S\cos\varphi$$
$$Q = UI\sin\varphi = S\sin\varphi$$
$$S = \sqrt{P^2 + Q^2}$$
$$\varphi = \arctan\frac{Q}{P}$$

三、功率因数

功率因数为有功功率与视在功率的比值，即有功功率在视在功率上打的折扣，有

$$\lambda = \cos\varphi = \frac{P}{S} \tag{5 - 45}$$

式中：$\varphi = \varphi_u - \varphi_i$ 或 $\varphi = \varphi_Z = -\varphi_Y$ 为二端网络阻抗角。另外，在讨论功率因数时，还应该注意 $\cos\varphi$ 为偶函数，仅仅通过 $\cos\varphi$ 不能判断电路的性质（阻性、感性和容性）。所以，通常在给出功率因数时，还需给出二端网络端口处电压和电流关系。例如，"$\cos\varphi = 0.5$（滞后）"表示网络端口电流滞后端口电压，即该网络为感性。若"$\cos\varphi = 0.5$（超前）"，则表示网络端口电流超前端口电压，即该网络为容性。

在实际电路中，大部分负载为感性，且功率因数比较低，一般在 $0.6\sim0.8$ 之间。如果二端网络的功率因数过低，对电力系统是不利的，这就需要提高二端网络的功率因数（该内容将在第九节介绍）。

四、复功率

用一个复数中把 P 和 Q 联系起来，该复数称为复功率，用 $\tilde{S}$ 表示，即

$$\tilde{S} = \dot{U} \cdot \dot{I}^* = UI\underline{/\varphi_u - \varphi_i} = UI\cos\varphi + jUI\sin\varphi = P + jQ \tag{5 - 46}$$

式中：$\dot{I}^*$ 是 $\dot{I} = I\underline{/\varphi_i}$ 的共轭复数，即 $\dot{I}^* = I\underline{/-\varphi_i}$。

复功率是一个复数，不是相量。可以证明，对于任何复杂的正弦稳态电路，有功功率、无功功率和复功率均守恒，但视在功率不守恒。

【例 5 - 12】 计算图 5 - 30 所示电路中电压源的复功率和整个电路的功率因数。

解法一 电路的等效阻抗为

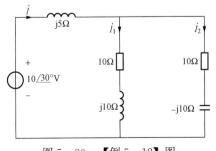

图 5 - 30 【例 5 - 12】图

$$Z_{eq} = j5 + (10 + j10) // (10 - j10)$$
$$= j5 + \frac{(10 + j10) \times (10 - j10)}{10 + j10 + 10 - j10}$$
$$= 10 + j5 = 11.18\underline{/26.57°}(\Omega)$$

所以

$$\dot{I} = \frac{\dot{U}}{Z_{eq}} = \frac{10\underline{/30°}}{11.18\underline{/26.57°}} = 0.894\underline{/3.43°}(A)$$

故电路的有功功率和无功功率为

$$P = UI\cos\varphi = 10 \times 0.894 \times \cos 26.57° = 8(\text{W})$$

$$Q = UI\sin\varphi = 10 \times 0.894 \times \sin 26.57° = 4(\text{var})$$

电压源的复功率为

$$\tilde{S} = P + jQ = 8 + j4 \quad (\text{V} \cdot \text{A})$$

电路的功率因数为

$$\lambda = \cos\varphi = \cos 26.57° = 0.894(\text{感性})$$

解法二 在计算出电路中电流 $\dot{I}$ 后，按照分流公式，计算出 $\dot{I}_1$、$\dot{I}_2$。

$$\dot{I}_1 = \frac{10 - j10}{10 + j10 + 10 - j10} \times 0.894\underline{/3.43°} = 0.632\underline{/-41.57°}(\text{A})$$

$$\dot{I}_2 = \frac{10 + j10}{10 + j10 + 10 - j10} \times 0.894\underline{/3.43°} = 0.632\underline{/48.43°}(\text{A})$$

支路 1 为 10Ω 电阻与感抗为 $j10\Omega$ 的电感串联，其有功功率、无功功率分别为

$$P_1 = I_1^2 R_1 = 0.632^2 \times 10 = 3.994(\text{W})$$

$$Q_1 = I_1^2 X_{L1} = 0.632^2 \times 10 = 3.994(\text{var})$$

支路 2 为 10Ω 电阻与容抗为 $-j10\Omega$ 的电容串联，其有功功率、无功功率分别为

$$P_2 = I_2^2 R_2 = 0.632^2 \times 10 = 3.994(\text{W})$$

$$Q_2 = -I_2^2 X_C = -0.632^2 \times 10 = -3.994(\text{var})$$

和电压源串联感抗为 $j5\Omega$ 的电感的有功功率、无功功率分别为

$$P = 0$$

$$Q = I^2 X_L = 0.894^2 \times 5 = 3.996(\text{var})$$

由有功功率、无功功率守恒知，电压源的有功功率、无功功率分别为

$$P_s = P_1 + P_2 = 3.994 + 3.994 = 7.988(\text{W})$$

$$Q_s = Q + Q_1 + Q_2 = 3.994 - 3.994 + 3.996 = 3.996(\text{var})$$

所以电压源的复功率为

$$\tilde{S} = P_s + jQ_s = 7.988 + j3.996(\text{V} \cdot \text{A})$$

整个电路的功率因数为

$$\lambda = \cos\varphi = \frac{P_s}{S_s} = \frac{P_s}{\sqrt{P_s^2 + Q_s^2}} = 0.894(\text{感性})$$

第九节 功率因数的提高和有功功率的测量

前已述及，实际运行的电源设备发出的功率不仅取决于电源自身的电压和电流，还取决于负载的功率因数。负载的功率因数越高，电源设备发出的功率就越接近额定容量（视在功率），此时电源设备越能够充分利用。另外，当传送的功率和供电电压一定时，由 $P = UI\cos\varphi$ 可知，功率因数越高，线路中电流就越小，那么线路的损耗就越小，从而提高了传输效率。所以，在工程实践中提高功率因数具有重要的意义。

实际负载大多数是感性的，如荧光灯电路、感应电动机等。对于这类负载通常在感性负载两端并联一个合适的电容器进行功率补偿以提高功率因数，并联的电容叫补偿电容。补偿的基本原理为：感性负载并联电容后，由于电容元件的无功功率与电感元件的无功功率相互

补偿，从而减少了电源供给的无功功率，但电源提供的有功功率不变，这样就提高了整个电路的功率因数。下面以荧光灯电路为例，进行具体说明。

一、荧光灯电路功率因数提高

荧光灯电路模型如图 5 - 31（a）所示。未并联电容时，线路中电流 $\dot{I}$ 等于灯管（R）和

镇流器（L）中电流 $\dot{I}_L$，此时功率因数为 $\cos\varphi$，φ 为感性负载阻抗角。当并联电容 C 后，荧光灯工作情况没有任何改变，因为其两端电压 $\dot{U}$ 及荧光灯支路阻抗 $Z=R+j\omega L$ 均未变，此时线路中电流 $\dot{I}=\dot{I}_L+\dot{I}_C$。以电压 $\dot{U}$ 为参考相量，画出相量图如图 5 - 31（b）所示。

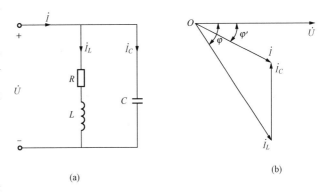

图 5 - 31　荧光灯电路
(a) 相量模型；(b) 相量图

由图 5 - 31（b）看出，当感性负载并联适当的电容后，线路中总电流有效值由原来的 I_L 变成了 I，电路的阻抗角由原来的 φ 减小成了 φ'，即整个电路的功率因数由原来的 $\cos\varphi$ 提高到了 $\cos\varphi'$。由相量图可以得出关系式

$$I_C = I_L\sin\varphi - I\sin\varphi' \tag{5-47}$$

又因为

$$I_C = \frac{U}{X_C} = \omega C \cdot U \tag{5-48}$$

将式（5 - 48）代入式（5 - 47）得

$$C = \frac{I_L\sin\varphi - I\sin\varphi'}{\omega U} \tag{5-49}$$

由于并联电容前后整个电路的有功功率不变，所以有

$$P = UI_L\cos\varphi = UI\cos\varphi' \tag{5-50}$$

由式（5 - 49）和式（5 - 50）解得

$$C = \frac{P}{\omega U^2}(\tan\varphi - \tan\varphi') \tag{5-51}$$

式（5 - 49）和式（5 - 51）给出了电路功率因数从 $\cos\varphi$ 提高到了 $\cos\varphi'$ 需要并联的电容大小。

【例 5 - 13】　将一台功率因数为 0.6，功率为 2kW 的单相交流电动机接到有效值为 220V 的工频交流电源上。求：

（1）线路的电流；

（2）若将电路的功率因数提高到 0.95，则需并联多大的补偿电容？此时线路中电流大小为多少？

（3）若将电路的功率因数从 0.95（感性）再提高到 1（纯阻性），则又需并联多大的补偿电容？此时线路中电流大小为多少？

解　（1）由 $P=UI\cos\varphi$ 得线路电流为

$$I = \frac{P}{U\cos\varphi} = \frac{2\times10^3}{220\times0.6} = 15.15(\text{A})$$

（2）若功率因数由 0.6（感性）提高到 0.95（感性）时，由式（5‑51）可得并联补偿的电容为

$$C = \frac{P}{\omega U^2}(\tan\varphi - \tan\varphi')$$

$$= \frac{2\times10^3}{50\times2\pi\times220^2} \times [\tan(\text{arccos}0.6) - \tan(\text{arccos}0.95)]$$

$$= 1.32\times10^{-4} = 132(\mu\text{F})$$

此时线路中电流为

$$I' = \frac{P}{U\cos\varphi'} = \frac{2\times10^3}{220\times0.95} = 9.57(\text{A})$$

功率因数由 0.6（感性）提高到 0.95（容性）时，由式（5‑51）可得并联补偿的电容为

$$C = \frac{2\times10^3}{50\times2\pi\times220^2} \times [\tan(\text{arccos}0.6) - \tan(-\text{arccos}0.95)]$$

$$= 2.19\times10^{-4} = 219(\mu\text{F})$$

此时线路中电流为

$$I' = \frac{P}{U\cos\varphi'} = \frac{2\times10^3}{220\times0.95} = 9.57(\text{A})$$

从以上计算不难看出，并联电容 C 后，电路的功率因数提高了，线路中电流的确减小了；电路功率因数从 0.6（感性）提高到 0.95（感性）时，补偿电容 $132\mu\text{F}$；电路功率因数从 0.6（感性）提高到 0.95（容性）时，补偿电容 $219\mu\text{F}$。两种情况下，虽然并联的电容大小不一样，但最终电路的功率因数大小相同，所以电路中电流大小也相等。前者并联电容补偿后电路仍为感性称为欠补偿，后者电路为容性称为过补偿，在要求功率因数一定的情况下，欠补偿更为经济（需并联的电容较小）。

（3）功率因数由 0.95（感性）提高到 1，并联补偿的电容为

$$C = \frac{2\times10^3}{50\times2\pi\times220^2} \times [\tan(\text{arccos}0.95) - \tan(\text{arccos}1)]$$

$$= 4.38\times10^{-5} = 43.8(\mu\text{F})$$

此时线路中电流为

$$I' = \frac{P}{U\cos\varphi'} = \frac{2\times10^3}{220\times1} = 9.09(\text{A})$$

从（2）和（3）计算的结果可以看出，功率因数由 0.95（感性）提高到 1（纯阻性）时，功率因数提高的幅度不大，线路中电流变化也不大，但是投入的电容并不小，从工程上讲也是不经济的。一般情况下，电路功率因数提高到 0.9～0.95（感性）即可。

二、有功功率的测量

由于交流负载的有功功率不仅与电压和电流有关，还与其功率因数有关，所以通常采用电动式功率表测量有功功率。

电动式功率表内部有两个线圈，一个是固定的，称为电流线圈；另一个为活动的线圈，称为电压线圈，如图 5‑32（a）所示。测量功率时，电流线圈串接到被测电路中，通过电

流线圈的电流即是负载电流；电压
线圈并联在被测电路两侧，电压线
圈的端电压即是被测负载电压，如
图 5 - 32（b）所示。这样，当交流
电流与交流电压同时作用两线圈时，
功率表便可测量出交流电路的有功
功率。

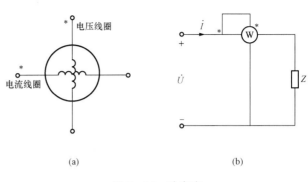

图 5 - 32　功率表

(a) 功率表模型；(b) 功率表接线

　　电动式功率表指针偏转方向与
两个线圈中的电流方向有关，为此
要在表上明确标出能使指针正向偏
转的电流方向。通常分别在每个线
圈的端钮上标有符号"＊"，该端钮称之为"电源端"，如图 5 - 32（a）所示。接线时应使
两线圈的"电源端"接在电源的同一极性上，以保证两线圈的电流都从该端钮流入，功率表
接线如图 5 - 32（b）所示。

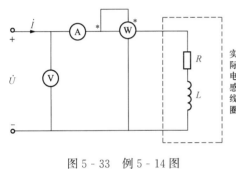

图 5 - 33　例 5 - 14 图

【例 5 - 14】　为求得一电感线圈的参数 R
和 L，可按 5 - 33 所示电路进行测量。功率
表、电压表、电流表读数分别为 25W、100V、
0.5A，电源频率为 50Hz。求 R 和 L。

　　解　由电感线圈的功率 $P = I^2 R$ 得

$$R = \frac{P}{I^2} = \frac{25}{0.5^2} = 100(\Omega)$$

电感线圈的阻抗模为

$$|Z| = \frac{U}{I} = \frac{100}{0.5} = 200(\Omega)$$

所以

$$X_L = \sqrt{|Z|^2 - R^2} = \sqrt{200^2 - 100^2} = 173.2(\Omega)$$

$$L = \frac{X_L}{\omega} = \frac{173.2}{50 \times 2\pi} = 0.55(H)$$

第十节　正弦稳态电路中的最大功率传输

　　本节采用电阻电路中，负载如何能从直流含源网络中获得最大功率相类似的讨论方法，
对正弦稳态电路中负载如何能获得最大功率的问题进行讨论。

一、戴维南定理相量模型

　　对于任意给定的一个线性含源二端网络 N，如图 5 - 34（a）所示，总可以等效成一个理
想的电压源 $\dot{U}_{oc}$ 和一个阻抗 Z_{eq} 串联的模型，如图 5 - 34（b）所示。其中，理想电压源 $\dot{U}_{oc}$ 等
于含源二端网络 a、b 两端开路电压，阻抗 Z_{eq} 等于二端网络从 a、b 两端看入的等效阻抗。

二、最大功率传输

　　设含源二端网络 N 的戴维南定理等效模型为图 5 - 34（b）所示。若 $Z_{eq} = R_{eq} + jX_{eq}$ 为常

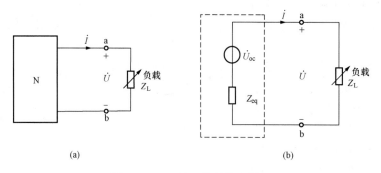

图 5 - 34   二端网络戴维南模型

(a) 二端网络；(b) 戴维南模型

数，$Z_L = R_L + jX_L$ 为变量，则电路中电流的有效值为

$$I = \frac{U_{oc}}{\sqrt{(R_{eq} + R_L)^2 + (X_{eq} + X_L)^2}}$$

负载获得的有功功率为

$$P = I^2 R_L = \frac{U_{oc}^2 \cdot R_L}{(R_{eq} + R_L)^2 + (X_{eq} + X_L)^2} \qquad (5 - 52)$$

在式（5 - 52）中，负载 R_L 在分母和分子中都有，而 X_L 只出现在分母上，当 $X_L = -X_{eq}$ 时，有功功率 P 才可能出现最大值。此时，式（5 - 52）变为

$$P = \frac{U_{oc}^2 \cdot R_L}{(R_{eq} + R_L)^2} \qquad (5 - 53)$$

式（5 - 53）中 P 是 R_L 的函数，可通过求 P 对 R_L 的导数，并令其为零，即

$$\frac{dP}{dR_L} = \frac{(R_{eq} + R_L)^2 - 2(R_{eq} + R_L) \cdot R_L}{(R_{eq} + R_L)^4} \cdot U_{oc}^2 = 0$$

解得

$$R_L = R_{eq}$$

所以，负载 Z_L 从二端网络中获得最大功率的条件是

$$R_L = R_{eq}, \quad X_L = -X_{eq}$$

或表示为

$$Z_L = Z_{eq}^* = R_{eq} - jX_{eq} \qquad (5 - 54)$$

此时，把式（5 - 54）代入式（5 - 55），可以求得负载获得的最大功率为

$$P_{max} = \frac{U_{oc}^2}{4R_{eq}}$$

满足最大功率条件称为最大功率匹配。

【例 5 - 15】   电路如图 5 - 35 (a) 所示，当 Z_L 为何值时获得最大功率？并求此最大功率。

解   去掉负载 Z_L，剩下的电路等效成一个理想电压源 $\dot{U}_{oc}$ 和一个阻抗 Z_{eq} 串联的模型，如图 5 - 35 (b) 所示，以下求 $\dot{U}_{oc}$ 和 Z_{eq}。

首先从原电路中去掉负载 Z_L，如图 5 - 35 (c) 所示，由节点电压法求出 $\dot{U}_0$，有

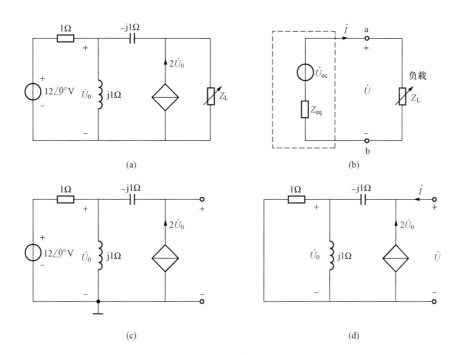

图 5 - 35　【例 5 - 16】图

（a）电路图；（b）戴维南等效电路图；（c）去掉负载电路图；（d）除源电路图

$$\left(1+\frac{1}{j1}\right)\dot{U}_0 = \frac{12\angle 0^{\circ}}{1} + 2\dot{U}_0$$

解得

$$\dot{U}_0 = 6\sqrt{2}\angle 135^{\circ}(\text{V})$$

所以

$$\dot{U}_{oc} = \dot{U}_0 + (-j1)\times 2\dot{U}_0 = 18.97\angle -71.57^{\circ}(\text{V})$$

在图 5 - 35（c）中把二端网络电压源去除，如图 5 - 35（d）所示。求出二端网络等效阻
抗 Z_{eq}

$$\begin{cases} \dot{U} = -j1\times(\dot{I}+2\dot{U}_0)+\dot{U}_0 \\ \dot{U}_0 = (\dot{I}+2\dot{U}_0)\times\dfrac{1}{1+j1}\times j1 \end{cases}$$

解得

$$Z_{eq} = \frac{\dot{U}}{\dot{I}} = \frac{1}{2}(1+j)(\Omega)$$

由最大功率传输定理知，当且仅当 $Z_L = Z_{eq}^* = \dfrac{1}{2}(1-j)(\Omega)$

负载 Z_L 获得最大功率，最大功率为

$$P_{max} = \frac{U_{oc}^2}{4R_{eq}} = \frac{18.97^2}{4\times 0.5} = 180(\text{W})$$

第十一节　正弦交流电路中的串联谐振

在正弦稳态电路分析中，二端网络端口的阻抗和导纳，不仅可以反映在正弦激励下端口的电压和电流之间幅值关系，还反映它们的相位关系，从而可以判断电路的性质。对某一频率的正弦信号，如果出现电路端口的电压和电流同相位的现象，即电路呈现电阻性，就称该电路发生了谐振。本节讨论 RLC 串联谐振电路。

一、谐振条件及谐振频率

如图 5 - 36 所示的 RLC 串联电路，其端口阻抗为

$$Z = \frac{\dot{U}}{\dot{I}} = R + \mathrm{j}\left(\omega L - \frac{1}{\omega C}\right) \tag{5 - 55}$$

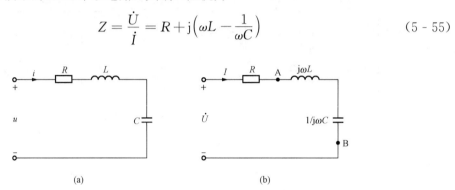

$$(a) \qquad\qquad\qquad (b)$$

图 5 - 36　RLC 串联谐振电路

（a）RLC 串联电路时域模型；（b）RLC 串联电路相量模型

式中：当满足 $\omega L - \dfrac{1}{\omega C} = 0$ 即或 $\omega L = \dfrac{1}{\omega C}$ 条件时，电路呈电阻性，二端网络端口的电压和电流同相位，此时 RLC 串联电路发生了谐振。满足谐振时的信号频率用 ω_0 或 f_0 表示，即

$$\left.\begin{aligned} \omega_0 &= \frac{1}{\sqrt{LC}} \\ f_0 &= \frac{1}{2\pi\sqrt{LC}} \end{aligned}\right\} \tag{5 - 56}$$

式（5 - 56）说明：一个 RLC 串联电路的谐振频率只与电路的元件参数有关，在元件参数 L 和 C 确定后，电路的谐振频率也就确定了，因此谐振频率也可以称为电路的固有频率。RLC 串联电路在谐振时，感抗和容抗在数值上相等，这个谐振时的感抗和容抗称为谐振电路的特性阻抗，用 ρ 表示，即

$$\rho = \omega_0 L = \frac{1}{\omega_0 C} = \sqrt{\frac{L}{C}}$$

特性阻抗 ρ 是一个与频率无关的量，它取决于电路动态元件的参数。

使电路发生谐振有两种方法：一是改变输入信号的频率，使信号频率与电路的固有频率相等；二是改变电路元件参数 L 或 C，使电路的固有频率与输入信号频率相等。

二、RLC 串联谐振电路的特点

在 RLC 串联电路发生谐振时，由于 $\omega_0 L = \dfrac{1}{\omega_0 C}$，电路的阻抗为

$$Z_0 = R + \mathrm{j}\left(\omega_0 L - \frac{1}{\omega_0 C}\right) = R$$

显然电路谐振时，阻抗最小，为一个纯电阻。电路中的电流将达到最大值，用 I_0 表示为

$$I_0 = \frac{U}{R} \qquad (5\text{-}57)$$

式中：I_0 为谐振电流，它是电路谐振时的一个重要特征，常用来判断电路是否发生了串联谐振。

在谐振时，各元件上的电压分别为

$$\dot{U}_R = \dot{I}_0 R = \dot{U}_s$$

$$\dot{U}_L = \mathrm{j} X_{L0} \dot{I}_0 = \mathrm{j}\omega_0 L \dot{I}_0$$

$$\dot{U}_C = -\mathrm{j} X_{C0} \dot{I}_0 = -\mathrm{j}\frac{1}{\omega_0 C}\dot{I}_0$$

电感和电容上的电压大小相等，方向相反，互相抵消，在图 5-36（b）中，A、B 两点之间可以看成短路，电阻上的电压等于电源电压，所以串联谐振又称电压谐振。串联谐振时各元件电压相量图如图 5-37 所示。

在无线电技术中，常将谐振时电路的感抗或容抗（即特性阻抗）与电路的电阻 R 的比值称为品质因数，用 Q 表示。品质因数可以用来表征谐振电路的性能，是一个与电路参数有关的常数。

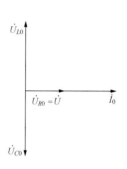

图 5-37　串联谐振时相量图

$$Q = \frac{\omega_0 L}{R} = \frac{1}{\omega_0 CR} = \frac{1}{R}\sqrt{\frac{L}{C}}$$

这样，谐振时电感和电容上的电压有效值为

$$U_{L0} = U_{C0} = I_0 \rho = \frac{U_s}{R}\rho = Q U_s \qquad (5\text{-}58)$$

式（5-58）说明：谐振时两个动态元件上的电压是电源电压的 Q 倍，在电子和通信工程中，若 $Q \gg 10$，则微弱信号可以通过串联谐振在电感和电容上获得远高于信号电压的放大信号而得以利用；在电力工程中，由于电源电压本身较高，需避免因串联谐振而可能引起过高电压损坏电气设备。

由于在谐振时，RLC 串联电路等效为一个纯电阻，激励电源与动态元件之间没有能量的交换，电源发出的功率全部被电阻吸收，即 $P_s = P_R$。需要注意的是，虽然电源和两个动态元件之间无能量交换，但在两个动态元件之间还是有能量交换的。只是当电容释放能量时，电感吸收能量，以磁场形式存储起来；而当电感释放能量时，电容吸收能量，以电场形式存储，这种电场能与磁场能之间的交换也是周期性的，总能量为 LI_0^2 或 CU_{C0}^2 保持不变。

【例 5-16】　一个 RLC 串联电路，如图 5-36 所示。已知激励 $u_s = 10\sqrt{2}\cos\omega t$ V，频率 $f = 1\text{MHz}$，改变电容 C 使电路发生谐振，测得 $I_0 = 1\text{A}$，$U_{C0} = 100\text{V}$。试求元件参数 R、L、C 及电路的品质因数 Q。

解　激励电源的有效值为 $U_s = 10\text{V}$，由谐振电流可知

$$R = \frac{U_0}{I_0} = 10(\Omega)$$

谐振时，由电容上的电压可知品质因数为

$$Q = \frac{U_{C0}}{U_s} = \frac{100}{10} = 10$$

而品质因数 $Q = \frac{\omega_0 L}{R} = 10$，谐振频率 $f = 1\text{MHz}$，所以有

$$L = \frac{QR}{2\pi f} = 0.16 \times 10^{-4}\,(\text{H})$$

由 $\omega_0 L = \frac{1}{\omega_0 C}$，得

$$C = 0.16 \times 10^{-8}\,(\text{F})$$

三、RLC 串联谐振电路的频率特性

RLC 串联电路的阻抗为 $Z = R + j\left(\omega L - \frac{1}{\omega C}\right)$，它的模和幅角分别为

$$|Z(\omega)| = \sqrt{R^2 + \left(\omega L - \frac{1}{\omega C}\right)^2} \tag{5-59}$$

$$\varphi(\omega) = \arctan \frac{\omega L - \frac{1}{\omega C}}{R} \tag{5-60}$$

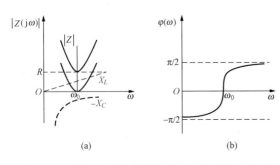

图 5-38　电路复阻抗的幅频特性和相频特性曲线
（a）幅频特性曲线；（b）相频特性曲线

当激励为电压源时，$|Z(\omega)|$ 描述端口电流的相对幅值随频率的变化情况，$\varphi(\omega)$ 描述端口电流的相位随频率的变化情况；当激励为电流源时，$|Z(\omega)|$ 描述端口电压的相对幅值随频率的变化情况，$\varphi(\omega)$ 描述端口电压的相位随频率的变化情况。幅频特性和相频特性曲线如图 5-38（a）和图 5-38（b）所示。

在图 5-39 中，当 $\omega = \omega_0 = 1/\sqrt{LC}$ 时，$Z(\omega_0) = R$，$|Z(\omega)|$ 最小，这是串联谐振状态；当 $\omega < \omega_0$ 时，$\omega L < \frac{1}{\omega C}$，电路呈容性；而当 $\omega > \omega_0$ 时，$\omega L > \frac{1}{\omega C}$，电路呈感性，但 ω 越偏离 ω_0，$|Z(\omega)|$ 越大。这样，由 $\dot{I} = \dot{U}/Z$ 确定的电路电流也会在 $\omega = \omega_0$ 处最大，当 ω 偏离 ω_0 时电流幅值变小，而且 ω 越偏离 ω_0 越小，一直到电流幅值趋于零，串联电路的带通特性曲线如图 5-39 所示。说明 RLC 串联谐振电路可以使谐振频率附近的一部分频率分量通过，而抑制其他频率分量，这种特性称为带通特性。因此，RLC 串联谐振电路可以作为带通滤波器使用。它具有一个通带，两个阻带。通带在谐振频率 ω_0 附近某一频率范围内，阻带分布在通带两侧，通带与阻带的分界频率是电流幅值下降到最大值的 $1/\sqrt{2}$ 时所对应的频率，分别为下限截止频率 ω_{c1} 和上限截止频率 ω_{c2}。两个截止频率之

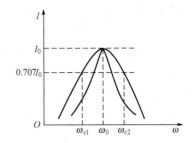

图 5-39　串联电路的带通特性曲线

间的频率范围就是通频带 B，即

$$B = \omega_{c2} - \omega_{c1}$$

或

$$B = f_{c2} - f_{c1}$$

可以证明，通频带 B 与品质因数 Q、谐振频率 ω_0 或 f_0 满足关系

$$B = \frac{\omega_0}{Q}$$

或

$$B = \frac{f_0}{Q}$$

第十二节　正弦交流电路中的并联谐振

本节讨论 GLC 并联谐振电路。

一、谐振条件及谐振频率

图 5 - 40（a）所示为 GLC 并联电路的时域模型，其相量模型如图 5 - 40（b）所示，电路的导纳为

$$Y = \frac{\dot{I}}{\dot{U}} = \frac{1}{R} + \mathrm{j}\left(\omega C - \frac{1}{\omega L}\right) = G + \mathrm{j}\left(\omega C - \frac{1}{\omega L}\right) \tag{5 - 61}$$

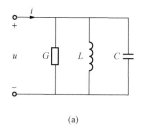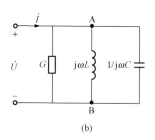

(a)　　　　　　　　　(b)

图 5 - 40　GLC 并联谐振电路

（a）GLC 并联电路时域模型；（b）GLC 并联电路相量模型

根据谐振的定义，当 $\omega C - \dfrac{1}{\omega L} = 0$，即 $\omega C = \dfrac{1}{\omega L}$ 时，电路发生谐振。谐振频率为

$$\omega_0 = \frac{1}{\sqrt{LC}} \tag{5 - 62}$$

与 RLC 串联谐振条件相同。

二、GLC 并联谐振电路的特点

在 GLC 并联电路发生谐振时，由于 $\omega_0 L = \dfrac{1}{\omega_0 C}$，电路的导纳最小，$Y = G$。在一定电流源作用下，电路的端电压将达到最大值，用 U_0 表示为

$$U_0 = \frac{I_s}{G}$$

在并联谐振电路中，电路的品质因数 Q 被定义为谐振时的感纳或容纳与电导的比

值，即

$$Q = \frac{B_{L0}}{G} = \frac{B_{C0}}{G} = \frac{R}{\omega_0 L} = R\omega_0 C \tag{5-63}$$

在谐振时，各元件上的电流分别为

$$\left.\begin{array}{l} \dot{I}_G = G\dot{U}_0 = \dot{I}_s \\[2mm] \dot{I}_L = -\mathrm{j}\dfrac{1}{\omega_0 L}\dot{U}_0 = -\mathrm{j}Q\dot{I}_s \\[2mm] \dot{I}_C = \mathrm{j}\omega_0 C\dot{U}_0 = \mathrm{j}Q\dot{I}_s \end{array}\right\} \tag{5-64}$$

电感和电容上的电流大小相等，方向相反，互相抵消。在图 5-41（b）中，A、B 两点之间可以看成开路，电阻上的电流等于电源电流，所以并联谐振又称电流谐振。

利用并联谐振时的导纳最小和串联谐振的阻抗最小这两个重要谐振电路特征，结合有源器件，可以构成选频放大器。

三、GLC 并联谐振电路的频率特性

由式（5-61）可知，GLC 并联电路导纳的模和幅角分别为

$$|Y(\omega)| = \sqrt{G^2 + \left(\omega C - \frac{1}{\omega L}\right)^2} \tag{5-65}$$

$$\varphi(\omega) = \arctan\frac{\omega C - \dfrac{1}{\omega L}}{G} \tag{5-66}$$

与 RLC 串联谐振电路的频率特性类似，并联谐振电路的 $|Y(\omega)|$ 和 $\varphi(\omega)$ 也是描述端口电压（或电流）的幅值和相位随频率的变化情况。

由图 5-41 所示的并联谐振电路的带通特性曲线可见，GLC 并联谐振电路也可以使谐振频率附近的一部分频率分量通过，而抑制其他频率分量，它具有一个通带，两个阻带。通频带、品质因数和谐振频率的关系与 RLC 串联谐振电路均相同，这里不再讨论。

实际并联谐振电路是由实际电感线圈与电容并联组成的，而实际线圈的电路模型为 RL 串联支路，这样的电路模型较 GLC 并联电路复杂，但是也是根据谐振的特点来讨论。

【例 5-17】　电路如图 5-42 所示，激励 u_1 中含各种频率分量，求 u_1 到达电阻 R 的频率分量和不能到达 R 的频率分量。

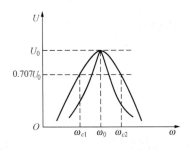

图 5-41　并联谐振电路的
带通频率特性曲线

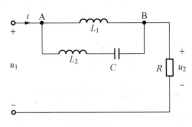

图 5-42　【例 5-17】图

解　由谐振电路的讨论可知，当电路的动态元件部分，即 AB 段发生串联谐振时，阻抗 $Z_{AB} = 0$，串联谐振频率信号全部到达电阻 R；当 AB 段发生并联谐振时，阻抗 $Z_{AB} \to \infty$，并

联谐振频率信号不能到达电阻 R。因此，只要求出这两个谐振频率即可。而 A、B 间并联电路的阻抗为

$$Z_{AB} = \frac{j\omega L_1\left(j\omega L_2 + \frac{1}{j\omega C}\right)}{j\omega L_1 + j\omega L_2 + \frac{1}{j\omega C}} = \frac{j\omega L_1\left(\omega L_2 - \frac{1}{\omega C}\right)}{\omega(L_1 + L_2) - \frac{1}{\omega C}}$$

当 $\omega L_2 - \frac{1}{\omega C} = 0$ 时，$Z_{AB} = 0$，即串联谐振频率为

$$\omega_{01} = \frac{1}{\sqrt{L_2 C}}$$

当 $\omega(L_1 + L_2) - \frac{1}{\omega C} = 0$ 时，$Z_{AB} \to \infty$，即并联谐振频率为

$$\omega_{02} = \frac{1}{\sqrt{(L_1 + L_2)C}}$$

本章小结

1. 正弦量。以电流为例，正弦量的解析表达式为

$$i(t) = I_m\cos(\omega t + \varphi_i) = \sqrt{2}I\cos(\omega t + \varphi_i)$$

确定一个正弦量的三要素为：最大值 I_m（或有效值 I）、角频率 ω 和初相位 φ_i。两个同频率正弦量相位差比较，超前、滞后和同相等概念。

2. 相量的概念、正弦量的相量表示法及相量与正弦量之间的关系。

3. 电路中两类约束关系的相量形式，即元件伏安关系相量形式和基尔霍夫定律相量形式。

4. 相量分析法。复阻抗、复导纳、相量模型等概念。用相量法分析正弦稳态电路的步骤为：①画出时域电路的相量模型；②利用电路定律和元件伏安关系的相量形式列写方程；③求解相应的电路方程，得到响应的相量形式；④将响应的相量形式转化为对应的正弦量。

5. 相量图的概念及用相量图法分析简单电路的响应。

6. 正弦稳态电路的瞬时功率、有功（平均）功率、无功功率、视在功率以及复功率的概念及计算。

7. 二端网络功率因数定义及提高电路功率因数的方法和并联补偿电容的计算。

8. 正弦稳态电路的等效电路及最大功率传输。

9. 正弦稳态电路谐振的定义以及谐振电路的特点。

思考题

5-1 已知某工频电压源的有效值为 $10\sqrt{2}$ V，当 $t=0$ 时，其瞬时值为 10 V，试写出此电压的瞬时表达式。

5-2 指出下列各式的错误：

①$10\sin(\omega t - 60°) = 10e^{-j60°}$ A，②$\dot{I} = 8e^{45°}$ A，③$U = 100\sqrt{2}\sin(\omega t + 30°)$ V，④$U=$

$10\angle45°V$，⑤$i=10e^{j45°}$A。

5 - 3   在线性电阻交流电路中，电阻电压 u_R 和电流 i_R 同相，是不是表明 u_R 和 i_R 的初相位都是零？

5 - 4   对于电感元件的电压和电流在关联参考方向下，试指出下列各式哪些是对的，哪些是错的？

①$\dfrac{u_L}{i_L}=X_L$，②$\dfrac{\dot{U}_L}{\dot{I}_L}=X_L$，③$\dfrac{\dot{U}_L}{\dot{I}_L}=jX_L$，④$\dot{I}_L=-j\dfrac{\dot{U}_L}{\omega L}$，⑤$u_L=L\dfrac{\mathrm{d}i_L}{\mathrm{d}t}$，⑥$u_L=j\dot{I}_LX_L$，

⑦$\dfrac{U_L}{I_L}=X_L$。

5 - 5   电容元件在交流电路中，当电流的瞬时电流 $i_C=0$ 时，是否瞬时电压 $u_C=0$？

5 - 6   在 RLC 串联电路中，已知 $R=100\Omega$，$L=0.2H$，$C=100\mu F$，在电源频率分别为 200Hz 和 250Hz 时，电路各呈什么性质？

5 - 7   在 RLC 串联电路中，是否有出现 $U_R>U$ 的现象？

5 - 8   在 RLC 并联电路中，下列哪些表达式是错误的，哪些是正确的？

①$i=i_G+i_L+i_C$，②$I=I_G+I_L+I_C$，③$\dot{I}=\dot{I}_G+\dot{I}_L+\dot{I}_C$，④$U=\dfrac{I}{G+j\ (B_C-B_L)}$，

⑤$u=\dfrac{i}{|Y|}$，⑥$\dot{U}=\dfrac{I}{|Y|}e^{j\varphi_y}$。

5 - 9   若某支路的导纳 $Y=\left(\dfrac{1}{30}+j\dfrac{1}{40}\right)$S，则其等效阻抗 $Z=$（30+j40）Ω，对吗？

5 - 10   把一个灯泡分别接在电压有效值为 220V 的交流电源和 220V 直流电源上，电灯的亮度是否一样？

5 - 11   无功功率就是没有用的功率，对吗？

5 - 12   在一个无源二端网络中，有功功率、无功功率、视在功率以及复功率之间满足什么关系？它们均守恒吗？

5 - 13   需提高某电路（感性）的功率因数，能否用串联电容的方法？

5 - 14   用并联电容的方法提高电路的功率因数，是否并联的电容越大越好？

5 - 15   什么叫谐振？电路在串联谐振和并联谐振时有何特点？

习 题 五

5 - 1   三个正弦电流分别为：$i_1=5\sqrt{2}\cos314t$A，$i_2=5\sqrt{2}\cos（314t+30°）$ A，$i_3=5\sqrt{2}\cos（314t+60°）$ A。试求：

（1）说明它们的相位关系并在同一坐标系中画出它们的波形；

（2）写出表示这三个正弦量的相量并画出相量图；

（3）通过相量计算 i_1+i_2 和 i_1-i_2。

5 - 2   把下列复数化为极坐标形式：

（1）3.6+j7.6   （2）3.6-j7.6   （3）-3.6+j7.6

（4）-3.6-j7.6   （5）j10   （6）-j10   （7）-10

5 - 3   把下列复数化为代数形式：

(1) $20\underline{/30°}$　　(2) $20\underline{/-30°}$　　(3) $20\underline{/150°}$　　(4) $20\underline{/-150°}$

(5) $20\underline{/90°}$　　(6) $20\underline{/-90°}$　　(7) $20\underline{/180°}$　　(8) $20\underline{/-180°}$

5-4　把下列电压有效值相量表示为电压的正弦量表达式：（设 $\omega=1000\text{rad/s}$）

(1) $\dot{U}=100\underline{/39°}\text{V}$　　(2) $\dot{U}=(40+\text{j}30)\text{V}$　　(3) $\dot{U}=(40-\text{j}30)\text{V}$

(4) $\dot{U}=50\underline{/-51°}\text{V}$　　(5) $\dot{U}=50\text{e}^{\text{j}141°}\text{V}$　　(6) $\dot{U}=(-40+\text{j}30)\text{V}$

5-5　求图5-43所示电路中各未知电压表和电流表的读数。

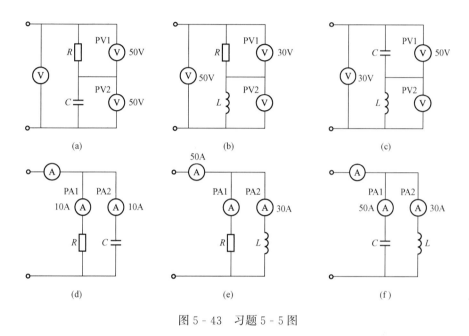

图5-43　习题5-5图

5-6　求出图5-44所示二端网络的输入阻抗和输入导纳，并画出该网络的最简串联等效电路和并联等效电路。

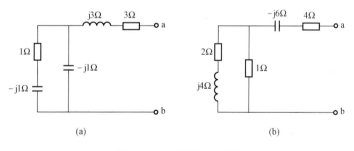

图5-44　习题5-6图

5-7　图5-45所示电路中，已知 $u=100\cos(10t+45°)$ V，$i_2=20\cos(10t+135°)$ A，$i=i_1=10\cos(10t+45°)$ A，试判断元件1、2、3的性质并计算其参数。

5-8　求图5-46所示二端网络的输入阻抗并画出其最简串联、并联等效电路。

5-9　一个具有内阻 R 的线圈与电容器串联接到工频100V的电源上，测得电流为2A，线圈上电压为150V，电容上电压为200V，求参数 R，L，C。

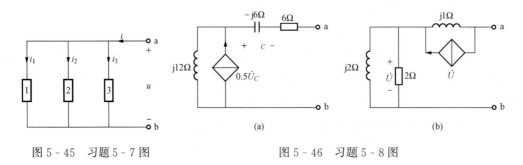

图 5 - 45 习题 5 - 7 图   图 5 - 46 习题 5 - 8 图

5 - 10 图 5 - 47 所示二端网络中，已知电源频率为 50Hz，$R=10\Omega$，$C=159\mu\text{F}$，$L=10\text{mH}$，电流 $\dot{I}=1\angle0°\text{A}$，求：(1) 支路电流 $\dot{I}_1$、$\dot{I}_2$；(2) 该二端网络的串联等效电路和并联等效电路。

5 - 11 图 5 - 48 所示，已知 $Z_1=(5+\text{j}3)\,\Omega$，$Z_2=(1+\text{j}3)\,\Omega$，$Z_3=(1-\text{j}2)\,\Omega$，$I_2=1\text{A}$，求总电压的大小，并作出相量图。

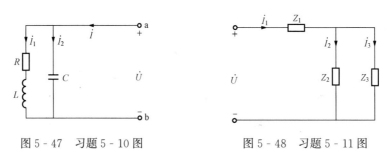

图 5 - 47 习题 5 - 10 图   图 5 - 48 习题 5 - 11 图

5 - 12 在图 5 - 49 所示电路中，已知 $R_1=5\Omega$，$R_2=X_L$，$I_L=10\sqrt{2}\text{A}$，$I_C=10\text{A}$，电源电压 $U=100\text{V}$，求参数 R_2、X_L 和 X_C。

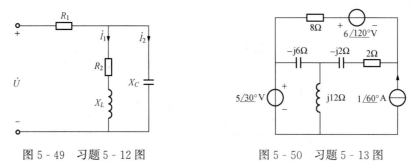

图 5 - 49 习题 5 - 12 图   图 5 - 50 习题 5 - 13 图

5 - 13 电路的相量模型如图 5 - 50 所示，列出电路的网孔电流方程和节点电压方程。

5 - 14 电路如图 5 - 51 所示。已知：$Z_1=1\angle45°\,\Omega$，$Z_2=1\angle-45°\,\Omega$，$Z_3=3\angle45°\,\Omega$，$\dot{U}_1=100\angle45°\text{V}$，$\dot{U}_2=100\sqrt{2}\angle0°\text{V}$。试分别用叠加定理、戴维南定理、节点电压法求电流 $\dot{I}$。

5 - 15 图 5 - 52 所示电路中，已知 $\dot{U}_C=10\angle0°\text{V}$，求 $\dot{U}$。

5 - 16 在图 5 - 53 所示电路中，若感性负载的有功功率为 150W，无功功率为 250var，问：在电路的 $\cos\varphi=0.6$（滞后）和 $\cos\varphi=0.6$（超前）两种情况下，电容的无功功率各为多少？

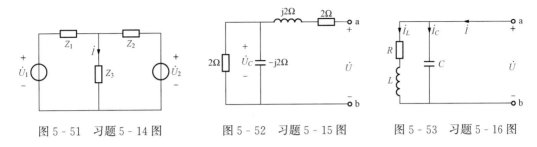

图 5 - 51　习题 5 - 14 图　　　　　图 5 - 52　习题 5 - 15 图　　　　　图 5 - 53　习题 5 - 16 图

5 - 17　图 5 - 54 所示电路中，已知 $\dot{U}_s = 100\sqrt{2}\,\underline{/30°}\,\mathrm{V}$，求：（1）支路电流 $\dot{I}_1$ 和 $\dot{I}_2$；（2）电源提供的总有功功率、无功功率、视在功率及复功率；（3）电路总的功率因数。

5 - 18　图 5 - 55 所示电路中，已知 $U = 200\mathrm{V}$，$R_1 = 5\Omega$，$X_1 = 5\sqrt{2}\Omega$，$R_2 = 10\Omega$。求：（1）支路电流 $\dot{I}_1$ 和 $\dot{I}_2$；（2）电路总的有功功率、无功功率及视在功率。

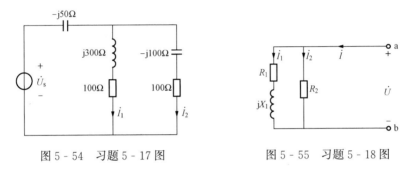

图 5 - 54　习题 5 - 17 图　　　　　　　　　图 5 - 55　习题 5 - 18 图

5 - 19　有 20 只 40W 功率因数为 0.5 的荧光灯和 100 只 40W 的白炽灯并联在有效值为 20V 的交流电源上。求：（1）线路总电流；（2）总的有功功率、无功功率、视在功率；（3）电路总的功率因数。

5 - 20　有两个感性负载并联接到有效值为 220V 的工频电源上，已知：$P_1 = 2.5\mathrm{kW}$，$\cos\varphi_1 = 0.5$，$S_2 = 4\mathrm{kV \cdot A}$，$\cos\varphi_2 = 0.707$。求：（1）电路总的视在功率及电路的功率因数；（2）欲将功率因数提高到 0.866，需并联多大的电容？

5 - 21　一台电动机接到工频 220V 的电源上，吸收的功率为 1.4kW，功率因数为 0.7，欲将功率因数提高到 0.9，需并联多大的电容？电容补偿的无功功率为多少？并联后电路总的无功功率为多少？

5 - 22　正弦稳态电路如图 5 - 56 所示，若 Z_L 可变，试问：Z_L 为何值时可获得最大功率？最大功率是多少？

5 - 23　电路如图 5 - 57 所示，试求：负载 Z_L 为何值时可获得最大功率？最大功率是多少？

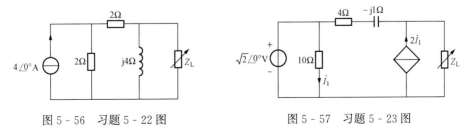

图 5 - 56　习题 5 - 22 图　　　　　　　　图 5 - 57　习题 5 - 23 图

5 - 24   某收音机的输入回路（调谐回路）可以用 RLC 串联电路作为其模型，已知 $L=260\mu H$，当电容调到 100pF 时发生串联谐振，求该电路的谐振频率 f_0。若要收听 640kHz 的电台广播，电容 C 应为多大？（设 L 不变）

5 - 25 RLC 串联电路中，已知 $u_s(t)=\sqrt{2}\cos(10^6 t+40°)$ V，谐振时电路中的电流 $I=0.1A$，电容电压 $U_C=100V$，求元件参数 R、L、C 及电路的品质因数 Q。

5 - 26 RLC 并联电路中，已知 $C=0.25\mu F$，$L=40mH$，试分别计算当电阻 $R=8k\Omega$、800Ω、80Ω 时电路的谐振频率 ω_0，品质因数 Q 和带宽 $\Delta\omega$，并作出 R、L、C 三个元件的电流频率特性曲线。

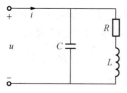

图 5 - 58   习题 5 - 27 图

5 - 27   在图 5 - 58 所示电路中，已知 $R=100\Omega$，当电源频率为 $\omega=10^5\,rad/s$ 时，电路的输入阻抗 $Z=500\Omega$，求电感 L、电容 C 及电路的品质因数 Q。并证明在谐振时并联电路两端电压不是最大，而是在 $\omega_m=\sqrt{\dfrac{1}{LC}\cdot\sqrt{1+\dfrac{2R^2 C}{L}}-\left(\dfrac{R}{L}\right)^2}$ 时并联电路两端电压才最大。

第六章　含耦合电感和理想变压器电路的分析

本章主要讨论耦合电感和理想变压器的基本特性以及含有这两种元件电路的分析和计算方法。

前面的章节中已介绍了六种电路元件：电阻、电容、电感、电压源、电流源和受控源。本章再介绍两种电路元件即耦合电感和理想变压器，它们同是一类利用磁耦合来传输电能的耦合元件，由两个或两个以上相互邻近的线圈组成。但是，这两种元件的性质是不同的，耦合电感是有记忆的储能元件，而理想变压器则是无记忆的，既不储能也不耗能的元件。

第一节　耦　合　电　感

一、互感系数和耦合系数

图 6-1 是两个紧靠着的电感线圈，它们的匝数分别为 N_1 和 N_2。设通过线圈 1 的电流为 i_1，所产生的磁通为 Φ_{11}，Φ_{11} 穿过线圈 1 本身，称之为线圈 1 的自磁通。自磁通与线圈 1 相交链，称为自磁链，用 Ψ_{11} 表示，即 $\Psi_{11}=N_1\Phi_{11}=L_1i_1$。$\Phi_{11}$ 中有一部分也穿过线圈 2，称为线圈 1 对线圈 2 的互磁通，用 Φ_{21} 表示。互磁通与线圈 2 相交链，称为线圈 1 对线圈 2 的互磁链，用 Ψ_{21} 表示，即 $\Psi_{21}=N_2\Phi_{21}$。线圈 2 的互磁链与电流 i_1 的比值，称为线圈 1 对线圈 2 的互感系数，用 M_{21} 表示，即

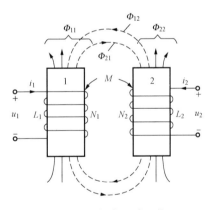

图 6-1　耦合电感元件

$$M_{21}=\frac{\Psi_{21}}{i_1}=N_2\frac{\Phi_{21}}{i_1}$$

同样，当线圈 2 通过电流 i_2 时，在线圈 2 中产生自磁通为 Φ_{22}，自磁链为 $\Psi_{22}=N_2\Phi_{22}=L_2i_2$。$\Phi_{22}$ 中也有一部分穿过线圈 1，称为线圈 2 对线圈 1 的互磁通，用 Φ_{12} 表示。互磁通与线圈 1 相交链，称为线圈 2 对线圈 1 的互磁链，用 Ψ_{12} 表示，即 $\Psi_{12}=N_1\Phi_{12}$。线圈 1 的互磁链与电流 i_2 的比值，称为线圈 2 对线圈 1 的互感系数，用 M_{12} 表示，即

$$M_{12}=\frac{\Psi_{12}}{i_2}=N_1\frac{\Phi_{12}}{i_2}$$

可以证明[1]，互感系数 M_{12} 和 M_{21} 是相等的，即 $M_{12}=M_{21}=M$。

互感系数简称互感，互感单位是 H（亨利）。若互感 M 为常数，即不随时间和电流值变

---

[1]　参阅俞大光编《电工基础》上册。

化，则称其为线性时不变互感，本章只讨论这类互感。

　　一般情况下，一个线圈中的电流所产生的磁通只有一部分穿过邻近的线圈，另一部分则成为漏磁通。显然，$\Phi_{21} \leqslant \Phi_{11}$，$\Phi_{12} \leqslant \Phi_{22}$。所以

$$M^2 = M_{12}M_{21} = \frac{N_1\Phi_{12}}{i_2}\frac{N_2\Phi_{21}}{i_1} \leqslant \frac{N_1\Phi_{11}}{i_1}\frac{N_2\Phi_{22}}{i_2} \leqslant L_1L_2$$

即

$$M \leqslant \sqrt{L_1L_2} \qquad\qquad (6-1)$$

　　可见，两个线圈的互感系数一定小于或等于这两个线圈自感系数的几何平均值。不难想象，漏磁通越小，互感线圈之间的耦合就越好。为此，引入耦合系数 k 来表示互感线圈之间的耦合紧密程度。耦合系数定义为

$$k = \frac{M}{\sqrt{L_1L_2}} \qquad\qquad (6-2)$$

由式（6-2）可知，$0 \leqslant k \leqslant 1$，$k$ 值的大小反映了两个线圈耦合的强弱。若 $k=0$，则说明两个线圈之间不存在耦合，即 $\Phi_{12}=0$，$\Phi_{21}=0$；若 $k=1$，则说明两个线圈之间耦合最紧密，即 $\Phi_{12}=\Phi_{22}$，$\Phi_{21}=\Phi_{11}$，称之为全耦合。

二、耦合电感线圈的伏安关系

　　当电流分别通过两个具有互感的线圈时，每一个线圈的总磁链应为自磁链和互磁链的代数和。当自磁通与互磁通方向一致时，磁通加强，如图 6-2 所示。此时，与线圈 1 和线圈 2 相交链的自磁链和互磁链均为正值。如果自磁通与互磁通方向相反，磁通减弱，如图 6-1 所示。在这种情况下，与线圈 1 和线圈 2 相交链的自磁链为正值，而互磁链则为负值。因此两个线圈的总磁链分别为

$$\Psi_1 = \Psi_{11} \pm \Psi_{12} = L_1i_1 \pm Mi_2$$
$$\Psi_2 = \Psi_{22} \pm \Psi_{21} = L_2i_2 \pm Mi_1$$

式中：Ψ_{11}、Ψ_{22} 分别为线圈 1 和线圈 2 的自磁链，Ψ_{12}、Ψ_{21} 分别为它们的互磁链。

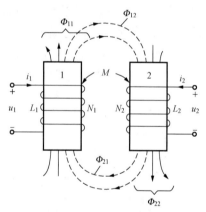

图 6-2　磁通加强的耦合电感

　　设两个线圈上的电压 u_1、u_2 与各自的电流 i_1、i_2 采用关联参考方向，并与各自磁通符合右手螺旋关系，则有

$$u_1 = \frac{d\Psi_1}{dt} = L_1\frac{di_1}{dt} \pm M\frac{di_2}{dt} \qquad\qquad (6-3)$$

$$u_2 = \frac{d\Psi_2}{dt} = L_2\frac{di_2}{dt} \pm M\frac{di_1}{dt} \qquad\qquad (6-4)$$

　　由上述分析可知，对于具有互感的两个线圈，当电压、电流采用关联参考方向时，各个线圈上的电压等于自感电压与互感电压的代数和。当自磁通与互磁通相互增强时，互感电压取正号；自磁通与互磁通相互减弱时，互感电压取负号。而判断自磁通和互磁通是相互增强还是相互减弱，这需要根据两个线圈中电流的方向、线圈的绕向以及线圈的相对位置来确定。但在实际中，互感线圈往往是被外壳密封的，无法知道线圈的实际绕向和相对位置，解决这一问题的办法通常是在耦合电感中标记同名端。

同名端是指两个耦合电感中的一对端钮，当电流同时从这两个端钮流入（或流出）时，如果电流产生的磁通相互加强，则这两个端钮就称为同名端。同名端一般用符号"·"或"＊"作标记。例如，在图6-3（a）中，a端和c端是同名端，当然b端和d端也是同名端，而a端和d端或b端和c端则称为异名端。具有同名端的耦合电感，其电路符号如图6-3（b）所示。当耦合电感标以同名端后，就可以根据同名端以及电压、电流的参考方向直接写出耦合电感线圈上的伏安关系。例如图6-3（b）中，两个线圈上的电压、电流均为关联参考方向，所以自感电压应取正号。当电流 i_1 和 i_2 分别从a端和c端流入，即从同名端流向异名端时，它们的自磁通和互磁通互相加强，所以互感电压也应取正号。这样，两个线圈上的电压分别为

$$u_1 = L_1 \frac{di_1}{dt} + M \frac{di_2}{dt}$$

$$u_2 = L_2 \frac{di_2}{dt} + M \frac{di_1}{dt}$$

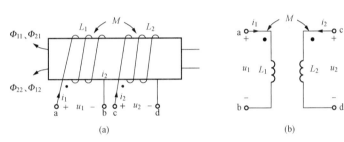

图6-3 耦合电感的同名端

（a）具有同名端的耦合电感；（b）耦合电感的符号

又如图6-4中，i_1 与 u_1 为关联参考方向，而 i_2 与 u_2 为非关联参考方向，i_1 从同名端a流向异名端b，而 i_2 则从异名端d流向同名端c。对于此类问题，可先设一个与 i_2 关联的参考方向 u_2'，由于 i_1 和 i_2 产生的磁通是相互减弱的，因此互感电压应取负号。所以有

$$u_1 = L_1 \frac{di_1}{dt} - M \frac{di_2}{dt}$$

$$u_2' = L_2 \frac{di_2}{dt} - M \frac{di_1}{dt}$$

因为 $u_2 = -u_2'$，故有

$$u_2 = -L_2 \frac{di_2}{dt} + M \frac{di_1}{dt}$$

通过上述分析，可以归纳出判断自感电压和互感电压方向，并且能够较方便地确定它们正、负值的方法是：若线圈端口上的电压和电流为关联参考方向，则自感电压为正，如图6-3（b）所示；若线圈端口上的电压和电流为非关联参考方向，则自感电压为负，如图6-4中的 u_2 和 i_2。若电流 i 从本身线圈的同名端（或异名端）流到另一端，则它在另一线圈上产生的互感电压方向也是从同名端（或异名端）指向另一端。若互感电压方向与端钮上参考电压方向一致，则互感电压为正，如图6-3（b）所示；

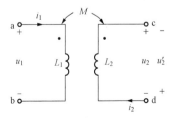

图6-4 耦合电感VAR示例

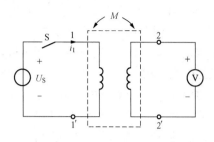

图 6-5 测定同名端的实验电路

若互感电压方向与端钮上参考电压方向相反，则互感电压取负，如图 6-4 中 i_2 在电感 L_1 上产生的互感电压方向为异名端到同名端，这一方向与 u_1 参考方向相反，故互感电压 $M\dfrac{\mathrm{d}i_2}{\mathrm{d}t}$ 取负号。

对于一对不知绕向的互感线圈，通常可以用实验方法测定它的同名端，实验电路如图6-5所示。开关 S 闭合瞬间，$\dfrac{\mathrm{d}i_1}{\mathrm{d}t}>0$，若电压表指针正向偏转，则说明端子 1 和端子 2 为同名端，若电压表指针反向偏转，则说明端子 1 和端子 2′ 为同名端。

第二节 耦合电感的连接及其去耦等效电路

本节主要介绍耦合电感的各种连接方式和它们的去耦等效电路，阐述含耦合电感电路的基本分析方法。设一个耦合电感如图 6-6（a）所示，其伏安关系为

$$u_1 = L_1 \frac{\mathrm{d}i_1}{\mathrm{d}t} + M \frac{\mathrm{d}i_2}{\mathrm{d}t} \tag{6-5}$$

$$u_2 = L_2 \frac{\mathrm{d}i_2}{\mathrm{d}t} + M \frac{\mathrm{d}i_1}{\mathrm{d}t} \tag{6-6}$$

式（6-5）和式（6-6）都包含两项，第一项是由本线圈电流所产生的自感电压，第二项是由另一线圈中的电流在本线圈中所产生的互感电压。后一项可以看成是一个附加的"受控电压源"，其电压值受另一支路电流的控制，即为 CCVS，如图 6-6（b）所示。显然，由图 6-6（b）和由图 6-6（a）所得到的伏安关系完全一样。因此，在分析计算时，完全可以用图 6-6（b）所示的电路等效代替图 6-6（a）所示的电路。

对于图 6-6（c）所示电路，其伏安关系为

$$u_1 = L_1 \frac{\mathrm{d}i_1}{\mathrm{d}t} - M \frac{\mathrm{d}i_2}{\mathrm{d}t} \tag{6-7}$$

$$u_2 = L_2 \frac{\mathrm{d}i_2}{\mathrm{d}t} - M \frac{\mathrm{d}i_1}{\mathrm{d}t} \tag{6-8}$$

同理，也可以用图 6-6（d）所示的电路等效代替图 6-6（c）所示的电路。

下面利用"附加电源"的方法来分析耦合电感的去耦等效问题。

一、耦合电感的串联等效

耦合电感的串联有两种方式：顺接串联和反接串联。若两个串联的耦合电感是异名端相接，则是顺接串联，简称顺接，如图 6-7（a）所示。用附加电压源代替互感电压后的电路如图 6-7（b）所示。其中附加电压源的极性是这样确定的：由于 i 从 L_1 的"·"端流向另一端，故在 L_2 上产生的互感电压 $M\dfrac{\mathrm{d}i}{\mathrm{d}t}$ 的方向应从 L_2 的"·"指向另一端；而 i 也是从 L_2 的"·"端流向另一端，故在 L_1 上产生的互感电压 $M\dfrac{\mathrm{d}i}{\mathrm{d}t}$ 的方向也应从 L_1 的"·"指向另一端。由图 6-7（b）可得

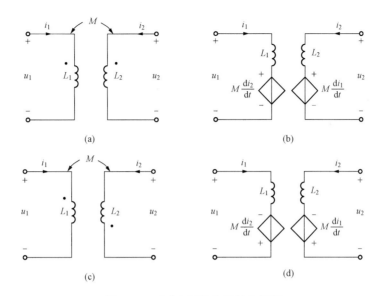

图 6 - 6　互感电压作为受控电压源

(a)、(c) 耦合电感；(b)、(d) 受控电压源等效电路

$$u = L_1 \frac{\mathrm{d}i}{\mathrm{d}t} + M \frac{\mathrm{d}i}{\mathrm{d}t} + L_2 \frac{\mathrm{d}i}{\mathrm{d}t} + M \frac{\mathrm{d}i}{\mathrm{d}t} = (L_1 + L_2 + 2M) \frac{\mathrm{d}i}{\mathrm{d}t} = L \frac{\mathrm{d}i}{\mathrm{d}t} \qquad (6\text{-}9)$$

式（6 - 9）中

$$L = L_1 + L_2 + 2M \qquad (6\text{-}10)$$

可见，两个顺接串联的耦合电感可以等效为一个电感 L，其值由式（6 - 10）确定，顺接串联耦合电感的等效电路如图 6 - 7（c）所示。

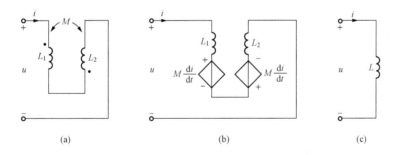

图 6 - 7　耦合电感的顺接串联

(a) 顺接串联；(b) 受控电压源等效电路；(c) 等效电感

若两个串联的耦合电感是同名端相接，则是反接串联，简称反接，如图 6 - 8（a）所示。用与顺接串联相同的方法确定互感电压的方向，得到用附加电压源代替互感电压后的电路如图 6 - 8（b）所示。由图 6 - 8（b）可得

$$u = L_1 \frac{\mathrm{d}i}{\mathrm{d}t} - M \frac{\mathrm{d}i}{\mathrm{d}t} + L_2 \frac{\mathrm{d}i}{\mathrm{d}t} - M \frac{\mathrm{d}i}{\mathrm{d}t} = (L_1 + L_2 - 2M) \frac{\mathrm{d}i}{\mathrm{d}t} = L \frac{\mathrm{d}i}{\mathrm{d}t} \qquad (6\text{-}11)$$

式中

$$L = L_1 + L_2 - 2M \qquad (6\text{-}12)$$

可见，两个反接串联的耦合电感可以等效为一个电感 L，其值由式（6 - 12）确定，反

接串联耦合电感的等效电路如图 6-8（c）所示。

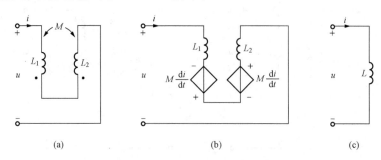

图 6-8　耦合电感的反接串联

（a）反接串联；（b）受控电压源等效电路；（c）等效电感

在正弦稳态情况下，可将式（6-9）和式（6-11）写成相量形式，分别为

$$\dot U = (\mathrm{j}\omega L_1 + \mathrm{j}\omega L_2 + 2\mathrm{j}\omega M)\dot I$$

$$\dot U = (\mathrm{j}\omega L_1 + \mathrm{j}\omega L_2 - 2\mathrm{j}\omega M)\dot I$$

故得顺接串联时的等效阻抗为

$$Z = \mathrm{j}\omega L_1 + \mathrm{j}\omega L_2 + 2\mathrm{j}\omega M = Z_1 + Z_2 + 2Z_\mathrm{m} \tag{6-13}$$

反接串联时的等效阻抗为

$$Z = \mathrm{j}\omega L_1 + \mathrm{j}\omega L_2 - 2\mathrm{j}\omega M = Z_1 + Z_2 - 2Z_\mathrm{m} \tag{6-14}$$

式（6-13）和式（6-14）中，$Z_1 = \mathrm{j}\omega L_1$，$Z_2 = \mathrm{j}\omega L_2$ 称为自阻抗；$Z_\mathrm{m} = \mathrm{j}\omega M$ 称为互阻抗。显然，耦合电感在顺接串联和反接串联时，等效电感和等效阻抗都是不相等的，且有 $L_\mathrm{d} > L_\mathrm{rev}$，$Z_\mathrm{d} > Z_\mathrm{rev}$。

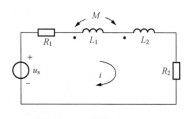

图 6-9　【例 6-1】图

【例 6-1】　电路如图 6-9 所示，已知 $L_1 = 2\mathrm{H}$，$L_2 = 1\mathrm{H}$，$M = 0.5\mathrm{H}$，$R_1 = R_2 = 10\Omega$，$u_s = 100\sqrt2\cos\pi t\,\mathrm{V}$。试求电流 i 和耦合系数 k。

解　由图 6-9 可见，L_1 与 L_2 为顺接串联，故得

$$Z = R_1 + R_2 + \mathrm{j}\omega(L_1 + L_2 + 2M)$$

$$= 20 + \mathrm{j}4\pi = 23.6\underline{/32.1^\circ}(\Omega)$$

电压源 u_s 的有效值相量为 $\dot U_s = 100\underline{/0^\circ}(\mathrm{V})$，得

$$\dot I = \frac{\dot U_s}{Z} = \frac{100\underline{/0^\circ}}{23.6\underline{/32.1^\circ}} = 4.24\underline{/-32.1^\circ}(\mathrm{A})$$

$$i = 4.24\sqrt2\cos(\pi t - 32.1^\circ)(\mathrm{A})$$

$$k = \frac{M}{\sqrt{L_1 L_2}} = \frac{0.5}{\sqrt{2\times1}} = 0.354$$

二、耦合电感的并联等效

耦合电感并联时也有两种方式：同侧并联和异侧并联。若两个并联线圈的同名端分别相接就是同侧并联，简称同并，如图 6-10（a）所示。若两个并联线圈的异名端分别相接就是异侧并联，简称异并，如图 6-10（d）所示。

在正弦稳态情况下，图 6-10（a）和图 6-10（d）用附加电压源代替互感电压后的相量

模型如图 6-10（b）和图 6-10（e）所示。由图 6-10（b）可以得到网孔方程的相量形式为

$$j\omega L_1 \dot{I}_1 - j\omega L_1 \dot{I}_2 + j\omega M \dot{I}_2 = \dot{U}$$

$$-j\omega L_1 \dot{I}_1 + j\omega M \dot{I}_1 + j\omega L_1 \dot{I}_2 + j\omega L_2 \dot{I}_2 - 2j\omega M \dot{I}_2 = 0$$

解得

$$\dot{I}_1 = \frac{\begin{vmatrix} \dot{U} & -j\omega L_1 + j\omega M \\ 0 & j\omega L_1 + j\omega L_2 - 2j\omega M \end{vmatrix}}{\begin{vmatrix} j\omega L_1 & -j\omega L_1 + j\omega M \\ -j\omega L_1 + j\omega M & j\omega L_1 + j\omega L_2 - 2j\omega M \end{vmatrix}} = \frac{(L_1 + L_2 - 2M)\dot{U}}{j\omega(L_1 L_2 - M^2)} \quad (6-15)$$

所以，同侧并联耦合电感的等效阻抗为

$$Z = \frac{\dot{U}}{\dot{I}_1} = j\omega \frac{L_1 L_2 - M^2}{L_1 + L_2 - 2M} \quad (6-16)$$

等效电感为

$$L = \frac{L_1 L_2 - M^2}{L_1 + L_2 - 2M} \quad (6-17)$$

可见，两个同侧并联的耦合电感可以用一个等效电感来代替，如图 6-10（c）所示。其值由式（6-17）来确定。

按照同样的方法可得到异侧并联耦合电感的等效阻抗为

$$Z = \frac{\dot{U}}{\dot{I}_1} = j\omega \frac{L_1 L_2 - M^2}{L_1 + L_2 + 2M} \quad (6-18)$$

等效电感为

$$L = \frac{L_1 L_2 - M^2}{L_1 + L_2 + 2M} \quad (6-19)$$

可见，两个异侧并联的耦合电感也可以用一个等效电感来代替，如图 6-10（f）所示。其值由式（6-19）来确定。

显然，耦合电感在同侧并联和异侧并联时，等效电感和等效阻抗也是不等的。且有 $L_{同} > L_{异}$，$Z_{同} > Z_{异}$。

三、具有一个公共端的耦合电感的去耦等效

实际中常会用到具有一个公共端的耦合电感，如图 6-11（a）和图 6-11（c）所示。其中图 6-11（a）所示电路是由两个反接串联的耦合电感连接点引出一个公共端构成。图 6-11（c）所示电路是由两个顺接串联的耦合电感连接点引出一个公共端构成。它们都可以等效为一个由三个电感组成的 T 形网络，分别如图 6-11（b）和图 6-11（d）所示。

对于图 6-11（a）所示耦合电感，其端钮上的伏安关系为

$$\left. \begin{array}{l} u_1 = L_1 \dfrac{di_1}{dt} + M \dfrac{di_2}{dt} \\ u_2 = L_2 \dfrac{di_2}{dt} + M \dfrac{di_2}{dt} \end{array} \right\} \quad (6-20)$$

对于图 6-11（b）所示的 T 形电路，其端钮上的伏安关系为

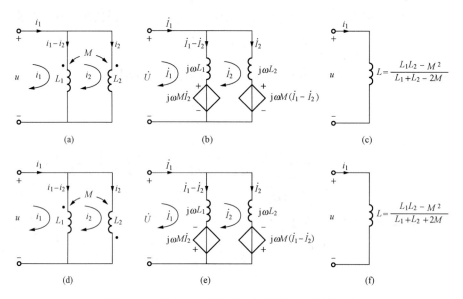

图 6-10 耦合电感的并联、相量模型和等效电感

（a）同侧并联；（b）同侧并联相量模型；（c）同侧并联等效电感；

（d）异侧并联；（e）异侧并联相量模型；（f）异侧并联等效电感

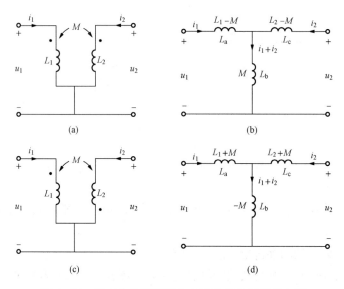

图 6-11 具有公共端的耦合电感及其 T 形等效电路

（a）反接串联；（b）反接串联 T 形去耦等效电路；

（c）顺接串联；（d）顺接串联 T 形去耦等效电路

$$\left.\begin{aligned} u_1 &= L_\mathrm{a}\frac{\mathrm{d}i_1}{\mathrm{d}t} + L_\mathrm{b}\frac{\mathrm{d}(i_1+i_2)}{\mathrm{d}t} = (L_\mathrm{a}+L_\mathrm{b})\frac{\mathrm{d}i_1}{\mathrm{d}t} + L_\mathrm{b}\frac{\mathrm{d}i_2}{\mathrm{d}t} \\ u_2 &= L_\mathrm{c}\frac{\mathrm{d}i_2}{\mathrm{d}t} + L_\mathrm{b}\frac{\mathrm{d}(i_1+i_2)}{\mathrm{d}t} = (L_\mathrm{b}+L_\mathrm{c})\frac{\mathrm{d}i_2}{\mathrm{d}t} + L_\mathrm{b}\frac{\mathrm{d}i_1}{\mathrm{d}t} \end{aligned}\right\}\qquad (6\text{-}21)$$

令式（6-20）和式（6-21）各项系数分别相等，得到

$$L_1 = L_a + L_b$$
$$L_2 = L_b + L_c$$
$$M = L_b$$
$$(6\text{-}22)$$

由式（6-22）解得

$$L_a = L_1 - M$$
$$L_b = M$$
$$L_c = L_2 - M$$
$$(6\text{-}23)$$

按同样的推导方法，可以得到图 6-11（c）所示耦合电感的 T 形等效电路，如图 6-11（d）所示，图 6-11（d）中

$$L_a = L_1 + M$$
$$L_b = -M$$
$$L_c = L_2 + M$$
$$(6\text{-}24)$$

T 形等效电路消去了原电路中的互感，称之为去耦等效电路。分析计算时应作为无互感电路处理。

【例 6-2】　一个自耦变压器电路如图 6-12（a）所示，已知：$L_1 = 10\text{mH}$，$L_2 = 2\text{mH}$，$M = 4\text{mH}$，分别求 S 断开和闭合时的 L_{ab}。

解（1）S 断开时，自耦变压器为异名端相接，即为顺接串联，所以有

$$L_{ab} = L_1 + L_2 + 2M$$
$$= 10 + 2 + 8 = 20(\text{mH})$$

（2）S 闭合时，不能认为 L_2 短路，作出其 T 形去耦等效电路如图 6-12（b）所示，可以得到

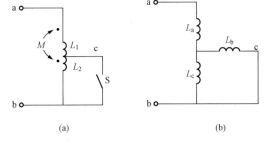

图 6-12　【例 6-2】图
(a) 自耦变压器；(b) T 形去耦等效电路

$$L_a = L_1 + M = 10 + 4 = 14(\text{mH})$$
$$L_b = -M = -4(\text{mH})$$
$$L_c = L_2 + M = 2 + 4 = 6(\text{mH})$$
$$L_{ab} = L_a + \frac{L_b L_c}{L_b + L_c} = 14 + \frac{-4 \times 6}{-4 + 6} = 2(\text{mH})$$

显然，$L_{ab} \neq L_1$。

【例 6-3】　电路如图 6-13（a）所示，已知 $R_1 = 3\Omega$，$R_2 = 5\Omega$，$\omega L_1 = 7.5\Omega$，$\omega L_2 = 12.5\Omega$，$\omega M = 6\Omega$，电压源有效值为 50V。分别求 S 打开和闭合时的 $\dot{I}_1$ 和 $\dot{I}_2$。

解　设电压源电压有效值相量为 $\dot{U}_1 = 50\underline{/0^\circ}$ (V)

（1）S 打开时，耦合电感同名端相接为反接串联，总阻抗为

$$Z = R_1 + R_2 + j\omega L_1 + j\omega L_2 - 2j\omega M = 8 + j8 = 8\sqrt{2}\underline{/45^\circ}(\Omega)$$

$$\dot{I}_1 = \dot{I}_2 = \frac{\dot{U}_1}{Z} = \frac{50\underline{/0^\circ}}{8\sqrt{2}\underline{/45^\circ}} = 4.42\underline{/-45^\circ}(\text{A})$$

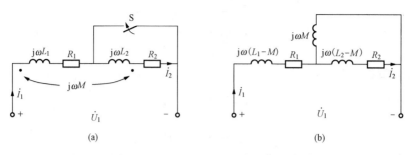

(a)   (b)

图 6 - 13   【例 6 - 3】图

(a) 原电路；(b) T 形去耦等效电路

（2）S 闭合时，对反接串联耦合电感作 T 形去耦等效，如图 6 - 13（b）所示，总阻抗为

$$Z = R_1 + j\omega(L_1 - M) + j\omega M \mathbin{/\!/} [j\omega(L_2 - M) + R_2]$$
$$= 3 + j1.5 + j6 \mathbin{/\!/} (j6.5 + 5)$$
$$= 3 + j1.5 + \frac{j6 \times (j6.5 + 5)}{j6 + j6.5 + 5}$$
$$= 3.99 + j5.02 = 6.41\underline{/51.5^\circ}(\Omega)$$

$$\dot{I}_1 = \frac{\dot{U}_1}{Z} = \frac{50\underline{/0^\circ}}{6.41\underline{/51.5^\circ}} = 7.8\underline{/-51.5^\circ}(A)$$

应用分流公式可得

$$\dot{I}_2 = \frac{j\omega M}{R_2 + j\omega(L_2 - M) + j\omega M} \times \dot{I}_1$$
$$= \frac{j6}{5 + j6.5 + j6} \times 7.8\underline{/-51.5^\circ}$$
$$= \frac{6\underline{/90^\circ}}{13.46\underline{/68.2^\circ}} \times 7.8\underline{/-51.5^\circ}$$
$$= 3.48\underline{/-29.7^\circ}(A)$$

【例 6 - 4】   一个具有互感的正弦稳态电路如图 6 - 14（a）所示，已知电源电压 $\dot{U}_s = 20\underline{/0^\circ}$（V），试求 $\dot{I}$。

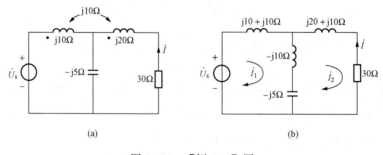

(a)   (b)

图 6 - 14   【例 6 - 4】图

(a) 原电路；(b) 去耦等效电路

解   作出图 6 - 14（a）所示电路的去耦等效电路，并设网孔电流分别为 $\dot{I}_1$ 和 $\dot{I}_2$，如图 6 - 14（b）所示。列网孔方程为

$$\begin{cases} (\mathrm{j}10+\mathrm{j}10-\mathrm{j}10-\mathrm{j}5)\dot{I}_1 - (-\mathrm{j}10-\mathrm{j}5)\dot{I}_2 = 20\underline{/0^\circ} \\ -(-\mathrm{j}10-\mathrm{j}5)\dot{I}_1 + (30+\mathrm{j}20+\mathrm{j}10-\mathrm{j}10-\mathrm{j}5)\dot{I}_2 = 0 \end{cases}$$

整理得

$$\begin{cases} \mathrm{j}5\dot{I}_1 + \mathrm{j}15\dot{I}_2 = 20\underline{/0^\circ} \\ \mathrm{j}15\dot{I}_1 + (30+\mathrm{j}15)\dot{I}_2 = 0 \end{cases}$$

解得

$$\dot{I}_2 = \frac{\begin{vmatrix} \mathrm{j}5 & 20 \\ \mathrm{j}15 & 0 \end{vmatrix}}{\begin{vmatrix} \mathrm{j}5 & \mathrm{j}15 \\ \mathrm{j}15 & 30+\mathrm{j}15 \end{vmatrix}} = \frac{-\mathrm{j}2}{1+\mathrm{j}} = \sqrt{2}\underline{/-135^\circ}(\mathrm{A})$$

故得

$$\dot{I} = -\dot{I}_2 = \sqrt{2}\underline{/45^\circ}(\mathrm{A})$$

第三节 空芯变压器

变压器是一种利用互感线圈（耦合线圈）的磁耦合实现能量传输和信号传递的电气设备。它通常由两个或两个以上的互感线圈组成。其中，与电源相接的线圈，称为一次侧绕组或一次侧；与负载相接的线圈，称为二次侧绕组或二次侧。

若变压器的互感线圈绕制在非铁磁材料制成的芯子上，则为空芯变压器。显然，空芯变压器的耦合系数远小于 1，属于松耦合。本节只讨论含两个互感线圈的空芯变压器电路的正弦稳态分析。

对于含空芯变压器的正弦稳态分析，通常采用两种方法：一种是方程分析法，另一种是阻抗变换法。

一、方程分析法

含有空芯变压器的电路如图 6 - 15（a）所示，设电路中 R_1 和 R_2 分别为互感线圈 L_1 和 L_2 的等效电阻，R_L 为负载电阻，u_s 为正弦输入电压。根据同名端位置及电压、电流参考方向，并利用受控电压源代替互感电压后的电路如图 6 - 15（b）所示。由 KVL 可以得到

$$\left. \begin{aligned} R_1 i_1 + L_1 \frac{\mathrm{d}i_1}{\mathrm{d}t} + M \frac{\mathrm{d}i_2}{\mathrm{d}t} &= u_s \\ (R_1 + R_2)i_2 + L_2 \frac{\mathrm{d}i_2}{\mathrm{d}t} + M \frac{\mathrm{d}i_1}{\mathrm{d}t} &= 0 \end{aligned} \right\} \tag{6 - 25}$$

正弦稳态时，由式（6 - 25）可得

$$\left. \begin{aligned} (R_1 + \mathrm{j}\omega L_1)\dot{I}_1 + \mathrm{j}\omega M \dot{I}_2 &= \dot{U}_s \\ \mathrm{j}\omega M \dot{I}_1 + (R_2 + R_L + \mathrm{j}\omega L_2)\dot{I}_2 &= 0 \end{aligned} \right\} \tag{6 - 26}$$

根据式（6 - 26）可以得到图 6 - 15（a）所示电路的相量模型，如图 6 - 15（c）所示。令 $Z_{11} = R_1 + \mathrm{j}\omega L_1$，为一次侧回路自阻抗；$Z_{22} = R_2 + R_L + \mathrm{j}\omega L_2$，为二次侧回路自阻抗；$Z_m = Z_{12} = Z_{21} = \mathrm{j}\omega M$，为互阻抗。将 Z_{11}、Z_{22} 和 Z_m 代入式（6 - 26），则可写出方程的一般形式

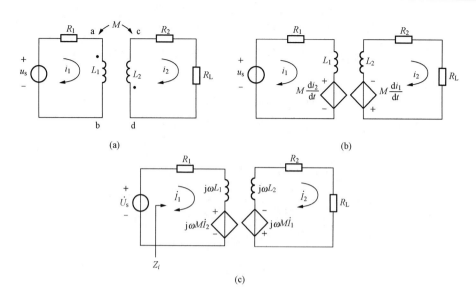

图 6-15 空芯变压器电路

（a）空芯变压器；（b）受控电压源等效电路；（c）相量模型

$$\left.\begin{array}{l}Z_{11}\dot{I}_1 + Z_{\mathrm m}\dot{I}_2 = \dot{U}_{\mathrm s}\\ Z_{\mathrm m}\dot{I}_1 + Z_{22}\dot{I}_2 = 0\end{array}\right\} \tag{6-27}$$

由式（6-27）求得一次侧和二次侧电流相量分别为

$$\dot{I}_1 = \frac{Z_{22}\dot{U}_{\mathrm s}}{Z_{11}Z_{22}-Z_{\mathrm m}^2} = \frac{\dot{U}_{\mathrm s}}{Z_{11}+\dfrac{(\omega M)^2}{Z_{22}}} \tag{6-28}$$

$$\dot{I}_2 = -\frac{Z_{\mathrm m}}{Z_{22}}\dot{I}_1 = -\frac{Z_{\mathrm m}\dot{U}_{\mathrm s}}{Z_{11}Z_{22}-Z_{\mathrm m}^2} \tag{6-29}$$

值得注意的是，如果改变图 6-15（a）中一个绕组同名端的位置，则式（6-26）中 $\mathrm j\omega M$ 前应加负号，互阻抗 $Z_{\mathrm m}=Z_{12}=Z_{21}=-\mathrm j\omega M$。从式（6-28）和式（6-29）可见，这一变化对于一次侧电流 $\dot{I}_1$ 并无影响，但会引起二次侧电流 $\dot{I}_2$ 符号的改变。这说明，如果改变两个绕组的相对绕向，或将二次侧绕组接负载的两端钮对调，则流过负载电流的相位将反相 $180°$。

二、阻抗变换法

1. 一次侧等效电路

由式（6-28）可以求得图 6-15（c）所示电路的输入阻抗为

$$Z_i = \frac{\dot{U}_{\mathrm s}}{\dot{I}_1} = Z_{11} + \frac{(\omega M)^2}{Z_{22}} = Z_{11} + Z_{\mathrm{rfl}} \tag{6-30}$$

式（6-30）表明，输入阻抗由两部分组成，其中 Z_{11} 为一次侧回路总的自阻抗，$Z_{\mathrm{rfl}}=\dfrac{(\omega M)^2}{Z_{22}}$ 为二次侧回路总阻抗在一次侧回路中的反映阻抗，由此可以画出一次侧回路的等效电路，如图 6-16 所示。应用反映阻抗这一概念，由一次侧等效电路可以方便地求得一次侧回路的电流为

$$\dot{I}_1 = \frac{\dot{U}_s}{Z_{11} + Z_{rf1}} = \frac{\dot{U}_s}{Z_{11} + \dfrac{(\omega M)^2}{Z_{22}}} \tag{6-31}$$

不难看出，用式（6-28）和式（6-31）求得的结果完全相同。应注意：当 $\dot{I}_2 = 0$ 时，即二次侧回路开路时，由式（6-27）可得 $Z_i = Z_{11}$。只有当 $\dot{I}_2 \neq 0$ 时，在输入电阻中才增加反映阻抗这一项。

2. 二次侧等效电路

由式（6-29）可以得到

$$\dot{I}_2 = -\frac{Z_m}{Z_{22}}\dot{I}_1 = -\frac{j\omega M \dot{I}_1}{Z_{22}} \tag{6-32}$$

式中：$j\omega M \dot{I}_1$ 为一次侧回路电流 $\dot{I}_1$ 通过互感在二次侧绕组中产生的感应电压，在这一电压作用下产生二次侧回路电流 $\dot{I}_2$。因此，用 $-j\omega M \dot{I}_1$ 除以二次侧回路的总阻抗 $Z_{22} = R_2 + R_L + j\omega L_2$，即可得到二次侧电流 $\dot{I}_2$。由式（6-32）可以画出二次侧等效电路如图 6-17 所示。

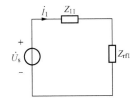

图 6-16　一次侧等效电路

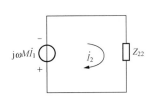

图 6-17　二次侧等效电路

值得注意的是，感应电压的方向与耦合线圈的同名端以及一次侧、二次侧电流的参考方向有关。若将图 6-15（a）中耦合线圈的同名端改为 a 端和 c 端，则图 6-17 中感应电压方向应为上"＋"，下"－"。若设图 6-15（a）中 i_1 从 b 端流向 a 端，则在图 6-17 中感应电压方向也为上"＋"，下"－"。

当然，也可以用戴维南定理直接求出 $\dot{I}_2$，仍以图 6-15（a）所示电路为例，根据戴维南定理求解电路的步骤如下。

（1）求开路电压。作出图 6-15（a）所示电路的相量模型，并断开负载 R_L 所在支路，如图 6-18（a）所示，求得开路电压 $\dot{U}_{oc} = -j\omega M \dot{I}_1$，其中 $\dot{I}_1$ 由一次侧回路求出，为

$$\dot{I}_1 = \frac{\dot{U}_s}{R_1 + j\omega L_1}$$

（2）求等效阻抗 Z_{eq}。将图 6-18（a）中电压源 $\dot{U}_s$ 短路，在负载 R_L 支路断开处加电压 $\dot{U}$，如图 6-18（b）所示。将图 6-18（b）所示电路与图 6-15（a）所示电路作比较，相当于将一次侧回路与二次侧回路对调。根据反映阻抗的概念，参照式（6-30）可以得到

$$Z_{eq} = Z'_{22} + \frac{(\omega M)^2}{Z_{11}} = R_2 + j\omega L_2 + \frac{(\omega M)^2}{R_1 + j\omega L_1} = R_2 + j\omega L_2 + Z_{rf2} \tag{6-33}$$

式中：$Z_{rf2} = \dfrac{(\omega M)^2}{Z_{11}}$ 称为一次侧回路对二次侧回路的反映阻抗；$Z'_{22} = R_2 + j\omega L_2$ 为二次侧回路除去断开支路后的自阻抗。

（3）接上断开支路，如图 6 - 18（c）所示，由图 6 - 18（c）可以求出

$$\dot{I}_2 = \frac{\dot{U}_{oc}}{Z_{eq} + R_L}$$

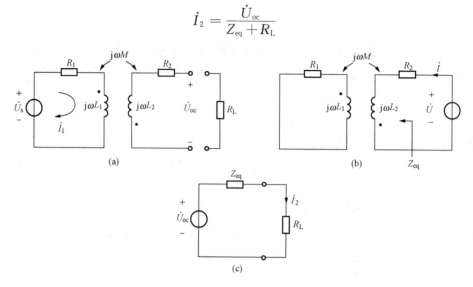

图 6 - 18　用戴维南定理求二次侧电流

（a）求开路电压；（b）求等效阻抗；（c）接上断开支路

【例 6 - 5】　图 6 - 19（a）所示电路中，已知 $R_1 = 10\Omega$，$R_2 = 10\Omega$，$\omega L_1 = 30\Omega$，$\omega L_2 = 20\Omega$，$\omega M = 10\Omega$，电源电压 $\dot{U} = 100\underline{/0°}\text{V}$，频率 $f = 50\text{Hz}$，求电压 u_2。

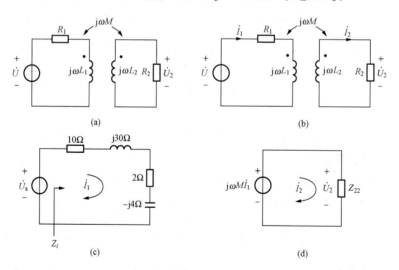

图 6 - 19　【例 6 - 5】图

（a）原电路；（b）标出 $\dot{I}_1$ 和 $\dot{I}_2$ 的电路；（c）一次侧回路等效电路；（d）二次侧回路等效电路

解　利用反映阻抗的概念求解。设一次侧和二次侧回路电流分别为 $\dot{I}_1$ 和 $\dot{I}_2$，如图 6 - 19（b）所示，一次侧回路总阻抗为

$$Z_{11} = R_1 + j\omega L_1 = 10 + j30 = 10\sqrt{10}\underline{/71.6°}(\Omega)$$

二次侧回路总阻抗为

$$Z_{22} = R_2 + j\omega L_2 = 10 + j20 = 10\sqrt{5}\underline{/63.4^\circ}(\Omega)$$

二次侧回路对一次侧回路的反映阻抗为

$$Z_{\text{rf1}} = \frac{(\omega M)^2}{Z_{22}} = \frac{10^2}{10\sqrt{5}\underline{/63.4^\circ}} = 4.47\underline{/-63.4^\circ} = 2 - j4(\Omega)$$

由反映阻抗的表达式可见，二次侧回路中的感性阻抗反映到一次侧回路变为容性阻抗。一次侧回路等效电路，如图 6 - 19（c）所示，由图 6 - 19（c）可以求得输入阻抗为

$$Z_i = Z_{11} + Z_{\text{rf1}} = 10 + j30 + 2 - j4 = 12 + j26 = 28.6\underline{/65.2^\circ}(\Omega)$$

一次侧回路的电流相量为

$$\dot{I}_1 = \frac{\dot{U}}{Z_i} = \frac{100\underline{/0^\circ}}{28.6\underline{/65.2^\circ}} = 3.5\underline{/-65.2^\circ}(\text{A})$$

二次侧回路的等效电路如图 6 - 19（d）所示，可以求得二次侧为

$$\dot{I}_2 = \frac{j\omega M \dot{I}_1}{Z_{22}} = \frac{10\underline{/90^\circ} \times 3.5\underline{/-65.2^\circ}}{10\sqrt{5}\underline{/63.4^\circ}} = 1.57\underline{/-38.6^\circ}(\text{A})$$

在图 6 - 19（b）所示电路中，可以求得

$$\dot{U}_2 = \dot{I}_2 R_2 = 1.57\underline{/-38.6^\circ} \times 10 = 15.7\underline{/-38.6^\circ}(\text{V})$$

所以有

$$u_2 = \sqrt{2} \times 15.7\cos(314t - 38.6^\circ)(\text{V})$$

【例 6 - 6】　如图 6 - 20（a）所示电路中，已知 $R_1 = 100\Omega$，$L_1 = L_2 = 2\text{H}$，$M = 1\text{H}$，$C_1 = C_2 = 0.5\mu\text{F}$。$u_s = 2\sqrt{2}\cos 10^3 t\text{V}$。问负载 Z_L 为何值时可以获得最大功率，最大功率是多少？

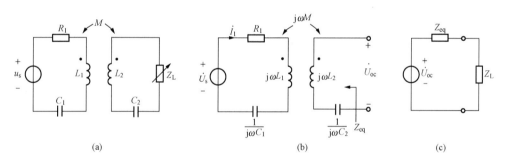

图 6 - 20　【例 6 - 6】图

(a) 原电路；(b) 求 $\dot{U}_{\text{oc}}$ 和 Z_{eq} 的电路；(c) 接上 Z_L 支路

解　(1) 求 Z_L 左边电路的戴维南等效电路。断开 Z_L 支路，设开路端电压为 $\dot{U}_{\text{oc}}$ 和一次侧回路电流为 $\dot{I}_1$，如图 6 - 20（b）所示。图 6 - 20（b）中：$\dot{U}_s = 2\underline{/0^\circ}(\text{V})$，$j\omega L_1 = j\omega L_2 = $ j2000（Ω），$j\omega M = $ j1000（Ω），$\frac{1}{j\omega C_1} = \frac{1}{j\omega C_2} = -$j2000（$\Omega$）。可以求得

$$\dot{I}_1 = \frac{\dot{U}_s}{R_1 + j\omega L_1 + \frac{1}{j\omega C_1}} = \frac{2\underline{/0^\circ}}{100 + j2000 - j2000} = 0.02\underline{/0^\circ}(\text{A})$$

求得开路电压和戴维南等效阻抗分别为

$$\dot{U}_{oc} = j\omega M \dot{I}_1 = j1000 \times 0.02\underline{/0^\circ} = 20\underline{/90^\circ}(\text{V})$$

$$Z_{eq} = Z'_{22} + \frac{(\omega M)^2}{Z_{11}} = j\omega L_2 + \frac{1}{j\omega C_2} + \frac{(\omega M)^2}{R_1 + j\omega L_1 + \dfrac{1}{j\omega C_1}}$$

$$= j2000 - j2000 + \frac{10^6}{100 + j2000 - j2000} = 10^4(\Omega)$$

作出戴维南等效电路，并接上 Z_L 支路，如图 6 - 20（c）所示。

（2）求最大功率。由最大功率传输定理可知，对图 6 - 20（c）所示电路，当 $Z_L = Z_{eq}^* = R_L = 10^4\,\Omega$ 时，可获得最大功率，最大功率为

$$P_{Lmax} = \frac{U_{oc}^2}{4R_L} = \frac{20^2}{4 \times 10^4} = 10(\text{mW})$$

第四节　理 想 变 压 器

　　理想变压器是实际变压器的理想化模型，它可以看成是耦合电感的极限情况。当耦合电感满足下列条件后就可以表征理想变压器的电特性。

　　（1）互感线圈绕制在高磁导率的芯子上，故其磁导率可以认为无穷大，L_1、L_2 和 M 也为无穷大。

　　（2）忽略绕组和芯子的损耗，其内阻为零。

　　（3）忽略芯子的外漏磁，一次侧和二次侧绕组为全耦合，即 $k=1$。

　　理想变压器的结构示意图和电路符号分别如图 6 - 21（a）、（b）所示。

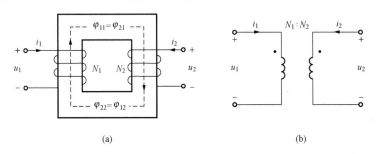

(a)　　　　　　　　　　　　　　(b)

图 6 - 21　理想变压器的结构示意图和电路符号

(a) 示意图；(b) 电路符号

　　实际上全耦合以及电感、互感趋于无穷大是做不到的。但如果变压器的芯子是以铁、钴等高磁导率材料制作的，那么绝大部分磁通都会经过芯子内部形成闭合回路，只有少量漏磁通。同时增加线圈的匝数（电感与匝数的平方成正比），这样就可以近似认为全耦合以及电感足够大。

　　如果实际变压器接近全耦合，并且满足电感、互感趋于无穷大的条件，则可以用理想变压器作为它的模型。如果实际变压器仅满足全耦合，而电感、互感不趋于无穷大，则称为全耦合变压器。全耦合变压器将在第十三章中介绍。

一、理想变压器的伏安关系

　　理想变压器中的互感线圈为全耦合，如图 6 - 21 所示。设每个线圈的端口电压和电流采

用关联参考方向。Φ_{11} 和 Φ_{22} 表示 i_1 和 i_2 分别产生的全部磁通，Φ_{21} 表示由 i_1 产生并通过绕组 N_2 的磁通，Φ_{12} 表示由 i_2 产生并通过绕组 N_1 的磁通。N_1 和 N_2 分别表示一次侧和二次侧绕组的匝数。一、二次侧绕组的磁链分别为

$$\Psi_1 = N_1\Phi_{11} + N_1\Phi_{12} = N_1(\Phi_{11} + \Phi_{12}) \qquad (6\text{-}34)$$

$$\Psi_2 = N_2\Phi_{22} + N_2\Phi_{21} = N_2(\Phi_{22} + \Phi_{21}) \qquad (6\text{-}35)$$

因为两线圈是全耦合，所以有

$$\Phi_{12} = \Phi_{22}; \quad \Phi_{21} = \Phi_{11}$$

令 $\Phi = \Phi_{11} + \Phi_{12} = \Phi_{22} + \Phi_{21}$，于是，式（6-34）和式（6-35）可表示为

$$\Psi_1 = N_1\Phi$$

$$\Psi_2 = N_2\Phi$$

对上两式求导，可得一次侧、二次侧电压分别为

$$u_1 = \frac{\mathrm{d}\Psi_1}{\mathrm{d}t} = N_1\frac{\mathrm{d}\Phi}{\mathrm{d}t}$$

$$u_2 = \frac{\mathrm{d}\Psi_2}{\mathrm{d}t} = N_2\frac{\mathrm{d}\Phi}{\mathrm{d}t}$$

所以有

$$\frac{u_1}{u_2} = \frac{N_1}{N_2} = n \qquad (6\text{-}36)$$

式中：$n = \dfrac{N_1}{N_2}$ 称为理想变压器的匝比或变比。

从式（6-36）可知：理想变压器的一次侧电压与二次侧电压之比，等于一次侧绕组与二次侧绕组的匝数之比，这是理想变压器的重要特性之一。利用这一特性，可以通过改变理想变压器的匝数来实现电压的变换。如果 $N_2 > N_1$，则 $u_2 > u_1$，即通过变压器可以升高电压；如果 $N_2 < N_1$，则 $u_2 < u_1$，即通过变压器可以降低电压。

另外，在全耦合的条件下，根据图 6-21（a）可得

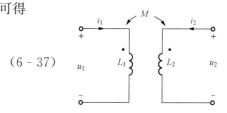

$$\left.\begin{aligned} N_1\Phi_{11} &= L_1 i_1 \\ N_1\Phi_{12} &= M i_2 \\ N_2\Phi_{22} &= L_2 i_2 \\ N_2\Phi_{21} &= M i_1 \end{aligned}\right\} \qquad (6\text{-}37)$$

图 6-22　耦合电感

全耦合时，有 $\Phi_{11} = \Phi_{21}$，$\Phi_{22} = \Phi_{12}$，因此有

$$\frac{N_1}{N_2} = \frac{L_1}{M} = \frac{M}{L_2} \qquad (6\text{-}38)$$

对应图 6-22 所示耦合电感的伏安关系可表示为

$$\frac{u_1}{L_1} = \frac{\mathrm{d}i_1}{\mathrm{d}t} + \frac{M}{L_1}\frac{\mathrm{d}i_2}{\mathrm{d}t} = \frac{\mathrm{d}i_1}{\mathrm{d}t} + \frac{N_2}{N_1}\frac{\mathrm{d}i_2}{\mathrm{d}t} \qquad (6\text{-}39)$$

$$\frac{u_2}{L_2} = \frac{\mathrm{d}i_2}{\mathrm{d}t} + \frac{M}{L_2}\frac{\mathrm{d}i_1}{\mathrm{d}t} = \frac{\mathrm{d}i_2}{\mathrm{d}t} + \frac{N_1}{N_2}\frac{\mathrm{d}i_1}{\mathrm{d}t} \qquad (6\text{-}40)$$

当 L_1 和 L_2 均无限大时，由式（6-39）或式（6-40）可得

$$\frac{\mathrm{d}i_1}{\mathrm{d}t} = -\frac{N_2}{N_1}\frac{\mathrm{d}i_2}{\mathrm{d}t} = -\frac{1}{n}\frac{\mathrm{d}i_2}{\mathrm{d}t} \qquad (6\text{-}41)$$

对式（6-41）积分得

$$i_1 = -\frac{1}{n}i_2 + A \qquad (6\text{-}42)$$

式中：A 为积分常数，不随时间变化；$n=\frac{N_1}{N_2}$。若仅对时变部分而言有

$$i_1 = -\frac{1}{n}i_2 \qquad (6\text{-}43)$$

由式（6-43）可得理想变压器的另一个重要特性，即理想变压器一次侧电流与二次侧电流之比，等于二次侧绕组的匝数与一次侧绕组的匝数之比。利用这一特性，可以实现电流的变换。

综上所述，对于如图 6-21（b）所示理想变压器的伏安关系为

$$u_1 = nu_2 \qquad (6\text{-}44)$$

$$i_1 = -\frac{1}{n}i_2 \qquad (6\text{-}45)$$

需要注意的是，理想变压器的伏安关系与其一次侧、二次侧电压的参考方向以及同名端的位置有关。对于图 6-23（a）所示的理想变压器伏安关系为

$$u_1 = -nu_2$$
$$i_1 = \frac{1}{n}i_2$$

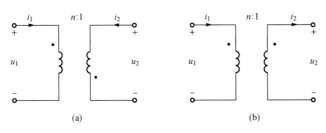

图 6-23　理想变压器的伏安关系

对图 6-23（b）所示的理想变压器伏安关系为

$$u_1 = nu_2$$
$$i_1 = \frac{1}{n}i_2$$

由理想变压器的伏安关系可见，理想变压器可以同时变换电压和变换电流，是一个线性电压、电流变换器。它吸收的功率为

$$p = u_1 i_1 + u_2 i_2$$
$$= nu_2 \cdot \left(-\frac{1}{n}i_2\right) + u_2 i_2$$
$$= 0 \qquad (6\text{-}46)$$

式（6-46）说明：理想变压器既不消耗能量也不储存能量，它可以把输入一次侧绕组的功率全部输送给负载，所以理想变压器是一个非储能、无记忆元件。这与耦合电感有着本质上的区别，耦合电感则是一个储能、有记忆功能的元件。

二、理想变压器的阻抗变换作用

理想变压器可以变换电压和电流，也就能变换阻抗。在图 6-24（a）所示的电路

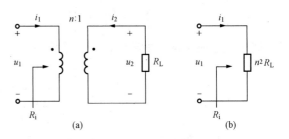

图 6-24　阻抗变换
（a）原电路；（b）阻抗变换电路

中，设理想变压器的负载为纯电阻，其值为 $R_L = -\dfrac{u_2}{i_2}$，根据一次侧两端输入电阻的定义有

$$R_i = \frac{u_1}{i_1} = \frac{nu_2}{-\dfrac{1}{n}i_2} = n^2\left(-\frac{u_2}{i_2}\right) = n^2 R_L \tag{6-47}$$

在正弦稳态电路中，如果接到理想变压器二次侧的负载阻抗为 Z_L，同样可得一次侧两端的输入阻抗为

$$Z_i = n^2 Z_L \tag{6-48}$$

式（6-47）和式（6-48）表明：将理想变压器二次侧负载电阻（或阻抗）乘以 n^2 后，就等于折合到一次侧两端的等效输入电阻（或阻抗），如图 6-24（b）所示。可见，理想变压器可以实现阻抗的变换。

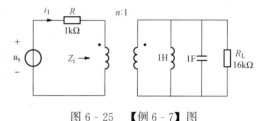

图 6-25　【例 6-7】图

【**例 6-7**】　电路如图 6-25 所示，已知 $u_s = \sqrt{2} \times 6\cos t\,\mathrm{V}$。为使负载电阻 $R_L = 16\,\mathrm{k\Omega}$ 获得最大功率，匝比 n 应为多大？

解　由二次侧回路可得

$$Z_L = \frac{1}{Y_L} = \frac{1}{-\mathrm{j}1 + \mathrm{j}1 + \dfrac{1}{16}} = 16(\mathrm{k\Omega})$$

根据负载获得最大功率的条件，有

$$R = Z_i = n^2 Z_L$$

即

$$1 = n^2 \times 16$$

解得

$$n = \frac{1}{4}$$

当 $n = \dfrac{1}{4}$ 时，负载电阻 R_L 可获得最大功率。

【**例 6-8**】　电路如图 6-26（a）所示，已知 $\dot{U}_s = 60\underline{/30°}\,\mathrm{V}$，$R_s = 10\,\Omega$，$R_L = 5\,\Omega$，$n = 2$。试求 $\dot{I}_1$、$\dot{I}_2$、$\dot{U}_1$、$\dot{U}_2$ 及负载 R_L 上的功率。

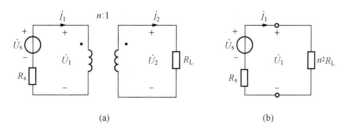

（a）　　　　　　　　　　　　　（b）

图 6-26　【例 6-8】图

（a）原电路；（b）一次侧回路等效电路

解 将负载 R_L 折算到一次侧回路后的等效电路如图 6 - 26（b）所示，则有

$$\dot{I}_1 = \frac{\dot{U}_s}{R_s + n^2 R_L} = \frac{60\underline{/30^\circ}}{10 + 2^2 \times 5} = 2\underline{/30^\circ}(\text{A})$$

由理想变压器的伏安关系得

$$\dot{I}_2 = n\dot{I}_1 = 2 \times 2\underline{/30^\circ} = 4\underline{/30^\circ}(\text{A})$$

$$\dot{U}_1 = n^2 R_L \dot{I}_1 = 2^2 \times 5 \times 2\underline{/30^\circ} = 40\underline{/30^\circ}(\text{V})$$

$$\dot{U}_2 = \frac{1}{n}\dot{U}_1 = \frac{1}{2} \times 40\underline{/30^\circ} = 20\underline{/30^\circ}(\text{V})$$

R_L 消耗的功率为

$$P = U_2 I_2 = 20 \times 4 = 80(\text{W})$$

【例 6 - 9】 电路如图 6 - 27（a）所示，试求 $\dot{I}_2$。

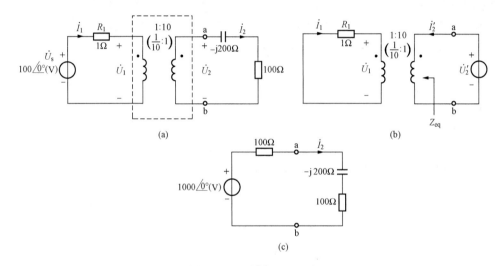

图 6 - 27 【例 6 - 9】图
（a）原电路；（b）求等效阻抗电路；（c）接二次侧负载的电路

解 求解 $\dot{I}_2$ 的方法有多种，本例采用戴维南定理求解。图 6 - 27（a）中，求 a、b 两端左侧部分的戴维南等效电路。为此，先求 a、b 两端的开路电压，由于 $\dot{I}_2 = 0$，$\dot{I}_1$ 必然为零，所以 $\dot{U}_1 = 100\underline{/0^\circ}\text{V}$，故得 a、b 两端的开路电压为

$$\dot{U}_{oc} = \frac{1}{n}\dot{U}_1 = \frac{1}{\frac{1}{10}} \times 100\underline{/0^\circ} = 1000\underline{/0^\circ}(\text{V})$$

用外加法求等效阻抗。令 $\dot{U}_s = 0$，在 a、b 两端外加 $\dot{U}_2'$，产生电流 $\dot{I}_2'$，如图 6 - 27（b）所示，由此可得

$$Z_{eq} = \frac{\dot{U}_2'}{\dot{I}_2'} = \frac{\frac{1}{n}\dot{U}_1}{-n\dot{I}_1} = \frac{1}{n^2}\left(-\frac{\dot{U}_1}{\dot{I}_1}\right) = \frac{1}{n^2}R_1 = \frac{1}{\left(\frac{1}{10}\right)^2} \times 1 = 100(\Omega)$$

最后，画出戴维南等效电路并接上二次侧负载，如图 6 - 27（c）所示，由图可得

$$\dot{I}_2 = \frac{1000\underline{/0^\circ}}{100+100-\mathrm{j}200} = 3.54\underline{/45^\circ}(\mathrm{A})$$

本 章 小 结

1. 耦合电感元件

(1) 互感系数：$M_{21}=\Psi_{21}/i_1$；$M_{12}=\Psi_{12}/i_2$；$M_{12}=M_{21}=M$。

(2) 耦合系数：$k=\dfrac{M}{\sqrt{L_1 L_2}}$，$0 \leqslant k \leqslant 1$。

(3) 同名端。同名端是指当电流分别从两个耦合电感各自一端钮流入（或流出）时，如果耦合电感的自感磁通和互感磁通是相互加强的，则这两个端钮就称为同名端。

(4) 耦合电感的伏安关系。耦合电感端口上的电压应表示为自感电压和互感电压的代数和，即

$$u_1 = \pm L_1 \frac{\mathrm{d}i_1}{\mathrm{d}t} \pm M \frac{\mathrm{d}i_2}{\mathrm{d}t}; \quad u_2 = \pm L_2 \frac{\mathrm{d}i_2}{\mathrm{d}t} \pm M \frac{\mathrm{d}i_1}{\mathrm{d}t}$$

在正弦交流电路中，有

$$\dot{U}_1 = \pm \mathrm{j}\omega L_1 \dot{I}_1 \pm \mathrm{j}\omega M \dot{I}_2; \quad \dot{U}_2 = \pm \mathrm{j}\omega L_2 \dot{I}_2 \pm \mathrm{j}\omega M \dot{I}_1$$

2. 耦合电感的去耦等效

(1) 受控源去耦等效。根据耦合电感的 VAR，用受控电压源代替互感电压进行去耦等效，如图 6 - 6 所示。

(2) 耦合电感的串联等效。耦合电感串联有两种方式：顺接串联和反接串联。若两个耦合电感的异名端相接即为顺接串联；若两个耦合电感的同名端相接即为反接串联。顺接串联和反接串联的等效电感为

$$L = L_1 + L_2 \pm 2M$$

顺接串联取"＋"反接串联取"－"。

(3) 耦合电感的并联等效。耦合电感并联有两种方式：同侧并联和异侧并联。若两线圈的同名端分别相接就是同侧并联；若两线圈的异名端分别相接就是异侧并联。同侧并联和异侧并联的耦合电感为

$$L = \frac{L_1 L_2 - M^2}{L_1 + L_2 \mp 2M}$$

同侧并联取"－"反接串联取"＋"。

(4) 具有公共端的耦合电感的去耦等效。有由两个反接串联的耦合电感连接点引出一个公共端和由两个顺接串联的耦合电感连接点引出一个公共端两种情况，如图 6 - 11 （a）、（c）所示。其去耦等效电路如图 6 - 11 （b）、（d）所示。

3. 含耦合电感电路的计算

计算含耦合电感的正弦稳态电路时，可作出该电路的去耦等效电路，采用相量法进行分析计算。

4. 空芯变压器

含空芯变压器的正弦稳态分析，通常采用两种方法：一种是方程分析法，另一种是反映

阻抗法。

（1）方程分析法。对空芯变压器相量模型的一次侧和二次侧回路列网孔方程进行分析计算。

（2）阻抗变换法。利用空芯变压器一次侧和二次侧等效电路，如图 6-16 和图 6-17 所示电路进行分析计算。

5. 理想变压器

理想变压器是实际变压器满足条件：①L_1、L_2、M 和磁导率均为无穷大，但仍保持 $\sqrt{L_2/L_1}=N_2/N_1=n$；②线圈和芯子的内阻为零；③全耦合 $k=1$ 时的理想化模型。如图 6-21（b）所示的理想变压器，其端口的伏安关系为

$$u_1 = nu_2; \quad i_1 = -\frac{1}{n}i_2$$

理想变压器的伏安关系与其一次侧、二次侧电压的参考方向以及同名端的位置有关。

理想变压器也可以实现阻抗变换，如图 6-24（a）所示电路，其一次侧两端的输入电阻为

$$R_i = \frac{u_1}{i_1} = n^2 R_L$$

对含理想变压器电路的分析，可采用网孔分析法、节点分析法、戴维南定理等方法。理想变压器是一个不消耗能量也不储存能量，且只有一个参数的元件。

 思考题

6-1 已知两个线圈的自感分别为 $L_1=4H$ 和 $L_2=16H$。

（1）若两个线圈全耦合，互感 M 为多大？

（2）若互感 $M=6H$，耦合系数 k 为多大？

（3）若两个线圈耦合系数 $k=1$，分别将它们顺接串联和反接串联，等效电感为多少？

（4）若两个线圈耦合系数 $k=0.5$，分别将它们同侧并联和异侧并联，等效电感为多少？

6-2 试确定图 6-28 所示各耦合线圈的同名端。

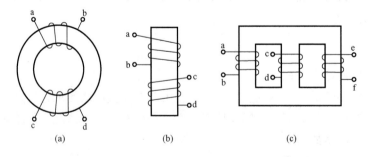

图 6-28 思考题 6-2 图

6-3 图 6-29（a）所示电路中 $u_1=$_____；$u_2=$_____。图 6-29（b）所示电路中 $\dot{U}_1=$_____；$\dot{U}_2=$_____。

6-4 图 6-30（a）所示电路中 $u_1=$_____；$u_2=$_____。图 6-30（b）所示电

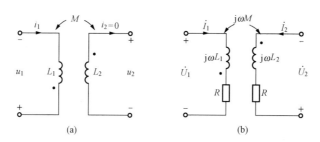

图 6 - 29　思考题 6 - 3 图

路中 $u_1 =$ _____；$u_2 =$ _____。

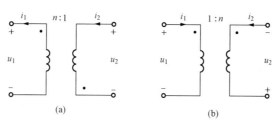

图 6 - 30　思考题 6 - 4 图

习　题　六

6 - 1　写出图 6 - 31 所示电路中各耦合电感的伏安关系表达式。

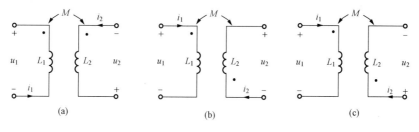

图 6 - 31　习题 6 - 1 图

6 - 2　图 6 - 32 所示电路中，设电源角频率为 ω，求输入阻抗 Z_i。

6 - 3　电路如图 6 - 33 所示，已知 $i_1 = 5 (1 - e^{-2t})\,A$，$u = 10\cos t\,V$，试求两图中的电压 u_2。

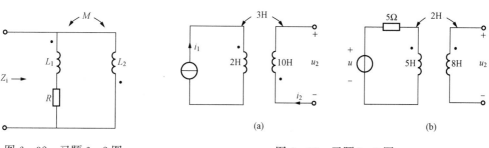

图 6 - 32　习题 6 - 2 图　　　　　　　　　　图 6 - 33　习题 6 - 3 图

6-4　电路如图 6-34 所示，已知：$R=3\Omega$，$L_1=4H$，$L_2=1H$，$k=0.5$，$C=3F$，求从 a、b 端看入的等效输入阻抗。

6-5　电路如图 6-35 所示，已知 $L_1=1H$，$L_2=2H$，$L_3=3H$，$L_4=5H$，$M=3H$。求 a、b 端等效电感。

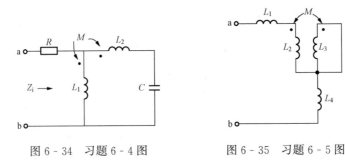

图 6-34　习题 6-4 图　　　　　　　　图 6-35　习题 6-5 图

6-6　一耦合电感如图 6-36 所示，已知 $L_1=8H$，$L_2=2H$，$M=3H$。求二次侧 c、d 间短路时，a、b 端等效电感。

6-7　含耦合电感电路的相量模型如图 6-37 所示，已知 $j\omega L_1=j\omega L_2=j10\Omega$，耦合系数 $k=0.5$，试求电路中的电压 $\dot{U}$ 和 $\dot{U}_{L1}$。

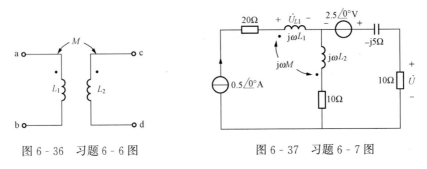

图 6-36　习题 6-6 图　　　　　　　图 6-37　习题 6-7 图

6-8　图 6-38 所示中，已知 $R_1=20\Omega$，$R_2=0.08\Omega$，$R_L=42\Omega$，$L_1=3.6H$，$L_2=0.06H$，$M=0.465H$，$u_s=\sqrt{2}115\cos314t\mathrm{V}$，求电流 i_1 和 i_2。

6-9　图 6-39 所示电路是含有一个空芯变压器的相量模型，已知：$\dot{U}_s=10\underline{/45°}\mathrm{V}$，$R_1=10k\Omega$，$j\omega L_1=j10k\Omega$，$j\omega L_2=j10k\Omega$，$j\omega M=j2k\Omega$。求 Z_L 为多大时，可获得最大功率？最大功率为多少？

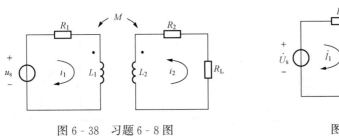
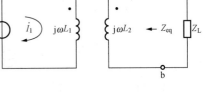

图 6-38　习题 6-8 图　　　　　　　图 6-39　习题 6-9 图

6-10　试求图 6-40 所示电路的输入阻抗 R_{ab}。

6-11 试求图6-41所示电路中的电压 $\dot{U}_3$。

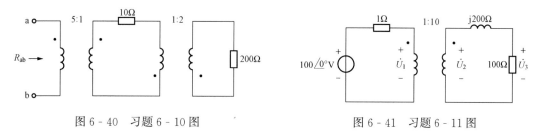

图6-40 习题6-10图   图6-41 习题6-11图

6-12 理想变压器如图6-42所示,已知 $\dot{U}_s=30\underline{/0°}$V,试求 $\dot{I}_2$。

6-13 电路如图6-43所示,试用节点分析法求输入电压 $\dot{U}_1$。

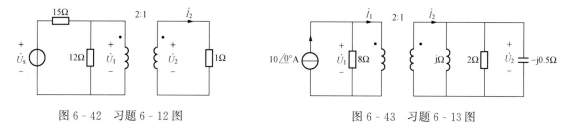

图6-42 习题6-12图   图6-43 习题6-13图

6-14 如图6-44所示电路为扩音器原理图,负载(喇叭)为8Ω,推动级内阻 $R=20\text{k}\Omega$,相量电压 $\dot{U}_s=50\underline{/0°}$V。求喇叭获得最大功率时的匝比 n、$\dot{U}_2$ 和 P_{Lmax}。

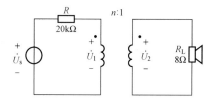

图6-44 习题6-14图

第七章 三 相 电 路

本章主要介绍三相交流电的产生；三相电源的特点和连接方式；三相负载的连接；三相对称电路和不对称电路的分析计算。

第五章中介绍的正弦稳态电路是单相交流电路，而实际上电力系统采用的是三相交流电源组成的供电系统。与单相交流电路相比，三相交流电路无论在电能的产生、输送、分配和使用上都有着技术上和经济上的优势。例如，在发电机尺寸相同的情况下，三相发电机可以发出更大的功率；在相同距离，以同样的电压传输相同功率时，三相电路可以节省近三分之一的有色金属；还有一些动力设备如三相电动机具有结构简单，运行可靠，维护方便等优点。

第一节 三 相 电 源

三相电源是指三个大小相等、频率相同、相位相互相差120°的对称三相电源，由三相交流发电机产生。三相发电机的原理图如图7-1所示，它主要由定子和转子组成。其中定子是电枢，它由三组相同的在空间上相隔120°的绕组嵌在铁芯中构成，三组绕组分别用 AX、BY、CZ 表示，ABC 为相头，XYZ 为相尾；铁芯由硅钢片叠成。转子是磁极，在铁芯上绕有励磁线圈后通入直流电产生，只要合理的励磁线圈和极面形状，就可以在气隙中产生按正弦规律分布的磁场。当转子以角速度 ω 匀速旋转时，绕组切割磁力线产生三个按正弦规律变化的感应电动势。用

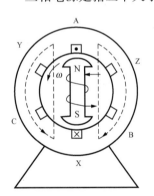
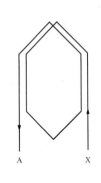

图 7-1 三相发电机原理图

u_A，u_B，u_C 表示三组绕组的感应电压，设方向由相头指向相尾，若以 AX 相电压为参考正弦量，即 $t=0$ 时该相电压初相为零，则有

$$\left. \begin{array}{l} u_A = U_m \cos\omega t \\ u_B = U_m \cos(\omega t - 120°) \\ u_C = U_m \cos(\omega t + 120°) \end{array} \right\} \qquad (7-1)$$

如果用相量形式表示，则有

$$\left. \begin{array}{l} \dot{U}_A = U \underline{/0°} \\ \dot{U}_B = U \underline{/-120°} \\ \dot{U}_C = U \underline{/120°} \end{array} \right\} \qquad (7-2)$$

三相对称电源达到最大值或零值的先后顺序称为相序。上述相序为 A - B - C - A，即 A 相超前 B 相 120°，B 相超前 C 相 120°，C 相又超前 A 相 120°，称为正序（或顺序）。反之，如果相序为 A - C - B - A，则称为负序（或逆序）。若不作特殊说明，本章所指的相序都是正序。ABC 三相母线的颜色通常用黄、绿、红三色区别，A 相可以任意设定，但一旦 A 相确定后，B、C 两相也就确定，比 A 相滞后 120°的一定是 B 相，不能混淆。

三相电源电压的波形图和相量图如图 7 - 2 所示。由此可以看到，对称三相电源有以下特点

$$\left.\begin{array}{l} u_A + u_B + u_C = 0 \\ \dot{U}_A + \dot{U}_B + \dot{U}_C = 0 \end{array}\right\} \tag{7 - 3}$$

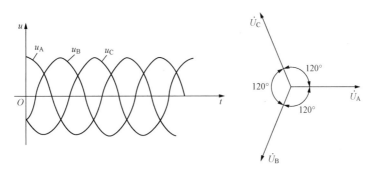

图 7 - 2　对称三相电压的波形和相量图

第二节　三相电源的连接和三相负载的连接

一、三相电源的连接

三相电源有星形（Y）和三角形（△）两种连接方式。

1. 星形（Y）连接

如图 7 - 3 所示，如果将三相电源的相尾连在一起，形成一个中点 N，从中点可以引出一根线，称为中性线。如果中点接地，中点也称零点，中性线也称零线。相头 A、B、C 分别引出三根输电线，称为端线，俗称火线。三相电路系统中有中性线的称为三相四线制电路，没有中性线的称为三相三线制电路。

在图 7 - 3 所示电路中，端线与中性线间的电压 $\dot{U}_A$、$\dot{U}_B$、$\dot{U}_C$ 称为相电压，其有效值用 U_p 表示。端线与端线间的电压 $\dot{U}_{AB}$、$\dot{U}_{BC}$、$\dot{U}_{CA}$ 称为线电压，其有效值用 U_l 表示。线电压与相电压的关系为

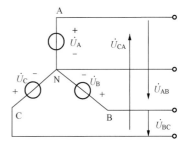

图 7 - 3　三相电源的星形连接

$$\left.\begin{array}{l} \dot{U}_{AB} = \dot{U}_A - \dot{U}_B \\ \dot{U}_{BC} = \dot{U}_B - \dot{U}_C \\ \dot{U}_{CA} = \dot{U}_C - \dot{U}_A \end{array}\right\} \tag{7 - 4}$$

如果相电压是对称的，并设 $\dot{U}_A = U_p\underline{/0°}$，可以画出它们的相量图如图 7-4 所示，从图 7-4 可得

$$\left.\begin{array}{l} \dot{U}_{AB} = 2\cos30°\dot{U}_A\underline{/30°} = \sqrt{3}U_p\underline{/30°} \\ \dot{U}_{BC} = 2\cos30°\dot{U}_B\underline{/30°} = \sqrt{3}U_p\underline{/-90°} \\ \dot{U}_{CA} = 2\cos30°\dot{U}_C\underline{/30°} = \sqrt{3}U_p\underline{/150°} \end{array}\right\} \qquad (7-5)$$

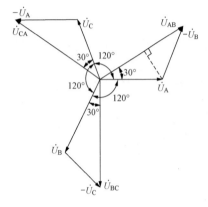

图 7-4　三相电源星形连接时的相量图

由式（7-5）可得出结论：三相对称电源作星形连接时，相电压对称，则线电压也对称。线电压的大小是相电压的 $\sqrt{3}$ 倍，即 $U_l = \sqrt{3}U_p$；线电压的相位比对应相电压的相位超前 30°，如 $\dot{U}_{AB}$ 超前 $\dot{U}_A$30°。

显然，三相电源作星形连接可以得到两组电压：线电压和相电压。实际采用的三相四线制电路中 380V/220V 就是这两种电压。

2. 三角形（△）连接

如图 7-5 所示，将三相电源相头和相尾依次相连，即 X 与 B 相连，Y 与 C 相连，Z 与 A 相连，然后从三个连接点处引出三根端线，这就是三角形连接。

由图 7-5 可以看出：三相电源作三角形连接时，线电压与相电压相同，即有

$$\dot{U}_{AB} = \dot{U}_A$$
$$\dot{U}_{BC} = \dot{U}_B$$
$$\dot{U}_{CA} = \dot{U}_C$$

三个相电压构成一个闭合回路，在接线正确的情况下，由于对称三相电压 $\dot{U}_A + \dot{U}_B + \dot{U}_C = 0$，回路中不会有环流产生。如果不慎接反某一相，假设 A 相接反，则闭合回路电压为 $-\dot{U}_A + \dot{U}_B + \dot{U}_C = -2\dot{U}_A \neq 0$，由于电源内阻很小，将会在回路中产生很大的环流而将电源烧坏。为避免此类事故发生，可以在回路中串联一量程大于相电压两倍的电压表，根据电压表的读数判断接线是否正确。

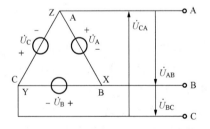

图 7-5　三相电源的三角形连接

二、三相负载的连接

三相负载也有星形和三角形两种连接方式。

1. 星形（Y）连接

如图 7-6 所示电路的负载为星形连接，负载中点 N′经中线与电源中点 N 相连，流经中线的电流 $\dot{I}_{N'N}$ 称为中线电流，负载的另一端 A′、B′、C′与电源相连，流经端线的电流 $\dot{I}_A$、$\dot{I}_B$、$\dot{I}_C$ 称为线电流，有效值用 I_l 表示，流经每相负载的电流 $\dot{I}_{A'N'}$、$\dot{I}_{B'N'}$、$\dot{I}_{C'N'}$ 称为相电流，有效值用 I_p 表示。显然，负载星形连接时线电流等于对应的相电流，即有

$$\dot{I}_A = \dot{I}_{A'N'}$$

$$\dot{I}_B = \dot{I}_{B'N'}$$

$$\dot{I}_C = \dot{I}_{C'N'}$$

在图 7 - 6 所示的参考方向下，有

$$\dot{I}_{N'N} = \dot{I}_A + \dot{I}_B + \dot{I}_C \qquad (7 - 6)$$

当负载对称时，即 $Z_A = Z_B = Z_C = |Z| \angle \varphi_Z$ 时，三个线电流也是对称的，此时有

$$\dot{I}_{N'N} = \dot{I}_A + \dot{I}_B + \dot{I}_C = 0$$

所以，在这种情况下中性线的有无对电路没有任何影响。实际中三相电动机就是一种对称负载。

2. 三角形（△）连接

如图 7 - 7 所示电路，三相负载依次首尾相连构成三角形后与电源相接。这种连接只能构成三相三线制电路，并且负载的相电压等于电源的线电压，即有 $U_p = U_l$。

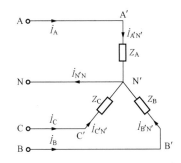

图 7 - 6　三相负载的星形连接

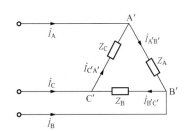

图 7 - 7　三相负载的三角形连接

设负载的相电流分别为 $\dot{I}_{A'B'}$、$\dot{I}_{B'C'}$、$\dot{I}_{C'A'}$，线电流与相电流的关系为

$$\left. \begin{array}{l} \dot{I}_A = \dot{I}_{A'B'} - \dot{I}_{C'A'} \\ \dot{I}_B = \dot{I}_{B'C'} - \dot{I}_{A'B'} \\ \dot{I}_C = \dot{I}_{C'A'} - \dot{I}_{B'C'} \end{array} \right\} \qquad (7 - 7)$$

若负载相电流对称，并设 $\dot{I}_{A'B'} = I_p \angle 0°$，可以画出相量图如图 7 - 8 所示，由图 7 - 8 可得

$$\left. \begin{array}{l} \dot{I}_A = 2\cos 30° \dot{I}_{A'B'} \underline{/-30°} = \sqrt{3} I_p \underline{/-30°} \\ \dot{I}_B = 2\cos 30° \dot{I}_{B'C'} \underline{/-30°} = \sqrt{3} I_p \underline{/-150°} \\ \dot{I}_C = 2\cos 30° \dot{I}_{C'A'} - 30° = \sqrt{3} I_p \underline{/90°} \end{array} \right\} \qquad (7 - 8)$$

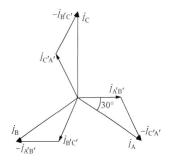

图 7 - 8　三相负载三角形
连接时电流的相量图

由式（7 - 8）可得出结论：三相对称负载作三角形连接时，相电流对称，则线电流也对称。线电流的大小是相电流的 $\sqrt{3}$ 倍，即 $I_l = \sqrt{3} I_p$，线电流的相位比对应相电流的相位滞后 30°，如 $\dot{I}_A$ 滞后 $\dot{I}_{A'B'}$ 30°。

三相负载三角形连接时，可以将负载看成一个广义节点，则有 $\dot{I}_A + \dot{I}_B + \dot{I}_C = 0$，这一结论与电路对称与否无关。

第三节　对称三相电路的计算

对称三相负载与对称三相电源连接构成对称三相电路，它实际上就是一个复杂的正弦交流电路，正弦交流电路的分析方法完全适用三相电路，但是对称三相电路还有其自身的特点，利用这些特点可以简化对它的计算。

一、Y-Y连接的对称三相电路

下面以图7-9（a）为例讨论Y-Y连接的对称三相电路的特点。

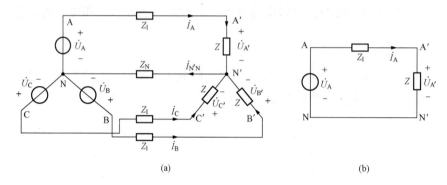

图7-9　Y-Y连接的对称三相电路及A相计算电路

（a）Y-Y连接的对称三相电路；（b）A相计算电路

在图7-9（a）中，$\dot{U}_A$、$\dot{U}_B$和$\dot{U}_C$为对称三相电源的相电压，$\dot{U}_{A'}$、$\dot{U}_{B'}$和$\dot{U}_{C'}$为三相负载的相电压，对称三相负载为$Z_A=Z_B=Z_C=|Z|\underline{/-\varphi_Z}$。N和N$'$分别为电源和负载的中点，$Z_l$为端线阻抗，$Z_N$为中线阻抗。利用弥尔曼定理可得

$$\dot{U}_{N'N}=\frac{\dfrac{\dot{U}_A+\dot{U}_B+\dot{U}_C}{Z_l+Z}}{\dfrac{1}{Z_l+Z}+\dfrac{1}{Z_l+Z}+\dfrac{1}{Z_l+Z}+\dfrac{1}{Z_N}}$$

由于对称三相电压有

$$\dot{U}_A+\dot{U}_B+\dot{U}_C=0$$

则有

$$\dot{U}_{N'N}=0$$

各负载的相电流（也是线电流）为

$$\left.\begin{aligned}\dot{I}_A&=\frac{\dot{U}_A-\dot{U}_{N'N}}{Z_l+Z}=\frac{\dot{U}_A}{Z_l+Z}\\[4pt]\dot{I}_B&=\frac{\dot{U}_B-\dot{U}_{N'N}}{Z_l+Z}=\frac{\dot{U}_B}{Z_l+Z}\\[4pt]\dot{I}_C&=\frac{\dot{U}_C-\dot{U}_{N'N}}{Z_l+Z}=\frac{\dot{U}_C}{Z_l+Z}\end{aligned}\right\}\tag{7-9}$$

由式（7-9）可知，各负载的相电流是与电源同相序的对称量，所以，中线电流为

$$\dot{I}_{N'N}=\dot{I}_A+\dot{I}_B+\dot{I}_C=0$$

中线电流与中线阻抗的大小无关，即中线的有无对电路没有影响。各负载的相电压为

$$
\left.
\begin{aligned}
\dot{U}_{A'} &= \dot{I}_A Z \\
\dot{U}_{B'} &= \dot{I}_B Z \\
\dot{U}_{C'} &= \dot{I}_C Z
\end{aligned}
\right\}
\tag{7 - 10}
$$

由式（7-10）可知各负载的相电压也是与电源同相序的对称量。值得注意的是考虑输电线阻抗后，负载的相电压与电源的相电压并不相等。

从以上分析可知，Y-Y 连接的对称三相电路中，由于各负载的相电压、相电流均对称，所以分析计算时可以先取出任意一相进行计算，再根据对称的特点推出其他两相即可，图 7-9 （b）所示是取出 A 相的等效电路。注意，在单独取出一相时中线的阻抗取零，如果电路中没有中线，在对一相电路计算时可以补画上一根没有阻抗的中线，以便计算，如图 7-9 （b）中的 NN′线。

【例 7-1】 如图 7-9 （a）所示电路中，每相负载阻抗为 $Z = (12 + j12)\ \Omega$，输电线阻抗为 $Z_l = (1 + j1)\ \Omega$，电源的线电压有效值为 380V，求各负载的相电压、相电流及中线电流。

解 由题意可知，电源相电压为

$$
U_p = \frac{U_l}{\sqrt{3}} = 220(\mathrm{V})
$$

设 $\dot{U}_A = 220\underline{/0^\circ}$ （V），由图 7-9 （b）可得 A 相负载的电流为

$$
\dot{I}_A = \frac{\dot{U}_A}{Z_l + Z} = \frac{220\underline{/0^\circ}}{(1 + j1) + (12 + j12)} = 12.0\underline{/-45^\circ}(\mathrm{A})
$$

A 相负载的电压为

$$
\dot{U}_{A'} = \dot{I}_A Z = 203.6\underline{/0^\circ}(\mathrm{V})
$$

由对称性可得 B、C 两相负载的电流为

$$
\dot{I}_B = 12.0\underline{/-165^\circ}(\mathrm{A})
$$

$$
\dot{I}_C = 12.0\underline{/75^\circ}(\mathrm{A})
$$

B、C 两相负载的电压为

$$
\dot{U}_{B'} = 203.6\underline{/-120^\circ}(\mathrm{V})
$$

$$
\dot{U}_{C'} = 203.6\underline{/120^\circ}(\mathrm{V})
$$

所以中线的电流为

$$
\dot{I}_{N'N} = \dot{I}_A + \dot{I}_B + \dot{I}_C = 0
$$

二、Y-△连接的对称三相电路

如果对称三相电路的负载作△形连接，此电路只能接成三相三线制电路，如图 7-10 所示。若不考虑输电线阻抗，$\dot{I}_A$、$\dot{I}_B$ 和 $\dot{I}_C$ 是线电流，$\dot{I}_{AB}$、$\dot{I}_{BC}$ 和 $\dot{I}_{CA}$ 是负载的相电流，$\dot{U}_{AB}$、$\dot{U}_{BC}$ 和 $\dot{U}_{CA}$ 既是负载的线电压又是负载的相电压。因此可以求得负载的相电流为

$$\left.\begin{array}{l}
\dot{I}_{AB} = \dfrac{\dot{U}_{AB}}{Z} \\[2mm]
\dot{I}_{BC} = \dfrac{\dot{U}_{BC}}{Z} \\[2mm]
\dot{I}_{CA} = \dfrac{\dot{U}_{CA}}{Z}
\end{array}\right\} \qquad (7\text{-}11)$$

负载的线电流为

$$\left.\begin{array}{l}
\dot{I}_{A} = \dot{I}_{AB} - \dot{I}_{CA} = \sqrt{3}\,\dot{I}_{AB}\underline{/-30^\circ} \\[2mm]
\dot{I}_{B} = \dot{I}_{BC} - \dot{I}_{AB} = \sqrt{3}\,\dot{I}_{BC}\underline{/-30^\circ} \\[2mm]
\dot{I}_{C} = \dot{I}_{CA} - \dot{I}_{BC} = \sqrt{3}\,\dot{I}_{CA}\underline{/-30^\circ}
\end{array}\right\} \qquad (7\text{-}12)$$

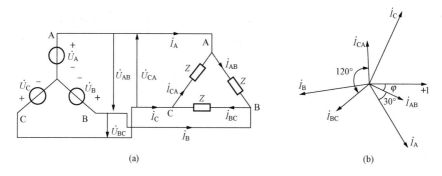

(a)   (b)

图 7-10　Y-△连接的对称三相电路

(a) Y-△连接的对称三相电路；(b) 电流相量图

由式（7-11）和式（7-12）可知各负载的相电流和线电流是与电源同相序的对称量。相量图如图 7-10 (b) 所示。

对称三相电路中，如果负载作△形连接时需要考虑输电线阻抗，则必须先将负载作△-Y变换后，用与【例 7-1】相同的方法计算出线电流，再利用对称负载△形连接时的线电流和相电流的关系求出负载相电流，进而求出负载相电压。

以上介绍的电路中，三相电源均是 Y 形连接，三相电源也可以是△形连接，但是一般三相对称电路只给出电源的线电压，并不说明电源的连接方式，这时通常将电源看成 Y 形连接，电源的线电压等于给定的线电压。

【例 7-2】　三相对称电源相电压为 220V，三相对称负载每相阻抗为（60+j80）Ω，线路阻抗不计。求（1）电源为星形连接，负载为星形连接时负载的线电压、相电压、线电流、相电流；（2）电源为星形连接，负载为三角形连接时负载的线电压、相电压、线电流、相电流。

解　（1）负载为星形连接时

由题意可知，电源相电压就是负载的相电压为

$$U_{P} = 220(V)$$

负载的线电压为

$$U_{1} = \sqrt{3}\,U_{P} = 380(V)$$

负载的相电流和线电流相等为

$$I_l = I_p = \frac{U_P}{|Z|} = \frac{220}{|60 + j80|} = 2.2(A)$$

（2）负载为三角形连接时

由题意可知，负载相电压与线电压相等为

$$U_l = U_P = 380(V)$$

负载的相电流为

$$I_p = \frac{U_P}{|Z|} = \frac{380}{|60 + j80|} = 3.8(A)$$

负载的线电流为

$$I_l = \sqrt{3} I_p = 6.6(A)$$

可见，在负载的两种不同连接方式下线电流之比为 $I_{lY}/I_{l\Delta} = 1/3$。

第四节 不对称三相电路的计算

当三相电路的电源、负载和输电线三者中任一部分不对称时，电路就称为不对称三相电路。三相电路中除了三相电动机、三相变压器等对称三相负载外，还有许多单相负载，这些单相负载接到三相电路中不容易完全对称，所以一般不对称三相电路都是负载不对称。不对称三相电路不再具有对称三相电路的特点，不能用上节介绍的分析方法。下面将对不对称三相电路进行分析。

一、不对称负载Y形连接

1. 三相三线制

如图 7 - 11（a）所示电路中，开关 S 断开，利用弥尔曼定理求得中点电压为

$$\dot{U}_{N'N} = \frac{\dfrac{\dot{U}_A}{Z_A} + \dfrac{\dot{U}_B}{Z_B} + \dfrac{\dot{U}_C}{Z_C}}{\dfrac{1}{Z_A} + \dfrac{1}{Z_B} + \dfrac{1}{Z_C}}$$

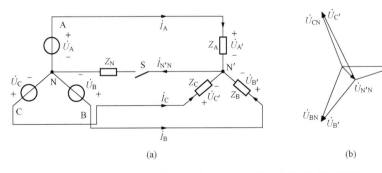

(a)   (b)

图 7 - 11 Y - Y 连接的不对称三相电路及中点位移时相量图

(a) Y - Y 连接的不对称三相电路；(b) 中点位移时相量图

当负载不对称时，可以计算得到 $\dot{U}_{N'N} \neq 0$，即 N′ 与 N 两点电位不等，称为中点位移，此时各相负载的电压为

$$\left.\begin{aligned}\dot U_{A'} &= \dot U_A - \dot U_{N'N}\\ \dot U_{B'} &= \dot U_B - \dot U_{N'N}\\ \dot U_{C'} &= \dot U_C - \dot U_{N'N}\end{aligned}\right\} \qquad (7\text{-}13)$$

各相负载的电流为

$$\left.\begin{aligned}\dot I_A &= \frac{\dot U_{A'}}{Z_A}\\ \dot I_B &= \frac{\dot U_{B'}}{Z_B}\\ \dot I_C &= \frac{\dot U_{C'}}{Z_C}\end{aligned}\right\} \qquad (7\text{-}14)$$

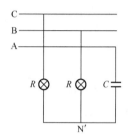

图 7-12 【例 7-3】图

负载电压和电流都不对称。画出各相负载电压的相量图，如图 7-11 （b）所示。可以看出，由于中点位移，各相负载电压不对称，有的超过电源相电压，有的低于电源相电压。当一相负载发生变化，中点电压就会发生变化，另两相负载的电压也跟着发生变化，即各相负载的工作相互关联。

【例 7-3】   图 7-12 所示电路是测量三相电源相序的相序指示器，它是将一个电容器和两个电灯泡组成的 Y 形连接电路，接到对称三相电源上，已知 $R=\dfrac{1}{\omega C}$（即 $G=\omega C$），求灯泡两端的电压。

解   这是一个不对称三相电路，将三相电源看成 Y 形连接，中点为 N，设 $\dot U_A = U_p\underline{/0^\circ}$，则中点电压为

$$\begin{aligned}\dot U_{N'N} &= \frac{\dot U_A j\omega C + \dot U_B G + \dot U_C G}{j\omega C + 2G}\\ &= \frac{-1+j}{2+j}U_p = 0.632 U_p\underline{/108.4^\circ}\end{aligned}$$

接在 B 相上的灯泡电压为

$$\dot U_{B'} = \dot U_B - \dot U_{N'N} = U_p\underline{/-120^\circ} - 0.632 U_p\underline{/108.4^\circ} = 1.49 U_p\underline{/-101^\circ}$$

接在 C 相上的灯泡电压为

$$\dot U_{C'} = \dot U_C - \dot U_{N'N} = U_p\underline{/120^\circ} - 0.632 U_p\underline{/108.4^\circ} = 0.4 U_p\underline{/138.4^\circ}$$

可见，接在 B 相的灯泡比接在 C 相的灯泡亮多了，如果电源相序未知，可设接电容的为 A 相，则灯泡亮的一相为 B 相，灯泡暗的一相为 C 相。注意，本电路实际接线时要考虑灯泡两端的实际电压是否超出其额定电压，以免损坏灯泡。如果是直接接民用交流电源，一般用两个灯泡串联。

2. 三相四线制

如图 7-11 （a）所示电路中，开关 S 闭合，如果中线阻抗很小，$Z_N\approx 0$。此时 N′ 与 N 间被短路，$\dot U_{N'N}=0$。根据式（7-13）可知各负载的相电压等于电源相电压，工作状态只决定于本相电源和负载，与其他两相无关。负载的电流仍然不对称，中线电流为

$$\dot I_{N'N} = \dot I_A + \dot I_B + \dot I_C \neq 0$$

因此在实际工程中，中线非常重要，在总中线上不可接开关或熔丝。

【例 7 - 4】 如图 7 - 6 所示电路，电源线电压为 100V，负载阻抗 $Z_A = \text{j}5\Omega$，$Z_B = Z_C = 5\Omega$。求负载的线电流及中线电流。

解 由题意可知，电源相电压为

$$U_p = \frac{U_1}{\sqrt{3}} = 57.7(\text{V})$$

设 $\dot{U}_A = 57.7\underline{/0^\circ}$ (V)，则 $\dot{U}_B = 57.7\underline{/-120^\circ}$ (V)，$\dot{U}_C = 57.7\underline{/120^\circ}$ (V)，则
A 相负载的电流为

$$\dot{I}_A = \frac{\dot{U}_A}{Z_A} = \frac{57.7\underline{/0^\circ}}{\text{j}5} = 11.5\underline{/-90^\circ}(\text{A})$$

B 相负载的电流为

$$\dot{I}_B = \frac{\dot{U}_B}{Z_B} = \frac{57.5\underline{/-120^\circ}}{5} = 11.5\underline{/-120^\circ}(\text{A})$$

C 相负载的电流为

$$\dot{I}_C = \frac{\dot{U}_C}{Z_C} = \frac{57.5\underline{/120^\circ}}{5} = 11.5\underline{/120^\circ}(\text{A})$$

所以中线的电流为

$$\dot{I}_{N'N} = \dot{I}_A + \dot{I}_B + \dot{I}_C = 16.3\underline{/-135^\circ}(\text{A})$$

二、不对称负载的△形连接

如果负载作△形连接，如图 7 - 7 所示，若不计端线阻抗，由 KVL 可知各相负载的电压就是电源的线电压，负载的相电流完全由负载和电源电压决定。由于此时负载不对称，所以各负载的相电流和线电流也不对称。

第五节 三相电路的功率及其测量

一、三相电路的功率

1. 三相负载的瞬时功率

三相电路中，三相负载的瞬时总功率等于各相负载瞬时功率之和，即

$$p = p_A + p_B + p_C = u_A i_A + u_B i_B + u_C i_C \tag{7-15}$$

式中：电压和电流分别为各相负载的相电压和相电流的瞬时值。

2. 三相负载的有功功率

三相电路中，三相负载的有功功率 P 为各相负载的有功功率之和，即

$$P = \frac{1}{T}\int_0^T p\,\text{d}t = \frac{1}{T}\int_0^T (p_A + p_B + p_C)\,\text{d}t = P_A + P_B + P_C$$
$$= U_{Ap}I_{Ap}\cos\varphi_A + U_{Bp}I_{Bp}\cos\varphi_B + U_{Cp}I_{Cp}\cos\varphi_C \tag{7-16}$$

式中：U_{Ap}、U_{Bp}、U_{Cp}各相电压的有效值；I_{Ap}、I_{Bp}、I_{Cp}为各相电流的有效值；φ_A、φ_B、φ_C为各相负载的阻抗角。

当三相电路对称时，各负载的相电压、相电流有效值相等，阻抗角相同，从而各相负载的有功功率相等。用 U_p、I_p 表示负载的相电压和相电流的有效值，$\cos\varphi$ 表示负载的功率因

数，则对称三相负载总的有功功率表示为

$$P = 3U_p I_p \cos\varphi \qquad (7\text{-}17)$$

当对称负载作 Y 形连接时，有 $U_p = U_l/\sqrt{3}$，$I_p = I_l$；当对称负载作△形连接时，有 $U_p = U_l$，$I_p = I_l/\sqrt{3}$。所以无论负载作何种连接，总有 $3U_p I_p = \sqrt{3} U_l I_l$，这样式（7-17）还可以表示为

$$P = \sqrt{3} U_l I_l \cos\varphi \qquad (7\text{-}18)$$

必须注意的是，式（7-17）和式（7-18）中的 φ 始终为负载的阻抗角，是相电压超前相电流的相位差，在使用式（7-18）时要注意。

3. 三相负载的无功功率

同理，三相负载的无功功率 Q 为各相负载的无功功率之和，即

$$Q = Q_A + Q_B + Q_C = U_{Ap} I_{Ap} \sin\varphi_A + U_{Bp} I_{Bp} \sin\varphi_B + U_{Cp} I_{Cp} \sin\varphi_C \qquad (7\text{-}19)$$

当三相电路对称时有

$$Q = 3U_p I_p \sin\varphi = \sqrt{3} U_l I_l \sin\varphi \qquad (7\text{-}20)$$

4. 三相电路的视在功率

三相电路的视在功率 S 为

$$S = \sqrt{P^2 + Q^2} \qquad (7\text{-}21)$$

当三相电路对称时有

$$S = 3U_p I_p = \sqrt{3} U_l I_l \qquad (7\text{-}22)$$

【例 7-5】　一台三个线圈阻抗都是 $Z = (10 + j10)\ \Omega$ 的三相电动机，接在线电压 380V 的电源上，求此电动机绕组三角形连接和星形连接时的有功功率 P、无功功率 Q 及视在功率 S。

解　（1）当绕组三角形连接时

由题意可知 $U_p = U_l = 380V$，则有

$$Z = 10 + j10 = 10\sqrt{2}\underline{/45^\circ} = 14.1\underline{/45^\circ}(\Omega)$$
$$I_p = U_p/|Z| = 380/14.1 = 26.9(A)$$

根据对称电路的功率计算公式可得

$$P = 3U_p I_p \cos\varphi = 3 \times 380 \times 26.9 \times \cos 45^\circ = 21.7(kW)$$
$$Q = 3U_p I_p \sin\varphi = 3 \times 380 \times 26.9 \times \sin 45^\circ = 21.7(kvar)$$
$$S = 3U_p I_p = 3 \times 380 \times 26.9 = 30.7(kVA)$$

（2）当绕组星形连接时

由题意可知 $U_p = U_l/\sqrt{3} = 220V$，则有

$$I_l = I_p = U_p/|Z| = 220/14.1 = 15.6(A)$$

根据对称电路的功率计算公式可得

$$P = \sqrt{3} U_l I_l \cos\varphi = \sqrt{3} \times 380 \times 15.6 \times \cos 45^\circ = 7.3(kW)$$
$$Q = \sqrt{3} U_l I_l \sin\varphi = \sqrt{3} \times 380 \times 15.6 \times \sin 45^\circ = 7.3(kvar)$$
$$S = \sqrt{3} U_l I_l = \sqrt{3} \times 380 \times 15.6 = 10.3(kVA)$$

二、三相电路的功率测量

在三相四线制电路中，如果用三个相同的瓦特计接成如图 7-13 所示的电路，三个瓦特

计所测得三相负载的总平均功率为

$$P = \frac{1}{T}\int_0^T p\mathrm{d}t = \frac{1}{T}\int_0^T (u_{\mathrm{AN}}i_{\mathrm{A}} + u_{\mathrm{BN}}i_{\mathrm{B}} + u_{\mathrm{CN}}i_{\mathrm{C}})\mathrm{d}t$$

$$= U_{\mathrm{Ap}}I_{\mathrm{Ap}}\cos\varphi_{\mathrm{A}} + U_{\mathrm{Bp}}I_{\mathrm{Bp}}\cos\varphi_{\mathrm{B}} + U_{\mathrm{Cp}}I_{\mathrm{Cp}}\cos\varphi_{\mathrm{C}} = P_{\mathrm{A}} + P_{\mathrm{B}} + P_{\mathrm{C}}$$

说明每个功率表测得的功率为各相负载的功率，将各功率表读数相加就是总功率。这种测量电路称为"三瓦计"法（当然也可以只用一只功率表分别测三相负载的功率）。"三瓦计"法主要应用于三相四线制电路中的对称和不对称电路有功功率的测量。

如果是三相三线制电路，无论电路对称与否，也无论负载是△形连接，还是Y形连接，均可用图7-14所示电路测量三相负载的总功率。这种测量电路称为"二瓦计"法。两个瓦特计的读数的代数和为

$$P = \frac{1}{T}\int_0^T (u_{\mathrm{AC}}i_{\mathrm{A}} + u_{\mathrm{BC}}i_{\mathrm{B}})\mathrm{d}t = \frac{1}{T}\int_0^T [(u_{\mathrm{A}} - u_{\mathrm{C}})i_{\mathrm{A}} + (u_{\mathrm{B}} - u_{\mathrm{C}})i_{\mathrm{B}}]\mathrm{d}t$$

$$= \frac{1}{T}\int_0^T [u_{\mathrm{A}}i_{\mathrm{A}} + u_{\mathrm{B}}i_{\mathrm{B}} + u_{\mathrm{C}}(-i_{\mathrm{A}} - i_{\mathrm{B}})]\mathrm{d}t$$

由于 $i_{\mathrm{A}} + i_{\mathrm{B}} + i_{\mathrm{C}} = 0$，即 $i_{\mathrm{C}} = -i_{\mathrm{A}} - i_{\mathrm{B}}$，因此所测负载的总功率为

$$P = \frac{1}{T}\int_0^T (u_{\mathrm{A}}i_{\mathrm{A}} + u_{\mathrm{B}}i_{\mathrm{B}} + u_{\mathrm{C}}i_{\mathrm{C}})\mathrm{d}t = P_{\mathrm{A}} + P_{\mathrm{B}} + P_{\mathrm{C}}$$

可见，"二瓦计"法测得的确实是三相负载的总功率。但是用"二瓦计"法测量时，在一定条件下，两只功率表中的一只表读数可能为负值。如图7-14所示电路中两只表的读数分别为

$$\left.\begin{aligned} P_1 &= \frac{1}{T}\int_0^T u_{\mathrm{AC}}i_{\mathrm{A}}\mathrm{d}t = U_{\mathrm{AC}}I_{\mathrm{A}}\cos\varphi_1 \\ P_2 &= \frac{1}{T}\int_0^T u_{\mathrm{BC}}i_{\mathrm{B}}\mathrm{d}t = U_{\mathrm{BC}}I_{\mathrm{B}}\cos\varphi_2 \end{aligned}\right\} \tag{7-23}$$

式中：φ_1 是线电压 u_{AC} 和线电流 i_{A} 的相位差；φ_2 是线电压 u_{BC} 和线电流 i_{B} 的相位差。当 φ_1 或 φ_2 大于90°时，相应的功率表读数就会为负，求总功率时也要将负值代入，说明"二瓦计"法中任一只表的读数无意义，只有两只表的和值才是负载的总功率，这一点需要特别注意。

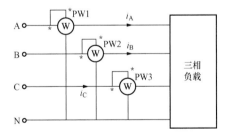 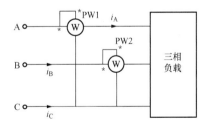

图7-13 测量三相电路功率的"三瓦计"法　图7-14 测量三相电路功率的"二瓦计"法

【例7-6】 如图7-14所示的对称三相电路用"二瓦计"法测负载的有功功率，若线电压为380V，负载阻抗 $Z = (50 + \mathrm{j}50)\Omega$，试计算三相负载的总有功功率及两只瓦特计的读数。

解　设负载Y形连接，$\dot{U}_{\mathrm{AB}} = 380\underline{/0°}(\mathrm{V})$，则

$$\dot{U}_{\mathrm{BC}} = 380\underline{/-120°}(\mathrm{V})$$

$$\dot{U}_{CA} = 380\underline{/120°}(V)$$

A 相负载电压为

$$\dot{U}_{Ap} = 220\underline{/-30°}(V)$$

负载线电流与相电流相等，A 相电流为

$$\dot{I}_A = \frac{\dot{U}_{Ap}}{Z} = \frac{220\underline{/-30°}}{50+j50} = 3.11\underline{/-75°}(A)$$

根据对称性可知另两相电流为

$$\dot{I}_B = 3.11\underline{/165°}(A)$$

$$\dot{I}_C = 3.11\underline{/45°}(A)$$

用公式法计算三相负载的总有功功率为

$$P = \sqrt{3}U_1I_1\cos\varphi = \sqrt{3}\times 380\times 3.11\times \cos45° = 1447.4(W)$$

而 $\dot{U}_{AC} = -\dot{U}_{CA} = 380\underline{/-60°}$ （V），则瓦特计的读数为

$$P_1 = U_{AC}I_A\cos(-60°+75°) = 1141.5(W)$$

$$P_2 = U_{BC}I_B\cos(-120°-165°) = 305.9(W)$$

所以

$$P_1 + P_2 = 1447.4(W)$$

与公式法计算所得相同。由本例讨论可知，即使负载对称，"二瓦计"法中两表的读数也不一定相等。

本章小结

三相交流电路是一种特殊形式的交流电路，这类电路应用广泛，学习中要掌握其特点和相关规律。

1. 对称三相电源是指三个大小相等、频率相同、相位相互相差 120° 的三相电源。

2. 三相电源和负载都有 Y 形和 △ 形两种连接方式，当电源或负载对称并作 Y 形连接时，线电压的有效值是相电压的 $\sqrt{3}$ 倍，即 $U_1=\sqrt{3}U_p$，线电流等于相电流，即 $I_1=I_p$；当电源或负载对称并作 △ 形连接时，线电流的有效值是相电流的 $\sqrt{3}$ 倍，即 $I_1=\sqrt{3}I_p$，线电压等于相电压，即 $U_1=U_p$。

3. 由于对称三相电路中各相电压和电流均为与电源同相序的对称量，所以对称三相电路的计算可以只计算其中一相电路，其他两相利用对称的特点推出。如果电路有中线，而中线电流为 $\dot{I}_{N'N}=\dot{I}_A+\dot{I}_B+\dot{I}_C=0$，与中线阻抗的大小无关，即中线的有无对电路没有影响。

4. 不对称三相电路，当电源和负载都作 Y 形连接而又没接中线时，中点电压 $\dot{U}_{N'N}\neq0$，即 N' 与 N 两点电位不等，出现中点位移，各负载电压不对称，有的超过电源相电压，有的低于电源相电压。当一相负载发生变化，中点电压发生变化，另两相负载的电压也跟着发生变化，即各相负载的工作相互关联。如果接上中线，由于中线阻抗 $Z_{N'N}=0$，则 $\dot{U}_{N'N}=0$，各相负载的电压对称并等于电源各相电压，工作状态只取决于本相电源和负载，与其他两相无关。

5. 三相负载的总有功功率 P 和无功功率 Q 都等于各相负载的有功功率和无功功率之

和，即满足守恒定律，视在功率 $S=\sqrt{P^2+Q^2}$。当负载对称时，$P=3U_pI_p\cos\varphi=\sqrt{3}U_lI_l\cos\varphi$，$Q=3U_pI_p\sin\varphi=\sqrt{3}U_lI_l\sin\varphi$，$S=3U_pI_p=\sqrt{3}U_lI_l$。三相功率的测量有"二瓦计"法和"三瓦计"法，一般三相三线制电路用"二瓦计"法测量，三相四线制电路用"三瓦计"法测量。

思考题

7 - 1　何为对称三相电源？对称三相电源的特点是什么？

7 - 2　三相对称电源作 Y 形连接，如果已知电源线电压 $u_{AB}=380\sqrt{2}\cos\omega t$ V，试分别写出该三相电源的相电压 u_A、u_B、u_C，线电压 u_{BC}、u_{CA}，画出其波形图和相量图。

7 - 3　三相电源每相电压都为 220V，把 X、Y 相连，U_{AB} 等于多少？把 X、C 相连，U_{AZ} 等于多少？

7 - 4　将三相电源的 A、B、C 三个相头连在一起形成中点，从 X、Y、Z 三个相尾引出端线，这时 $U_l=\sqrt{3}U_p$ 还成立吗？

7 - 5　当三相对称电源作 △ 形连接时不慎接错一相或两相，后果如何？如何用简便方法判断是否接错以便纠正？如果是 Y 形连接，接错一相或两相，后果又如何？

7 - 6　三相三线制电路中，$\dot{I}_A+\dot{I}_B+\dot{I}_C=0$ 总是成立，在三相四线制电路中此等式也总成立吗？

7 - 7　△ 形连接的三相电源的线电压，与去掉任意一相电源成"V"形连接的两相电源的线电压有何关系？

7 - 8　三相负载 △ 形连接时，测得各相电流相等，能否说明此三相负载是对称的？

7 - 9　三相电路在什么情况下产生中点位移？中点位移对负载工作有何影响？中性线有何作用？

7 - 10　对称三相负载接到三相电源上，试比较负载分别作 Y 形和 △ 形两种连接的总功率。

7 - 11　二瓦计法和三瓦计法的适用范围有何不同？两种测量方法中各表读数有实际意义吗？

习 题 七

7 - 1　对称三相负载星形连接后接到对称三相电源上，已知电源的线电压 $u_{AB}=380\sqrt{2}\cos314t$ V，线电流 $i_B=2\sqrt{2}\cos(314t-50°)$ A，则写出线电流 i_C 的表达式，并求每相负载的复阻抗 Z。

7 - 2　△ 形连接的对称负载每相阻抗 $Z=(32+j24)\Omega$，接到线电压为 380V 的三相电源上，求各相负载的相电流和线电流。如果考虑输电线阻抗，每根输电线阻抗为 $Z_l=(4+j4)\Omega$，求各相负载的相电流、线电流、线电压和相电压。

7 - 3　三相电动机每相绕组的额定电压为 220V，如果接到线电压为 220V 的三相交流电源上，此电动机线圈该如何连接？如果已知电动机每相阻抗为 $Z=36\underline{/30°}\Omega$，求电动机的相电流和线电流。

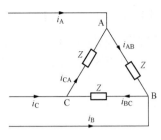

图 7 - 15 习题 7 - 4 图

7 - 4 如图 7 - 15 所示三相对称负载作△形连接时，已知相电流 $i_{BC}=2\sqrt{2}\cos(\omega t+30°)$ A，试写出其余两相负载的电流及各线电流表达式。

7 - 5 三相四线制电路中，电源相电压为 220V，对称负载作 Y 形连接，每相阻抗为 $Z=17.6+j13.2\Omega$，计算负载相电流和中线电流，画相量图。如果负载改作△形连接，其他条件不变，重新计算负载相电流。

7 - 6 三相对称负载是 RC 串联电路，$R=X_C=20\Omega$，其额定电压为 380V，接入三相四线制电路中，电源的相电压 $u_A=220\sqrt{2}\cos\omega t$ V，试问负载该如何连接，计算负载的相电流、线电流，并画相量图。

7 - 7 某三相对称负载的每相阻抗为 $Z=30\underline{/30°}\Omega$，接入线电压 380V 的三相四线制电路中。(1) 如果忽略输电线阻抗，负载作 Y 形连接，计算每相负载的相电流和线电流；(2) 如果考虑输电线阻抗，且输电线阻抗为 $Z_l=1+j2\Omega$，负载作△形连接，计算每相负载的相电流和线电流。

7 - 8 三相负载作 Y 形连接，已知 $Z_A=25\Omega$，$Z_B=20+j20\Omega$，$Z_C=-j20\Omega$，接在对称三相电源上，电源的线电压为 220V，求 (1) 有中线情况下各线电流和中线电流；(2) 无中线情况下各线电流。

7 - 9 如图 7 - 16 所示电路，三相感性负载作△形连接后接线电压 380V 的三相电源。当开关 S1、S2 均闭合时电流表读数全部为 10A，负载总有功功率为 1.5kW，试求：(1) 每相负载的阻抗；(2) 开关 S1 断开，S2 闭合时三电流表的读数；(3) 开关 S1 闭合，S2 断开时三电流表的读数；(4) 开关 S1、S2 均断开时三电流表的读数。

7 - 10 一台定子绕组三角形连接的三相异步电动机接到线电压为 380V 的电源上，从电源获取的有功功率 $P=12$kW，功率因数为 $\cos\varphi=0.85$。试求：(1) 电动机的绕组电流；(2) 若定子绕组改为星形连接，则该电动机的三相有功功率 P、无功功率 Q、视在功率 S。

7 - 11 对称三相负载作三角形连接后接到线电压为 380V 的电源上，已知负载阻抗为 $Z=(3+j6)\Omega$，输电线阻抗为 $Z_l=(1+j0.2)\Omega$，试求三相负载的相电流、相电压、线电流以及平均功率。

7 - 12 图 7 - 17 所示的对称三相电路中，电源线电压为 380V，负载总有功功率为 3kW，功率因数为 0.9，求线电流的有效值；如果在 A、B 两端线间接入一阻抗 $Z=10\Omega$，再求各线电流，画出用"二瓦计"法测量电路的功率接线图，并求两功率表的读数。

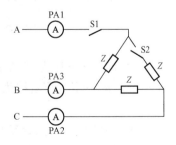

图 7 - 16 习题 7 - 9 图

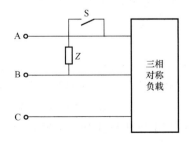

图 7 - 17 习题 7 - 12 图

第八章　动态电路的时域分析

　　本章首先讨论了一阶线性动态电路的零输入响应、零状态响应和全响应时域分析方法，然后介绍了一阶线性动态电路的阶跃响应和冲激响应。最后介绍二阶电路 *RLC* 串联电路的零输入、零状态和全响应并讨论了电路参数的变化对 *RLC* 电路动态过程的影响。

　　前面主要讨论了电阻性电路的各种分析和求解方法。若电路中还含有动态元件，如电容或电感元件，则该电路称为动态电路。由于动态元件的 VAR 为微分或积分关系，因此动态电路需用微分方程来描述。本章将在时域中分析动态电路，故为时域分析法。

第一节　换路定律和电路初始值的计算

一、电路的过渡过程

　　自然界中的物质运动从一种稳定状态转变到另一种稳定状态需要一定的时间。例如电动机从静止状态起动到某一恒定转速要经历一定的时间，这就是加速过程；同样当电动机制动时，它的转速从某一恒定转速下降到零，也需要减速过程。这就是说物质从一种状态过渡到另一种状态往往是不能瞬间完成的，需要有一个过程，这个过程即称为过渡过程。

　　在电路实验中也可以观察到过渡过程这一现象。如图 8-1 所示电路中，当开关 S 闭合时，电阻支路的灯泡立即发亮，而且亮度始终不变，说明电阻支路在开关闭合后没有经历过渡过程，立即进入稳定状态；电感支路的灯泡在开关闭合瞬间不亮，然后逐渐变亮，最后亮度稳定不再变化；电容支路的灯泡在开关闭合瞬间很亮，然后逐渐变暗直至熄灭。这一现象说明，电感所在支路的灯泡和电容所在支路的灯泡达到最后稳定，都要经历一段过渡过程。由于电路中过渡过程是短暂的，所以也称之为暂态过程，简称暂态。过渡过程虽然时间短暂，但研究电路的过渡过程是有实际意义的。例如，电子电路中常利用电容器的充放电过程来完成积分、微分、多谐振荡等以产生电信号。而在电力系统中，由于过渡过程的存在有可能引起过电压或过电流，若不采取一定的保护措施，就可能损坏

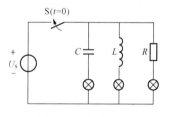

图 8-1　实验电路

电气设备。因此，需要认识过渡过程的规律，从而利用它或采取措施防止它的危害。

二、换路与换路定律

　　动态电路发生过渡过程通常是在电路的结构或元件参数发生变化；电路中电源或其他元件的接入与断开以及发生短路、断路等情况下，这种电路工作条件的变化统称为"换路"。如果换路发生在 $t = 0$ 时刻，而完成换路不需要时间，则把换路前的最终时刻记为 $t = 0_-$，换路后的最初时刻记为 $t = 0_+$，换路经历的时间为 $\Delta t = 0_+ - 0_- = 0$。

　　由第一章第四节和第五节可知，当电路中电流、电压和功率为有限值时，电容上的电压和电感中的电流是处处连续的。因此在电路换路瞬间，电容上的电压和电感中的电流不会发

生跃变，这就是换路定律。

如果用 $u_C(0_-)$ 和 $i_L(0_-)$ 表示换路前最终时刻电容上的电压和电感中的电流，$u_C(0_+)$ 和 $i_L(0_+)$ 表示换路后最初时刻电容上的电压和电感上的电流，那么换路定律可以表示为

$$
\left.
\begin{aligned}
u_C(0_+) &= u_C(0_-) \\
i_L(0_+) &= i_L(0_-)
\end{aligned}
\right\} \tag{8-1}
$$

三、初始值与初始值的计算

电路中各元件在 $t = 0_+$ 时刻的电压、电流值称为初始值，求解电路的初始值是分析电路过渡过程的一个重要环节，因为电路的过渡过程就从这一瞬间开始。

确定电容元件和电感元件的初始值，必须首先求出换路前 $t = 0_-$ 时刻电容上的电压和电感中的电流，即 $u_C(0_-)$ 和 $i_L(0_-)$，然后根据换路定律确定电容电压的初始值 $u_C(0_+)$ 和电感电流的初始值 $i_L(0_+)$，最后再求出电路中其他各处电压和电流的初始值。归纳电路初始值的计算步骤如下。

（1）由换路前的电路求出 $t = 0_-$ 瞬间的 $u_C(0_-)$ 和 $i_L(0_-)$ 值。此时电路为稳态电路，如果是直流激励，则电容相当于开路，电感相当于短路，根据前面电阻性电路的分析方法可以求得 $u_C(0_-)$ 和 $i_L(0_-)$。

（2）应用换路定律求出换路后 $t = 0_+$ 瞬间的 $u_C(0_+)$ 和 $i_L(0_+)$ 值。

（3）用电压值为 $u_C(0_+)$ 的电压源替代电容元件，用电流值为 $i_L(0_+)$ 的电流源替代电感元件，得到 $t = 0_+$ 时的等效电路。显然它是一个电阻性的电路。

（4）用直流电路的各种分析方法，对上述电阻性电路求解所需的各电压和电流的初始值。

【例 8-1】　　如图 8-2（a）所示电路中，已知电源电压 $U_s = 100\text{V}$，$R_1 = 10\Omega$，$R_2 = 15\Omega$，开关 S 断开前电路处于稳态，求开关 S 断开后各元件电流及电感上电压的初始值。

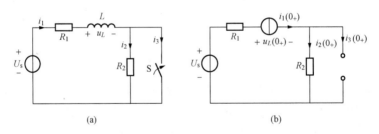

图 8-2　**【例 8-1】**图
(a) 电路图；(b) $t = 0_+$ 时的等效电路

解　　选定有关电流和电压的参考方向，如图 8-2（a）所示。

S 断开前（换路前），电路处于稳态，电阻 R_2 被短路，电感相当于短路，则

$$
i_1(0_-) = \frac{U_s}{R_1} = \frac{100}{10} = 10(\text{A})
$$

S 断开后（换路后），根据换路定律，有

$$
i_L(0_+) = i_L(0_-) = i_1(0_-) = 10(\text{A})
$$

画出 $t = 0_+$ 时刻的电路如图 8-2（b）所示，图中 $i_3(0_+) = 0$ 应用基尔霍夫定律有

$$
i_1(0_+) = i_2(0_+) = 10(\text{A})
$$

$$u_L(0_+) = U_s - (R_1 + R_2)i_1(0_+) = 100 - 25 \times 10 = -150(\text{V})$$

【例 8 - 2】　图 8 - 3（a）所示电路中，已知 $U_s = 18\text{V}$，$R_1 = 1\Omega$，$R_2 = 2\Omega$，$R_3 = 3\Omega$，$L = 0.5\text{H}$，$C = 4.7\mu\text{F}$，开关 S 在 $t = 0$ 时合上，设 S 合上前电路已进入稳态。试求 $t = 0_+$ 时的 i、i_L、i_C、u_L、u_C。

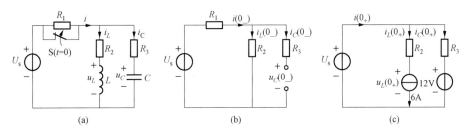

图 8 - 3　【例 8 - 2】图

（a）电路图；（b）$t = 0_-$ 时的等效电路；（c）$t = 0_+$ 时的等效电路

解　首先作 $t = 0_-$ 时的等效电路如图 8 - 3（b）所示，这时电路是个稳态直流电路，电感相当于短路，电容相当于开路。

根据 $t = 0_-$ 的等效电路，可得

$$i_L(0_-) = \frac{U_s}{R_1 + R_2} = \frac{18}{1 + 2} = 6(\text{A})$$

$$u_C(0_-) = R_2 i_L(0_-) = 2 \times 6 = 12(\text{V})$$

由换路定律，可得

$$i_L(0_+) = i_L(0_-) = 6(\text{A})$$

$$u_C(0_+) = u_C(0_-) = 12(\text{V})$$

作出 $t = 0_+$ 的等效电路，如图 8 - 3（c）所示，R_1 被短路，这时电感 L 相当于一个 6A 的电流源，电容 C 相当于一个 12V 的电压源。根据 $t = 0_+$ 的等效电路，计算电路的其他相关初始值为

$$i_C(0_+) = \frac{U_s - u_C(0_+)}{R_3} = \frac{18 - 12}{3} = 2(\text{A})$$

$$i(0_+) = i_L(0_+) + i_C(0_+) = 8(\text{A})$$

$$u_L(0_+) = U_s - R_2 i_L(0_+) = 6(\text{V})$$

【例 8 - 3】　图 8 - 4（a）所示的电路中，电压源在 $t < 0$ 时电压 $u_s = 0$，在 $t > 0$ 时电压 $u_s = 50\text{V}$，试求各元件在 $t = 0_-$ 和 $t = 0_+$ 时刻的电流和电压。

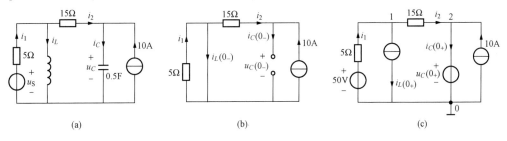

图 8 - 4　【例 8 - 3】图

（a）电路图；（b）$t = 0_-$ 时的等效电路；（c）$t = 0_+$ 时的等效电路

解　先画出 $t = 0_-$ 时的等效电路，如图 8-4（b）所示。

根据此等效电路可得
$$i_L(0_-) = 10(\text{A})$$
$$u_C(0_-) = 10 \times 15 = 150(\text{V})$$
$$u_L(0_-) = 0$$
$$i_C(0_-) = 0$$

由换路定律得
$$i_L(0_+) = i_L(0_-) = 10(\text{A})$$
$$u_C(0_+) = u_C(0_-) = 150(\text{V})$$

将电感用 10A 的电流源替代，电容用 150V 的电压源替代，作出 $t = 0_+$ 时的等效电路如图 8-4（c）所示，则由节点电压法可得方程组

$$\begin{cases} \left(\dfrac{1}{5} + \dfrac{1}{15}\right)u_{10} - \dfrac{1}{15}u_{20} = \dfrac{50}{5} - 10 \\ u_{20} = u_C(0_+) = 150 \end{cases}$$

解得

$$u_L(0_+) = u_{10} = 150/4(\text{V})$$
$$i_1(0_+) = \frac{50 - u_{10}}{5} = 2.5(\text{A})$$
$$i_2(0_+) = \frac{u_{10} - u_{20}}{15} = -7.5(\text{A})$$
$$i_C(0_+) = 10 - 7.5 = 2.5(\text{A})$$

第二节　一阶电路的零输入响应

含有一个动态元件或可以将多个同类动态元件等效为一个动态元件的线性时不变电路，通常可用一阶线性常系数微分方程来描述，这种电路称为一阶电路。如果这类电路在没有外加激励的情况下，仅仅由动态元件的初始储能来产生响应，那么这种响应就称为一阶电路的零输入响应。

一、RC 电路的零输入响应

在图 8-5 所示的一阶 RC 电路中，当 $t < 0$ 时，开关 S 在位置 1，电路已处于稳态，电容已充电，其电压 $u_C = u_C(0_-) = U_0$。当 $t = 0$ 时，开关 S 由位置 1 拨到位置 2，电容储能通过电阻 R 放电，电路中形成放电电流 i。

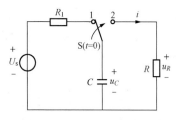

图 8-5　一阶 RC 电路

在 $t > 0$ 时，由 KVL 得
$$-u_R + u_C = 0 \qquad (8-2)$$

由于 $i = -C\dfrac{\mathrm{d}u_C}{\mathrm{d}t}$，$u_R = Ri$，代入式（8-2），得

$$RC\frac{\mathrm{d}u_C}{\mathrm{d}t} + u_C = 0 \qquad (8-3)$$

式（8-3）是一阶常系数线性齐次微分方程，其初始条件为 $u_C(0_+) = u_C(0_-) = U_0$，特征方程为
$$RCp + 1 = 0$$

特征根为

$$p = -\frac{1}{RC}$$

通解为

$$u_C = Ae^{pt} = Ae^{-\frac{t}{RC}} \tag{8-4}$$

将初始值 $u_C(0_+) = U_s$ 代入式（8-4），得

$$u_C(0_+) = A = U_s$$

微分方程的解为

$$u_C = u_C(0_+)e^{-\frac{t}{RC}} = U_0 e^{-\frac{t}{RC}} \quad (t \geqslant 0)$$

电路中的放电电流为

$$i = -C\frac{\mathrm{d}u_C}{\mathrm{d}t} = \frac{U_0}{R}e^{-\frac{t}{RC}} \quad (t \geqslant 0_+)$$

电阻两端的电压为

$$u_R = u_C = U_0 e^{-\frac{t}{RC}} \quad (t \geqslant 0_+)$$

可见 u_C 和 i 在 $t \geqslant 0_+$ 后，均按指数规律衰减。其随时间变化曲线如图 8-6（a）和图 8-6（b）所示。

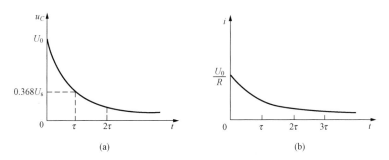

图 8-6　u_C 和 i 随时间变化曲线

(a) u_C 的波形；(b) i 的波形

令 $\tau = RC$ ，由于 τ 具有时间量纲，即 $[\tau] = [R] \cdot [C] = \frac{[U]}{[I]} \cdot \frac{[Q]}{[U]} = \frac{[Q]}{[Q]/[T]} = [T]$ ，故称之为 RC 电路的时间常数。时间常数只取决于电路参数 R 和 C ，与电路的初始情况无关。其大小反映了电路过渡过程进行的快慢；时间常数越大，过渡过程进行得越慢；时间常数越小，过渡过程进行得越快。当 $t = \tau$ 时，过渡过程完成了全过程的约 63.2%；当 $t = 3\tau$ 时，过渡过程约完成了全过程的 95%。从理论上讲，需要经过无穷长时间，过渡过程才能结束。工程上一般认为，经过（3~5）τ 的时间，过渡过程基本结束，电路重新达到稳定状态。因此可选择合适的 R 和 C 值来控制电路放电的快慢。

　　【例 8-4】　图 8-5 所示电路中，已知 $C = 0.5\mu F$ ，$R_1 = 100\Omega$ ，$R = 100\Omega$ ，$U_s = 200V$ ，当电容充电至 150V，将开关 S 由位置 1 转向位置 2，求 $t \geqslant 0$ 时电路的电流 i 以及接通电路后经多长时间电容电压降至 74V。

　　解　因为 $u_C(0_-) = 150V$ ，由换路定律得

$$u_C(0_+) = u_C(0_-) = 150(\mathrm{V})$$

则有

$$i(0_+) = \frac{u_C(0_+)}{R} = \frac{150}{100} = 1.5(\text{A})$$

时间常数为

$$\tau = RC = 100 \times 0.5 \times 10^{-6} = 0.5 \times 10^{-4}(\text{s})$$

所以有

$$u_C = u_C(0_+)\text{e}^{-\frac{t}{\tau}} = 150\text{e}^{-2\times10^4 t}(\text{V})$$

$$i = i(0_+)\text{e}^{-\frac{t}{\tau}} = 1.5\text{e}^{-2\times10^4 t}(\text{A})$$

当 $u_C = 74(\text{V})$ 时，$t = -\tau\ln\dfrac{74}{150} = 0.035\,3(\text{ms})$。

二、RL 电路的零输入响应

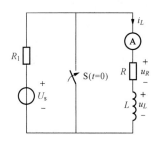

在图 8-7 所示的一阶 RL 电路中，开关 S 闭合前，由电流表观察到，电感电路中有稳定的电流值 I_0，即电感中存储有一定的磁场能。在 $t=0$ 时将开关 S 闭合，由电流表可以观察到电感支路中电流没有立即消失，而是经历一定的时间后逐渐变为零。这种在 S 闭合后电感支路没有外部电源的作用，仅靠电感元件中的储能形成的电流响应 i_L 属于零输入响应。

图 8-7 RL 串联电路的零输入响应

列出换路后电感所在网孔的方程，所选各电压电流参考方向如图 8-7 所示，忽略电流表内阻。

由 KVL 得

$$u_R + u_L = 0$$

由于 $u_R = i_L R$，$u_L = L\dfrac{\text{d}i}{\text{d}t}$，故

$$i_L R + L\frac{\text{d}i_L}{\text{d}t} = 0, (t \geqslant 0) \tag{8-5}$$

式（8-5）为线性常系数一阶齐次微分方程，其初始条件为 $i(0_+) = i(0_-) = I_0$

特征方程为

$$Lp + R = 0$$

特征根为

$$p = -\frac{R}{L}$$

通解为

$$i_L = A\text{e}^{pt} = A\text{e}^{-\frac{R}{L}t} \tag{8-6}$$

将初始值 $i(0_+) = I_0$ 代入式（8-6），得

$$i_L = I_0\text{e}^{-\frac{R}{L}t} \quad (t \geqslant 0)$$

电感上的电压为

$$u_L = L\frac{\text{d}i_L}{\text{d}t} = -RI_0\text{e}^{-\frac{R}{L}t} \quad (t \geqslant 0_+)$$

电阻上的电压为

$$u_R = RI_0\text{e}^{-\frac{R}{L}t} \quad (t \geqslant 0_+)$$

可见，i_L、u_L 和 u_R 在 $t > 0$ 后，均按指数规律衰减。它们随时间变化的曲线如图 8-8 所示。

令 $\tau = L/R$，为 RL 电路的时间常数，若电阻的单位为 Ω（欧姆），电感 L 的单位为

H（亨），则时间常数的单位为 s（秒）。电感元件的初始能量为 $\frac{1}{2}LI_0^2$，在相同 R 的情况下，L 越大，初始能量越多，释放所储能量需要的时间越长，所以 τ 与 L 成正比；而在相同 L 的情况下，R 越大，消耗能量越快，释放所储能量需要的时间越短，所以 τ 与 R 成反比。

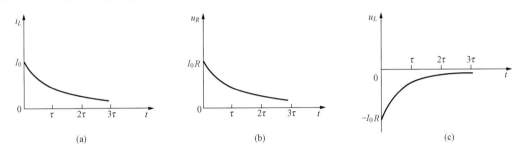

图 8-8　i_L、u_R 和 u_L 随时间变化曲线

（a）i_L 的变化曲线；（b）u_R 的变化曲线；（c）u_L 的变化曲线

　　由此可见，一阶电路的零输入响应，如 u_C 和 i_L 等，都是由初始值开始以指数规律衰减的。因此，以后在求解一阶电路的零输入响应时可直接套用格式（8-7），而不必列微分方程求解，即

$$f(t) = f(0_+)\mathrm{e}^{-\frac{t}{\tau}} \tag{8-7}$$

式中：$f(0_+)$ 为电路的初始值；τ 为时间常数。

　　下面来具体分析具有初始储能的 RL 电路的零输入响应的一种特例，即 RL 电路的开路情况。

　　在图 8-9（a）所示的电路中，如果电阻 R_2 很大，$R_2 \to \infty$，则换路后 RL 电路被断开，换路后瞬间电感线圈两端的电压为

$$u_L(0_+) = -\frac{R_2}{R_1 + R}U_s \to \infty$$

这样在开关的触头间会产生很高的电压（过电压），开关间的空气将发生电离而形成电弧或火花，轻则损坏开关设备，重则引起火灾。工程上都采取一些保护措施避免过电压造成损害，例如可在线圈两端并接一个低值电阻（称续流电阻），延缓线圈的放电，当然续流电阻也不能太小，否则过渡过程持续时间太长。也可用二极管代替电阻提供放电回路，如图 8-9（b）所示；或在线圈两端并联电容，以吸收一部分电感释放的能量，如图 8-9（c）所示。

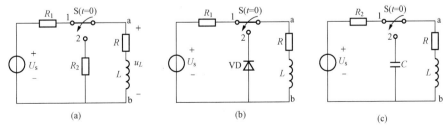

图 8-9　RL 串联电路

（a）电路图；（b）二极管提供泄放电路；（c）电容提供泄放电路

【例 8 - 5】 图 8 - 10（a）所示电路，换路前电路稳定，在 $t=0$ 时将开关 S 打开，求（1）$t \geqslant 0$ 时电路中电流 i，并绘出波形图。（2）$t=0.1$ms 时 i 的值。

解　（1）在 $t=0_-$ 时，电路如图 8 - 10（b）所示，电感中电流为并联电阻 6Ω 上的电流，利用分流公式，得

$$i(0_-) = 12 / \left(6 + \frac{3 \times 6}{3+6}\right) \times \frac{3}{3+6} = 0.5(\text{A})$$

根据换路定律得

$$i_L(0_+) = i_L(0_-) = 0.5(\text{A})$$

换路后电感所接二端网络的等效电阻为

$$R_{\text{eq}} = 6 + 3 = 9(\Omega)$$

时间常数为

$$\tau = L/R_{\text{eq}} = 6 \times 10^{-3}/9 = \frac{2}{3} \times 10^{-3}(\text{s})$$

所以电路的零输入响应为

$$i = 0.5e^{-1500t}(\text{A})$$

画出其波形见图 8 - 10（c）。

（2）当 $t=0.1$ms 时，$i\,(0.1\text{ms}) = 0.5e^{-1500 \times 0.1 \times 10^{-3}} = 0.5e^{-0.15} = 0.43$（A）

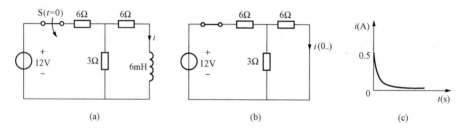

图 8 - 10　【例 8 - 5】图

（a）电路原理图；（b）$t=0_-$ 时等效电路；（c）电感中电流的波形

第三节　一阶电路的零状态响应

当电路中动态元件的初始储能为零时，仅由外加激励所产生的响应，称为零状态响应。本节讨论在直流电源的激励下，一阶电路的零状态响应。

一、RC 电路的零状态响应

RC 电路的零状态响应实际就是电容充电的过程。在图 8 - 11 所示的电路中，电容没有

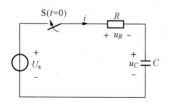

图 8 - 11　RC 电路的零状态响应

充过电，即 $u_C(0_-) = 0$，在 $t=0$ 时开关 S 闭合，RC 串联电路与直流电压源连接，电压源通过电阻对电容充电。

利用 KVL 及 $u_R = Ri$、$i = C\dfrac{\mathrm{d}u_C}{\mathrm{d}t}$，得到回路电压方程为

$$RC\frac{\mathrm{d}u_C}{\mathrm{d}t} + u_C = U_s \tag{8 - 8}$$

式（8 - 8）为一阶常系数线性非齐次微分方程，由数

学知识可知，式（8-8）的解 u_C 由通解 u'_C 和特解 u''_C 两部分组成，即 $u_C = u'_C + u''_C$，其中，通解 u'_C 是与式（8-8）相应的齐次微分方程的解，形式与 RC 零输入响应相同，即 $u'_C = A e^{pt}$，特解 u''_C 是满足式（8-8）的一个任意解，一般它与输入信号具有相同的形式，对于直流电源激励的电路，u''_C 就是电路重新达到稳态后的数值，这里 $u''_C = U_s$。式（8-8）的特征方程为

$$RCp + 1 = 0$$

特征根为

$$p = -\frac{1}{RC}$$

所以微分方程的解

$$u_C = A e^{-\frac{1}{RC}t} + U_s \tag{8-9}$$

式中：A 为待定系数，由初始条件确定。将初始值 $u_C(0_+) = u_C(0_-) = 0$ 代入式（8-9），得

$$A = -U_s$$

所以，微分方程的解为

$$u_C = U_s(1 - e^{-\frac{t}{RC}})$$

令 $\tau = RC$，τ 为时间常数，则电容上的电压为

$$u_C = U_s(1 - e^{-\frac{t}{\tau}}) \quad (t \geqslant 0)$$

电路中的电流及电阻上的电压分别为

$$i = C\frac{\mathrm{d}u_C}{\mathrm{d}t} = \frac{U_s}{R}e^{-\frac{t}{\tau}} \quad (t \geqslant 0_+)$$

$$u_R = Ri = U_s e^{-\frac{t}{\tau}} \quad (t \geqslant 0_+)$$

u_C、i 和 u_R 随时间变化的曲线如图 8-12 所示。由于时间常数只决定于电路参数 R 和 C，与电路的初始情况无关，其大小反映了电路充电过程进行的快慢，时间常数越大，充电过程进行得越慢；时间常数越小，充电过程进行得越快。

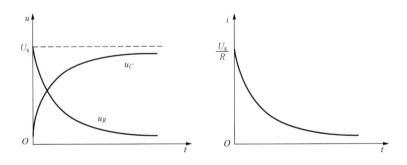

图 8-12　u_C、i 和 u_R 随时间变化曲线

二、RL 电路的零状态响应

图 8-13 所示是一个 RL 串联电路。设开关 S 闭合前，电感中的电流为零，即 $i_L(0_-) = 0$。在 $t = 0$ 时开关 S 闭合，RL 串联电路与直流电压源接通，所以电路中的电压、电流响应是零状态响应。利用 KVL 及 $u_R = Ri$、$u_L = L\frac{\mathrm{d}i}{\mathrm{d}t}$，得到回路的电压方程为

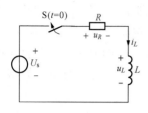

图 8-13 *RL* 串联电路的
零状态响应

$$L\frac{\mathrm{d}i_L}{\mathrm{d}t}+Ri_L=U_s \quad (8\text{-}10)$$

式（8-10）为一阶常系数线性非齐次微分方程，式（8-10）的解 i_L 也由通解 i'_L 和特解 i''_L 两部分组成，即 $i_L=i'_L+i''_L$，其中，通解为

$$i'_L=A\mathrm{e}^{pt}$$

特解 i''_L 是电路重新达到稳态后的数值，这里 $i''_L=\dfrac{U_s}{R}$，所以式（8-10）的解

$$i_L=A\mathrm{e}^{pt}+\frac{U_s}{R} \quad (8\text{-}11)$$

特征方程为

$$Lp+R=0$$

特征根为

$$p=-\frac{R}{L}$$

待定系数 A 由初始条件确定，将初始值 $i_L(0_+)=0$ 代入式（8-11），得

$$A=-\frac{U_s}{R}$$

则微分方程的解为

$$i_L=\frac{U_s}{R}(1-\mathrm{e}^{-\frac{R}{L}t}) \quad (t\geqslant 0) \quad (8\text{-}12)$$

令 $\tau=\dfrac{L}{R}$，$\tau=\dfrac{L}{R}$ 为时间常数，则电感的电流为

$$i_L=\frac{U_s}{R}(1-\mathrm{e}^{-\frac{t}{\tau}}) \quad (t\geqslant 0) \quad (8\text{-}13)$$

电感的电压 u_L 及电阻的电压 u_R 为

$$u_L=L\frac{\mathrm{d}i_L}{\mathrm{d}t}=U_s\mathrm{e}^{-\frac{t}{\tau}} \quad (t\geqslant 0_+)$$

$$u_R=Ri_L=U_s(1-\mathrm{e}^{-\frac{t}{\tau}}) \quad (t\geqslant 0_+)$$

上述分析可见，一阶电路中电容两端电压 u_C 和电感中电流 i_L 都是由零开始以指数规律上升的，因此，以后在求解 u_C 和 i_L 的零状态响应时可直接套用式（8-14）。而不必列方程求解。即

$$f(t)=f(\infty)(1-\mathrm{e}^{-\frac{t}{\tau}}) \quad (t\geqslant 0) \quad (8\text{-}14)$$

式中：$f(\infty)$ 为电路的重新达到稳定状态时电容电压和电感电流的稳态值，即 $u_C(\infty)$ 和 $i_L(\infty)$；τ 为时间常数。

【例 8-6】 在如图 8-14 所示电路中，已知 $U_s=9\mathrm{V}$，$R_1=6\mathrm{k\Omega}$，$R_2=3\mathrm{k\Omega}$，$C=100\mu\mathrm{F}$，电路原已稳定，在 $t=0$ 时开关闭合，求（1）$t\geqslant 0$ 时电容上的电压 u_C，（2）开关闭合多久电容两端电压可以增长到 2V？

解 （1）由电路图 8-14 可知，在 $t=0_-$ 时电容电压

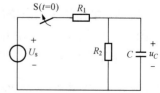

图 8-14 【例 8-6】图

$u_C(0_-) = 0$。根据换路定律得

$$u_C(0_+) = u_C(0_-) = 0$$

由此可知开关闭合后电路的响应属于零状态响应。

电路重新达到稳定后，此时电容相当于开路，因此

$$u_C(\infty) = \frac{U_s}{R_1 + R_2} \cdot R_2 = 3(\text{V})$$

换路后断开电容后，留下的二端网络的等效电阻为

$$R_{eq} = R_1 \mathbin{/\mkern-5mu/} R_2 = \frac{6 \times 3}{6 + 3} = 2(\text{k}\Omega)$$

时间常数为

$$\tau = R_{eq}C = 2 \times 10^3 \times 100 \times 10^{-6} = 0.2(\text{s})$$

根据零状态响应公式可得

$$u_C = u_C(\infty)(1 - e^{-t/\tau}) = 3(1 - e^{-5t})(\text{V})$$

（2）开关闭合后经过时间 t_0 电容两端电压可以增至2V，即

$$u_C(t_0) = 3(1 - e^{-5t_0}) = 2$$

解得

$$t_0 = 0.22(\text{s})$$

【例8-7】　如图8-15所示稳态电路，已知 $U_s = 12\text{V}$，$R_1 = 6\Omega$，$R_2 = 3\Omega$，$L = 0.5\text{H}$，开关S在 $t = 0$ 时闭合，求开关闭合后的电感电流 i_L 和电压 u_L。

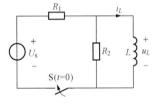

图8-15　【例8-7】图

解　换路前，电感上的电流 $i_L(0_-) = 0$。根据换路定律，在开关闭合瞬间，$i_L(0_+) = i_L(0_-) = 0$，故换路后的电路响应是零状态响应。换路后，从电感两端看进去，电路的等效电阻为

$$R_{eq} = \frac{R_1 + R_2}{R_1 R_2} = 2(\Omega)$$

故电路的时间常数为

$$\tau = \frac{L}{R} = 0.25(\text{s})$$

电路重新达到稳定后，电感相当于短路，$i_L(\infty) = \dfrac{U_s}{R_1} = 2(\text{A})$。

应用电路零状态响应的公式，即式（8-14）可得

$$i_L = 2(1 - e^{-4t})(\text{A}) \quad (t \geqslant 0)$$

$$u_L = L\frac{\mathrm{d}i}{\mathrm{d}t} = 4e^{-4t}(\text{V}) \quad (t \geqslant 0_+)$$

第四节　一阶电路的全响应·三要素法

当电路中既有动态元件的初始储能，又有外加激励电源时，电路的响应称为全响应。一阶电路的全响应可采用两种方法求出：即叠加法和三要素法。

一、用叠加法求全响应

如图 8-16 所示电路，设开关 S 闭合前电容已充电至 U_0，在 $t = 0$ 时开关 S 闭合，根据

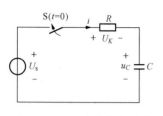

图 8-16　RC 电路的全响应

KVL 及 $u_R = Ri$、$i = C\dfrac{\mathrm{d}u_C}{\mathrm{d}t}$，可得到回路的电压方程为

$$RC\frac{\mathrm{d}u_C}{\mathrm{d}t} + u_C = U_s \qquad (8-15)$$

式（8-15）为一阶常系数线性非齐次微分方程，其解由通解 u'_C 和特解 u''_C 两部分组成，即

$$u_C = u'_C + u''_C$$

其中通解 $u'_C = Ae^{pt}$，特解 $u''_C = U_s$。微分方程的完全解为

$$u_C = Ae^{-\frac{t}{\tau}} + U_s \qquad (8-16)$$

式中：时间常数 $\tau = RC$；待定系数 A 由初始条件确定。将初始值 $u_C(0_+) = u_C(0_-) = U_0$ 代入式（8-16），得

$$A = U_0 - U_s$$

则电路的全响应为

$$u_C = (U_0 - U_s)e^{-\frac{t}{\tau}} + U_s \quad (t \geqslant 0) \qquad (8-17a)$$

并得电阻电压和电流的全响应分别为

$$u_R = U_s - u_C = (U_s - U_0)e^{-\frac{t}{\tau}} \quad (t > 0)$$

$$i = \frac{u_R}{R} = \frac{U_s - U_0}{R}e^{-\frac{t}{\tau}} \quad (t > 0)$$

将式（8-17a）改写为

$$u_C = U_0 e^{-\frac{t}{\tau}} + U_s(1 - e^{-\frac{t}{\tau}}) \quad (t \geqslant 0) \qquad (8-17b)$$

式（8-17）是 RC 电路的全响应的两种表示形式。式（8-17a）中，第一项是电路的暂态分量，也称自由分量，它随着时间按指数规律衰减，最终到零值；第二项是电路的稳态分量，也称强制分量，不随时间变化。故全响应可表示为

　　　　　全响应＝暂态分量（自由分量）＋稳态分量（强制分量）

式（8-17b）第一项是电路的零输入响应，第二项是电路的零状态响应，故全响应也可表示为

　　　　　全响应＝零输入响应＋零状态响应

上述全响应的两种分解形式适用于任何线性动态电路，前者着眼于电路的工作状态，而后者着眼于激励与响应间的因果关系。图 8-17 作出了在 $U_0 < U_s$ 情况下，RC 电路的全响应波形。

当 $U_0 < U_s$ 时，电路处于充电状态下，u_C 按指数规律上升，最终到达 U_s；当 $U_0 > U_s$ 时，电路处于放电状态，u_C 按指数规律下降，最终也到达 U_s；当 $U_0 = U_s$ 时电路响应中的自由分量为零，电路换路后立即进入稳定状态。

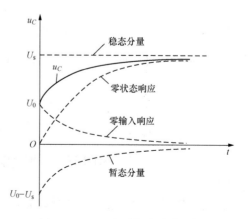

图 8-17　RC 电路的全响应波形

【例 8 - 8】　　图 8 - 18 所示电路，已知 $u_C(0_-) = 12\text{V}$，在 $t = 0$ 时将开关闭合，求 $t \geqslant 0$ 时电容上电压 u_C。

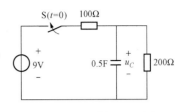

图 8 - 18　【例 8 - 8】图

解　用叠加法求全响应。开关闭合后，电路重新达到稳定时，电容开路，可求得

$$u_C(\infty) = \frac{200}{200 + 100} \times 9 = 6(\text{V})$$

断开电容后，留下二端网络的等效电阻为

$$R_{\text{eq}} = \frac{200 \times 100}{200 + 100} = \frac{200}{3}(\Omega)$$

电路的时间常数为

$$\tau = R_{\text{eq}}C = 100/3(\text{s})$$

根据换路定律得

$$u_C(0_+) = u_C(0_-) = 12(\text{V})$$

则电路的零输入响应为

$$u'_C = 12\text{e}^{-3t/100}(\text{V})$$

电路的零状态响应为

$$u''_C = 6(1 - \text{e}^{-3t/100})(\text{V})$$

将零输入响应和零状态响应叠加，得电路的全响应为

$$u_C = u'_C + u''_C = 12\text{e}^{-3t/100} + 6(1 - \text{e}^{-3t/100}) = 6 + 6\text{e}^{-3t/100}(\text{V}) \quad (t \geqslant 0)$$

二、用三要素法求全响应

RC 电路中的电容电压的全响应可分解为稳态分量和暂态分量，即

$$u_C = u_C(\infty) + [u_C(0_+) - u_C(\infty)]\text{e}^{-\frac{t}{\tau}} \quad (t \geqslant 0) \tag{8 - 18}$$

式中：$\tau = RC$。

同理可得 RL 电路中的电感电流的全响应也可表示为稳态分量和暂态分量的叠加，即

$$i_L = i_L(\infty) + [i_L(0_+) - i_L(\infty)]\text{e}^{-\frac{t}{\tau}} \quad (t \geqslant 0) \tag{8 - 19}$$

式中：$\tau = \dfrac{L}{R}$。

可以证明，在直流电源的激励下，一阶电路的任意支路电流和电压均可以用式（8 - 18）和式（8 - 19）的形式来表示。如果用 $f(t)$ 表示电流或电压，$f(0_+)$ 表示电流或电压的初始值，$f(\infty)$ 表示电流或电压的稳态值，则可归纳出求解一阶电路在直流电源激励下全响应的表达式为

$$f(t) = f(\infty) + [f(0_+) - f(\infty)]\text{e}^{-\frac{t}{\tau}} \quad (t > 0) \tag{8 - 20}$$

式中：初始值 $f(0_+)$、稳态值 $f(\infty)$ 和时间常数 τ 称为电路的三要素。这种只要知道三要素，然后根据式（8 - 20）直接写出电路中任意一条支路电压和电流全响应的方法称为三要素法。

如果激励是正弦交流电，由于稳态分量为一时间函数 $f'(t)$，则暂态分量的初始值应改为 $[f(0_+) - f'(0_+)]$，$f'(0_+)$ 是稳态分量在 $t = 0_+$ 时的值，全响应公式可以写成

$$f(t) = f'(t) + [f(0_+) - f'(0_+)]\text{e}^{-\frac{t}{\tau}} \quad (t > 0) \tag{8 - 21}$$

三要素法避免了列解微分方程的复杂过程，是一种迅速、简便求解全响应的方法，它也适用于求解电路任意处的零输入和零状态响应。利用三要素法求全响应的步骤如下。

（1）求初始值 $f(0_+)$。

（2）求稳态值 $f(\infty)$。在稳定的直流电路中，电感相当于短路，电容相当于开路，其等效电路为电阻性电路，可以用前面学过的分析直流电路的方法求解。

（3）时间常数 τ。同一个一阶电路中各响应的时间常数 τ 都是相同的，对于一阶 RC 电路，其 $\tau = R_{eq}C$，对于一阶 RL 电路，其 $\tau = L/R_{eq}$，其中 R_{eq} 为该动态元件（L 或 C）所接二端电阻性网络的戴维南等效电阻。

（4）代入三要素法公式，由式（8 - 20）求得所需量。

【例 8 - 9】 图 8 - 19（a）所示电路，开关 S 打开前已达稳定，在 $t=0$ 时将开关打开。（1）求电容电压的初始值、稳态值和电路的时间常数；（2）写出换路后电容电压 u_C 的表达式，并画出曲线。

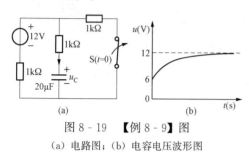

图 8 - 19 【例 8 - 9】图
(a) 电路图；(b) 电容电压波形图

解 （1）求初始值 $u_C(0_+)$。图 8 - 19（a）中，换路前电路处于稳态，电容 C 相当于开路，电容端电压为 $u_C(0_-) = \dfrac{12}{2} \times 1 = 6$（V）。由换路定律得

$$u_C(0_+) = u_C(0_-) = 6(\text{V})$$

（2）求稳态值 $u_C(\infty)$。图 8 - 19（a）中，开关打开后电路重新进入稳定状态，电容 C 又相当于开路。

$$u_C(\infty) = 12(\text{V})$$

（3）求时间常数 τ。图 8 - 19（a）中，开关打开后从电容两端看进去的等效电阻为 $R_{eq} = 1+1=2$（kΩ），故时间常数为

$$\tau = R_{eq}C = 0.04(\text{s})$$

根据三要素公式，可得

$$u_C = u_C(\infty) + [u_C(0_+) - u_C(\infty)]\mathrm{e}^{-\frac{t}{\tau}} = 12 - 6\mathrm{e}^{-25t}(\text{V})(t \geqslant 0)$$

u_C 的波形曲线见图 8 - 19（b）。

【例 8 - 10】 图 8 - 20 所示电路，开关 S 处于闭合状态时间已久，在 $t=0$ 时将开关断开，求断开开关后的电感的电流 i_L 以及电感的电压 u_L。

解 开关 S 打开前 5Ω 电阻被短路，电感的电流为

$$i_L(0_-) = \frac{10}{10+2.5} \times \frac{1}{2} = 0.4 \text{（A）}$$

由换路定律得

$$i_L(0_+) = i_L(0_-) = 0.4(\text{A})$$

开关 S 打开后电路重新达到稳定，电感的电流变为

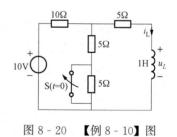

图 8 - 20 【例 8 - 10】图

$$i_L(\infty) = \frac{10}{10 + \dfrac{10 \times 5}{10+5}} \times \frac{10}{10+5} = 0.5(\text{A})$$

电路的等效电阻为

$$R_{eq} = 10(\Omega)$$

则时间常数

$$\tau = L/R_{eq} = 0.1(\text{s})$$

根据三要素法可得

$$i_L = i_L(\infty) + [i_L(0_+) - i_L(\infty)]e^{-10t} = 0.5 - 0.1e^{-10t}(A)$$

所以，电感的电压为

$$u_L = L\frac{di_L}{dt} = e^{-10t}(V)$$

【例 8 - 11】　如图 8 - 21（a）所示电路，电路原已稳定，$u_C(0_-) = 0$，各元件参数如图 8 - 21（a）中所示，在 $t = 0$ 时闭合开关 S，求开关 S 合上后电路的 i、u_C。

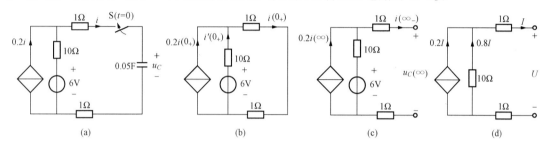

图 8 - 21　【例 8 - 11】图

（a）电路图；（b）$t = 0_+$ 时等效电路；（c）$t = \infty$ 时等效电路；（d）求等效电阻的电路

解　（1）求电路的初始值 $i(0_+)$ 和 $u_C(0_+)$。在开关闭合前电路处于稳态，有 $u_C(0_-) = 0(V)$，由换路定律得

$$u_C(0_+) = u_C(0_-) = 0(V)$$

作 $t = 0_+$ 时的等效电路如图 8 - 21（b）所示，可求得

$$i'(0_+) = i(0_+) - 0.2i(0_+) = 0.8i(0_+)$$

则对图 8 - 21（b）右边回路有

$$6 - 10i'(0_+) = (1+1)i(0_+)$$

解得

$$i(0_+) = 0.6(A)$$

（2）求稳态值 $i(\infty)$ 和 $u_C(\infty)$。由于 $t = \infty$ 时，电容 C 相当于开路，作 $t = \infty$ 时的等效电路如图 8 - 21（c）所示，可得

$$i(\infty) = 0(A)$$
$$u_C(\infty) = 6(V)$$

（3）求时间常数 τ。由于电路中含有受控源，从电容两端看进去的等效电阻可以用外接电源法求解。断开电容所在支路，如图 8 - 21（d）所示，设端口施加电源电压为 U，10Ω 电阻上的电流为

$$I - 0.2I = 0.8I$$

则有

$$U = -0.8I \times 10 - 2I = -10I$$
$$R_{eq} = \frac{U}{-I} = 10(\Omega)$$

时间常数为

$$\tau = R_{eq}C = 10 \times 0.05 = 0.5(s)$$

根据三要素公式，可得

$$u_C = u_C(\infty) + [u_C(0_+) - u_C(\infty)]e^{-\frac{t}{\tau}} = 6 - 6e^{-2t}(\text{V})(t \geqslant 0)$$

$$i = i(\infty) + [i(0_+) - i(\infty)]e^{-\frac{t}{\tau}} = 0.6e^{-2t}(\text{A})(t \geqslant 0_+)$$

【例 8 - 12】 图 8 - 22（a）所示电路，已知 $u_C(0_-) = 0$，$t = 0$ 时将开关 S1 闭合，$t = \ln 2\text{s}$ 时闭合开关 S2，试求 $t > 0$ 时电路中电压 u_C，并画出其波形。

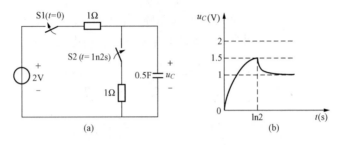

图 8 - 22　【例 8 - 12】图

(a) 电路原理图；(b) u_C 的波形

解　（1）当只有 S1 闭合时，由于 $u_C(0_-) = 0$，由换路定律得 $u_C(0_+) = u_C(0_-) = 0$。从电容两端看入的等效电阻为

$$R'_{\text{eq}} = 1(\Omega)$$

电路的时间常数为

$$\tau' = R'_{\text{eq}}C = 0.5(\text{s})$$

电路稳定后的电压为

$$u'_C(\infty) = 2(\text{V})$$

根据三要素公式得

$$u'_C = 2(1 - e^{-2t})(\text{V})$$

（2）当 $t = \ln 2\text{s}$ 时，开关 S2 闭合，这时用 $t' = t - \ln 2(t \geqslant \ln 2\text{s})$ 作为新的计时起点，可求得

$$u''_C(0_+) = u'_C(\ln 2) \approx 1.5(\text{V})$$

当 $t = \infty$ 时，电路将达到新的稳态，此时，电容相当于开路，可求得

$$u''_C(\infty) = 2 \times \frac{1}{1+1} = 1(\text{V})$$

从电容两端看入的等效电阻为

$$R''_{\text{eq}} = \frac{1 \times 1}{1 + 1} = 0.5(\Omega)$$

电路的时间常数为

$$\tau'' = R''_{\text{eq}}C = 0.5 \times 0.5 = 0.25(\text{s})$$

根据三要素公式得

$$u''_C = 1 + 0.5e^{-4t'}(\text{V})(t' = t - \ln 2, t \geqslant \ln 2\text{s})$$

所以

$$u_C = \begin{cases} 2(1 - e^{-2t})(\text{V}) & (0 < t \leqslant \ln 2\text{s}) \\ 1 + 0.5e^{-4(t-\ln 2)}(\text{V}) & (t > \ln 2\text{s}) \end{cases}$$

画出 u_C 的波形见图 8 - 22（b）。

第五节 一阶电路的阶跃响应

在一阶直流电路中，开关的作用是将电源接入或撤离电路，而阶跃函数的阶跃特性正好可以替代开关的作用。因此引入阶跃函数可以更好地建立电路的物理和数学模型，方便电路分析和计算。

一、阶跃函数

单位阶跃函数记作 $\varepsilon(t)$，定义为

$$\varepsilon(t) = \begin{cases} 0 & (t < 0) \\ 1 & (t > 0) \end{cases} \qquad (8\text{-}22)$$

即当 $t < 0$ 时，$\varepsilon(t) = 0$；当 $t > 0$ 时，$\varepsilon(t) = 1$；当 $t = 0$ 时，$\varepsilon(t)$ 从 0 跃变为 1。单位阶跃函数的波形如图 8-23（a）所示。

幅度为 A 的阶跃函数 $A \cdot \varepsilon(t)$，定义为

$$A \cdot \varepsilon(t) = \begin{cases} 0 & (t < 0) \\ A & (t > 0) \end{cases} \qquad (8\text{-}23)$$

其波形如图 8-23（b）所示。

幅度为 A，延时 t_0 后出现的阶跃函数 $A \cdot \varepsilon(t - t_0)$ 定义为：

$$A \cdot \varepsilon(t - t_0) = \begin{cases} 0 & (t < t_0) \\ A & (t > t_0) \end{cases} \qquad (8\text{-}24)$$

其波形如图 8-23（c）所示。

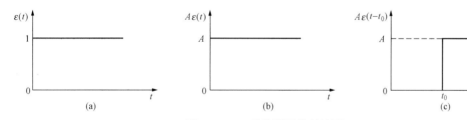

图 8-23 三种阶跃函数的波形

（a）单位阶跃函数；（b）幅度为 A 的阶跃函数；（c）延迟阶跃函数

如果需要一个电压源 u_s 在 $t = t_0$ 时接入电路，则可表示成 $u_s\varepsilon(t - t_0)$。

单位阶跃信号可以用于截取任意一个信号。如果 $f(t)$ 是对所有时间都有定义的函数，为使其在 $t < t_0$ 时为零，而 $t > t_0$ 时开始作用，可以表示成 $f(t) \cdot \varepsilon(t - t_0)$，它的波形如图 8-24 所示。

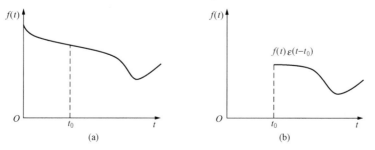

图 8-24 用阶跃函数表示开关的作用

（a）原函数；（b）截取后的函数

　　阶跃函数也可以表示矩形脉冲信号。如图 8-25（a）所示的方波信号，可以用两个延时不同的阶跃函数的叠加而成，如图 8-25（b）所示。表达式为

$$f(t) = A\varepsilon(t) - A\varepsilon(t - t_0)$$

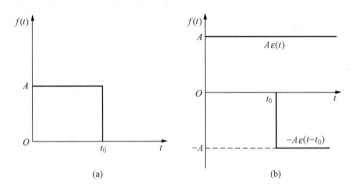

(a)　　　　　　　　　　　　　(b)

图 8-25　方波信号分解成阶跃函数
(a) 方波信号；(b) 分解后的阶跃函数

二、阶跃响应

　　电路在零状态条件下，对单位阶跃信号激励的响应，称为单位阶跃响应，用 $s(t)$ 表示。图 8-26（a）所示电路为一阶 RC 串联电路，若电路处于零状态，在单位阶跃信号激励下（相当于电路在 $t = 0$ 时，接入 1V 的直流电压源），电容电压的单位阶跃响应为

$$s(t) = u_C(t) = (1 - \mathrm{e}^{-\frac{t}{RC}}) \cdot \varepsilon(t) \tag{8-25}$$

式（8-25）中的因子 $\varepsilon(t)$ 表示该式仅适用于 $t > 0$，所以，表达式后不再标注"$t > 0$"。u_s 和 u_C 的波形如图 8-26（b）、（c）所示。

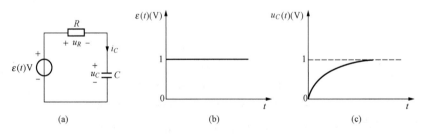

(a)　　　　　　　　　(b)　　　　　　　　　(c)

图 8-26　RC 电路的阶跃响应
(a) 电路图；(b) $\varepsilon(t)$ 的波形；(c) u_C 的波形

　　同理可得，图 8-26（a）所示电路，在 $U\varepsilon(t)$ 激励下，电容电压的阶跃响应为

$$u_C = U(1 - \mathrm{e}^{-\frac{t}{RC}}) \cdot \varepsilon(t) \tag{8-26}$$

在 $U\varepsilon(t - t_0)$ 激励下，电容电压的阶跃响应为

$$u_C = U(1 - \mathrm{e}^{-\frac{t - t_0}{RC}}) \cdot \varepsilon(t - t_0) \tag{8-27}$$

式（8-27）中的因子 $\varepsilon(t - t_0)$ 表示响应在 $t = t_0$ 后开始，其波形如图 8-27 所示。

　　需要注意的是 $u_C(t) = U(1 - \mathrm{e}^{-\frac{t}{RC}}) \cdot \varepsilon(t - t_0)$ 和 $u_C(t) = U(1 - \mathrm{e}^{-\frac{t - t_0}{RC}}) \cdot \varepsilon(t)$ 与延时阶跃响应的含义是不同的，读者可自行画出这两个函数的波形来比较。

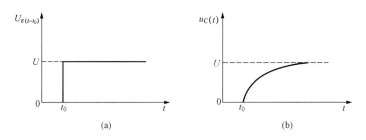

图 8-27　幅度为 U 的延迟阶跃函数作用下的响应

（a）延迟阶跃函数；（b）延迟阶跃响应

【例 8-13】　电路如图 8-28（a）所示，激励 i_s 的波形如图 8-28（b）所示，求电容电压的零状态响应 u_C。

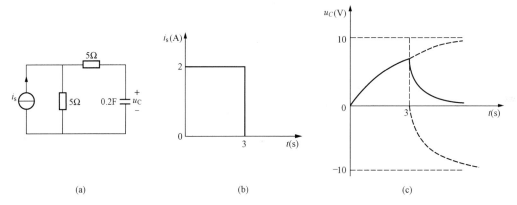

图 8-28　【例 8-13】图

（a）电路图；（b）i_s 的波形；（c）u_C 的变化曲线

解　激励的表达式可以表示为

$$i_s = 2\varepsilon(t) - 2\varepsilon(t-3)(A)$$

电路的零状态响应可以表示为

$$u_C(t) = 2s(t) - 2s(t-3)(V)$$

电路在单位阶跃信号作用下的稳态值为

$$u_C(\infty) = 5(V)$$

时间常数为

$$\tau = RC = 2s$$

则在 $u_C(0_-) = 0$ 时，单位阶跃响应 $s(t)$ 为

$$s(t) = 5(1 - e^{-0.5t})\varepsilon(t)(V)$$

所以，电路的零状态响应为

$$u_C = 10(1 - e^{-0.5t})\varepsilon(t) - 10\left[1 - e^{-0.5(t-3)}\right]\varepsilon(t-3)(V)$$

作出波形如图 8-28（c）所示。

三、微分电路和积分电路

在电子技术中常常用到微分电路和积分电路，它们都是由 RC 串联电路构成，只要满足一定的条件就可以对信号进行微分和积分处理。

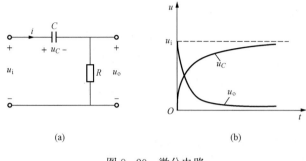

图 8-29　微分电路

(a) 电路图；(b) 微分波形

1. 微分电路

微分电路如图 8-29（a）所示，当输出电压 u_o 从电阻 R 上取出。选择电路参数，使时间常数 τ 很小，则电容充电很快，如图 8-29（b）所示，电容电压与输入电压近似相等，即 $u_i \approx u_C$ 所以有

$$u_0 = u_R = Ri = RC \frac{\mathrm{d}u_C}{\mathrm{d}t}$$

$$\approx RC \frac{\mathrm{d}u_i}{\mathrm{d}t} \tag{8-28}$$

由式（8-28）可知，输出电压与输入电压近似于微分关系，此时的 RC 串联电路就是微分电路。输入为矩形波的微分电路如图 8-30 所示。

2. 积分电路

积分电路如图 8-31 所示，输出电压 u_o 从电容 C 上取出，选择电路参数，使时间常数 τ 很大，则电容充电很慢，电阻电压与输入电压近似相等，即 $u_i \approx u_R$，所以

$$u_o = u_C = \frac{1}{C}\int i \,\mathrm{d}t = \frac{1}{RC}\int u_R \,\mathrm{d}t \approx \frac{1}{RC}\int u_i \,\mathrm{d}t \tag{8-29}$$

由式（8-26）可知，输出电压与输入电压近似于积分关系，此时的 RC 串联电路就是积分电路。

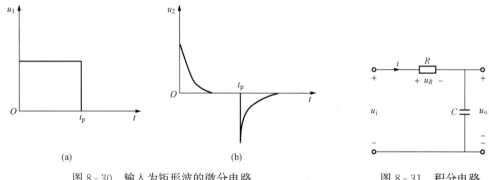

图 8-30　输入为矩形波的微分电路

(a) 输入波形；(b) 输出波形

图 8-31　积分电路

如果输入为矩形波，如图 8-32 所示，其脉宽为 t_p，当 $\tau \geqslant (3 \sim 5)t_p$ 时，输出电压就近似与输入电压成积分关系，此时的输出波形为三角波。

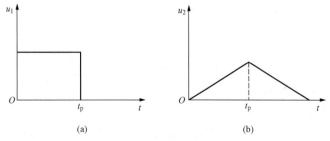

图 8-32　输入为矩形波的积分电路

(a) 输入波形；(b) 输出波形

第六节　一阶电路的冲激响应

一、冲激函数

在现代电路理论中，常常用冲激函数描述快速变化的电压和电流。本章前几节内容所讨论的情况都是假设电容的电流和电感的电压为有限值时，电容的电压和电感的电流不会在换路瞬间发生跃变。而在某些电路中，为了满足基尔霍夫定律，电容的电流和电感的电压不再为有限值，电容的电压与电感的电流在换路前后可能发生跃变，不再遵循换路定律。

1. 单位冲激函数

单位冲激函数 $\delta(t)$ 的定义为

$$\begin{cases} \delta(t) = 0 & (t \neq 0) \\ \int_{-\infty}^{+\infty} \delta(t)\mathrm{d}t = 1 & (t = 0) \end{cases} \tag{8-30}$$

$\delta(t)$ 是一种奇异函数，当 $t \neq 0$ 时，其值为零，在 $t = 0$ 时，其值为奇异，它对自变量的积分为 1 个单位面积，通常称这个积分值为冲激信号的强度，用图 8-33（b）表示。它可以看成是一个单位矩形脉冲信号 $p(t)$ 取极限而得到，如图 8-33（a）所示。当矩形脉冲的宽为 Δ，则高为 $\frac{1}{\Delta}$，面积为 1。如果保持矩形脉冲的面积不变，当宽度变窄，高度就会变高，当宽 $\Delta \to 0$ 时，$p(t)$ 的高 $\frac{1}{\Delta} \to \infty$，这时的 $p(t)$ 就是冲激函数 $\delta(t)$。

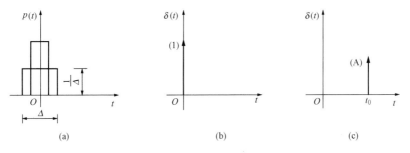

图 8-33　单位矩形脉冲和冲激函数
（a）单位矩形脉冲；（b）冲激函数；（c）延迟冲激函数

如果冲激函数的强度不是 1，而是某一常数 A，则表示强度为 A 的冲激函数为 $A\delta(t)$。

如果冲激函数在 $t = t_0$ 时发生，则延迟冲激函数可表示为 $\delta(t - t_0)$。发生在 $t = t_0$ 时刻强度为 A 的冲激函数 $A\delta(t - t_0)$ 如图 8-33（c）所示，其定义为

$$\begin{cases} A\delta(t - t_0) = 0 & (t \neq t_0) \\ \int_{-\infty}^{+\infty} A\delta(t - t_0)\mathrm{d}t = A & (t = t_0) \end{cases}$$

若用 $Q\delta(t)$ 表示冲激电流，其含义是在 $0_- \sim 0_+$ 时间内，电路中有电荷量 Q 发生了移动，电流强度趋于无穷大。若用 $\psi\delta(t)$ 表示冲激电压，其含义是在 $0_- \sim 0_+$ 时间内，电感上建立了磁链 ψ，电压强度趋于无穷大。

2. 冲激函数的性质

（1）单位冲激函数与单位阶跃函数的关系。单位阶跃函数是单位冲激函数的积，即

$$\int_{-\infty}^{t} \delta(\xi)\mathrm{d}\xi = \varepsilon(t) \tag{8-31}$$

反之，单位冲激函数是单位阶跃函数的微分，即

$$\frac{\mathrm{d}\varepsilon(t)}{\mathrm{d}t} = \delta(t) \tag{8-32}$$

（2）单位冲激函数的"筛分"性质。当单位冲激函数与任一在 $t=0$ 时连续的函数 $f(t)$ 相乘时，由于 $t \neq 0$ 时 $\delta(t)=0$，所以有

$$f(t)\delta(t) = f(0)\delta(t) \tag{8-33}$$

对延时冲激函数 $\delta(t-t_0)$，如果 $t=t_0$ 时 $f(t)$ 连续，则

$$f(t)\delta(t-t_0) = f(t_0)\delta(t-t_0) \tag{8-34}$$

这种性质也称为冲激函数的采样特性。

二、冲激响应

动态电路在单位冲激函数作用下的零状态响应，称为单位冲激响应，用 $h(t)$ 表示。冲激函数作用仅在一瞬间，将它的能量传输给动态元件存储起来，瞬间之后，冲激函数为零，电路的响应仅靠动态元件释放储能来产生。因此，冲激响应就是一种类似于只有初始值引起的零输入响应。求冲激响应的关键在于确定冲激激励下动态元件的初始值 $u_C(0_+)$ 和 $i_L(0_+)$。零状态下的一阶 RC 和 RL 电路中，电容电压和电感电流在 $t=0_-$ 到 0_+ 时间内发生跃变。在 $t \geqslant 0_+$ 时，冲激函数为零，而 $u_C(0_+)$ 和 $i_L(0_+)$ 不为零，电路将会产生类似于只有初始值引起的零输入响应。

图 8-34（a）所示电路为冲激电流 $Q\delta(t)$ 激励下的 RC 并联电路，设 $u_C(0_-)=0$。根据 KCL 有

$$i_C + i_R = Q\delta(t)$$

代入元件 R、C 的约束关系 $u_R = i_R R$，$i_C = C\dfrac{\mathrm{d}u_C}{\mathrm{d}t}$，得

$$C\frac{\mathrm{d}u_C}{\mathrm{d}t} + \frac{u_C}{R} = Q\delta(t)$$

对上式两边在 0_- 到 0_+ 时间内积分，得

$$\int_{0_-}^{0_+} C\frac{\mathrm{d}u_C}{\mathrm{d}t}\mathrm{d}t + \int_{0_-}^{0_+} \frac{u_C}{R}\mathrm{d}t = \int_{0_-}^{0_+} Q\delta(t)\mathrm{d}t$$

则有

$$C[u_C(0_+) - u_C(0_-)] + \frac{1}{R}\int_{0_-}^{0_+} u_C\mathrm{d}t = Q$$

由于 u_C 为有限值，故有

$$\int_{0_-}^{0_+} u_C\mathrm{d}t = 0$$

又因 $u_C(0_-)=0$，则有

$$u_C(0_+) = \frac{Q}{C}$$

当 $t \geqslant 0_+$ 时，冲激电流源 $Q\delta(t)=0$，电流源相当于开路，电容元件通过电阻 R 放电，电容

电压为

$$u_C = u_C(0_+)\mathrm{e}^{-\frac{t}{\tau}} = \frac{Q}{C}\mathrm{e}^{-\frac{t}{RC}}$$

在整个时域内，电路的冲激响应为

$$
\left.
\begin{aligned}
u_C &= \frac{Q}{C}\mathrm{e}^{-\frac{t}{RC}}\varepsilon(t)\\
i_C &= C\frac{\mathrm{d}u_C}{\mathrm{d}t} = C\frac{\mathrm{d}}{\mathrm{d}t}\left[\frac{Q}{C}\mathrm{e}^{-\frac{t}{RC}}\varepsilon(t)\right]\\
&= Q\mathrm{e}^{-\frac{t}{RC}}\delta(t) - \frac{Q}{RC}\mathrm{e}^{-\frac{t}{RC}}\varepsilon(t)\\
&= Q\delta(t) - \frac{Q}{RC}\mathrm{e}^{-\frac{t}{RC}}\varepsilon(t)
\end{aligned}
\right\}
\tag{8-35}
$$

由式（8-35）可见，电容电流在充电瞬间（$0_- \sim 0_+$）是一冲激电流，随后是按指数规律衰减的放电电流，其变化曲线，如图 8-34（b）和图 8-34（c）所示。

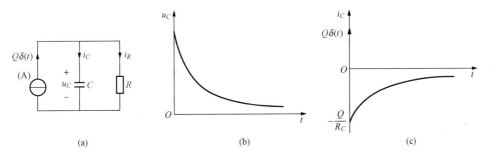

图 8-34　RC 冲激响应

（a）电路图；（b）u_C 的变化曲线；（c）i_C 的变化曲线

图 8-35（a）所示为冲激电压 $\psi \cdot \delta(t)$ 作用下的 RL 串联电路，设 $i_L(0_-) = 0$。根据 KVL 有

$$u_R + u_L = \psi\delta(t)$$

代入元件 R、L 的约束关系，$u_R = iR$，$u_L = L\dfrac{\mathrm{d}i}{\mathrm{d}t}$ 得

$$i_L R + L\frac{\mathrm{d}i_L}{\mathrm{d}t} = \psi\delta(t)$$

对上式两边在 0_- 到 0_+ 时间内积分，得

$$\int_{0_-}^{0_+} iR\,\mathrm{d}t + L\int_{0_-}^{0_+}\frac{\mathrm{d}i_L}{\mathrm{d}t}\mathrm{d}t = \int_{0_-}^{0_+}\psi\delta(t)\mathrm{d}t$$

则有

$$R\int_{0_-}^{0_+} i_L\,\mathrm{d}t + L\big[i_L(0_+) - i_L(0_-)\big] = \psi$$

由于 i_L 为有限值，故有

$$\int_{0_-}^{0_+} i_L\,\mathrm{d}t = 0$$

又因 $i_L(0_-) = 0$，则有

$$i_L(0_+) = \frac{\psi}{L}$$

当 $t \geq 0_+$ 时，冲激电压源 $\psi\delta(t) = 0$，电压源相当于短路，电感元件通过电阻 R 释放能量，电感电流为

$$i_L = i_L(0_+)\mathrm{e}^{-\frac{t}{\tau}} = \frac{\psi}{L}\mathrm{e}^{-\frac{R}{L}t}$$

在整个时域内，电路的冲激响应为

$$i_L(t) = \frac{\psi}{L}\mathrm{e}^{-\frac{R}{L}t}\varepsilon(t)$$

$$u_L = L\frac{\mathrm{d}i_L}{\mathrm{d}t} = L\frac{\mathrm{d}}{\mathrm{d}t}\left[\frac{\psi}{L}\mathrm{e}^{-\frac{R}{L}t}\varepsilon(t)\right] = \psi\delta(t) - \frac{R\psi}{L}\mathrm{e}^{-\frac{R}{L}t}\varepsilon(t) \qquad (8\text{-}36)$$

由式（8-36）可见，电感电压在（$0_- \sim 0_+$）瞬间是一冲激电压，随后按指数规律衰减，i_L 和 u_L 的变化曲线如图 8-35（b）和图 8-35（c）所示。

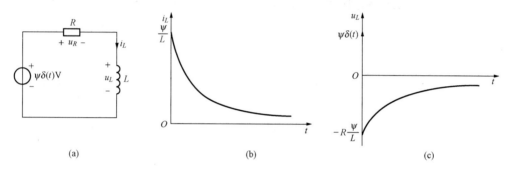

图 8-35　RL 的冲激响应
(a) 电路图；(b) i_L 的变化曲线；(c) u_L 的变化曲线

对于一阶线性电路而言，冲激函数与阶跃函数的关系满足式（8-31）和式（8-32），那么，冲激响应与阶跃响应也满足下列关系

$$s(t) = \int h(t)\mathrm{d}t \qquad (8\text{-}37\mathrm{a})$$

或

$$h(t) = \frac{\mathrm{d}s(t)}{\mathrm{d}t} \qquad (8\text{-}37\mathrm{b})$$

应用这一关系，对电路的冲激响应可以有另一种求法：在强度为 A 的冲激激励下，电路的冲激响应可以由幅度为 A 的阶跃激励作用于电路时的阶跃响应进行求导而得到。

【例 8-14】　求图 8-36 所示电路中电流的冲激响应 i。

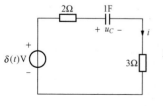

图 8-36　【例 8-14】图

解法一　直接列微分方程求解。由 KVL 得

$$u_C + (3+2)i = \delta(t)$$

将 $i = C\dfrac{\mathrm{d}u_C}{\mathrm{d}t}$，$C = 1\mathrm{F}$ 代入上式，得

$$5\frac{\mathrm{d}u_C}{\mathrm{d}t} + u_C = \delta(t)$$

对上式两边在 0_- 到 0_+ 时间内积分，得

$$\int_{0_-}^{0_+} 5\frac{\mathrm{d}u_C}{\mathrm{d}t}\mathrm{d}t + \int_{0_-}^{0_+} u_C\mathrm{d}t = \int_{0_-}^{0_+}\delta(t)\mathrm{d}t$$

由于 $\int_{0_-}^{0_+} u_C\mathrm{d}t = 0$ ，$\int_{0_-}^{0_+}\delta(t)\mathrm{d}t = 1$ ，所以有

$$5[u_C(0_+) - u_C(0_-)] = 1$$

由于冲激响应中 $u_C(0_-) = 0$ ，则有

$$u_C(0_+) = 0.2(\mathrm{V})$$

电路的时间常数为

$$\tau = RC = (3+2)\times 1 = 5(\mathrm{s})$$

电容电压的冲激响应为

$$u_C = u_C(0_+)\mathrm{e}^{-\frac{t}{\tau}}\varepsilon(t) = 0.2\mathrm{e}^{-\frac{t}{5}}\varepsilon(t)(\mathrm{V}) \quad (t>0)$$

电路电流的冲激响应为

$$i = C\frac{\mathrm{d}u_C}{\mathrm{d}t} = -0.04\mathrm{e}^{-\frac{t}{5}}\varepsilon(t)(\mathrm{A}) \quad (t>0)$$

解法二 利用阶跃响应与冲激响应的关系求解。将冲激激励换成阶跃激励 $\varepsilon(t)$ ，可得电容电压的阶跃响应为

$$u_C' = (1-\mathrm{e}^{-\frac{t}{RC}})\varepsilon(t) = (1-\mathrm{e}^{-\frac{t}{5}})\varepsilon(t)$$

将电容电压的阶跃响应对时间求导，得到冲激函数 $\delta(t)$ 激励下，电容电压的冲激响应为

$$u_C = \frac{\mathrm{d}u_C'}{\mathrm{d}t} = \frac{\mathrm{d}}{\mathrm{d}t}[(1-\mathrm{e}^{-\frac{t}{5}})\varepsilon(t)] = \delta(t)(1-\mathrm{e}^{-\frac{t}{5}}) + \frac{1}{5}\mathrm{e}^{-\frac{t}{5}}\varepsilon(t)$$

上式第一项中 $\delta(t)(1-\mathrm{e}^{-\frac{t}{5}}) = 0$ ，得电容电压的冲激响应为

$$u_C = \frac{1}{5}\mathrm{e}^{-\frac{t}{5}}\varepsilon(t) = 0.2\mathrm{e}^{-\frac{t}{5}}\varepsilon(t)(\mathrm{V}) \quad (t>0)$$

因此，电路电流的冲激响应为

$$i = C\frac{\mathrm{d}u_C}{\mathrm{d}t} = -0.04\mathrm{e}^{-\frac{t}{5}}\varepsilon(t)(\mathrm{A}) \quad (t>0)$$

第七节 二阶电路的响应

一、RLC 串联电路的零输入响应、零状态响应

如果描述动态电路响应的数学模型是二阶微分方程，这样的动态电路就称为二阶电路。二阶电路中至少含有两个动态元件，要求出二阶微分方程的解，需要两个初始条件，它们由动态元件的初始值决定。下面以 RLC 串联电路为例，首先讨论这种电路在没有外加激励，只靠动态元件的初始储能所引起的零输入响应，如图 8-37 所示。

1. 零输入响应

图 8-37 所示的 RLC 电路中，若电容原已充电至 U_0 ，电感中电流为 I_0 。在 $t=0$ 时，开关 S 闭合，动态元件通过电路放电。在图示参考方向下，根据 KVL 有

$$u_L + u_R - u_C = 0$$

各元件的 VAR 为

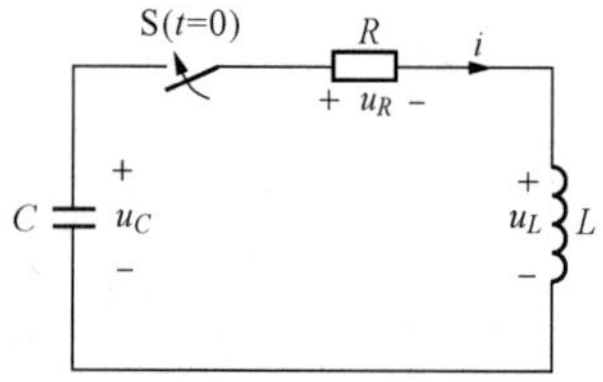

图 8-37　*RLC* 串联电路的
零输入响应

$$i = -C\frac{\mathrm{d}u_C}{\mathrm{d}t}$$

$$u_L = L\frac{\mathrm{d}i}{\mathrm{d}t} = -LC\frac{\mathrm{d}^2 u_C}{\mathrm{d}t^2}$$

$$u_R = Ri = -RC\frac{\mathrm{d}u_C}{\mathrm{d}t}$$

将它们代入 KVL 方程，得

$$LC\frac{\mathrm{d}^2 u_C}{\mathrm{d}t^2} + RC\frac{\mathrm{d}u_C}{\mathrm{d}t} + u_C = 0 \quad (t \geqslant 0) \qquad (8-38)$$

式（8-38）是一个二阶常系数线性齐次微分方程，它的解的形式将随着特征方程根的性质而改变。首先设 $u_C = A\mathrm{e}^{pt}$，把它代入式（8-35），可得特征方程

$$LCp^2 + RCp + 1 = 0 \qquad (8-39)$$

其特征根为

$$p_{1,2} = -\frac{R}{2L} \pm \sqrt{\left(\frac{R}{2L}\right)^2 - \frac{1}{LC}} = -\delta \pm \sqrt{\delta^2 - \omega_0^2} \qquad (8-40)$$

式中：$\delta = \dfrac{R}{2L}$；$\omega_0 = \dfrac{1}{\sqrt{LC}}$。根据 R、L、C 参数的不同，特征根可能有三种不同性质：①两个不相等的负实根；②一对相等负实根；③一对实部为负的共轭复根。下面就 $U_0 \neq 0$，$I_0 = 0$ 的情况分别讨论。

（1）当 $\delta > \omega_0$，即 $R > 2\sqrt{\dfrac{L}{C}}$ 时，非振荡放电过程。

这种情况下 p_1、p_2 为两个不相等的负实根，且 $p_1 p_2 = 1/LC$。微分方程的解为

$$u_C = A_1 \mathrm{e}^{p_1 t} + A_2 \mathrm{e}^{p_2 t} \qquad (8-41)$$

并且有

$$i = -C\frac{\mathrm{d}u_C}{\mathrm{d}t} = -CA_1 p_1 \mathrm{e}^{p_1 t} - CA_2 p_2 \mathrm{e}^{p_2 t} \qquad (8-42)$$

式（8-41）和式（8-42）中：A_1、A_2 为待定系数，由初始条件确定。代入初始条件，可得

$$u_C(0_+) = u_C(0_-) = U_0 = A_1 + A_2 \qquad (8-43)$$

$$i_L(0_+) = 0 = A_1 p_1 + A_2 p_2 \qquad (8-44)$$

由式（8-43）和式（8-44）解得

$$A_1 = \frac{p_2 U_0}{p_2 - p_1}, \quad A_2 = -\frac{p_1 U_0}{p_2 - p_1}$$

所以有

$$u_C = \frac{p_2 U_0}{p_2 - p_1}\mathrm{e}^{p_1 t} - \frac{p_1 U_0}{p_2 - p_1}\mathrm{e}^{p_2 t}$$

$$= \frac{U_0}{p_2 - p_1}(p_2 \mathrm{e}^{p_1 t} - p_1 \mathrm{e}^{p_2 t}) \qquad (8-45)$$

电路的电流为

$$i = -C\frac{\mathrm{d}u_C}{\mathrm{d}t} = -\frac{U_0}{L(p_2 - p_1)}(\mathrm{e}^{p_1 t} - \mathrm{e}^{p_2 t})$$

明显可见，式（8-45）中的两项都是按指数规律衰减的。作出电容电压 u_C 和放电电流 i_C 的波形，如图8-38所示。从 i 波形看到，电流在 t_m 时达到最大值，由 $\dfrac{\mathrm{d}}{\mathrm{d}t}(\mathrm{e}^{p_1 t} - \mathrm{e}^{p_2 t})\Big|_{t=t_m} = 0$，可得

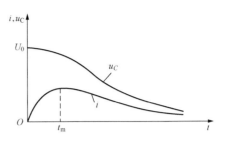

图8-38 非振荡放电的 u_C、i 的波形

$$t_m = \frac{1}{p_1 - p_2}\ln\frac{p_2}{p_1}$$

u_C 波形在整个变化过程中单调下降，都是释放能量，电路电阻较大，能量消耗极为迅速，响应是非振荡的，这种情况又称为过阻尼放电。在 $t = t_m$ 以前电流是增加的，电容释放的能量一部分被电阻消耗，还有一部分转变为电感的磁场能。在 $t = t_m$ 以后，电流逐渐减小，电感也释放能量，直到电容和电感的储能全部被电阻耗尽，放电结束。

【例8-15】 图8-37电路中，电容原已充电，$u_C(0_-) = U_0 = 6\mathrm{V}$，已知 $R = 3\Omega$，$L = 0.5\mathrm{H}$，$C = 0.25\mathrm{F}$。电路换路后，求 u_C 和 i。

解 将已知的 R、L、C 值代入 RLC 串联电路的特征方程式（8-39）中，可得

$$p^2 + 6p + 8 = 0$$

解出特征根，为

$$p_1 = -2, \quad p_2 = -4$$

将初始值 $u_C(0_+) = u_C(0_-) = U_0 = 6\mathrm{V}$ 和特征根代入式（8-45），解得

$$u_C = \frac{U_0}{p_2 - p_1}(p_2 \mathrm{e}^{p_1 t} - p_1 \mathrm{e}^{p_2 t}) = \frac{6}{-4-(-2)}[-4\mathrm{e}^{-2t} - (-2)\mathrm{e}^{-4t}] = 12\mathrm{e}^{-2t} - 6\mathrm{e}^{-4t}\,(\mathrm{V})$$

$$i = -\frac{U_0}{L(p_2 - p_1)}(\mathrm{e}^{p_1 t} - \mathrm{e}^{p_2 t}) = -6\mathrm{e}^{-2t} + 6\mathrm{e}^{-4t}\,(\mathrm{A})$$

（2）当 $\delta = \omega_0$，即 $R = 2\sqrt{\dfrac{L}{C}}$ 时，临界非振荡放电过程。

这种情况下，p_1、p_2 为两个相等的负实根，$p_1 = p_2 = -\delta$，微分方程的解为

$$u_C = (A_1 + A_2 t)\mathrm{e}^{pt} = (A_1 + A_2 t)\mathrm{e}^{-\delta t} \tag{8-46}$$

并且有

$$i_L = i_C = -C\frac{\mathrm{d}u_C}{\mathrm{d}t} = C\delta(A_1 + A_2 t)\mathrm{e}^{-\delta t} - CA_2\mathrm{e}^{-\delta t} \tag{8-47}$$

式（8-46）和式（8-47）中：A_1、A_2 为待定系数，由初始条件确定。代入初始条件，可得

$$u_C(0_+) = u_C(0_-) = U_0 = A_1 \tag{8-48}$$

$$i_L(0_+) = 0 = \delta A_1 - A_2 \tag{8-49}$$

即有

$$A_1 = U_0, \quad A_2 = \delta U_0 = \frac{R}{2L}U_0$$

所以有

$$u_C = U_0(1 + \delta t)\mathrm{e}^{-\delta t} \tag{8-50}$$

这种情况下，响应也是非振荡的，但它是振荡和非振荡的临界情况，这时的电阻称为临界电阻。

（3）当 $\delta < \omega_0$，即 $R < 2\sqrt{\dfrac{L}{C}}$ 时，振荡放电过程。

这种情况下，p_1、p_2 为两个实部为负的共轭复根，$p_1 = -\delta + \mathrm{j}\omega_\mathrm{d} = -\omega_0 \mathrm{e}^{-\mathrm{j}\beta}$，$p_2 = -\delta - \mathrm{j}\omega_\mathrm{d} = -\omega_0 \mathrm{e}^{\mathrm{j}\beta}$。其中，$\delta$ 称为衰减常数，$\omega_\mathrm{d} = \sqrt{\omega_0^2 - \delta^2}$ 称为振荡角频率，$\beta = \arctan\dfrac{\omega_\mathrm{d}}{\delta}$，$\delta$、$\omega_0$、$\omega_\mathrm{d}$ 三者构成一个以 ω_0 为斜边的直角三角形。微分方程的解为

$$u_C = A\mathrm{e}^{-\delta t}\sin(\omega_\mathrm{d}t + \beta) \tag{8-51}$$

并且有

$$i_L = i_C = -C\frac{\mathrm{d}u_C}{\mathrm{d}t} = CA\delta\mathrm{e}^{-\delta t}\sin(\omega_\mathrm{d}t + \beta) - C\omega_\mathrm{d}A\mathrm{e}^{-\delta t}\cos(\omega_\mathrm{d}t + \beta) \tag{8-52}$$

代入初始条件，可得

$$u_C(0_+) = u_C(0_-) = U_0 = A\sin\beta \tag{8-53}$$

$$i_L(0_+) = 0 = \delta\sin\beta - \omega_\mathrm{d}\cos\beta \tag{8-54}$$

由式（8-53）式（8-54）解得

$$A = \frac{U_0}{\sin\beta} = \frac{\omega_0}{\omega_\mathrm{d}}U_0$$

所以有

$$u_C = \frac{\omega_0}{\omega_\mathrm{d}}U_0\mathrm{e}^{-\delta t}\sin(\omega_\mathrm{d}t + \beta) \tag{8-55}$$

电路处于这种情况，是因为电阻较前两种情况都小，电容释放的能量只有少量被消耗，大部分被电感吸收变成磁场能；当电容的能量释放完时，电感中积蓄的能量释放出来返还给电容，期间又有少量能量被电阻消耗，电容获得的能量比原来少，当电感的能量释放完后电容又开始放电……电阻在不断消耗能量，电路中能量越来越少，电容电压幅度呈指数规律衰减地振荡。

当 $\delta = 0$，即 $R = 0$ 时，$u_C = A\sin(\omega_\mathrm{d}t + \beta)$，这时的振荡为等幅振荡，也称无阻尼振荡。电路没有能量损耗，振荡过程中电容释放的电场能被电感吸收后又等量地释放给电容，电容电压的振幅不会衰减，振荡将无限持续下去。

【例 8-16】 【例 8-15】中，保持 L、C 值及初始条件不变，改变 R 的值，试分别求 $R = 2\Omega$ 和 $R = 0$ 时的 u_C 和 i。

解 由于 $2\sqrt{\dfrac{L}{C}} = 2\sqrt{2}$，所以当 $R = 2\Omega$ 时，$R < 2\sqrt{\dfrac{L}{C}}$，p_1、p_2 为两个实部为负的共轭复根，将已知的 R、L、C 值代入 RLC 串联电路的特征方程式（8-39）中，可得

$$p^2 + 4p + 8 = 0$$

解出特征根为

$$p_1 = -\delta + \mathrm{j}\omega_\mathrm{d} = -2 + \mathrm{j}2 = -2\sqrt{2}\mathrm{e}^{-\mathrm{j}45°}$$

$$p_2 = -\delta - \mathrm{j}\omega_\mathrm{d} = -2 - \mathrm{j}2 = -2\sqrt{2}\mathrm{e}^{\mathrm{j}45°}$$

微分方程的解为

$$u_C = A\mathrm{e}^{-\delta t}\sin(\omega_\mathrm{d}t + \beta) = A\mathrm{e}^{-2t}\sin(2t + 45°) \quad (t \geqslant 0)$$

代入 $u_C(0_+) = u_C(0_-) = U_0 = 6\mathrm{V}$，得

$$A = 6\sqrt{2}$$

所以有

$$u_C = 6\sqrt{2}e^{-2t}\sin(2t + 45°)(\text{V})$$

$$i = -C\frac{du_C}{dt} = 3\sqrt{2}e^{-2t}\sin(2t + 45°) - 3\sqrt{2}e^{-2t}\cos(2t + 45°)(\text{A})$$

可见，响应为衰减振荡过程。

当 $R = 0$ 时，$\delta = 0$

$$u_C = 6\sqrt{2}\sin(2t + 45°)(\text{V})$$

$$i = -3\sqrt{2}\cos(2t + 45°)(\text{A})$$

可见，响应为等幅振荡。

2. 零状态响应

当二阶电路的初始储能为零，即 $u_C(0_+) = 0$，$i_1(0_+) = 0$ 时，反由外施激励引起的响应称为二阶电路的零状态响应，电路图如图 8-39 所示。

在图 8-39 中，根据 KVL 有

$$u_L + u_R + u_C = U_s \tag{8-56}$$

各元件的 VAR 为

$$i = C\frac{du_C}{dt}$$

$$u_L = L\frac{di}{dt} = LC\frac{d^2 u_C}{dt^2}$$

$$u_R = Ri = RC\frac{du_C}{dt}$$

将它们代入式（8-56），得

$$LC\frac{d^2 u_C}{dt^2} + RC\frac{du_C}{dt} + u_C = U_s \quad (t \geqslant 0) \tag{8-57}$$

式（8-57）是一个二阶常系数线性非齐次微分方程，它的解 u_C 由通解 u'_C 和特解 u''_C 组成，即

$$u_C = u'_C + u''_C$$

式中：通解 u'_C 是对应的齐次微分方程的解，求法与求二阶零输入响应相同，只是初始条件不同，待定系数也不同；特解 u''_C 为电路重新达到稳定状态后的值，即 $u''_C = U_s$。

【例 8-17】　电路如图 8-39 所示，已知 $R = 4\Omega$，$L = 1\text{H}$，$C = 1/3\text{F}$，$U_s = 2\text{V}$，$u_C(0_-) = 0$，$i_L(0_-) = 0$，在 $t = 0$ 时开关闭合，求 $t \geqslant 0$ 时，电容电压 u_C 和电感电流 i_L。

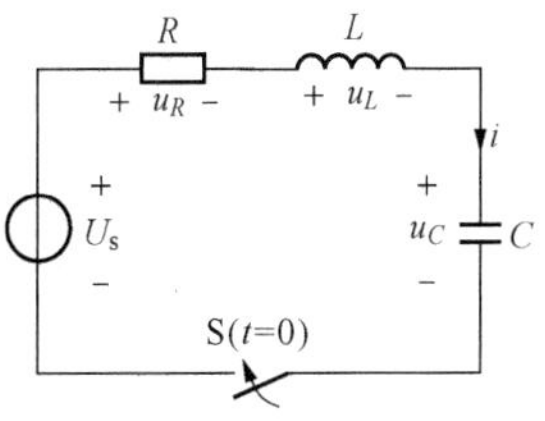

解　由于电路无初始储能，电路接通后的响应仅由电源激励引起，是零状态响应。在 $t \geqslant 0$ 时，根据 KVL 及元件约束关系，列出以 u_C 为变量的微分方程为

$$LC\frac{d^2 u_C}{dt^2} + RC\frac{du_C}{dt} + u_C = U_s$$

其特解为

$$u''_C = U_s$$

特征方程为

图 8-39　二阶电路的
零状态响应

$$LCp^2 + RCp + 1 = 0$$

其特征根为

$$p_{1,2} = -\frac{R}{2L} \pm \sqrt{\left(\frac{R}{2L}\right)^2 - \frac{1}{LC}} = -2 \pm 1$$

即

$$p_1 = -3, \quad p_2 = -1$$

这是两个不相等的负实根，对应的齐次方程的通解为

$$u'_C = A_1 e^{-3t} + A_2 e^{-t}$$

则电路的零状态响应为

$$u_C = A_1 e^{-3t} + A_2 e^{-t} + 2$$

代入初始条件 $u_C(0_-) = 0$，$i_L(0_-) = 0$，可得

$$u_C(0_+) = u_C(0_-) = A_1 + A_2 + 2 = 0$$

$$i_L(0_+) = i_L(0_-) = C \left.\frac{\mathrm{d}u_C}{\mathrm{d}t}\right|_{t=0_+} = 0$$

$$-3A_1 - A_2 = 0$$

解得

$$A_1 = 1, \quad A_2 = -3$$

电路的零状态响应为

$$u_C = e^{-3t} - 3e^{-t} + 2 \quad (t \geqslant 0)$$

$$i_L = i_C = C \frac{\mathrm{d}u_C}{\mathrm{d}t} = \frac{1}{3}(-3e^{-3t} + 3e^{-t}) = -e^{-3t} + e^{-t} \quad (t \geqslant 0)$$

二、RLC 串联电路的全响应

如果二阶电路既有初始储能，又有外施激励，则电路的响应称为全响应。同一阶电路一样，二阶电路的全响应也是由零输入响应和零状态响应叠加而成。

【例 8 - 18】 图 8 - 40 所示电路，已知 $U_s = 2\text{V}$，$R = 3\Omega$，$L = 0.5\text{mH}$，$C = 0.25\mu\text{F}$，设电路换路前处于稳定状态，且 $u_C(0_-) = 5\text{V}$，试求换路后电路的电流 i 和电压 u_C。

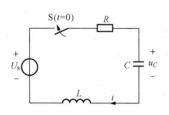

图 8 - 40 【例 8 - 18】图

解 电路换路后的响应为全响应。由于 $2\sqrt{L/C} = 40\sqrt{5} > R$，所以 p_1，p_2 为两个实部为负的共轭复根，特征根为

$$p_{1,2} = -\frac{R}{2L} \pm \sqrt{\left(\frac{R}{2L}\right)^2 - \frac{1}{LC}} = -3000 \pm \mathrm{j}\,89\,000$$

$$u_C = A e^{-\delta t} \sin(\omega_\mathrm{d} t + \beta) + 2 = A e^{-3000t} \sin(89\,000t + \beta) + 2$$

$$i = i_C = C \frac{\mathrm{d}u_C}{\mathrm{d}t} = -CA\delta e^{-\delta t}\sin(\omega_\mathrm{d}t + \beta) + CA\omega_\mathrm{d} e^{-\delta t}\cos(\omega_\mathrm{d}t + \beta)$$

利用电容电压的初始值 $u_C(0_+) = u_C(0_-) = 5(\text{V})$ 和电感电流的初始值 $i_L(0_+) = i_L(0_-) = 0$，可得以下两个方程

$$\begin{cases} A\sin\beta + 2 = 5 \\ \delta\sin\beta = \omega_\mathrm{d}\cos\beta \end{cases}$$

从而解得

$$\begin{cases} A = 3 \\ \beta = 88.1 \end{cases}$$

因此电容电压为

$$u_C = 3\mathrm{e}^{-3000t}\sin(89\,000t + 88.1°) + 2(\mathrm{V})$$

电路中电流为

$$i = i_C = -2.25 \times 10^{-3}\mathrm{e}^{-3000t}\sin(89\,000t + 88.1°) + 66.75 \times 10^{-3}\mathrm{e}^{-3000t}\cos(89\,000t + 88.1°)$$

$$= -66.8\mathrm{e}^{-3000t}\sin 89\,000t(\mathrm{A})$$

本章小结

1. 动态元件是指电容和电感元件，含动态元件的电路称为动态电路。

2. 过渡过程是指电路从一种稳定状态到另一种稳定状态的中间过程。过渡过程的条件：①动态电路；②电路发生换路。

3. 当电路的结构或元件参数发生变化；电路中电源或其他元件的接入与断开以及电路发生短路、断路等情况就称为电路发生换路。换路定律是指电感中的电流和电容中的电压在换路前后不能跃变，即 $u_C(0_+) = u_C(0_-)$，$i_L(0_+) = i_L(0_-)$。$t = 0_+$ 时刻的电路中的电压、电流值称为初始值。初始值的求解步骤：①由换路前的电路求出 $t = 0_-$ 时刻的 $u_C(0_-)$ 和 $i_L(0_-)$ 值；②应用换路定律求出换路后 $t = 0_+$ 时刻的 $u_C(0_+)$ 和 $i_L(0_+)$ 值；③用电压值为 $u_C(0_+)$ 的电压源替代电容元件，用电流值为 $i_L(0_+)$ 的电流源替代电感元件，得到 $t = 0_+$ 时的等效电路；④用直流电路的各种分析方法，对上述电阻性电路求解所需的各电压和电流的初始值。

4. 时间常数 τ 具有时间量纲，是暂态分量衰减到原值的 36.8% 所需要的时间。对 RC 电路，$\tau = R_{\mathrm{eq}}C$；对 RL 电路，$\tau = L/R_{\mathrm{eq}}$。

5. 三要素是指初始值 $f(0_+)$、稳态值 $f(\infty)$ 和时间常数 τ 这三个物理量。一阶电路在直流电源激励下全响应的表达式为 $f(t) = f(\infty) + [f(0_+) - f(\infty)]\mathrm{e}^{-\frac{t}{\tau}}(t > 0)$。

6. 一阶电路的单位阶跃响应 $s(t) = (1 - \mathrm{e}^{-\frac{t}{\tau}}) \cdot \varepsilon(t)$。冲激响应与阶跃响应的关系为 $s(t) = \int h(t)\mathrm{d}t$ 或 $h(t) = \dfrac{\mathrm{d}s(t)}{\mathrm{d}t}$。

7. 二阶电路中至少含有两个独立的动态元件，需要两个初始条件才能求得电路的响应。随着 RLC 参数的不同，响应有振荡和非振荡两类。当 $R > 2\sqrt{L/C}$ 时，电路出现非振荡放电过程；当 $R = 2\sqrt{L/C}$ 时，电路出现临界非振荡放电过程；当 $R < 2\sqrt{L/C}$ 时，电路出现振荡放电过程。

思考题

8-1 电路中电容和电感元件在什么时候可以看成开路，什么时候又可以看成短路？

8-2 动态电路发生换路就一定有过渡过程吗？

8-3 什么是零输入响应？什么是零状态响应？响应具有怎样的形式？

8-4 一阶电路的时间常数如何确定？时间常数的大小说明什么问题？

8-5 RC 电路和 RL 电路在分别接入交流和直流电源的零状态响应有何异同？

8 - 6　一阶电路的全响应可以分解为哪两种形式？一阶电路的三要素是什么？如何求解？

8 - 7　"在 RC 串联电路中输出电压取自电阻两端就是微分电路，输出电压取自电容两端就是积分电路"这句话对吗？说明理由。

8 - 8　求解电路冲激响应有哪两种方法？

8 - 9　二阶电路在元件组成上有何特点？它的过渡过程可以分为哪几种情况？条件是什么？

习　题　八

8 - 1　电路如图 8 - 41 所示，换路前电路稳定，在 $t=0$ 时开关 S 断开，求换路后电路的初始值 $i_L(0_+)$、$u_L(0_+)$。

8 - 2　图 8 - 42 所示电路中，已知 $R_1=1\Omega$，$R_2=2\Omega$，$R_3=4\Omega$，$R_4=4\Omega$，$U_s=6V$，$C=1F$，$L=2H$，开关 S 在位置 1 已久，在 $t=0$ 时 S 由 1 打向 2，求换路后 i、i_1、i_C、i_L、u_C、u_L 的初始值。

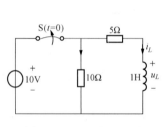
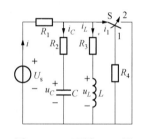

图 8 - 41　习题 8 - 1 图　　　　　图 8 - 42　习题 8 - 2 图

8 - 3　如图 8 - 43 所示电路原已稳定，已知 $u_C(0_-)=15V$，在 $t=0$ 时将开关 S 闭合，求 $t>0$ 时电路中电容电压 u_C 及电路电流 i。

8 - 4　如图 8 - 44 所示电路，换路前电路稳定，已知 $R_1=300\Omega$，$R_2=200\Omega$，$C=100\mu F$，$u_C(0_-)=50V$，求从电容两端往左看的等效电阻及电路的零输入响应 u_C。

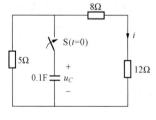
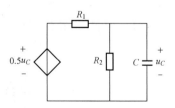

图 8 - 43　习题 8 - 3 图　　　　　图 8 - 44　习题 8 - 4 图

8 - 5　如图 8 - 45 所示电路，换路前电路稳定，求 $t \geqslant 0$ 时电路中电容电压 u_C。

8 - 6　如图 8 - 46 所示电路，已知 $U_s=40V$，$R_1=2\Omega$，$R_2=12\Omega$，$R_3=4\Omega$，$R_4=16\Omega$，$L=2H$。电路原已稳定，在 $t=0$ 时将开关 S 打开，求开关 S 打开后流过电感的电流 i。

8 - 7　如图 8 - 47 所示电路，换路前电路稳定，且 $i_L(0_-)=10A$，$t=0$ 时电路换路。求

$t>0$ 时电路中电流 i 及 i_L 。

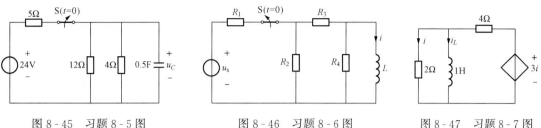

图 8-45　习题 8-5 图　　　　图 8-46　习题 8-6 图　　　　图 8-47　习题 8-7 图

8-8　如图 8-48 所示电路，$R_1 = 3\text{k}\Omega$ ，$R_2 = 6\text{k}\Omega$ ，$R_3 = 3\text{k}\Omega$ ，$C = 2\mu\text{F}$ ，$I_s = 10\text{mA}$ 。开关闭合前电路稳定，求 $t>0$ 时电路中电流 i 及 u_C ，并作出其随时间变化的曲线。

8-9　如图 8-49 所示电路，RL 是发电机的励磁线圈，其参数为 $R = 20\Omega$ ，$L = 2\text{H}$ ，接到 $U_s = 200\text{V}$ 的直流电压源上，VD 为理想二极管。要求断电时线圈电压不超过正常工作电压的 4 倍，且电流在 0.1s 内衰减到初始值的 5% ，试计算并联在线圈上的放电电阻 R_f 的值。

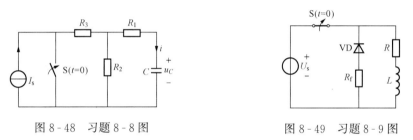

图 8-48　习题 8-8 图　　　　　　　图 8-49　习题 8-9 图

8-10　如图 8-50 所示电路，已知 $R_1 = 2\Omega$ ，$R_2 = 3\Omega$ ，$C = 0.5\text{F}$ ，$U_s = 10\text{V}$ 。换路前电路已稳定，在 $t=0$ 时将开关 S 由位置 1 拨到位置 2，求换路后电路中的电流 i 、u_C 。

8-11　如图 8-51 所示电路，开关在位置 1 已很久，在 $t=0$ 时开关由 1 打向 2，试求 $t \geqslant 0$ 时电容上的 u_C 和电阻上电流 i 。

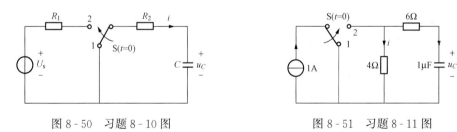

图 8-50　习题 8-10 图　　　　　　　图 8-51　习题 8-11 图

8-12　如图 8-52 所示电路，开关断开已很久，$R_1 = R_2 = 5\Omega$ ，$U_s = 10\text{V}$ ，$L = 10\text{mH}$ ，在 $t=0$ 时将开关闭合，求 $t \geqslant 0$ 时电感上电流 i 。

8-13　如图 8-53 所示 RL 串联电路，已知 $R = 30\Omega$ ，$L = 0.127\text{H}$ ，$i_L(0_-) = 0$ ，在 $t=0$ 时接通交流电源 $u_s = 220\sqrt{2}\sin 314t\text{V}$ ，求 $t \geqslant 0$ 时电感上电流 i 。

8-14　如图 8-54 所示电路，$t<0$ 时电路处于稳定状态，$t=0$ 时开关闭合，求 $t>0$ 时的 u_C 和 i 。

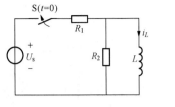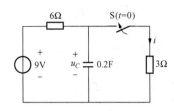

图 8-52　习题 8-12 图　　　　图 8-53　习题 8-13 图　　　　图 8-54　习题 8-14 图

8-15　如图 8-55 所示电路，开关转换前电路稳定，在 $t=0$ 时将开关由 a 转换到 b，在 $t=30\text{ms}$ 时将开关又由 b 转换到 a，试求 $t\geq0$ 时电容上电压 u_C。

8-16　如图 8-56 所示电路，开关闭合前电路已稳定，求 $t>0$ 时电路中电流 i_1，i_2，i_L。

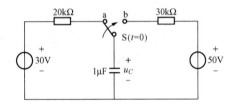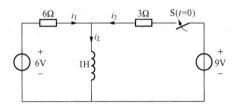

图 8-55　习题 8-15 图　　　　　　图 8-56　习题 8-16 图

8-17　如图 8-57 所示电路，直流电压源的电压 $U_s=100\text{V}$，电流源电流 $I_s=0.2\text{A}$，$R_1=100\Omega$，$R_2=400\Omega$，$C=25\mu\text{F}$，电路原已稳定。在 $t=0$ 时闭合开关 S，求开关闭合后的 i 和 u_C。

8-18　如图 8-58 所示电路，已知 $U_{s1}=12\text{V}$，$U_{s2}=9\text{V}$，$R_1=6\Omega$，$R_2=3\Omega$，$L=0.5\text{H}$，开关原为闭合，且电路稳定。在 $t=0$ 时打开开关 S，求开关断开后电路的 i_L、u_L。

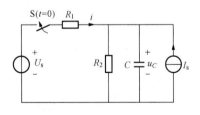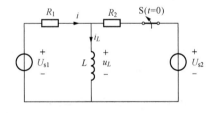

图 8-57　习题 8-17 图　　　　　　图 8-58　习题 8-18 图

8-19　如图 8-59 所示电路，开关闭合前电路稳定，试用三要素法求 $t>0$ 时电路中的电流 i。

8-20　如图 8-60 所示电路，开关闭合前电路稳定，试用三要素法求 $t>0$ 时电路中电流 i。

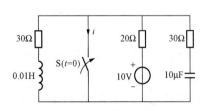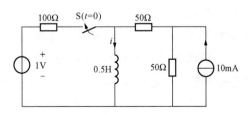

图 8-59　习题 8-19 图　　　　　　图 8-60　习题 8-20 图

8-21　如图 8-61 所示电路原已稳定，在 $t=0$ 时开关闭合，求 $t>0$ 时电路中电流 i_L。

8-22　如图 8-62 所示电路，$I_s=6A$，$R_1=15\Omega$，$R_2=10\Omega$，$R_3=20\Omega$，$L=1H$。电路原已稳定，在 $t=0$ 时，开关 S1 闭合，而 $t=2s$ 时开关 S2 又闭合，求电路在 $t\geqslant0$ 的电感电流 i_L。

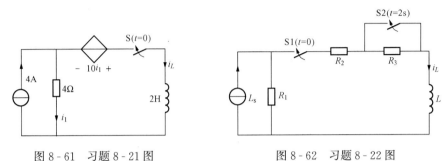

图 8-61　习题 8-21 图　　　　　　图 8-62　习题 8-22 图

8-23　如图 8-63 所示电路中，RL 是一电磁继电器线圈，其电阻 $R=1\Omega$，$L=0.2H$，当电流 $i=30A$ 时继电器动作，将继电器触头控制的电路断开，设负载电阻 $R_L=20\Omega$，导线电阻 $R'=1\Omega$，电源电压 $U_s=200V$，问当负载被短路后需要经过多长时间继电器才能将电源切断？

8-24　如图 8-64（a）所示电路，已知 $u_C(0_-)=5V$，$R_1=3\Omega$，$R_2=6\Omega$，$C=0.1F$，u_s 的波形如图 8-64（b）所示，试求 $t>0$ 时电路中电容电压 u_C 和电阻电流 i，并画出其波形。

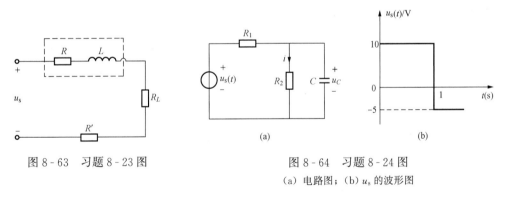

图 8-63　习题 8-23 图

图 8-64　习题 8-24 图
（a）电路图；（b）u_s 的波形图

8-25　如图 8-65（a）所示电路，输入电压 u_1 的波形如图 8-65（b）所示，试求电路的零状态响应 u_L，并画出其波形。

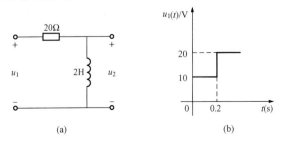

图 8-65　习题 8-25 图
（a）电路图；（b）u_1 的波形图

8-26　如图 8-66（a）所示电路，电流源 i_s 的波形如图 8-66（b）所示，试求电路的零状态响应 u，并画出其波形。

8-27　求如图 8-67 所示电路中电容电压的阶跃响应 u_C。

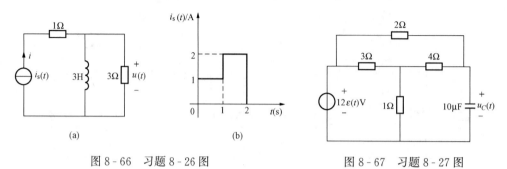

图 8-66　习题 8-26 图　　　　　　　　　图 8-67　习题 8-27 图

（a）电路图；（b）i_s 的波形图

8-28　如图 8-68 所示电路，试求电路中电容电流 i_C 和电压 u_C 的冲激响应。

8-29　如图 8-69 所示电路中，$i_L(0_-)=0$，$R_1=4\Omega$，$R_2=6\Omega$，$L=100\text{mH}$，求冲激响应 i_L 和 u_L。

8-30　如图 8-70 所示电路，试求输出电流 i_0 的冲激响应。

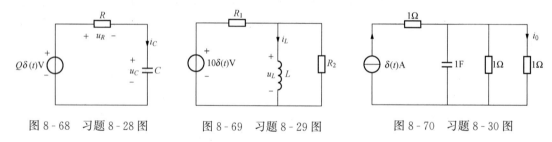

图 8-68　习题 8-28 图　　　图 8-69　习题 8-29 图　　　图 8-70　习题 8-30 图

8-31　如图 8-71 所示电路，已知 $U_s=20\text{V}$，$R_2=10\Omega$，$L=10\text{H}$，$C=0.1\text{F}$，设电路换路前处于稳定状态，$t=0$ 时打开开关，试求当 R_1 分别为 40Ω 和 10Ω 时电感的电流 i_L 和电压 u_C。并画出其波形。

8-32　如图 8-72 所示，电路原已稳定，$U_s=30\text{V}$，$R_1=R_2=10\Omega$，$L=10\text{mH}$，$C=100\mu\text{F}$。在 $t=0$ 时，开关断开，求 $t\geqslant0$ 时，电容电压 u_C 和电感电流 i。

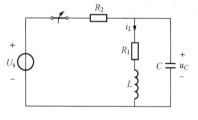
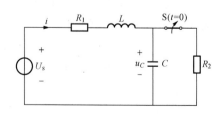

图 8-71　习题 8-31 图　　　　　　　图 8-72　习题 8-32 图

第九章　非正弦周期信号激励下稳态电路的分析

　　本章主要介绍非正弦周期信号激励下稳态电路涉及的基本概念，引入了傅里叶级数在非正弦周期信号分解上的应用。重点讨论非正弦周期电流电路的谐波分析法。非正弦周期信号可以分解为不同频率的正弦信号的叠加，而同一电路对不同频率的信号所表现的特性也不一样，因此，本章在第四节重点讨论了 RC 滤波电路，从频率特性的角度来分析电路的滤波功能。

　　在工程实际中，正弦激励是一种最常见的激励，但是在有些场合，我们也会遇到一些不按正弦规律变化的非正弦周期信号。例如在电子系统、自动控制领域中大量应用到矩形波、锯齿波等非正弦周期信号。另外如果电路中含有非线性元件，即使在正弦电压作用下，电路中也会出现非正弦电压电流，如图 9 - 1 所示为通过非线性元件二极管经过全波整流器得到的非正弦周期电压波形。

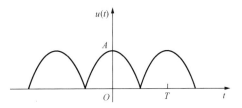

图 9 - 1　全波整流波形

　　对非正弦周期信号激励下稳态电路的分析是指在非正弦周期电压或电流信号作用下，求解线性电路的稳态响应。其分析的方法是借助于数学中的傅里叶级数展开法将电路中的非正弦周期性激励分解为一系列不同频率的正弦量之和，然后分别计算在各种频率正弦量的单独作用下，电路中产生的正弦电流分量和电压分量，最后再根据线性电路的叠加定理把所得各分量按瞬时值叠加后，得到电路中的稳态电流和电压。这种方法的本质是把非正弦周期信号激励下稳态电路的计算转化为一系列频率分量的正弦稳态电路的计算，这样仍能充分利用正弦稳态电路中相量法这个有效工具。

第一节　非正弦周期信号及其傅里叶级数的分解

一、非正弦周期信号的傅里叶级数

　　不按照正弦规律变化的周期信号，称之为非正弦周期量。非正弦周期量的一般表达式为

$$f(t) = f(t + kT) \qquad (9 - 1)$$

式中：T 表示 $f(t)$ 的周期，$k = 0$，± 1，± 2，……。

　　由数学知识可知，一个周期信号若满足狄里赫利（Dirichlet）条件，则该函数可以展开成收敛的傅里叶级数（Fourier series）。电工技术中所遇到的周期函数一般都满足狄里赫利条件，即都可以分解为傅里叶级数。

　　设周期函数 $f(t)$ 以 T 为周期，则 $f(t)$ 可展开成傅里叶级数为

$$f(t) = a_0 + \sum_{k=1}^{\infty} (a_k \cos k\omega t + b_k \sin k\omega t) \qquad (9 - 2)$$

式中：$\omega = \dfrac{2\pi}{T}$，a_0、a_k 和 b_k 为傅里叶系数，可按式（9-3）计算，即

$$\left.\begin{array}{l} a_0 = \dfrac{1}{T}\displaystyle\int_0^T f(t)\mathrm{d}t = \dfrac{1}{2\pi}\displaystyle\int_0^{2\pi} f(t)\mathrm{d}(\omega t) \\[3mm] a_k = \dfrac{2}{T}\displaystyle\int_0^T f(t)\cos k\omega t\,\mathrm{d}t = \dfrac{1}{\pi}\displaystyle\int_0^{2\pi} f(t)\cos k\omega t\,\mathrm{d}(\omega t) \\[3mm] b_k = \dfrac{2}{T}\displaystyle\int_0^T f(t)\sin k\omega t\,\mathrm{d}t = \dfrac{1}{\pi}\displaystyle\int_0^{2\pi} f(t)\sin k\omega t\,\mathrm{d}(\omega t) \end{array}\right\} \quad (9\text{-}3)$$

若将式（9-2）中同频率的正弦项和余弦项合并，可得傅里叶级数的另一种形式为

$$f(t) = A_0 + \sum_{k=1}^\infty A_{km}\cos(k\omega t + \varphi_k)$$

$$= A_0 + A_{1m}\cos(\omega t + \varphi_1) + A_{2m}\cos(2\omega t + \varphi_2) + \cdots + A_{km}\cos(k\omega t + \varphi_k) \quad (9\text{-}4)$$

式（9-2）和式（9-4）两种级数表达形式系数之间的关系为

$$\left.\begin{array}{l} A_0 = a_0 \\[2mm] A_{km} = \sqrt{a_k^2 + b_k^2} \\[2mm] \varphi_k = -\arctan\left(\dfrac{b_k}{a_k}\right) \\[2mm] a_k = A_{km}\cos\varphi_k \\[2mm] b_k = -A_{km}\sin\varphi_k \end{array}\right\} \quad (9\text{-}5)$$

式中：A_0 为常数项，它为非正弦周期函数一个周期内的平均值，为常数，称为直流分量；第二项正弦分量的频率与非正弦周期函数 $f(t)$ 的频率相同，称为基波或一次谐波，第二项之后的各项正弦分量的频率为基波频率的整数倍，分别称为二次、三次、……、k 次谐波，统称为高次谐波。k 为奇数时的谐波称为奇次谐波，k 为偶数时的谐波称为偶次谐波。

将周期函数 $f(t)$ 分解为直流分量、基波和一系列不同频率的各次谐波分量之和，称为谐波分析。

【例9-1】 求图9-2所示方波信号的傅里叶级数。

解 图9-2所示周期信号在一个周期内的表达式为

$$f(t) = \begin{cases} A & \left(0 \leqslant t < \dfrac{T}{2}\right) \\[3mm] -A & \left(\dfrac{T}{2} \leqslant t < T\right) \end{cases}$$

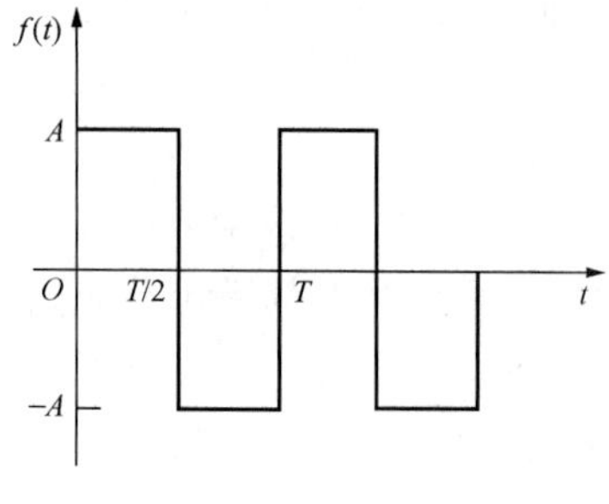

根据式（9-3）计算傅里叶系数有

$$a_0 = \dfrac{1}{T}\int_0^T f(t)\mathrm{d}t = \dfrac{1}{T}\int_0^{\frac{T}{2}} A\mathrm{d}t - \dfrac{1}{T}\int_{\frac{T}{2}}^T A\mathrm{d}t = 0$$

$$a_k = \dfrac{2}{T}\int_0^T f(t)\cos k\omega t\,\mathrm{d}t$$

$$= \dfrac{2}{T}\int_0^{\frac{T}{2}} A\cos k\omega t\,\mathrm{d}t + \dfrac{2}{T}\int_{\frac{T}{2}}^T (-A)\cos k\omega t\,\mathrm{d}t$$

$$= 0$$

图9-2 【例9-1】图

$$b_k = \frac{2}{T}\int_0^T f(t)\sin k\omega t\, dt$$

$$= \frac{2}{T}\int_0^{\frac{T}{2}} A\sin k\omega t\, dt + \frac{2}{T}\int_{\frac{T}{2}}^T (-A)\sin k\omega t\, dt$$

$$= \frac{2A}{k\pi}\big[1-(-1)^k\big]$$

$$= \begin{cases} \dfrac{4A}{k\pi} & (k=1,3,5,\cdots) \\ 0 & (k=2,4,6,\cdots) \end{cases}$$

由此可得该函数的傅里叶级数表达式为

$$f(t) = \frac{4A}{\pi}\Big(\sin\omega t + \frac{1}{3}\sin 3\omega t + \frac{1}{5}\sin 5\omega t + \cdots\Big)$$

傅里叶级数是一个无穷级数，因此把一个非正弦周期函数分解为傅里叶级数后，从理论上讲，必须取无穷多项才能准确地表示原函数，但在实际中不可能计算无穷多次谐波分量，一般根据所需的精确度和级数的收敛速度决定所取级数的有限项数。级数收敛速度越快，高次谐波振幅衰减越快，因此只需取前几项就可以比较精确地表示周期信号了。

二、对称周期信号的傅里叶级数

一个周期函数中包含哪些谐波，以及这些谐波幅值的大小，取决于周期函数的波形。电工技术中常见的周期函数的波形往往具有某种对称性。根据波形的对称性可以直观地判断周期函数的谐波分布，从而使分解傅里叶级数的计算得以简化。下面分别讨论波形的对称性与谐波成分之间的关系。

1. 函数波形在一个周期内横轴上下部分包围的面积相等

如图 9-2 所示矩形波就满足上述条件，此时有

$$a_0 = \frac{1}{T}\int_0^T f(t)\, dt = 0$$

$$A_0 = a_0 = 0$$

可见，在这种情况下，傅里叶级数展开式中无直流分量。

2. 周期函数为偶函数

若周期函数的波形对称于纵轴，即满足 $f(-t)=f(t)$ 的函数称为偶函数，如图 9-1 所示为偶函数。由于

$$f(t) = a_0 + \sum_{k=1}^{\infty}(a_k\cos k\omega t + b_k\sin k\omega t)$$

$$f(-t) = a_0 + \sum_{k=1}^{\infty}(a_k\cos k\omega t - b_k\sin k\omega t)$$

显然，要满足偶函数条件，必须有

$$b_k = 0$$

因此，偶函数的傅里叶级数展开式中只含有直流分量和余弦谐波分量，而不含正弦谐波分量，即

$$f(t) = a_0 + \sum_{k=1}^{\infty}a_k\cos k\omega t$$

3. 周期函数为奇函数

若周期函数的波形对称于原点，即满足 $f(-t)=-f(t)$ 的函数称为奇函数，如图 9-3 所示的锯齿波形为奇函数。由于

$$f(t)=a_0+\sum_{k=1}^{\infty}(a_k\cos k\omega t+b_k\sin k\omega t)$$

$$-f(-t)=-a_0+\sum_{k=1}^{\infty}(-a_k\cos k\omega t+b_k\sin k\omega t)$$

显然，要满足奇函数条件，必须有

$$a_0=0;a_k=0$$

因此，奇函数的傅里叶级数展开式中只含有正弦谐波分量，而不含直流分量和余弦谐波分量，即

$$f(t)=\sum_{k=1}^{\infty}b_k\sin k\omega t$$

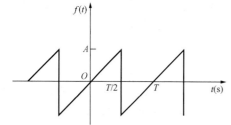

图 9-3 周期函数为奇函数的波形图

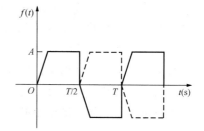

图 9-4 周期函数为奇谐波函数的波形图

4. 周期函数为奇谐波函数

满足 $f(t)=-f\left(t\pm\dfrac{T}{2}\right)$ 的周期函数称为奇谐波函数。如图 9-4 所示，其波形特点是将函数波形左移或右移半个周期后与原函数波形对称于横轴，即镜像对称，它们的傅里叶级数展开式中只含有奇次谐波，而不含直流分量和偶次谐波，即

$$f(t)=\sum_{k=1}^{\infty}(a_k\cos k\omega t+b_k\sin k\omega t)\quad（k\text{ 为奇数}）$$

因而称此种函数为奇谐波函数。

可见，利用信号波形的对称性可以判断非正弦周期函数所含有的频率分量，从而简化傅里叶级数分解的计算过程。

【例 9-2】 将如图 9-1 所示周期函数波形展开成傅里叶级数

解 由图 9-1 所示波形可写出

$$f(t)=\begin{cases} A\cos\dfrac{1}{2}\omega t & \left(0\leqslant t<\dfrac{T}{2}\right)\\[2mm] -A\cos\dfrac{1}{2}\omega t & \left(\dfrac{T}{2}\leqslant t<T\right) \end{cases}$$

因为 $f(t)$ 是对称于纵轴的偶函数，由对称性可得

$$b_k=0$$

$$a_0 = \frac{1}{T}\int_0^T f(t)\,\mathrm{d}t = \frac{1}{T}\int_0^{\frac{T}{2}} A\cos\frac{1}{2}\omega t\,\mathrm{d}t - \frac{1}{T}\int_{\frac{T}{2}}^T A\cos\frac{1}{2}\omega t\,\mathrm{d}t = \frac{2A}{\pi}$$

$$a_k = \frac{2}{T}\int_0^{\frac{T}{2}} A\cos\frac{1}{2}\omega t \cdot \cos k\omega t\,\mathrm{d}t - \frac{2}{T}\int_{\frac{T}{2}}^T A\cos\frac{1}{2}\omega t\cos k\omega t\,\mathrm{d}t$$

$$= \frac{2}{T}\int_0^{\frac{T}{2}} \frac{1}{2}A\left[\cos\left(k+\frac{1}{2}\right)\omega t + \cos\left(k-\frac{1}{2}\right)\omega t\right]\mathrm{d}t$$

$$- \frac{2}{T}\int_{\frac{T}{2}}^T \frac{1}{2}A\left[\cos\left(k+\frac{1}{2}\right)\omega t + \cos\left(k-\frac{1}{2}\right)\omega t\right]\mathrm{d}t$$

$$= \frac{2A}{\pi}\left[\frac{(-1)^k}{2k+1} + \frac{(-1)^{k-1}}{2k-1}\right]$$

$$= \begin{cases} \dfrac{-4A}{\pi(2k+1)(2k-1)} & (k=2,4,6,\cdots) \\[3mm] \dfrac{4A}{\pi(2k+1)(2k-1)} & (k=1,3,5,7,\cdots) \end{cases}$$

因此，函数 $f(t)$ 的傅里叶级数展开式为

$$f(t) = \frac{4A}{\pi}\left[\frac{1}{2} + \frac{1}{3}\cos\omega t - \frac{1}{15}\cos(2\omega t) + \frac{1}{35}\cos(3\omega t) - \cdots\right]$$

第二节　非正弦周期信号激励下电路的有效值和平均功率

一、有效值

根据周期量有效值的定义，周期电流 $i(t)$ 的有效值应为其方均根值，即

$$I = \sqrt{\frac{1}{T}\int_0^T i^2(t)\,\mathrm{d}t}$$

假设非正弦周期电流的傅里叶级数展开式为

$$i(t) = I_0 + \sum_{k=1}^{\infty} I_{km}\cos(k\omega t + \varphi_k)$$

则有

$$I = \sqrt{\frac{1}{T}\int_0^T \left[I_0 + \sum_{k=1}^{\infty} I_{km}\cos(k\omega t + \varphi_k)\right]^2\,\mathrm{d}t} \tag{9-6}$$

将式（9-6）中被积函数平方后展开，则根号下的积分可归并为四种类型，其积分结果分别为

$$\frac{1}{T}\int_0^T I_0^2\,\mathrm{d}t = I_0^2$$

$$\frac{1}{T}\int_0^T I_{km}^2\cos^2(k\omega t + \varphi_k)\,\mathrm{d}t = I_k^2$$

$$\frac{1}{T}\int_0^T 2I_0 I_{km}\cos(k\omega t + \varphi_k)\,\mathrm{d}t = 0$$

$$\frac{1}{T}\int_0^T 2I_{km}\cos(k\omega t + \varphi_k) \cdot I_{nm}\cos(n\omega t + \varphi_n)\,\mathrm{d}t = 0 \quad (k \neq n)$$

因此非正弦周期电流 i 的有效值为

$$I = \sqrt{I_0^2 + \sum_{k=1}^{\infty} I_k^2} = \sqrt{I_0^2 + I_1^2 + I_2^2 + \cdots + I_k^2 + \cdots} \qquad (9\text{-}7)$$

同理，非正弦周期电压 u 的有效值为

$$U = \sqrt{U_0^2 + \sum_{k=1}^{\infty} U_k^2} = \sqrt{U_0^2 + U_1^2 + U_2^2 + \cdots U_k^2 + \cdots} \qquad (9\text{-}8)$$

式（9-7）和式（9-8）说明：非正弦周期电流或电压的有效值，等于其直流分量的平方与各次谐波有效值的平方之和的平方根。其中，各次谐波的有效值与最大值之间的关系为 $I_{km} = \sqrt{2} I_k$，$U_{km} = \sqrt{2} U_k$。

二、平均值

除有效值外，对非正弦周期量还引用平均值，用 I_{av} 表示。非正弦周期量的平均值是它的直流分量，以电流为例，其平均值为

$$I_{av} = \frac{1}{T} \int_0^T i \mathrm{d}t = I_0 \qquad (9\text{-}9)$$

对于一个直流量为零的交流量，其平均值为零。为了便于对周期量进行测量和分析，常把交流量的绝对值在一个周期内的平均值定义为整流平均值，以电流为例，其整流平均值为

$$I_{rect} = \frac{1}{T} \int_0^T |i| \, \mathrm{d}t \qquad (9\text{-}10)$$

三、平均功率

对任意二端网络，设端口的电流 i 和电压 u 分别为

$$i = I_0 + \sum_{k=1}^{\infty} I_{km} \cos(k\omega t + \varphi_{ik})$$

$$u = U_0 + \sum_{k=1}^{\infty} U_{km} \cos(k\omega t + \varphi_{uk})$$

该网络吸收的瞬时功率为

$$p = ui$$

而平均功率为

$$P = \frac{1}{T} \int_0^T p(t) \mathrm{d}t \qquad (9\text{-}11)$$

当 u 与 i 是周期相同的非正弦量时，将它们的傅里叶级数展开式代入式（9-11）后得到

$$P = \frac{1}{T} \int_0^T [U_0 + \sum_{k=1}^{\infty} U_{km} \cos(k\omega t + \varphi_{uk})][I_0 + \sum_{k=1}^{\infty} I_{km} \cos(k\omega t + \varphi_{ik})]\mathrm{d}t \qquad (9\text{-}12)$$

式（9-12）中被积函数展开后的积分有两种类型，一种是同次谐波电压和电流的乘积，它们的积分结果分别为

$$\frac{1}{T} \int_0^T U_0 I_0 \mathrm{d}t = U_0 I_0$$

$$\frac{1}{T} \int_0^T U_{km} \cos(k\omega t + \varphi_{uk}) \cdot I_{km} \cos(k\omega t + \varphi_{ik}) \mathrm{d}t = U_k I_k \cos(\varphi_{uk} - \varphi_{ik})$$

$$= U_k I_k \cos\varphi_k \qquad (9\text{-}13)$$

另外一种类型是不同次谐波电压和电流乘积的积分，它们的积分值为零。因此在一个周

期内二端网络消耗的平均功率为

$$P = U_0 I_0 + \sum_{k=1}^{\infty} U_k I_k \cos\varphi_k$$

$$= U_0 I_0 + U_1 I_1 \cos\varphi_1 + U_2 I_2 \cos\varphi_2 + \cdots + U_k I_k \cos\varphi_k + \cdots \quad (9\text{-}14)$$

式中：U_k 和 I_k 分别为 k 次谐波电压和电流的有效值，$\varphi_k = \varphi_{uk} - \varphi_{ik}$。可见，非正弦周期激励电路的平均功率等于其直流分量的平均功率与各次谐波的平均功率之和。但是，频率不同的谐波电压和电流分量不产生平均功率。

第三节　非正弦周期信号激励下电路稳态响应的计算

对非正弦周期电压或电流激励下的线性电路，进行分析计算的理论依据是谐波分析法和叠加定理，其具体分析步骤如下。

（1）将激励为非正弦周期电压或电流分解为傅里叶级数。并根据要求的精确程度，合理地选择需要计算的谐波次数。

（2）将直流分量和各次谐波分量分别作用于电路，求出相应的响应。在直流分量单独作用时，电容相当于开路，电感相当于短路。当各次谐波分量分别单独作用时，如同正弦稳态电路计算方法一样，采用相量法求解。因此，非正弦周期激励下的线性电路稳态响应分析就转化为直流电路和正弦稳态电路的分析。必须强调指出，对于不同频率的谐波作用时，电路中电容的容抗和电感的感抗将是不同的，即

$$X_{C(k)} = \frac{1}{k\omega C}$$

$$X_{L(k)} = k\omega L$$

（3）依据叠加定理将直流响应和各次谐波的响应进行叠加。应该注意到的是各次谐波只能在时域中对瞬时值进行叠加。而不能对不同频率所对应的相量值进行叠加，因为这样做的结果是没有任何意义的。

非正弦周期激励下电路的响应是一个含有各次谐波瞬时值组成的表达式，其有效值和平均功率可通过相应公式进行计算。

【例 9-3】　如图 9-5 所示电路，外加电压 $u = (50 + 100\cos 10^3 t + 15\cos 2 \times 10^3 t)\text{V}$，$L = 40\text{mH}$，$C = 25\mu\text{F}$，$R = 30\Omega$，求 A_1 与 A_2 的读数以及电路消耗的有功功率。

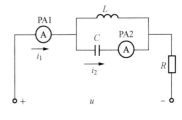

图 9-5　【例 9-3】图

解　（1）直流分量 $U_{(0)} = 50\text{V}$ 单独作用时，电容相当于开路，$I_{2(0)} = 0$

$$I_{1(0)} = \frac{U_{(0)}}{R} = \frac{50}{30} \approx 1.67(\text{A})$$

$$P_{(0)} = I_{1(0)}^2 R = 1.67^2 \times 30 \approx 83.67(\text{W})$$

（2）基波分量 $U_{(1)} = 100\cos 10^3 t\,\text{V}$ 单独作用时，$\omega L = 10^3 \times 40 \times 10^{-3} = 40\Omega$，$\frac{1}{\omega C} = \frac{1}{10^3 \times 25 \times 10^{-6}} = 40\Omega$，因为满足条件 $\omega L = \frac{1}{\omega C}$ 时，LC 并联电路发生谐振，故 $I_{1(1)} = 0$，R 上无基波电压，u 的基波分量全部降落在 LC 并联支路上，故 i_2 中的基波分量为

$$\dot{I}_{2(1)} = \frac{\frac{100}{\sqrt{2}}\angle 0°}{-j40} = \frac{2.5}{\sqrt{2}}\angle 90°(A)$$

$$P_{(1)} = I_{1(1)}^2 R = 0 \times 30 = 0(W)$$

（3）二次谐波分量单独作用时，$2\omega L = 80\Omega$，$\frac{1}{2\omega C} = 20\Omega$，并联支路部分二次谐波阻抗为

$$\frac{j80(-j20)}{j80 - j20} \approx -j26.7(\Omega)$$

$$\dot{I}_{1(2)} = \frac{\frac{15}{\sqrt{2}}\angle 0°}{30 - j26.7} = \frac{0.37}{\sqrt{2}}\angle 41.7°(A)$$

$$\dot{I}_{2(2)} = \frac{j80}{j(80-20)} \times \frac{0.37}{\sqrt{2}}\angle 41.7° = \frac{0.5}{\sqrt{2}}\angle 41.7°(A)$$

$$P_{(2)} = I_{1(2)}^2 R = 0.068 \times 30 = 2.05(W)$$

故 i_1、i_2 的有效值为（各次谐波有效值的平方和的平方根）

$$I_1 = \sqrt{1.67^2 + 0^2 + \left(\frac{0.37}{\sqrt{2}}\right)^2} = 1.7(A)$$

$$I_2 = \sqrt{0^2 + \left(\frac{2.5}{\sqrt{2}}\right)^2 + \left(\frac{0.5}{\sqrt{2}}\right)^2} = 1.8(A)$$

电路吸收的总有功功率为

$$P = P_{(0)} + P_{(1)} + P_{(2)} = 83.67 + 0 + 2.05 = 85.72(W)$$

【例9-4】 如图9-6（a）所示电路中，已知 $L=5H$，$C=10\mu F$，负载电阻 $R=2k\Omega$，u_s 为正弦全波整流波形，设 $\omega = 314rad/s$，$U_m = 157V$。试求：

（1）负载电阻电压 $u_R(t)$；

（2）电压 $u_R(t)$ 中二次谐波、四次谐波与直流分量的比值。

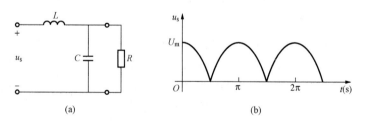

图9-6 　【例9-4】图
(a) 电路图；(b) 输入信号波形

解 （1）将给定的电源电压 u_s 分解为傅里叶级数，取到四次谐波分量有

$$u_s(t) = \frac{4}{\pi} \times 157 \times \left[\frac{1}{2} + \frac{1}{3}\cos(2\omega t) - \frac{1}{15}\cos(4\omega t) + \cdots\right]$$

$$= [100 + 66.67\cos(2\omega t) - 13.33\cos(4\omega t)\cdots](V)$$

1）当电源电压 $u_s(t)$ 的直流分量 $u_{s(0)} = 100V$ 单独作用时，电感相当于短路，电容相当于开路，故此时电阻 R 两端的电压

$$U_{R(0)} = u_{s(0)} = 100(\text{V})$$

2）当电源电压 $u_s(t)$ 的二次谐波分量 $u_{s(2)} = 66.67\cos(2\omega t)$ 单独作用时，则二次谐波分量的相量形式有 $\dot{U}_{s(2)} = 47.15\underline{/0°}\text{V}$，采用节点电压法列写方程有

$$\left(\frac{1}{\text{j}2\omega L} + \frac{1}{R} + \text{j}2\omega C\right)\dot{U}_{R(2)} = \frac{\dot{U}_{s(2)}}{\text{j}2\omega L}$$

$$\left(\frac{1}{\text{j}2\times314\times5} + \frac{1}{2000} + \text{j}2\times314\times10\times10^{-6}\right)\dot{U}_{R(2)} = \frac{47.15}{\text{j}2\times314\times5}$$

解得

$$\dot{U}_{R(2)} = 2.5\underline{/-175.2°}(\text{V})$$

3）当电源电压 $u_s(t)$ 的四次谐波分量 $u_{s(4)} = -13.33\cos(4\omega t)$ 单独作用时，则四次谐波分量的相量形式有 $\dot{U}_{s(4)} = -9.43\underline{/0°}\text{V}$，采用节点电压法列写方程有

$$\left(\frac{1}{\text{j}4\times314\times5} + \frac{1}{2000} + \text{j}4\times314\times10\times10^{-6}\right)\dot{U}_{R(2)} = \frac{-9.43}{\text{j}4\times314\times5}$$

解得

$$\dot{U}_{R(4)} = -0.12\underline{/-177.7°}(\text{V})$$

因此

$$u_R(t) = 100 + 2.5\sqrt{2}\cos(2\omega t + 175.2°) - 0.12\sqrt{2}\cos(4\omega t + 177.7°)$$
$$= 100 + 3.53\cos(2\times314\times t + 175.2°) - 0.17\cos(4\times314\times t + 177.7°)(\text{V})$$

（2）二次谐波和四次谐波的幅值与直流分量的比值分别为

$$\frac{U_{Rm(2)}}{U} = \frac{3.53}{100}\times100\% = 3.53\%,\quad \frac{U_{Rm(4)}}{U} = \frac{0.17}{100}\times100\% = 0.17\%$$

图 9-6 中 LC 元件构成滤波电路，这个滤波电路中的电容和电感由于对各次谐波的电抗是不同的，从而使得直流分量能顺利通过，将交流分量滤除掉。经过滤波处理后，原本电源电压二次谐波分量占直流分量的 66.67% 转变为 3.53%，原本电源电压四次谐波分量占直流分量的 13.33% 转变为 0.17% 了。电感和电容的这种特性在工程上得到了广泛的应用。例如，可以组成含有电感和电容的各种不同电路，将这种电路接在输入和输出之间时，可以让某些需要的频率分量顺利地通过而抑制某些不需要的分量，这种电路称为滤波电路。下一节将作进一步的讨论。

第四节　滤　波　电　路

在通信与无线电技术中，传输和处理的信号通常是由许多不同频率的正弦信号组成的。在实际应用中，经常需要从不同频率的电信号中选取所需要的电信号，同时把不需要的电信号加以抑制或滤除，工程上可以通过滤波电路实现这一目的。滤波电路的功能是从输入信号中选出有用的频率信号使其顺利通过，而将无用的或干扰的频率信号加以抑制。滤波电路在无线电通信、信号检测和自动控制中对信号处理、数据传送和干扰抑制方面获得广泛应用。

滤波电路的种类极其丰富，本节只对由电阻、电容构成的 RC 滤波电路作介绍。RC 滤波电路是基于电容元件在不同频率信号作用时所产生的电抗也不同来实现滤波功能的。当不同频率的正弦信号作用于滤波电路时，即使激励信号的振幅和初相相同，电路响应的振幅和初

相也是不同的，这种电路响应随激励频率变化而变化的特性称为电路的频率特性或频率响应。

在电路分析中，电路的频率特性通常用正弦稳态电路的网络函数来描述，其定义为正弦稳态电路的响应相量与激励相量之比，即

$$H(j\omega) = \frac{\text{响应相量}}{\text{激励相量}} \qquad (9 - 15)$$

式中：激励相量和响应相量可以均为振幅相量，也可以均为有效值相量。

网络函数 $H(j\omega)$ 是由电路的结构和参数所决定的，反映了电路自身的特性。网络函数又称频率响应函数，描述了激励相量为 1 时响应相量随频率变化的情况。

$H(j\omega)$ 是 ω 的复函数，可写成

$$H(j\omega) = | H(j\omega) |\ e^{j\varphi(\omega)} \qquad (9 - 16)$$

式中：$| H(j\omega) |$ 是 ω 的实函数，表征了电路响应与激励的幅值比随 ω 变化的特性，称为电路的幅频特性；$\varphi(\omega)$ 也是 ω 的实函数，表征了电路响应与激励的相位差（相移）随 ω 变化的特性，称为电路的相频特性。幅频特性和相频特性总称为电路的频率特性。习惯上常把 $| H(j\omega) |$ 和 $\varphi(\omega)$ 随 ω 变化的情况用曲线来表示，分别称为幅频特性曲线和相频特性曲线。纯电阻网络的网络函数是与频率无关的，因此，只有讨论含有动态元件的网络频率特性才是有意义的。

由 RC 元件按各种方式组成的电路能起到选频和滤波的作用，在工程实际中有着广泛的应用。下面讨论简单的 RC 低通、高通、带通网络的频率特性。

一、RC 低通滤波电路

图 9-7（a）所示的 RC 串联电路中，当取电容两端的电压作为电路的输出时，就构成了一个典型的 RC 低通滤波电路，当施加正弦激励 $\dot{U}_i$ 时，输出为 $\dot{U}_o$，则网络函数为

$$H(j\omega) = \frac{\dot{U}_o}{\dot{U}_i} = \frac{\dfrac{1}{j\omega C}}{R + \dfrac{1}{j\omega C}} = \frac{1}{1 + j\omega RC} \qquad (9 - 17)$$

式中：令 $\omega_H = \dfrac{1}{RC}$，则有

$$H(j\omega) = \frac{1}{1 + j\dfrac{\omega}{\omega_H}}$$

因此，电路的幅频特性和相频特性分别为

$$| H(j\omega) | = \frac{1}{\sqrt{1 + \left(\dfrac{\omega}{\omega_H}\right)^2}} \qquad (9 - 18a)$$

$$\varphi(\omega) = -\arctan \frac{\omega}{\omega_H} \qquad (9 - 18b)$$

由式（9-18）可知，当

$\omega = 0$（直流）时，有 $| H(j\omega) | = 1$，$\varphi(\omega) = 0$；

$\omega = \omega_H = \dfrac{1}{RC}$ 时，有 $| H(j\omega) | = \dfrac{1}{\sqrt{2}}$，$\varphi(\omega) = -\dfrac{\pi}{4}$；

$\omega \to \infty$ 时，有 $|H(\mathrm{j}\omega)| \to 0$，$\varphi(\omega) = -\dfrac{\pi}{2}$。

画出幅频特性和相频特性曲线如图 9-7（b）和图 9-7（c）所示。

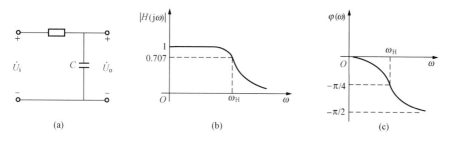

图 9-7 RC 低通滤波电路及其频率特性曲线

（a）RC 低通滤波电路；（b）幅频特性曲线；（c）相频特性曲线

从图 9-7 中可以看出，此 RC 电路对输入频率较低的信号能几乎不变地输出原信号，而对输入频率较高的信号，在输出端信号的幅值衰减较大，并且在相位上有较大的偏移。这说明该 RC 电路具有让直流和低频信号顺利通过，而抑制较高频率信号的作用，因此，称此 RC 电路为低通滤波电路。由于网络函数表达式中 $\mathrm{j}\omega$ 的阶数最高为 1，故又称为一阶低通网络。

当 $\omega = \omega_\mathrm{H} = \dfrac{1}{RC}$ 时，输出信号的幅值为输入信号幅值的 $\dfrac{1}{\sqrt{2}}$，当 $\omega < \omega_\mathrm{H}$ 时，输出信号的幅值不小于输入信号幅值的 70.7%，工程上认为这部分信号能顺利通过该网络，所以把 $0 \sim \omega_\mathrm{H}$ 的频率范围定为通频带。当 $\omega > \omega_\mathrm{H}$ 时，输出信号的幅值小于输入信号幅值的 70.7%，则认为这部分信号不能顺利通过该网络，所以把 $\omega > \omega_\mathrm{H}$ 的频率范围定为阻带，ω_H 是通带和阻带的分界点，在这里是描述电路能够通过信号频率的上限，所以称为上限截止频率。因为，ω_H 由电路参数 RC 决定，故也称其为固有频率。

RC 低通滤波电路被广泛应用于检波电路中以滤除检波后的高频分量，以及对语音信号的处理等。

二、RC 高通滤波电路

图 9-8（a）所示的 RC 串联电路中，当取电阻两端的电压作为电路的输出时，就构成了一个典型的 RC 高通滤波电路，当施加正弦激励 $\dot{U}_\mathrm{i}$ 时，输出为 $\dot{U}_\mathrm{o}$，则网络函数为

$$H(\mathrm{j}\omega) = \frac{\dot{U}_\mathrm{o}}{\dot{U}_\mathrm{i}} = \frac{R}{R + \dfrac{1}{\mathrm{j}\omega C}} = \frac{\mathrm{j}\omega RC}{1 + \mathrm{j}\omega RC} \tag{9-19}$$

若令 $\omega_L = \dfrac{1}{RC}$，为高通电路的固有频率，则式（9-19）可表示为

$$H(\mathrm{j}\omega) = \frac{1}{1 - \mathrm{j}\dfrac{\omega_L}{\omega}}$$

因此，电路的幅频特性和相频特性分别为

$$|H(\mathrm{j}\omega)| = \frac{1}{\sqrt{1 + \left(\dfrac{\omega_L}{\omega}\right)^2}} \tag{9-20a}$$

$$\varphi(\omega) = \arctan\frac{\omega_L}{\omega} \tag{9-20b}$$

由式（9-20）可知，当

$\omega = 0$（直流）时，有 $|H(j\omega)| = 0$，$\varphi(\omega) = \dfrac{\pi}{2}$；

$\omega = \omega_L = \dfrac{1}{RC}$ 时，有 $|H(j\omega)| = \dfrac{1}{\sqrt{2}}$，$\varphi(\omega) = \dfrac{\pi}{4}$；

$\omega \to \infty$ 时，有 $|H(j\omega)| \to 1$，$\varphi(\omega) = 0$。

画出幅频特性和相频特性曲线如图 9-8（b）和图 9-8（c）所示。

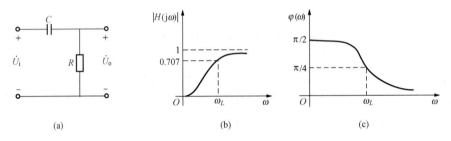

(a)　　　　　　　　　　　(b)　　　　　　　　　　　(c)

图 9-8　RC 高通滤波电路及其频率特性曲线

(a) RC 高通滤波电路；(b) 幅频特性曲线；(c) 相频特性曲线

从图 9-8 中可以看出，此 RC 电路具有使高频信号顺利通过，而对输入频率较低的信号，在输出端的幅值衰减较大，并且在相位上有较大的偏移。这说明该 RC 电路具有抑制低频信号的作用，因此，称此 RC 电路为高通滤波电路。由于网络函数表达式中 $j\omega$ 的阶数最高为 1，故又称为一阶高通网络。

与 RC 低通滤波电路类似，对于 $\omega = \omega_L = \dfrac{1}{RC}$ 这一个频率点，输出信号的幅值为输入信号幅值的 70.7%，频率 ω_L 是电路所能通过的信号频率的下限，所以称之为下限截止频率。这一电路常用作为电子电路放大器级间的 RC 耦合电路。

三、RC 带通滤波电路

如图 9-9 所示是 RC 带通滤波电路，电路的网络函数为

$$H(j\omega) = \frac{\dot{U}_o}{\dot{U}_i} = \frac{R \mathbin{/\!/} \dfrac{1}{j\omega C}}{\left(R + \dfrac{1}{j\omega C}\right) + \left(R \mathbin{/\!/} \dfrac{1}{j\omega C}\right)} = \frac{1}{3 + j\left(\omega RC - \dfrac{1}{\omega RC}\right)} \tag{9-21}$$

若令 $\omega_0 = \dfrac{1}{RC}$，为电路的固有角频率，则式（9-21）可写成

$$H(j\omega) = \frac{1}{3 + j\left(\dfrac{\omega}{\omega_0} - \dfrac{\omega_0}{\omega}\right)}$$

因此，电路的幅频特性和相频特性分别为

$$|H(j\omega)| = \frac{1}{\sqrt{3^2 + \left(\dfrac{\omega}{\omega_0} - \dfrac{\omega_0}{\omega}\right)^2}} \tag{9-22a}$$

$$\varphi(\omega) = -\arctan\frac{\dfrac{\omega}{\omega_0} - \dfrac{\omega_0}{\omega}}{3} \tag{9 - 22b}$$

由式（9 - 22）可知，当

$\omega = \omega_0$ 时，有 $|H(j\omega)| = |H(j\omega)|_{\max} = \dfrac{1}{3}$，$\varphi(\omega) = 0$；

$\omega \ll \omega_0$ 时，有 $|H(j\omega)| \to 0$，$\varphi(\omega) \to \dfrac{\pi}{2}$；

$\omega \gg \omega_0$ 时，有 $|H(j\omega)| \to 0$，$\varphi(\omega) \to -\dfrac{\pi}{2}$。

画出幅频特性和相频特性曲线如图 9 - 9（b）和图 9 - 9（c）所示。

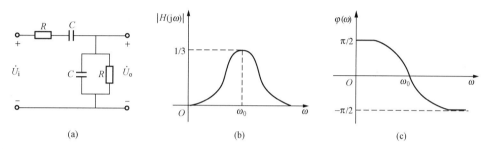

图 9 - 9　RC 带通滤波电路及其频率特性曲线

（a）RC 带通滤波电路；（b）幅频特性曲线；（c）相频特性曲线

图 9 - 9 表明，RC 串并联电路具有选频特性，即当输入信号频率 $\omega = \omega_0 = \dfrac{1}{RC}$ 时，电路输出电压达到最大，输出电压的幅值为输入电压的 1/3；输出电压与输入电压相移为 0。而对于其他频率信号输入时，输出电压衰减很快，且存在相位差。这种 RC 串并联电路广泛应用于低频正弦波振荡电路中，用以产生某一频率的正弦信号。

滤波电路的种类非常丰富，这里只简要介绍了以电阻电容构成的一阶 RC 滤波电路，有时为了得到更好的阻带信号衰减能力，还可以设计出滤波效果更好的二阶 RC 滤波电路，由于这种滤波电路仅由无源元件构成，因此，它们也被称为无源滤波电路。有时为了使得输出与输入相比有一定的信号放大倍数，并且让滤波电路有更好的带负载的能力，还可以将运算放大器引入滤波电路，得到有源滤波电路，这些内容在后续课程中还会有更深入的介绍。

本 章 小 结

1. 电工技术中的所用到的大多数非正弦周期信号可以通过傅里叶级数展开成无穷多项不同频率正弦信号叠加的形式。因此，在分析非正弦周期信号作用的电路时，可以让通过傅里叶级数分解后的非正弦周期信号的不同频率的谐波分量单独作用于电路，得到相应的各个分量的响应，再根据叠加定理，得到电路中某处电压和电流的总响应等于各个分响应的代数和。

2. 根据非正弦周期函数波形的对称性，可以判断函数展开成傅里叶级数中含有哪些分量。

（1）当波形与横轴所包围面积上下相等时直流分量为零。

（2）当波形对称于原点时，即函数为奇函数，函数的傅里叶级数展开式中不含直流分量和余弦项，只含正弦项。

（3）当波形对称于纵轴时，即函数为偶函数，函数的傅里叶级数展开式中不含正弦项，只含直流分量和余弦项。

（4）当波形移动半个周期便与原波形对称于横轴时，函数的傅里叶级数展开式中不含直流分量和偶次谐波分量，只含奇次谐波分量。

（5）当波形移动半个周期便与原波形完全一致时，函数的傅里叶级数展开式中不含奇次谐波分量，只含直流分量和偶次谐波分量。

3. 非正弦周期电流（或电压）的平均值，平均功率

非正弦周期电流（或电压）的平均值为

$$I = \sqrt{I_0^2 + \sum_{k=1}^{\infty} I_k^2} = \sqrt{I_0^2 + I_1^2 + I_2^2 + \cdots + I_k^2 + \cdots}$$

$$U = \sqrt{U_0^2 + \sum_{k=1}^{\infty} U_k^2} = \sqrt{U_0^2 + U_1^2 + U_2^2 + \cdots U_k^2 + \cdots}$$

非正弦周期电流电路的平均功率为

$$P = U_0 I_0 + \sum_{k=1}^{\infty} U_k I_k \cos\varphi_k$$

$$= U_0 I_0 + U_1 I_1 \cos\varphi_1 + U_2 I_2 \cos\varphi_2 + \cdots + U_k I_k \cos\varphi_k + \cdots$$

4. 滤波电路在工程实际中有着广泛的应用。可以用电阻、电容构成 RC 低通、高通、带通等滤波电路，从而去实现不同信号处理。滤波电路的分析方法一般可以从网络函数的频率特性的角度去分析。

 思考题

9 - 1　什么是非正弦周期信号？它们具有哪些特点？常见的非正弦周期信号有哪些？

9 - 2　如何根据非正弦周期信号的对称性判断其谐波分量的构成？

9 - 3　任意一个周期函数 $f(t)$，若将其波形向上平移某一数值后，它的傅里叶级数与原来周期函数 $f(t)$ 的傅里叶级数相比较，哪些分量有变化？哪些分量无变化？

9 - 4　非正弦周期量中，为什么各次谐波的最大值与有效值之间有 $\sqrt{2}$ 倍的关系，而非正弦周期量的有效值与峰值之间却没有这种关系？

9 - 5　感抗 $\dfrac{1}{\omega C} = 2\Omega$ 的电感两端的电压 $u = [10\sin(\omega t + 30°) + 6\sin(3\omega t + 60°)]\text{V}$ 时，其电流为多少？试写出解析式。

9 - 6　若 RLC 串联电路的输出电压取自电容，则该电路具有带通、高通、低通三种性质中的哪一种？

9 - 7　试画出 RC 并联电路的幅频特性和相频特性曲线。什么叫作选频特性？

习 题 九

9-1　求如图 9-10 所示波形的傅里叶级数。

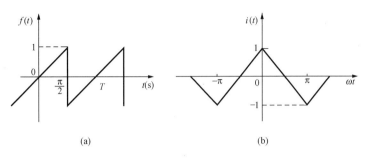

图 9-10　习题 9-1 图

9-2　如图 9-11 所示电路，已知 $u = 100 + 100\cos(\omega t + 30°) + 50\cos(2\omega t)$ V，$\omega L = 10\Omega$，$R = 20\Omega$，$\dfrac{1}{\omega C} = 20\Omega$，求电流 i 的有效值及此电路吸收的平均功率。

9-3　如图 9-12 所示电路，已知 u_1 的直流分量为 8V，且有三次谐波分量，L、C 对基波的阻抗分别为 $X_{C(1)} = 9\Omega$，$X_{L(1)} = 1\Omega$，电流表 PA 的读数为 $2\sqrt{2}$A，试求电压表 PV1 和 PV2 的读数。

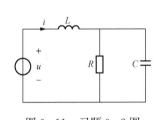

图 9-11　习题 9-2 图

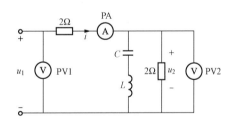

图 9-12　习题 9-3 图

9-4　如图 9-13 所示电路，非正弦电压激励源 $u_s = 50 + 20\sqrt{2}\cos\omega t + 4\sqrt{2}\cos(2\omega t + 30°)$ V，恒定电流源激励 $I_s = 2$A，$R_1 = 8\Omega$，$R_2 = 10\Omega$，$\omega L_1 = 2\Omega$，$\dfrac{1}{\omega C} = 8\Omega$，$\omega L_2 = 5\Omega$，$\omega M = 2\Omega$，试求 a、b 两点间开路电压 u_{ab} 及其有效值。

9-5　一 RLC 串联电路，外加电压 $u(t) = [100 + 60\cos 314t + 50\cos(942t - 30°)]$V，电路中电流为 $i(t) = [10\cos 314t + 1.755\cos(942t + \varphi_2)]$A，

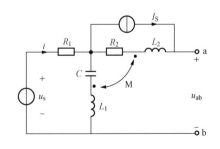

图 9-13　习题 9-4 图

求：(1) R，L，C 的值；(2) φ_2 的值；(3) 电路消耗的平均功率（本题中 t 以 s 为单位）。

9-6　如图 9-14 所示滤波电路中，要求负载 R_L 中不含基波分量，但 4ω 的谐波分量全部传送至负载。如 $\omega = 1000$rad/s，$C = 1\mu$F，求 L_1 和 L_2。

9-7　如图 9-15 所示电路中 $u_s(t)$ 为非正弦周期电压，其中含有 3ω 及 7ω 的谐波分量。

如果要求在输出电压 $u(t)$ 中不含这两个谐波分量，问 L、C 应为多少？

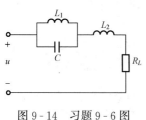

图 9-14　习题 9-6 图

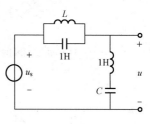

图 9-15　习题 9-7 图

第十章　动态电路的复频域分析

　　本章首先介绍拉普拉斯正变换及其性质，然后介绍拉普拉斯反变换，元件的运算模型，讨论用运算法分析线性动态电路的方法，最后介绍网络函数。

　　动态电路的基本分析方法是时域分析法计算电路的全响应，通过建立电路的微分方程，得到电路的响应。但时域分析法并不适合对高阶动态电路求解。本章主要讨论以拉普拉斯变换为基础的复频域分析法，它将微分方程通过拉普拉斯变换转换为复频域中的代数方程，从而避免复杂计算，这种方法也称运算法。

第一节　拉普拉斯变换

一、拉普拉斯变换的定义

　　拉普拉斯变换将时间函数 $f(t)$ 变换为对应的复变函数 $F(s)$。如有实函数 $f(t)$，满足狄里赫利条件，且在 $t \geqslant 0$ 时有定义，则有

$$F(s) = \int_{0_-}^{+\infty} f(t) \mathrm{e}^{-st} \mathrm{d}t \tag{10-1}$$

　　式（10-1）通常可表示为 $F(s) = \mathscr{L}[f(t)]$，符号 $\mathscr{L}[\quad]$ 表示对方括号中的函数进行拉普拉斯变换。其中 $f(t)$ 称为原函数，$F(s)$ 称为像函数，它们之间存在一一对应关系，$s = \sigma + \mathrm{j}\omega$ 称为复频率。电路中一般遇到的电流、电压的时间函数均满足条件，都能进行拉普拉斯变换，即其像函数都存在。在电路分析中，将时域的电压 u 和电流 i 的拉普拉斯变换记为 $U(s)$ 和 $I(s)$。

　　【例 10-1】　计算下列原函数的像函数：

（1）$f(t) = \varepsilon(t)$；

（2）$f(t) = A$（A 为常数）；

（3）$f(t) = \mathrm{e}^{-\alpha t}$（$\alpha$ 为常数）；

（4）$f(t) = \delta(t)$；

（5）$f(t) = t$。

　　解　（1）$\mathscr{L}[\varepsilon(t)] = \int_{0_-}^{+\infty} \varepsilon(t) \mathrm{e}^{-st} \mathrm{d}t = \int_{0_+}^{+\infty} \mathrm{e}^{-st} \mathrm{d}t = -\dfrac{1}{s} \mathrm{e}^{-st} \Big|_{0_+}^{\infty} = \dfrac{1}{s}$

　　（2）$\mathscr{L}[A] = \int_{0_-}^{+\infty} A\mathrm{e}^{-st} \mathrm{d}t = -\dfrac{A}{s}\mathrm{e}^{-st} \Big|_{0_-}^{\infty} = \dfrac{A}{s}$

　　（3）$\mathscr{L}[\mathrm{e}^{-\alpha t}] = \int_{0_-}^{+\infty} \mathrm{e}^{-\alpha t} \mathrm{e}^{-st} \mathrm{d}t = \int_{0_-}^{+\infty} \mathrm{e}^{-(s+\alpha)t} \mathrm{d}t = -\dfrac{1}{s+\alpha} \mathrm{e}^{-(s+\alpha)t} \Big|_{0_-}^{\infty} = \dfrac{1}{s+\alpha}$

　　（4）$\mathscr{L}[\delta(t)] = \int_{0_-}^{+\infty} \delta(t) \mathrm{e}^{-st} \mathrm{d}t = \int_{0_-}^{0_+} \delta(t) \mathrm{e}^{0} \mathrm{d}t = 1$

　　（5）$\mathscr{L}[t] = \int_{0_-}^{+\infty} t\mathrm{e}^{-st} \mathrm{d}t$

利用分部积分公式 $\int u dv = uv - \int v du$ ，令 $e^{-st} = u, d[f(t)] = dv$ ，得

$$\mathscr{L}[t] = -\frac{1}{s}\int_{0_-}^{+\infty} t de^{-st} = -\frac{1}{s}t e^{-st}\Big|_{0_-}^{+\infty} + \frac{1}{s}\int_{0_-}^{+\infty} e^{-st} dt = \frac{1}{s^2}$$

为了便于查找一个函数的原函数和像函数，将常用函数的拉普拉斯变换列于表10-1中。

表 10-1   常用函数的拉普拉斯变换

原函数 $f(t)$	像函数 $F(s)$	原函数 $f(t)$	像函数 $F(s)$
$\delta(t)$	1	$e^{-at}\sin\omega t$	$\dfrac{\omega}{(s+\alpha)^2+\omega^2}$
$\delta^{(n)}(t)$	s^n	$e^{-at}\cos\omega t$	$\dfrac{s+\alpha}{(s+\alpha)^2+\omega^2}$
$\varepsilon(t)$	$\dfrac{1}{s}$	$\sin(\omega t+\alpha)$	$\dfrac{s\sin\alpha+\omega\cos\alpha}{s^2+\omega^2}$
e^{-at}	$\dfrac{1}{s+\alpha}$	$\cos(\omega t+\alpha)$	$\dfrac{s\cos\alpha-\omega\sin\alpha}{s^2+\omega^2}$
t	$\dfrac{1}{s^2}$	$\sin\omega t$	$\dfrac{\omega}{s^2+\omega^2}$
t^n	$\dfrac{n!}{s^{n+1}}$	$\cos\omega t$	$\dfrac{s}{s^2+\omega^2}$
$t e^{-at}$	$\dfrac{1}{(s+\alpha)^2}$	$t^n e^{-at}$ （n 为正整数）	$\dfrac{n!}{(s+\alpha)^{n+1}}$

二、拉普拉斯变换的性质

1. 线性性质

若 $\mathscr{L}[f_1(t)] = F_1(s)$ ，$\mathscr{L}[f_2(t)] = F_2(s)$ ，a 和 b 为两个任意常数，则有

$$\mathscr{L}[af_1(t) \pm bf_2(t)] = aF_1(s) \pm bF_2(s) \tag{10-2}$$

证明： $\mathscr{L}[af_1(t) \pm bf_2(t)] = \int_{0_-}^{+\infty} [af_1(t) \pm bf_2(t)]e^{-st} dt$

$$= a\int_{0_-}^{+\infty} f_1(t)e^{-st} dt \pm b\int_{0_-}^{+\infty} f_2(t)e^{-st} dt = aF_1(s) \pm bF_2(s)$$

【例 10-2】 求 $f_1(t) = \cos\omega t$ 和 $f_2(t) = \sin\omega t$ 的像函数。

解 由例10-1（3）可知：$\mathscr{L}[e^{-at}] = \dfrac{1}{s+\alpha}$ ，而 $e^{j\omega t} = \cos\omega t + j\sin\omega t$ ，故有

$$\mathscr{L}[e^{j\omega t}] = \mathscr{L}[\cos\omega t] + j\mathscr{L}[\sin\omega t] = \frac{1}{s-j\omega} = \frac{s}{s^2+\omega^2} + j\frac{\omega}{s^2+\omega^2}$$

所以有

$$\mathscr{L}[\cos\omega t] = \frac{s}{s^2+\omega^2}$$

$$\mathscr{L}[\sin\omega t] = \frac{\omega}{s^2+\omega^2}$$

2. 微分性质

若 $\mathscr{L}[f(t)] = F(s)$ ，则有

$$\mathscr{L}\left[\frac{d}{dt}f(t)\right] = sF(s) - f(0_-) \tag{10-3}$$

证明：
$$\mathscr{L}\left[\frac{\mathrm{d}}{\mathrm{d}t}f(t)\right]=\int_{0_-}^{+\infty}\left[\frac{\mathrm{d}}{\mathrm{d}t}f(t)\right]\mathrm{e}^{-st}\mathrm{d}t=\int_{0_-}^{+\infty}\mathrm{e}^{-st}\mathrm{d}[f(t)]$$

按分步积分法进行积分，根据 $\int u\mathrm{d}v=uv-\int v\mathrm{d}u$ ，令 $\mathrm{e}^{-st}=u$，$\mathrm{d}[f(t)]=\mathrm{d}v$，得

$$\mathscr{L}\left[\frac{\mathrm{d}}{\mathrm{d}t}f(t)\right]=\int_{0_-}^{+\infty}\mathrm{e}^{-st}\mathrm{d}[f(t)]=\mathrm{e}^{-st}f(t)\big|_{0_-}^{+\infty}-\int_{0_-}^{+\infty}f(t)\mathrm{d}(\mathrm{e}^{-st})$$

而
$$\mathrm{e}^{-st}f(t)\big|_{0_-}^{+\infty}=0-f(0_-)=-f(0_-)$$
$$-\int_{0_-}^{+\infty}f(t)\mathrm{d}(\mathrm{e}^{-st})=s\int_{0_-}^{+\infty}f(t)\mathrm{e}^{-st}\mathrm{d}t=sF(s)$$

所以有
$$\mathscr{L}\left[\frac{\mathrm{d}}{\mathrm{d}t}f(t)\right]=sF(s)-f(0_-)$$

【例 10 - 3】 利用 $\mathscr{L}[\sin\omega t]$ 的结果，求 $\mathscr{L}[\cos\omega t]$。

解 已知 $\mathscr{L}[\sin\omega t]=\dfrac{\omega}{s^2+\omega^2}$，则有

$$\mathscr{L}[\cos\omega t]=\mathscr{L}\left[\frac{1}{\omega}\frac{\mathrm{d}}{\mathrm{d}t}\sin\omega t\right]=\frac{1}{\omega}\mathscr{L}\left[\frac{\mathrm{d}}{\mathrm{d}t}\sin\omega t\right]=\frac{1}{\omega}\left(s\cdot\frac{\omega}{s^2+\omega^2}-0\right)=\frac{s}{s^2+\omega^2}$$

重复应用微分性质可得
$$\mathscr{L}[f(t)'']=s^2F(s)-sf(0_-)-f'(0_-) \tag{10-4}$$
$$\mathscr{L}[f(t)^n]=s^nF(s)-s^{n-1}f(0_-)-s^{n-2}f'(0_-)-\cdots-f^{n-1}(0_-) \tag{10-5}$$

3. 积分性质

若 $\mathscr{L}[f(t)]=F(s)$ ，则有
$$\mathscr{L}\left[\int_{0_-}^{t}f(\xi)\mathrm{d}\xi\right]=\frac{1}{s}\mathscr{L}[f(t)]=\frac{1}{s}F(s) \tag{10-6}$$

证明： 因为 $\dfrac{\mathrm{d}}{\mathrm{d}t}\displaystyle\int_{0_-}^{t}f(\xi)\mathrm{d}\xi=f(t)$ ，则有

$$\mathscr{L}[f(t)]=\mathscr{L}\left[\frac{\mathrm{d}}{\mathrm{d}t}\int_{0_-}^{t}f(\xi)\mathrm{d}\xi\right]=s\mathscr{L}\left[\int_{0_-}^{t}f(\xi)\mathrm{d}\xi\right]-\left[\int_{0_-}^{t}f(\xi)\mathrm{d}\xi\right]_{t=0_-}=s\mathscr{L}\left[\int_{0_-}^{t}f(\xi)\mathrm{d}\xi\right]$$

所以有
$$\mathscr{L}\left[\int_{0_-}^{t}f(t)\mathrm{d}t\right]=\frac{1}{s}\mathscr{L}[f(t)]$$

4. 时域位移定理

设 $\mathscr{L}[f(t)\varepsilon(t)]=F(s)$，则有
$$\mathscr{L}[f(t-t_0)\varepsilon(t-t_0)]=\mathrm{e}^{-st_0}F(s) \tag{10-7}$$

证明： $\mathscr{L}[f(t-t_0)\varepsilon(t-t_0)]=\displaystyle\int_{0_-}^{+\infty}f(t-t_0)\varepsilon(t-t_0)\mathrm{e}^{-st}\mathrm{d}t=\int_{t_0_-}^{+\infty}f(t-t_0)\mathrm{e}^{-st}\mathrm{d}t$

设新的自变量 $t'=t-t_0$，则当 $t=\infty$ 时 $t'=\infty$，$t=t_{0_-}$ 时 $t'=0_-$，故有

$$\mathscr{L}[f(t-t_0)\varepsilon(t-t_0)]=\int_{0_-}^{+\infty}f(t')\mathrm{e}^{-s(t'+t_0)}\mathrm{d}t'=\mathrm{e}^{-st_0}\int_{0_-}^{+\infty}f(t')\mathrm{e}^{-st'}\mathrm{d}t'=\mathrm{e}^{-st_0}F(s)$$

此定理表明，$f(t)$ 延迟 t_0 出现，则像函数应乘以一个延时因子 e^{-st_0}。

第二节 拉普拉斯反变换

在运算法中，还需把像函数 $F(s)$ 进行反变换，以得到响应的原函数，这就需要进行拉普拉斯反变换。拉普拉斯反变换可简称拉氏反变换，其基本公式为

$$f(t) = \frac{1}{2\pi \mathrm{j}} \int_{\sigma-\mathrm{j}\infty}^{\sigma+\mathrm{j}\infty} F(s)\mathrm{e}^{st} \, \mathrm{d}s \tag{10-8}$$

式中：σ 为一个正的常数。

拉氏反变换可记作

$$f(t) = \mathscr{L}^{-1}[F(s)]$$

进行拉氏反变换的积分比较复杂，通常采用查表法。当进行拉氏反变换的复频域函数未在表 10-1 中列出时，则需经过一定的数学处理，变换成如表 10-1 中所列各式的线性组合。

在电路理论中遇到的像函数 $F(s)$ 往往都是 s 的有理函数，且一般为有理分式，形式为

$$F(s) = \frac{F_1(s)}{F_2(s)} = \frac{a_m s^m + a_{m-1} s^{m-1} + \cdots + a_1 s + a_0}{b_n s^n + b_{n-1} s^{n-1} + \cdots + b_1 s + b_0} \tag{10-9}$$

式中：m 和 n 为正整数，且 $n > m$；$F_1(s)$ 和 $F_2(s)$ 表示分子及分母多项式，所有系数都是实数。如果它们没有公因式，则这类有理函数可用部分分式展开法分解处理。

设 s_1，s_2，s_3，$\cdots$，s_n 为 $F_2(s) = 0$ 的根，也称为 $F(s)$ 的极点。它们可以是实数，也可以是复数。下面就按极点的不同情况分别讨论 $F(s)$ 的展开。

一、$F(s)$ 仅含单极点

由于 $F_2(s) = 0$ 没有重根，$F(s)$ 可展开为

$$F(s) = \frac{F_1(s)}{F_2(s)} = \frac{F_1(s)}{(s-s_1)(s-s_2)\cdots(s-s_k)\cdots(s-s_n)}$$

$$= \frac{A_1}{s-s_1} + \frac{A_2}{s-s_2} + \cdots + \frac{A_k}{s-s_k} + \cdots + \frac{A_n}{s-s_n} = \sum_{k=1}^{n} \frac{A_k}{s-s_k} \tag{10-10}$$

式中：A_1，A_2，$\cdots$，A_n 为待定系数，可由以下两种方法求得。

方法一　为求 A_k（$k = 1, 2, 3, \cdots, n$），将式（10-10）两边同乘以 $(s-s_k)$，得

$$(s-s_k)F(s) = \frac{A_1(s-s_k)}{s-s_1} + \cdots + \frac{A_k(s-s_k)}{s-s_k} + \cdots + \frac{A_n(s-s_k)}{s-s_n}$$

这个等式在 s 为任意数值时均成立，然后令 $s = s_k$，则有

$$A_k = (s-s_k)F(s)\Big|_{s=s_k} \tag{10-11}$$

这样，式（10-10）中的所有待定系数都可以确定，而它的每一项都能在表 10-1 中查得。于是有

$$f(t) = \mathscr{L}^{-1}[F(s)] = A_1 \mathrm{e}^{s_1 t} + A_2 \mathrm{e}^{s_2 t} + \cdots + A_k \mathrm{e}^{s_k t} + \cdots + A_n \mathrm{e}^{s_n t} = \sum_{k=1}^{n} A_k \mathrm{e}^{s_k t}$$

$$\tag{10-12}$$

方法二　令式（10-11）中 $s \to s_k$，等式两边取极限，有

$$A_k = \lim_{s \to s_k} \frac{(s-s_k)F_1(s)}{F_2(s)}$$

根据洛必达法则，就可得到求 A_k 的另一个公式为

$$A_k = \lim_{s \to s_k} \frac{(s-s_k)F_1'(s) + F_1(s)}{F_2'(s)} = \frac{F_1(s)}{F_2'(s)}\bigg|_{s=s_k} = \frac{F_1(s_k)}{F_2'(s_k)} \tag{10-13}$$

【例 10-4】　求 $F(s) = \dfrac{4s+5}{s^2-5s+6}$ 的原函数 $f(t)$。

解法一　由于 $F_2(s) = s^2 - 5s + 6 = (s-2)(s-3)$，可得

$$F(s) = \frac{A_1}{s-2} + \frac{A_2}{s-3}$$

$F(s)$ 的极点为 $s_1=2$，$s_2=3$，则有

$$A_1 = \left[(s-2)\cdot\frac{4s+5}{(s-2)(s-3)}\right]_{s=2} = -13$$

$$A_2 = \left[(s-3)\cdot\frac{4s+5}{(s-2)(s-3)}\right]_{s=3} = 17$$

所以得

$$F(s) = \frac{-13}{s-2} + \frac{17}{s-3}$$

查表 10-1，得

$$f(t) = \mathscr{L}^{-1}\left[\frac{-13}{s-2} + \frac{17}{s-3}\right] = -13e^{2t} + 17e^{3t}$$

解法二　题中 $F_1(s) = 4s+5$，$F_2(s) = s^2 - 5s + 6$，$F_2'(s) = 2s - 5$，将 $F_2(s) = s^2 - 5s + 6 = 0$ 的根 $s_1=2$，$s_2=3$ 代入式（10-13），可得

$$f(t) = \frac{F_1(s_1)}{F_2'(s_1)}e^{s_1 t} + \frac{F_1(s_2)}{F_2'(s_2)}e^{s_2 t} = -13e^{2t} + 17e^{3t}$$

如果在 $F(s)$ 单极点情况中，$F_2(s)$ 含有共轭复根 $s_1 = -\alpha + j\omega$，$s_2 = -\alpha - j\omega$，则方法可以同上述一样，只是结论还有一些特殊性，$F(s)$ 的展开式中一定含有有理分式

$$\frac{A_1}{s+\alpha-j\omega} + \frac{A_2}{s+\alpha+j\omega}$$

由式（10-11）可得

$$A_1 = \left[(s+\alpha-j\omega)F(s)\right]_{s=-\alpha+j\omega} = |A_1|e^{j\theta}$$

式中：$|A_1|$ 是复数 A_1 的模，θ 是 A_1 的幅角。根据实系数多项式的性质可知 A_2 和 A_1 必为共轭复数。所以有

$$A_2 = \left[(s+\alpha+j\omega)F(s)\right]_{s=-\alpha-j\omega} = |A_1|e^{-j\theta}$$

$$\mathscr{L}^{-1}\left[\frac{A_1}{s+\alpha-j\omega} + \frac{A_2}{s+\alpha+j\omega}\right] = |A_1|e^{j\theta}e^{(-\alpha+j\omega)t} + |A_1|e^{-j\theta}e^{(-\alpha-j\omega)t}$$

$$= |A_1|e^{-\alpha t}\left[e^{j(\omega t+\theta)} + e^{-j(\omega t+\theta)}\right]$$

$$= 2|A_1|e^{-\alpha t}\cos(\omega t+\theta) \tag{10-14}$$

【例 10-5】　求 $F(s) = \dfrac{20}{s^2+8s+25}$ 的原函数 $f(t)$。

解　设 $\dfrac{20}{s^2+8s+25} = \dfrac{A_1}{s+4-j3} + \dfrac{A_2}{s+4+j3}$，则有

$$A_1 = (s+4-j3)F(s)|_{s=-4+j3} = -\frac{10}{3}j = \frac{10}{3}e^{-j90°}$$

代入式（10 - 14），得

$$f(t) = \frac{20}{3}\mathrm{e}^{-4t}\cos(3t - 90°)$$

二、$F(s)$ 含重极点

若 $F_2(s) = 0$ 具有重根，设在 $s = s_1$ 时有三重根，也就是 $F_2(s)$ 多项式中必定有因式 $(s - s_1)^3$；当然 $F(s)$ 也可以有其他单因式，则 $F(s)$ 可展开为

$$F(s) = \frac{A_{11}}{(s - s_1)^3} + \frac{A_{12}}{(s - s_1)^2} + \frac{A_{13}}{s - s_1} + \frac{A_2}{s - s_2} + \cdots$$

对于 $F(s)$ 展开式中重根的系数 A_{11}、A_{12}、A_{13}，可按下列步骤确定，即

$$A_{11} = \left[(s - s_1)^3 F(s)\right]_{s=s_1} \tag{10 - 15}$$

$$A_{12} = \frac{\mathrm{d}}{\mathrm{d}s}\left[(s - s)^3 F(s)\right]_{s=s_1} \tag{10 - 16}$$

$$A_{13} = \frac{1}{2}\frac{\mathrm{d}^2}{\mathrm{d}s^2}\left[(s - s)^3 F(s)\right]_{s=s_1} \tag{10 - 17}$$

查表 10 - 1 得

$$f(t) = \mathscr{L}^{-1}[F(s)] = A_{11}t^2\mathrm{e}^{s_1 t} + A_{12}t\mathrm{e}^{s_1 t} + A_{13}\mathrm{e}^{s_1 t} + A_2\mathrm{e}^{s_2 t} + \cdots$$

按类似的步骤可以求 $F_2(s) = 0$ 任意重根的系数，要注意求二阶以上导数时表达式的系数。

【例 10 - 6】 求 $F(s) = \dfrac{10s + 4}{s(s + 1)(s + 2)^2}$ 的原函数 $f(t)$。

解 设 $\dfrac{10s + 4}{s\ (s+1)\ (s+2)^2} = \dfrac{A}{s} + \dfrac{B}{s+1} + \dfrac{C}{(s+2)^2} + \dfrac{D}{s+2}$，则有

$$A = sF(s)\big|_{s=0} = 1$$

$$B = (s + 1)F(s)\big|_{s=-1} = 6$$

$$C = (s + 2)^2 F(s)\big|_{s=-2} = -8$$

$$D = \frac{\mathrm{d}}{\mathrm{d}s}\left[(s + 2)^2 F(s)\right]\big|_{s=-2} = \frac{\mathrm{d}}{\mathrm{d}s}\left(\frac{10s + 4}{s^2 + s}\right)\bigg|_{s=-2} = -7$$

因此得

$$f(t) = \varepsilon(t) + 6\mathrm{e}^{-t} - 8t\mathrm{e}^{-2t} - 7\mathrm{e}^{-2t}$$

如果 $F(s)$ 不是有理真分式，则必须先将 $F(s)$ 化成一个关于 s 的多项式和有理真分式的和的形式，有理真分式就采用上述方法求反变换；而在表 10 - 1 中可以发现，多项式对应的反变换是冲激函数 $\delta(t)$、$\delta^{(1)}(t)$、$\delta^{(2)}(t)$ 等的线性组合。

第三节　电路元件和电路定律的复频域形式

一、电路元件的复频域模型

1. 电阻元件

电路如图 10 - 1(a) 所示，在关联参考方向下，时域中，电阻元件的伏安关系为

$$u_R = Ri_R$$

对上式进行拉普拉斯变换即 $\mathscr{L}[u_R] = \mathscr{L}[Ri_R] = R\mathscr{L}[i_R]$，可得

$$U_R(s) = RI_R(s) \tag{10 - 18}$$

式（10-18）是电阻元件在复频域中的伏安关系式，如图
10-1（b）所示为电阻元件的复频域模型。

2. 电容元件

电路如图 10-2（a）所示，在关联参考方向下，时域中
的电容元件的伏安关系为

$$i_C = C \frac{\mathrm{d}u_C}{\mathrm{d}t}$$

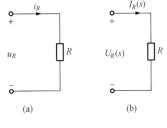

图 10-1 电阻元件的模型
(a) 电阻元件的时域模型；
(b) 电阻元件的复频域模型

对其进行拉普拉斯变换，即 $\mathscr{L}[i_C] = \mathscr{L}[C \frac{\mathrm{d}u_C}{\mathrm{d}t}] = sC\mathscr{L}[u_C] - Cu_C(0_-)$，可得

$$U_C(s) = \frac{1}{sC}I_C(s) + \frac{u_C(0_-)}{s} \qquad (10\text{-}19\mathrm{a})$$

或

$$I_C(s) = sCU_C(s) - Cu_C(0_-) \qquad (10\text{-}19\mathrm{b})$$

式中：$u_C(0_-)$ 是电容的初始电压；$u_C(0_-)/s$ 是该初始电压作用下的一个附加电压源；
$Cu_C(0_-)$ 是该初始电压作用下的一个附加电流源。图 10-2(b) 和图 10-2(c) 所示为电容元
件的复频域模型。

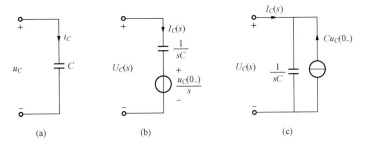

图 10-2 电容元件的模型
(a) 电容元件的时域模型；(b) 电容元件的串联复频域模型；(c) 电容元件的并联复频域模型

3. 电感元件

电路如图 10-3(a) 所示，在关联参考方向下，时域中的电感元件的伏安关系为

$$u_L = L \frac{\mathrm{d}i_L}{\mathrm{d}t}$$

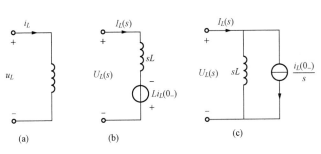

图 10-3 电感元件的模型
(a) 电感元件的时域模型；(b) 电感元件的串联复频域模型；
(c) 电感元件的并联复频域模型

对其进行拉普拉斯变换，即
$\mathscr{L}[u_L] = \mathscr{L}[L \frac{\mathrm{d}i_L}{\mathrm{d}t}] = sL\mathscr{L}[i_L] - Li(0_-)$，可得

$$U_L(s) = sLI_L(s) - Li_L(0_-)$$

$$(10\text{-}20\mathrm{a})$$

或

$$I_L(s) = \frac{1}{sL}U_L(s) + \frac{i_L(0_-)}{s}$$

$$(10\text{-}20\mathrm{b})$$

式中：$i_L(0_-)$ 是电感的初始电流；$Li_L(0_-)$ 是该初始电流作用下的一个附加电压源；$i_L(0_-)/s$ 是该初始电流作用下的一个附加电流源。图 10 - 3(b) 和图 10 - 3(c) 所示为电感元件的复频域模型。

二、基尔霍夫定律的复频域形式

1. 电流定律的复频域形式

基尔霍夫电流定律的时域形式

$$\sum i = 0$$

对其进行拉普拉斯变换，得

$$\sum I(s) = 0 \tag{10 - 21}$$

式（10 - 21）就是复频域形式的基尔霍夫电流定律。它可以表述为：电路中，流入任意一个节点的各支路电流的像函数的代数和恒为零。

2. 电压定律的复频域形式

基尔霍夫电压定律的时域形式

$$\sum u = 0$$

对其进行拉普拉斯变换，得

$$\sum U(s) = 0 \tag{10 - 22}$$

式（10 - 22）就是复频域形式的基尔霍夫电压定律。它可以表述为：电路中，沿任意一个回路的任意绕行方向，各支路电压的像函数的代数和恒为零。

三、欧姆定律的复频域形式

对于 RLC 串联电路，如果电容和电感都是零初始状态，即 $i_L(0_-) = 0$，$u_C(0_-) = 0$，则在关联参考方向下，根据各元件的电压和电流复频域形式，电路端口的电压与电流的复频域关系为

$$U(s) = Z(s)I(s) \tag{10 - 23a}$$

或

$$I(s) = Y(s)U(s) \tag{10 - 23b}$$

式中：$Z(s) = R + sL + 1/sC$ 称为运算阻抗；$Y(s) = 1/Z(s)$ 称为运算导纳。式（10 - 23）称为复频域形式（也称运算形式）的欧姆定律。R、sL、$1/sC$ 分别为 R、L、C 元件的运算阻抗，如果将 s 用 $j\omega$ 替代，则 R、$j\omega L$、$1/j\omega C$ 分别为 R、L、C 元件的复阻抗。可见，复频域形式的电路定律与正弦稳态电路中相量形式的电路定律完全相似，相量法中的计算方法也可以运用于复频域分析法。

这里需要注意的是，在复频域分析法中，运算电压的单位不再是 V，而是 V·s，运算电流的单位也不再是 A，而是 A·s，运算阻抗的单位还是 Ω。不过，在复频域计算中像函数的单位已无实际意义，一般可省略。

【例 10 - 7】 如图 10 - 4（a）所示的 RLC 串联电路原已稳定，电容初始电压为 $u_C(0_-) = 10V$。在 $t = 0$ 时将开关 S 闭合，画出 $t \geqslant 0$ 时电路的复频域模型。

解 电容电压的初始值为 $u_C(0_+) = u_C(0_-) = 10V$，则其串联的附加电源为 $u_C(0_-)/s = 10/s$，同时运算阻抗 $1/sC = 5/s$；50V 电压源的像函数为 $50/s$；电感元件的初始电流为 $i_L(0_+) = i_L(0_-) = 0$，所以它没有附加电源，且运算阻抗 $sL = s$。作出换路后电路的复频域模型，如图 10 - 4（b）所示。

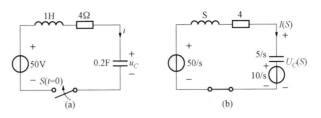

图 10 - 4 【例 10 - 7】图

(a) 电路原图；(b) 电路的复频域模型

第四节 线性动态电路的复频域分析法

与相量法相似，用复频域模型（运算法）分析线性动态电路，首先需要建立动态电路的运算模型，然后应用运算形式的电路定律、定理，列出有关电压和电流的像函数方程，求出电路响应的像函数，再用拉普拉斯反变换得到响应的原函数，得到时域解。这种方法尤其适合高阶动态电路。运用运算法计算线性动态电路全响应的具体步骤如下。

（1）确定电路中各电容元件的 $u_C(0_-)$ 值和各电感元件的 $i_L(0_-)$ 值。

（2）画出电路的运算模型。将电源用像函数表示，各元件用运算阻抗表示。要注意动态元件的附加电源方向。

（3）根据电路的运算模型，用线性电阻电路的各种方法求出响应的像函数。

（4）将响应的像函数进行拉普拉斯反变换，得到响应在时域中的原函数。

【例 10 - 8】 电路如图 10 - 5(a)所示。电路原已稳定，当 $t=0$ 时开关由 1 拨到 2，求换路后电路中电感的电流 i。

解 （1）由电路可知，电感元件的初始电流为 $i(0_-) = I_0$；

（2）画出换路后的运算电路如图 10 - 5(b)所示；

（3）由 KVL 可知

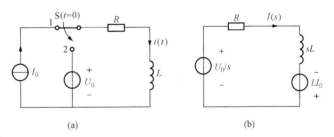

图 10 - 5 【例 10 - 8】图

(a) 电路原图；(b) 运算模型

$$I(s)(R+sL) - LI_0 - \frac{U_0}{s} = 0$$

因此可得

$$I(s) = \frac{I_0}{s+R/L} + \frac{U_0/L}{s(s+R/L)} = \frac{I_0}{s+R/L} + \frac{U_0/R}{s} - \frac{U_0/R}{s+R/L}$$

（4）对 $I(s)$ 的表达式进行拉普拉斯反变换，得

$$i = \left(I_0 - \frac{U_0}{R}\right)e^{-\frac{t}{\tau}} + \frac{U_0}{R} \quad (t \geqslant 0)$$

式中：$\tau = L/R$。

【例 10 - 9】 图 10 - 6(a)所示电路，为零初始状态，其中 $u_s = 0.1e^{-5t} \text{ V}$，$R_1 = 1\Omega$，$R_2 = 2\Omega$，$L = 0.1\text{H}$，$C = 0.5\text{F}$，试求换路后的 i_2。

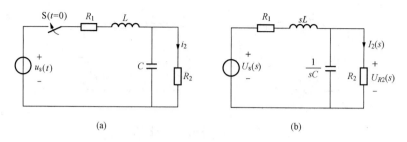

图 10 - 6　【例 10 - 9】图

(a) 电路原图；(b) 运算模型

解　作出电路的运算模型，如图 10 - 6(b) 所示。对 u_s 进行拉普拉斯变换得

$$U_s(s) = \mathscr{L}[u_s(t)] = \frac{0.1}{s+5}$$

由节点电压法可得

$$U_{R_2}(s) = \frac{\dfrac{U_s(s)}{R_1 + sL}}{\dfrac{1}{R_1 + sL} + sC + \dfrac{1}{R_2}} = \frac{0.1}{(s+5)(0.05s^2 + 0.55s + 1.5)}$$

$$I_2(s) = \frac{U_{R_2}(s)}{R_2} = \frac{0.1}{(s+5)(0.1s^2 + 1.1s + 3)} = \frac{1}{(s+5)^2(s+6)}$$

$$= \frac{-1}{s+5} + \frac{1}{(s+5)^2} + \frac{1}{s+6}$$

查表 10 - 1 可得

$$i_2 = -\,\mathrm{e}^{-5t} + t\mathrm{e}^{-5t} + \mathrm{e}^{-6t}(\mathrm{A}) \quad (t > 0)$$

【例 10 - 10】　图 10 - 7(a) 所示电路为零初始状态，已知 $u = \varepsilon(t)$，$R_1 = 1\Omega$，$R_2 = 5\Omega$，$C = 1/3\mathrm{F}$，$L = 1\mathrm{H}$。求电感元件的电压 u_0。

解　作出电路的运算模型，如图 10 - 7(b) 所示。对 u 进行拉普拉斯变换得

$$U(s) = \mathscr{L}[\varepsilon(t)] = \frac{1}{s}$$

由回路电流法可得

对回路 1，有

$$\left(R_1 + \frac{1}{sC}\right)I_1(s) - \frac{1}{sC}I_2(s) = \frac{1}{s}$$

即

$$\left(1 + \frac{3}{s}\right)I_1(s) - \frac{3}{s}I_2(s) = \frac{1}{s}$$

对回路 2，有

$$-\frac{1}{sC}I_1(s) + \left(sL + R_2 + \frac{1}{sC}\right)I_2(s) = 0$$

即

$$-\frac{3}{s}I_1(s) + \left(s + 5 + \frac{3}{s}\right)I_2(s) = 0$$

联立求得

$$I_2(s) = \frac{3}{s^3 + 8s^2 + 18s}$$

$$U_0(s) = sI_2(s) = \frac{3}{s^2 + 8s + 18} = \frac{3}{\sqrt{2}} \times \frac{\sqrt{2}}{(s+4)^2 + (\sqrt{2})^2}$$

查表 10-1 可得

$$u_0 = \frac{3}{\sqrt{2}} e^{-4t} \sin\sqrt{2}t (\mathrm{V}) \quad (t > 0)$$

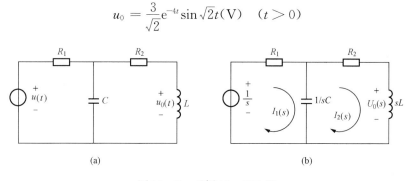

(a)   (b)

图 10-7 【例 10-10】图
(a) 电路原图；(b) 运算模型

第五节 网 络 函 数

一、网络函数的定义及零点、极点

一个线性非时变网络，若所有动态元件都处于零初始状态，并且仅有单一的输入激励 $e(t)$，则网络的零状态响应 $x(t)$ 的像函数 $X(s)$ 与激励 $e(t)$ 的像函数 $E(s)$ 的比值，定义为该网络的网络函数 $H(s)$，即

$$H(s) = \frac{X(s)}{E(s)} \tag{10-24}$$

由于激励 $E(s)$ 可以是电压源或电流源，响应 $X(s)$ 可以是电路中任意两点间的电压或任意支路的电流，激励和响应可以在同一端口，也可以在不同端口。因此网络函数 $H(s)$ 根据激励和响应在网络中的相对应位置，可以分为策动点函数或转移函数。

根据网络函数的定义，如果 $E(s) = 1$，则 $X(s) = H(s)$，即网络函数就是该响应的像函数，而当 $E(s) = 1$ 时，激励 $e(t) = \delta(t)$ 为单位冲激函数，所以网络函数的原函数 $h(t)$ 为电路的单位冲激响应。

在图 10-8 所示无源线性二端口网络中，当激励和响应在同一端口时，网络函数称为策动点阻抗函数或策动点导纳函数，即
策动点阻抗函数为

$$H(s) = Z_1(s) = \frac{U_1(s)}{I_1(s)}$$

策动点导纳函数为

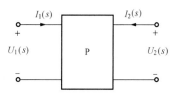

图 10-8 无源线性二端口网络

$$H(s) = Y_1(s) = \frac{I_1(s)}{U_1(s)}$$

当激励和响应在不同端口时，网络函数称为转移函数（或称传递函数），即
转移阻抗函数为

$$H(s) = Z_{21}(s) = \frac{U_2(s)}{I_1(s)}$$

转移导纳函数为

$$H(s) = Y_{21}(s) = \frac{I_2(s)}{U_1(s)}$$

转移电压比函数为

$$H(s) = A_U(s) = \frac{U_2(s)}{U_1(s)}$$

转移电流比函数为

$$H(s) = A_I(s) = \frac{I_2(s)}{I_1(s)}$$

【**例 10 - 11**】 试求如图 10 - 9 所示电路的网络函数。已知激励为 $U_1(s)$，$R_1 = R_2 = 2\Omega$，$L = 1H$，$C = 1F$，求（1）零状态响应 $U_2(s)$ 与 $U_1(s)$ 之比；（2）零状态响应 $I_2(s)$ 与 $U_1(s)$ 之比。

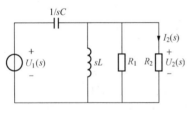

图 10 - 9 【例 10 - 11】图

解 （1）所求网络函数为电压转移比，图 10 - 9 所示电路中，等效电阻 $R = R_1 // R_2 = 1\Omega$，则有

$$H(s) = A_U(s) = \frac{U_2(s)}{U_1(s)} = \frac{\dfrac{sL}{sL+1}}{\dfrac{1}{s} + \dfrac{sL}{sL+1}} = \frac{s^2}{s^2+s+1}$$

（2）所求网络函数为转移导纳，则有

$$H(s) = Y_{21}(s) = \frac{I_2(s)}{U_1(s)} = \frac{U_2(s)}{2U_1(s)} = \frac{s^2}{2(s^2+s+1)}$$

由例 10 - 11 可以看到，响应与激励的比值，就是单位激励下的响应；网络函数只与网络元件参数有关，而与激励无关，它反映网络从输入到输出的传递关系。如果在正弦稳态电路中，激励是频率为 ω 的单一电源，那么，若用相量法求电路的网络函数，只要将式（10 - 24）中 s 用 $j\omega$ 代入即可。这时，网络函数应为

$$H(j\omega) = \frac{\dot{X}}{\dot{E}}$$

相应的网络的策动点函数或转移函数中的电压和电流，也由 $U(s)$ 和 $I(s)$ 变成相量形式 $\dot{U}$ 和 $\dot{I}$，即
策动点函数为

$$H(j\omega) = Z_1(j\omega) = \frac{\dot{U}_1}{\dot{I}_1}$$

转移函数为

$$H(\mathrm{j}\omega) = Y_1(\mathrm{j}\omega) = \frac{\dot{I}_1}{\dot{U}_1}$$

转移阻抗函数为

$$H(\mathrm{j}\omega) = Z_{21}(\mathrm{j}\omega) = \frac{\dot{U}_2}{\dot{I}_1}$$

转移导纳函数为

$$H(\mathrm{j}\omega) = Y_{21}(\mathrm{j}\omega) = \frac{\dot{I}_2}{\dot{U}_1}$$

转移电压比函数为

$$H(\mathrm{j}\omega) = A_U(\mathrm{j}\omega) = \frac{\dot{U}_2}{\dot{U}_1}$$

转移电流比函数为

$$H(\mathrm{j}\omega) = A_I(\mathrm{j}\omega) = \frac{\dot{I}_2}{\dot{I}_1}$$

由于网络函数的分子和分母都是 s 的多项式，其一般形式可以写为 $H(s) = N(s)/D(s)$。为讨论方便起见，假设网络函数中没有重复因子，则将它作因式分解后得

$$H(s) = H_0 \frac{(s-z_1)(s-z_2)\cdots(s-z_m)}{(s-p_1)(s-p_2)\cdots(s-p_n)} \qquad (10\text{-}25)$$

式中：z_1、z_2、$\cdots$、z_m 是 $N(s)=0$ 的根，称为网络函数的零点；p_1、p_2、$\cdots$、p_n 是 $D(s)=0$ 的根，称为网络函数的极点；H_0 为增益常数。网络函数的零点和极点可以是实数、虚数或复数，因为多项式 $N(s)$ 和 $D(s)$ 的系数都为实数，所以复数零点、极点一定成对出现，即对应于每一个复数零、极点一定存在一个与之共轭的零、极点。知道了网络函数的零点、极点和增益常数，就可以确定网络函数。

网络函数的每一个零点和极点都可以在复平面（s 平面）上用对应的点表示。一般用"○"表示零点，用"×"表示极点，就得到网络函数的零、极点分布图。

【例 10-12】 已知网络函数 $H(s) = \dfrac{s+3}{(s+2)(s+1-\mathrm{j}2)(s+1+\mathrm{j}2)}$，画出其零、极点分布图。

解 根据题意可知
网络函数的零点为 $z_1 = -3$
网络函数的极点为 $p_1 = -2$，$p_2 = -1+\mathrm{j}2$，$p_3 = -1-\mathrm{j}2$
绘出零、极点图如图 10-10 所示。
二、网络函数的极点与冲激响应
如果将网络函数写成式（10-26）形式，即

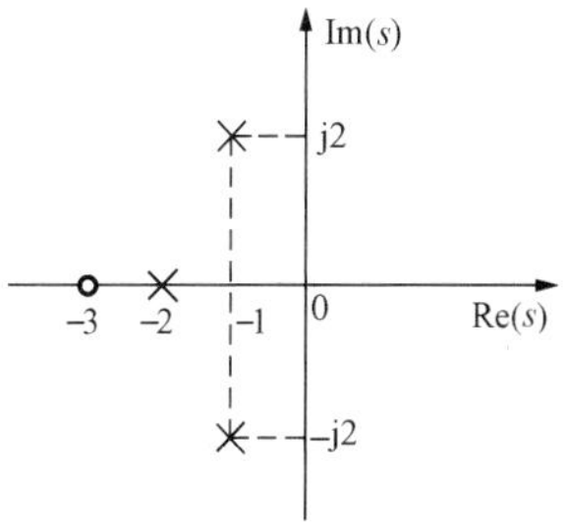

$$H(s) = \frac{k_1}{s-p_1} + \frac{k_2}{s-p_2} + \cdots + \frac{k_n}{s-p_n} = \sum_{i=1}^{n} \frac{k_i}{s-p_i} \qquad (10\text{-}26)$$

图 10-10 【例 10-12】图

式中：p_1、p_2、$\cdots$、p_n 是 $H(s)$ 的极点。

网络的冲激响应为

$$h(t) = \mathscr{L}^{-1}[H(s)] = \sum_{i=1}^{n} k_i e^{p_i t} \qquad (10\text{-}27)$$

由式（10-27）可以看出，当极点为负实数时，$e^{p_i t}$ 为衰减指数函数；当极点为正实数时，$e^{p_i t}$ 为增长指数函数；当两极点为共轭复根时，$k_i e^{p_i t}$ 为以指数曲线为包络线的正弦函数，其实部为正时，正弦函数幅值增长，实部为负时，正弦函数幅值衰减。所以，当极点在复平面的左半平面时，$h(t)$ 随时间增长而衰减，电路稳定；当有一个或一个以上的极点在右半平面时，电路不稳定；当大部分极点都在左半平面，但有一个或一个以上的极点在复平面的虚轴上，则电路也稳定。线性时不变无源网络总是稳定的，对于含有受控源的有源线性网络、时变网络和非线性网络，则必须研究其是否稳定的问题。图10-11画出了网络函数的极点分布与冲激响应波形的关系。

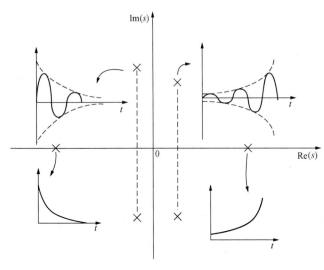

图 10-11 极点与冲激响应的关系

三、零点、极点与频率响应

在网络函数 $H(s)$ 中，令 $s = j\omega$，则 $H(j\omega)$ 随 ω 变化的特性称为频率特性，又称频率响应。对于某一角频率 ω，$H(j\omega)$ 通常是一个复数，可以表示为

$$H(j\omega) = |H(j\omega)| \underline{/\varphi(\omega)}$$

式中：$|H(j\omega)|$ 随频率变化的特性，称之为幅频特性；$\varphi(\omega)$ 随频率变化的特性，称之为相频特性。根据式（10-25）可得

$$|H(j\omega)| = H_0 \frac{\prod\limits_{i=1}^{m}(j\omega - z_i)}{\prod\limits_{l=1}^{n}(j\omega - p_l)}$$

$$\varphi(\omega) = \sum_{i=1}^{m} \arg(j\omega - z_i) - \sum_{l=1}^{n} \arg(j\omega - p_l)$$

如果已知函数的零、极点，既可计算出对应的频率响应，还可以定性画出频率特性曲线。

【例 10-13】 图 10-12(a) 所示电路是 RC 串联电路，设电压源提供输入电压为 $U_i(s)$，电容上的电压为输出电压 $U_o(s)$，试定性分析电路的频率响应。

解 此时电路的传递函数为转移电压比，即

$$H(s) = \frac{U_o(s)}{U_i(s)} = \frac{\dfrac{1}{RC}}{s + \dfrac{1}{RC}}$$

其极点 $p_1 = -\dfrac{1}{RC}$，将 $s = \mathrm{j}\omega$ 代入上式，可得

$$H(\mathrm{j}\omega) = \dfrac{\dfrac{1}{\mathrm{j}\omega C}}{R + \dfrac{1}{\mathrm{j}\omega C}} = \dfrac{1/RC}{\mathrm{j}\omega + 1/RC}$$

传递函数的幅频特性和相频特性分别为

$$|H(\mathrm{j}\omega)| = \dfrac{1}{\sqrt{1 + (\omega RC)^2}}$$

$$\varphi(\omega) = -\arctan(\omega RC)$$

当 ω 较低时，$|H(\mathrm{j}\omega)| \approx 1$，当 $\omega = \omega_C = 1/RC$（截止频率）时，$|H(\mathrm{j}\omega)| = 1/\sqrt{2}$。当 ω 较高时，$|H(\mathrm{j}\omega)| \rightarrow 0$，这种随频率增高幅度衰减的特性，表明该电路具有通过低频信号，抑制高频信号的特性，因此，它称为低通滤波器。相频特性表明，低通滤波器随着频率增大产生相移，相移范围为 $0° \sim -90°$。通常规定以 $|H(\mathrm{j}\omega)| = 1/\sqrt{2}$ 所对应的频率即 $\omega_c = 1/RC$ 作为划分通频带的参考点，显然，RC 低通滤波器的通频带宽度为 $B = \omega_c - 0 = 2\pi f_c$。

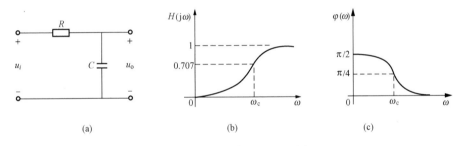

图 10 - 12 【例 10 - 13】图
（a）RC 低通电路；（b）幅频特性曲线；（c）相频特性曲线

【例 10 - 14】 图 10 - 13(a) 所示的 RL 串联电路，设电压源提供的电压为输入电压 $U_i(s)$，电感上的电压为输出电压 $U_o(s)$，试定性分析电路的频率响应。

解 此时电路的传递函数为转移电压比，即

$$H(s) = \dfrac{U_o(s)}{U_i(s)} = \dfrac{sL}{R + sL} = \dfrac{s}{s + \dfrac{R}{L}}$$

其极点 $p_1 = -\dfrac{R}{L}$，将 $s = \mathrm{j}\omega$ 代入上式，可得

$$H(\mathrm{j}\omega) = \dfrac{\dot U_2}{\dot U_1} = \dfrac{\mathrm{j}\omega}{\mathrm{j}\omega + \dfrac{R}{L}}$$

所以，电路传递函数的幅频特性和相频特性分别为

$$|H(\mathrm{j}\omega)| = \dfrac{1}{\sqrt{1 + \left(\dfrac{R}{\omega L}\right)^2}}$$

$$\varphi(\omega) = \arctan\left(\dfrac{R}{\omega L}\right)$$

当 $\omega=0$ 时，$|H(\mathrm{j}\omega)|=0$，当 $\omega=\omega_\mathrm{c}=R/L$，即截止频率时，$|H(\mathrm{j}\omega)|=1/\sqrt{2}$，当 ω 增大并趋向无穷大时，$|H(\mathrm{j}\omega)|=1$。这种只允许较高频率的信号通过，而阻止低频信号通过的高通滤波器，由其相频特性表达式可知其输出信号相位超前输入信号。画出其幅频特性曲线和相频特性曲线如图 10 - 13(b)、图 10 - 13 (c) 所示。

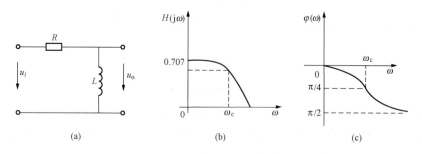

图 10 - 13　【例 10 - 14】图
(a) RL 低通电路；(b) 幅频特性曲线；(c) 相频特性曲线

本 章 小 结

1. 拉普拉斯变换

拉普拉斯变换是将满足狄里赫利条件的时间函数 $f(t)$ 变换为对应的复变函数 $F(s)$，即 $F(s)=\int_{0_-}^{+\infty}f(t)\mathrm{e}^{-st}\mathrm{d}t$。其中 $f(t)$ 称为原函数，$F(s)$ 称为像函数，它们之间存在一一对应关系，$s=\sigma+\mathrm{j}\omega$ 称为复频率。电路中一般遇到的电流、电压的时间函数均满足条件，都能进行拉普拉斯变换，即其像函数都存在。

2. 拉普拉斯变换的性质

(1) 线性性质。若 $\mathscr{L}[f_1(t)]=F_1(s)$，$\mathscr{L}[f_2(t)]=F_2(s)$，$a$ 和 b 为两个任意常数，则 $\mathscr{L}[af_1(t)\pm bf_2(t)]=aF_1(s)\pm bF_2(s)$。

(2) 微分性质。若 $\mathscr{L}[f(t)]=F(s)$ 则 $\mathscr{L}\left[\dfrac{\mathrm{d}}{\mathrm{d}t}f(t)\right]=sF(s)-f(0_-)$。

(3) 积分性质。若 $\mathscr{L}[f(t)]=F(s)$ 则 $\mathscr{L}\left[\int_{0_-}^{t}f(\xi)\mathrm{d}\xi\right]=\dfrac{1}{s}\mathscr{L}[f(t)]=\dfrac{1}{s}F(s)$。

(4) 时域位移定理。设 $\mathscr{L}[f(t)\varepsilon(t)]=F(s)$，则有 $\mathscr{L}[f(t-t_0)\varepsilon(t-t_0)]=\mathrm{e}^{-st_0}F(s)$。

3. 拉普拉斯反变换

拉普拉斯反变换是指将像函数 $F(s)$ 进行反变换，得到响应的原函数，即

$$f(t)=\frac{1}{2\pi\mathrm{j}}\int_{\sigma-\mathrm{j}\infty}^{\sigma+\mathrm{j}\infty}F(s)\mathrm{e}^{st}\mathrm{d}s$$

式中：σ 为一个正常数。求拉普拉斯反变换通常采用查常用函数的拉普拉斯变换表的方法得到，所以要对像函数 $F(s)$ 进行分解，但极点不同，采用的方法不同。

(1) $F(s)$ 仅含单极点。由于 $F_2(s)=0$ 没有重根，$F(s)$ 可展开为

$$F(s)=\frac{F_1(s)}{F_2(s)}=\frac{A_1}{s-s_1}+\frac{A_2}{s-s_2}+\cdots+\frac{A_k}{s-s_k}+\cdots+\frac{A_n}{s-s_n}=\sum_{k=1}^{n}\frac{A_k}{s-s_k}$$

式中：A_1、A_2、$\cdots$、A_n 为待定系数，可由以下两种方法求得

方法一
$$A_k = (s - s_k)F(s)\big|_{s=s_k}$$

方法二
$$A_k = \lim_{s \to s_k} \frac{(s - s_k)F'_1(s) + F_1(s)}{F'_2(s)} = \frac{F_1(s)}{F'_2(s)}\bigg|_{s=s_k} = \frac{F_1(s_k)}{F'_2(s_k)}$$

则
$$f(t) = \mathscr{L}^{-1}[F(s)] = A_1 e^{s_1 t} + A_2 e^{s_2 t} + \cdots + A_k e^{s_k t} + \cdots + A_n e^{s_n t} = \sum_{k=1}^{n} A_k e^{s_k t}$$

（2）$F(s)$ 含重极点。若 $F_2(s) = 0$ 具有重根，设在 $s = s_1$ 时有三重根，其他为单根，也就是 $F_2(s)$ 多项式中必定有因式 $(s - s_1)^3$，（当然也可以有其他单因式）。则 $F(s)$ 可展开为

$F(s) = \dfrac{A_{11}}{(s - s_1)^3} + \dfrac{A_{12}}{(s - s_1)^2} + \dfrac{A_{13}}{s - s_1} + \dfrac{A_2}{s - s_2} + \cdots$。对于 $F(s)$ 展开式中重根的系数 A_{11}，A_{12}，A_{13}，可按下列步骤确定

$$A_{11} = (s - s_1)^3 F(s)\big|_{s=s_1}$$

$$A_{12} = \frac{\mathrm{d}}{\mathrm{d}s}\big[(s - s)^3 F(s)\big]\bigg|_{s=s_1}$$

$$A_{13} = \frac{1}{2}\frac{\mathrm{d}^2}{\mathrm{d}s^2}\big[(s - s)^3 F(s)\big]\bigg|_{s=s_1}$$

得 $f(t) = \mathscr{L}^{-1}[F(s)] = A_{11} t^2 e^{s_1 t} + A_{12} t e^{s_1 t} + A_{13} e^{s_1 t} + A_2 e^{s_2 t} + \cdots$。

如果 $F(s)$ 不是有理真分式，则必须先将 $F(s)$ 化成一个关于 s 的多项式和有理真分式的和的形式，有理真分式就采用上述方法求反变换。而多项式在教材的表 10 - 1 中可以找到，对应的反变换是冲激函数 $\delta(t)$、$\delta^{(1)}(t)$、$\delta^{(2)}(t)$ 等的线性组合。

4. 各元件的复频域模型

（1）电阻元件的像函数 VAR 为：$U_R(s) = R I_R(s)$。

（2）电容元件的像函数 VAR 为：$U_C(s) = \dfrac{1}{sC} I_C(s) + \dfrac{u_C(0_-)}{s}$ 或 $I_C(s) = sC U_C(s) - Cu_C(0_-)$。

（3）电感元件的像函数 VAR 为：$U_L(s) = sL I_L(s) - L i_L(0_-)$ 或 $I_L(s) = \dfrac{1}{sL} U_L(s) + \dfrac{i_L(0_-)}{s}$。

5. 基尔霍夫电流定律和基尔霍夫电压定律的复频域形式分别为 $\sum I(s) = 0$，$\sum U(s) = 0$；欧姆定律的复频域形式可表示为 $U(s) = Z(s)I(s)$ 或 $I(s) = Y(s)U(s)$。

6. 运算法

应用运算形式的电路定律、定理，列有关电压和电流的方程，求出电路响应的像函数，再用拉普拉斯反变换求得响应的原函数。这种分析电路的方法称为运算法。用运算法计算电路的一般步骤：①确定电路中各电容元件的 $u_C(0_-)$ 值和各电感元件的 $i_L(0_-)$ 值；②画出电路的运算模型。将电源用像函数表示，各元件用运算阻抗表示。要注意动态元件的附加电源方向；③根据电路的运算模型，用电阻线性电路的各种方法求出响应的像函数；④将响应的像函数进行拉普拉斯反变换，得到响应在时域中的原函数。

7. 网络函数

一个线性非时变网络，若所有动态元件都处于零初始状态，并且仅有单一的输入激励，

用 $e(t)$ 表示，则网络的零状态响应 $x(t)$ 的像函数 $X(s)$ 与激励 $e(t)$ 的像函数 $E(s)$ 的比值，定义为该网络的网络函数 $H(s)$，即 $H(s) = \dfrac{X(s)}{E(s)}$。网络函数也可以表示为 $H(s) = H_0 \dfrac{(s-z_1)(s-z_2)\cdots(s-z_m)}{(s-p_1)(s-p_2)\cdots(s-p_n)}$。式中：$z_1$、$z_2$、$\cdots$、$z_m$ 是 $N(s)=0$ 的根，称为网络函数的零点；p_1、p_2、$\cdots$、p_n 是 $D(s)=0$ 的根，称为网络函数的极点；H_0 为增益常数。知道了网络函数的零点、极点和增益常数，就可以确定网络函数。网络的冲激响应与网络函数的极点在复平面的位置有关。由函数的零点、极点，可计算出对应的频率响应，还可以定性画出频率特性曲线。

思考题

10 - 1 比较电路的运算法与正弦稳态电路的相量法的异同。

10 - 2 在求 $f(t)$ 的拉普拉斯变换时，是否一定要知道 $f(0_-)$ 的值？为什么？

10 - 3 在电路的复频域模型中，电感和电容的附加电源的极性如何确定？

10 - 4 网络函数有哪几种形式？它与冲激响应是什么关系？

10 - 5 设网络的冲激响应为 $h(t) = 2e^{-3t}\varepsilon(t)$，输入激励为 $e(t) = 3e^{-t}\varepsilon(t)$，求零状态响应 $x(t)$。

10 - 6 什么是网络函数的零点、极点？如果已知网络函数的极点 $p_1 = -3$，$p_2 = -4$，零点 $z_1 = -2$，$z_2 = -7$，$H(j\omega)\,|_{\omega \to \infty} = 3$。求网络函数 $H(s)$。

10 - 7 网络函数的极点与冲激响应有什么关系？如何利用网络函数的极点判断网络的稳定性？

习 题 十

10 - 1 求下列函数 $f(t)$ 的像函数 $F(s)$。

(1) $f(t) = 1 + 2t + 3e^{-t}$

(2) $f(t) = t^2 + 3t + 2$

(3) $f(t) = e^{-at}\sin\omega t$

(4) $f(t) = \delta(t) + 2\varepsilon(t) - 3e^{-2t}$

(5) $f(t) = \cos 2t + e^{-3t}$

(6) $f(t) = t^2 \sin 2t$

10 - 2 求图 10 - 14 所示函数的像函数。

10 - 3 试用拉普拉斯变换法求微分方程 $\dfrac{d^2 i(t)}{dt^2} + 4\dfrac{di(t)}{dt} + 3i(t) = 14\delta(t)$ 的解 $i(t)$（$t > 0$）。已知 $i(0) = 3$，$i'(0) = 2$。

10 - 4 求下列像函数 $F(s)$

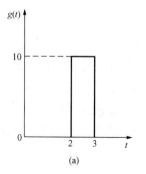

(a)

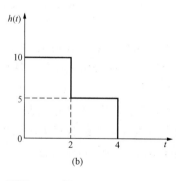

(b)

图 10 - 14 习题 10 - 2 图

的原函数 $f(t)$。

(1) $F(s) = \dfrac{3}{s} - \dfrac{5}{s+1} + \dfrac{6}{s^2+4}$

(2) $F(s) = 1 + \dfrac{4}{s+3} - \dfrac{5s}{s^2+16}$

(3) $F(s) = \dfrac{s^3 + 2s + 6}{s(s+1)^2(s+3)}$

(4) $F(s) = \dfrac{10}{(s+1)(s^2+4s+13)}$

(5) $F(s) = \dfrac{5s^3 + 20s^2 + 25s + 40}{(s^2+4)(s^2+2s+5)}$

10-5　画出图 10-15 所示各电路换路后的运算电路模型。（设各电路原已稳定，在 $t=0$ 时换路）

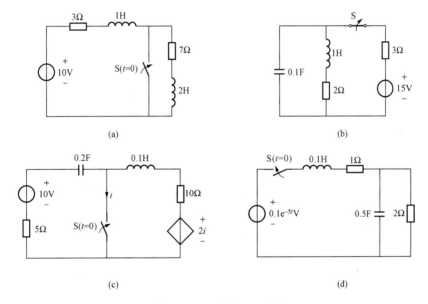

图 10-15　习题 10-5 图

10-6　用运算法求解如图 10-16 所示的 RLC 串联电路的零输入响应 u_C 和 i。已知 $R=2.5\Omega$，$L=0.25\text{H}$，$C=0.25\text{F}$，$u_C(0_-)=6\text{V}$，$i_L(0_-)=0$。

10-7　如果将题 10-6 中的电路在 $t=0$ 时接入一直流激励电压源 $U_s=10\text{V}$，其他条件不变，则电路的响应 u_C 和 i。

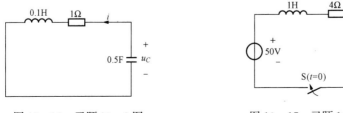

图 10-16　习题 10-6 图　　　　图 10-17　习题 10-8 图

10-8　如图 10-17 所示的 RLC 串联电路原已稳定，在 $t=0$ 时将开关闭合，求流过电

路的电流 i。

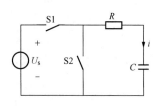

图 10 - 18　习题 10 - 9 图

10 - 9　如图 10 - 18 所示的电路原已稳定，在 $t=0$ 时将开关 S1 闭合，在 $t=t_0$ 时将开关 S2 闭合，同时将开关 S1 打开，求流过电容的电流 i。

10 - 10　用复频域分析法求 RL 串联电路接通电压源 $u_s(t)=U_m\sin(\omega t+\theta)$ 后流过电路的电流。

10 - 11　已知某电路在激励为 $f_1(t)=\varepsilon(t)$ 的情况下，其零状态响应为 $f_2(t)=\sin3t\cdot\varepsilon(t)$，求网络函数 $H(s)$。若将激励改为 $f_1(t)=\sin3t\cdot\varepsilon(t)$，试求其零状态响应 $f_2(t)$。

10 - 12　试求图 10 - 19 所示电路的电压传输函数，定性画出其幅频特性曲线和相频特性曲线。

10 - 13　试求图 10 - 20 所示网络在负载端开路时的策动点阻抗 $U_1(s)/I_1(s)$ 和转移阻抗 $U_2(s)/I_1(s)$。

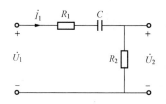

图 10 - 19　习题 10 - 12 图

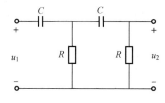

图 10 - 20　习题 10 - 13 图

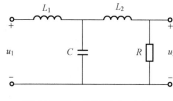

图 10 - 21　习题 10 - 14 图

10 - 14　图 10 - 21 所示电路为一低通滤波器，已知 $L_1=1.5$H，$L_2=0.5$H，$C=4/3$F，$R=1\Omega$，试求电压转移函数 $U_2(s)/U_1(s)$ 和策动点导纳函数 $I_1(s)/U_1(s)$。

10 - 15　设网络函数 $H(s)=\dfrac{s+5}{s+2s+2}$，求冲激响应 $h(t)$。

10 - 16　设网络函数 $H(s)=\dfrac{1}{s+2}$，求冲激响应 $h(t)$；设输入 $e(t)=e^{-t}\varepsilon(t)$，求零状态响应 $x(t)$。

10 - 17　求图 10 - 22 所示电路的策动点阻抗，并绘出极点、零点图。

10 - 18　某网络函数的极点、零点分布如图 10 - 23 所示，且已知 $H(s)|_{s=0}=8$，求该网络函数。

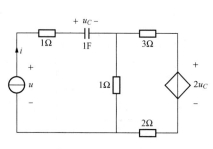

图 10 - 22　习题 10 - 17 图

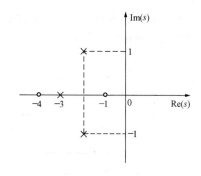

图 10 - 23　习题 10 - 18 图

第十一章 二 端 口 网 络

本章介绍二端口网络概念及其分析方法，主要内容包括二端口网络参数和方程、二端口网络等效电路、二端口网络连接及含二端口网络的分析方法。

第一节 二端口网络的概念

在前面的电路理论学习中，我们把与外电路有两个端钮相连的元件称二端元件，如：电阻、电感和电容等。与外电路有三个及三个以上的端钮相连的元件叫三端或多端元件，如三极管、变压器等。

同样的，如果一个网络 N 内部很复杂，但是它和外电路相连仍然只有两个端钮，那么这样的网络称之为二端网络，如图 11 - 1(a) 所示。如果这个网络与外电路有多个端钮相连，则称之为多端网络，如图 11 - 1(b) 所示。在图 11 - 1(a) 中如果满足 $i=i'$，则这样的二端网络称为单口网络也称一端口网络。在图 11 - 1(c) 中，如果满足端口条件：$i_1=i'_1$ 和 $i_2=i'_2$，则这样的四端网络称为二端口网络也称双口网络。

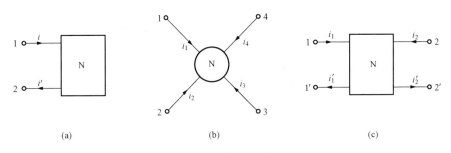

图 11 - 1 端口网络框图
(a) 二端网络；(b) 四端网络；(c) 二端口网络

用二端口网络概念分析电路时，只需找到端子上电压和电流的关系，这种关系可以用二端口网络的参数和方程来描述，而这些参数和方程只取决于表征二端口网络的元件参数和连接方式。一旦元件参数和连接方式确定后，当一个端口的电压、电流变化时就较容易得到另一个端口上的电压和电流。同时，还可利用这些参数比较不同二端口在传递电能和信号方面的性能，进而评价其质量。在实际电路中，一个复杂的二端口网络可以看作是由若干个简单的二端口网络按照一定方式组合而成，把每个简单二端口网络参数求出来后，按照连接方式的规律也可求出该复杂二端口网络的参数和方程。

本章介绍的二端口网络是其内部不含独立源且由线性元件组成的线性无源二端口网络。

第二节　二端口网络的参数和方程

二端口网络框图如图 11 - 2 所示，端口上有两个电流变量 i_1、i_2 和两个电压变量 u_1、u_2。在四个变量中任选两个变量作为自变量，其余两个量作为因变量，则能形成六种方程。本章只讨论二端口网络六种参数方程中常见的四种，即阻抗（Z）参数方程、导纳（Y）参数方程、传输（A 或 T）参数方程、混合（H）参数方程。

在此约定今后讨论中，两个端口上的电压和电流参考方向如图 11 - 2(a) 所示，其相量模型如图 11 - 2(b) 所示。

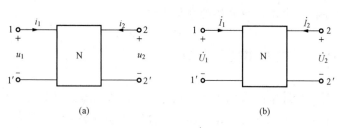

图 11 - 2　二端口网络框图
(a) 二端网络瞬时模型；(b) 二端网络相量模型

一、阻抗（Z）参数和方程

在图 11 - 2(b) 中，以电流 $\dot{I}_1$、$\dot{I}_2$ 作为自变量，电压 $\dot{U}_1$、$\dot{U}_2$ 作因变量，二端口网络的阻抗参数方程为

$$\left.\begin{aligned} \dot{U}_1 = Z_{11}\dot{I}_1 + Z_{12}\dot{I}_2 \\ \dot{U}_2 = Z_{21}\dot{I}_1 + Z_{22}\dot{I}_2 \end{aligned}\right\} \tag{11 - 1}$$

式中：Z_{11}、Z_{12}、Z_{21} 和 Z_{22} 称为阻抗参数，它们具有阻抗性质，单位为欧姆（Ω）。Z 参数可以按照下列方法计算或实验求得：设图 11 - 3(a) 中端口 2—2′开路，即 $\dot{I}_2 = 0$，在端口 1—1′加一个已知的电流源 $\dot{I}_{s1}$（$\dot{I}_1 = \dot{I}_{s1}$），计算或测出 $\dot{U}_1$、$\dot{U}_2$，由式（11 - 1）可得

$$Z_{11} = \left.\frac{\dot{U}_1}{\dot{I}_1}\right|_{\dot{I}_2 = 0}$$

$$Z_{21} = \left.\frac{\dot{U}_2}{\dot{I}_1}\right|_{\dot{I}_2 = 0}$$

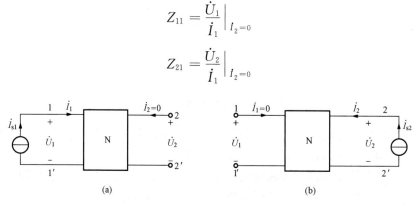

图 11 - 3　开路阻抗参数的测定
(a) 端口 2—2′开路；(b) 端口 1—1′开路

所以 Z_{11} 称为端口 2—2′开路时端口 1—1′的输入阻抗，Z_{21} 称为端口 2—2′开路时端口 2—2′与端口 1—1′之间的转移阻抗。

同理，将图 11 - 3(b) 中端口 1—1′开路，即 $\dot{I}_1 = 0$，并在端口 2—2′处加一个已知的电流源 $\dot{I}_{s2}$（$\dot{I}_2 = \dot{I}_{s2}$），计算出或测出 $\dot{U}_1$、$\dot{U}_2$，由式（11 - 1）可得

$$Z_{12} = \frac{\dot{U}_1}{\dot{I}_2}\bigg|_{i_1=0}$$

$$Z_{22} = \frac{\dot{U}_2}{\dot{I}_2}\bigg|_{i_1=0}$$

即 Z_{21} 称为端口 $1-1'$ 开路时端口 $1-1'$ 与端口 $2-2'$ 之间的转移阻抗，Z_{22} 称为端口 $1-1'$ 开路时端口 $2-2'$ 的输入阻抗。

式（11-1）可以写成矩阵形式

$$\begin{bmatrix} \dot{U}_1 \\ \dot{U}_2 \end{bmatrix} = \begin{bmatrix} Z_{11} & Z_{12} \\ Z_{21} & Z_{22} \end{bmatrix} \begin{bmatrix} \dot{I}_1 \\ \dot{I}_2 \end{bmatrix} = \mathbf{Z} \begin{bmatrix} \dot{I}_1 \\ \dot{I}_2 \end{bmatrix} \tag{11-2}$$

式中

$$\mathbf{Z} = \begin{bmatrix} Z_{11} & Z_{12} \\ Z_{21} & Z_{22} \end{bmatrix}$$

称为二端口网络的 Z 参数矩阵，也称为开路阻抗参数矩阵。

【例 11-1】　求图 11-4(a) 所示二端口网络的 Z 参数。

解法一　图 11-4(a) 是个 T 形电路。当端口 $2-2'$ 开路时，即 $\dot{I}_2=0$，在端口 $1-1'$ 上加一个电流源，如图 11-4（b）所示，可得到

$$Z_{11} = \frac{\dot{U}_1}{\dot{I}_1}\bigg|_{i_2=0} = \frac{Z_1\dot{I}_1 + Z_3\dot{I}_1}{\dot{I}_1} = Z_1 + Z_3$$

$$Z_{21} = \frac{\dot{U}_2}{\dot{I}_1}\bigg|_{i_2=0} = \frac{Z_3\dot{I}_1}{\dot{I}_1} = Z_3$$

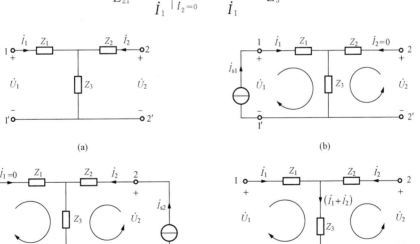

图 11-4　【例 11-1】图
(a) T 形二端口网络；(b) 端口 $2-2'$ 开路；(c) 端口 $1-1'$ 开路；(d) 电压电流关系

当端口 $1-1'$ 开路时，即 $\dot{I}_1=0$，在端口 $2-2'$ 上加一个电流源，如图 11-4(c) 所示，可

得到

$$Z_{12} = \frac{\dot{U}_1}{\dot{I}_2}\bigg|_{\dot{I}_1=0} = \frac{Z_3 \dot{I}_2}{\dot{I}_2} = Z_3$$

$$Z_{22} = \frac{\dot{U}_2}{\dot{I}_2}\bigg|_{\dot{I}_1=0} = \frac{Z_2 \dot{I}_2 + Z_3 \dot{I}_2}{\dot{I}_2} = Z_2 + Z_3$$

解法二　在图 11 - 4(d) 中，以端口电流 $\dot{I}_1$、$\dot{I}_2$ 为自变量（当作已知量），则 $\dot{U}_1$、$\dot{U}_2$ 为

$$\left.\begin{aligned}\dot{U}_1 &= Z_1\dot{I}_1 + Z_3(\dot{I}_1+\dot{I}_2) = (Z_1+Z_3)\dot{I}_1 + Z_3\dot{I}_2 \\ \dot{U}_2 &= Z_2\dot{I}_2 + Z_3(\dot{I}_1+\dot{I}_2) = Z_3\dot{I}_1 + (Z_2+Z_3)\dot{I}_2\end{aligned}\right\} \tag{11 - 3}$$

由式（11 - 3）与式（11 - 1）对比，可得到 Z 参数为

$$Z_{11} = Z_1 + Z_3; Z_{12} = Z_{21} = Z_3; Z_{22} = Z_2 + Z_3$$

由此例可见，$Z_{12}=Z_{21}$。此结果是由该特例得到，但不难证明，对于不含独立电源和受控源的线性二端口网络来说，总有 $Z_{12}=Z_{21}$ 成立。所以，这样二端口网络的四个参数中只有三个是独立的，具有此性质的二端口网络称为互易二端口网络。

如果一个二端口网络在满足 $Z_{12}=Z_{21}$ 的基础上，还同时满足 $Z_{11}=Z_{22}$，那么这种二端口网络具有对称性，即此二端口网络的两个端口 1—1′和 2—2′互换位置后与外电路连接，其外部特性将不会发生变化。也就是说，这种二端口网络从任何一个端口看进去，它的电气特性是一样的，因此称为电气对称，简称对称二端口网络。显然，对称二端口网络只有两个参数独立。

对于含有受控源的二端口网络一般不一定有 $Z_{12}=Z_{21}$。下面的例子将说明这一点。

【例 11 - 2】　求图 11 - 5(a) 所示二端口网路的 Z 参数矩阵。

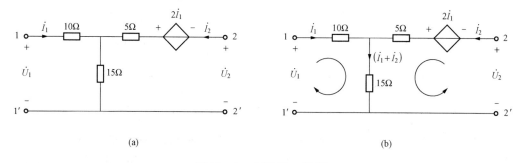

(a)　　　　　　　　　　　(b)

图 11 - 5　【例 11 - 2】图

解　在图 11 - 5(b) 中，以电流 $\dot{I}_1$、$\dot{I}_2$ 为自变量，则压 $\dot{U}_1$、$\dot{U}_2$ 为

$$\left.\begin{aligned}\dot{U}_1 &= 10\dot{I}_1 + 15(\dot{I}_1+\dot{I}_2) = 25\dot{I}_1 + 15\dot{I}_2 \\ \dot{U}_2 &= -2\dot{I}_1 + 5\dot{I}_2 + 15(\dot{I}_1+\dot{I}_2) = 13\dot{I}_1 + 20\dot{I}_2\end{aligned}\right\} \tag{11 - 4}$$

由式（11 - 4）与式（11 - 1）对比，可得到该二端口网络的 Z 参数为

$$Z_{11} = 25\Omega; Z_{12} = 15\Omega; Z_{21} = 13\Omega; Z_{22} = 20\Omega$$

所以 Z 参数矩阵为

$$\boldsymbol{Z} = \begin{bmatrix} 25 & 15 \\ 13 & 20 \end{bmatrix} \Omega$$

如果一个二端口网络的元器件全部为电阻元件，该二端口网络 Z 参数方程式（11-1）可以写成

$$\left.\begin{array}{l} U_1 = R_{11}I_1 + R_{12}I_2 \\ U_2 = R_{21}I_1 + R_{22}I_2 \end{array}\right\} \tag{11-5}$$

二、导纳（Y）参数和方程

在图 11-2(b) 中，以电压 $\dot{U}_1$、$\dot{U}_2$ 作为自变量，以电流 $\dot{I}_1$、$\dot{I}_2$ 为因变量，二端口网络的导纳参数方程为

$$\left.\begin{array}{l} \dot{I}_1 = Y_{11}\dot{U}_1 + Y_{12}\dot{U}_2 \\ \dot{I}_2 = Y_{21}\dot{U}_1 + Y_{22}\dot{U}_2 \end{array}\right\} \tag{11-6}$$

式中：Y_{11}、Y_{12}、Y_{21} 和 Y_{22} 称为导纳（Y）参数，它们具有导纳性质，单位为西门子（S）。Y 参数可按照下列方法计算或实验测得：设端口 $2-2'$ 短路，即 $\dot{U}_2=0$，在端口 $1-1'$ 加一个已知的电压源 $\dot{U}_{s1}(\dot{U}_1 = \dot{U}_{s1})$，计算出或实验测出 $\dot{I}_1$、$\dot{I}_2$，如图 11-6(a) 所示。由式(11-6) 可得

$$Y_{11} = \left.\frac{\dot{I}_1}{\dot{U}_1}\right|_{\dot{U}_2=0}$$

$$Y_{21} = \left.\frac{\dot{I}_2}{\dot{U}_1}\right|_{\dot{U}_2=0}$$

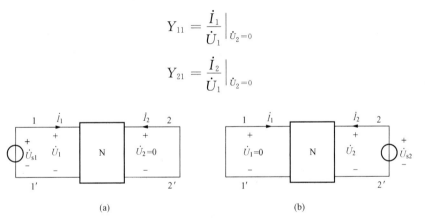

图 11-6 短路导纳参数的测定
(a) 端口 $2-2'$短路；(b) 端口 $1-1'$短路

所以 Y_{11} 称为端口 $2-2'$短路时端口 $1-1'$ 的输入导纳，Y_{21} 称为端口 $2-2'$短路时端口 $2-2'$ 与端口 $1-1'$之间的转移导纳。

同理，将端口 $1-1'$短路，即 $\dot{U}_1=0$，并在端口 $2-2'$处加一个已知的电压源 $\dot{U}_{s2}(\dot{U}_2 = \dot{U}_{s2})$，计算出或实验测出 $\dot{I}_1$、$\dot{I}_2$，如图 11-6(b) 所示。由式（11-6）可得

$$Y_{12} = \left.\frac{\dot{I}_1}{\dot{U}_2}\right|_{\dot{U}_1=0}$$

$$Y_{22} = \left.\frac{\dot{I}_2}{\dot{U}_2}\right|_{\dot{U}_1=0}$$

即 Y_{21} 称为端口 $1-1'$短路时端口 $1-1'$ 与端口 $2-2'$之间的转移导纳，Y_{22} 称为端口 $1-1'$

短路时端口 $2-2'$ 的输入导纳。

式（11-6）可以写成矩阵形式

$$\begin{bmatrix} \dot{I}_1 \\ \dot{I}_2 \end{bmatrix} = \begin{bmatrix} Y_{11} & Y_{12} \\ Y_{21} & Y_{22} \end{bmatrix} \begin{bmatrix} \dot{U}_1 \\ \dot{U}_2 \end{bmatrix} = Y \begin{bmatrix} \dot{U}_1 \\ \dot{U}_2 \end{bmatrix} \tag{11-7}$$

式中

$$\boldsymbol{Y} = \begin{bmatrix} Y_{11} & Y_{12} \\ Y_{21} & Y_{22} \end{bmatrix}$$

称为二端口的 Y 参数矩阵，也称为短路导纳参数矩阵。

【例 11-3】   求图 11-7(a) 所示二端口网络的 Y 参数矩阵。

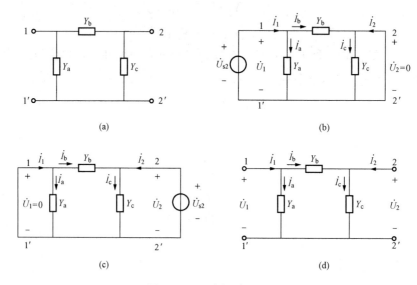

图 11-7   【例 11-3】图

(a) Ⅱ形二端口网络；(b) 端口 $2-2'$ 短路；(c) 端口 $1-1'$ 短路；(d) 电压电流关系

解法一   图 11-7(a) 是个 Ⅱ 形电路。当端口 $2-2'$ 短路时，即 $\dot{U}_2=0$，在端口 $1-1'$ 上加一个电压源，如图 11-7(b) 所示，可得到

$$Y_{11} = \frac{\dot{I}_1}{\dot{U}_1}\bigg|_{\dot{U}_2=0} = \frac{\dot{I}_a + \dot{I}_b}{\dot{U}_1} = \frac{Y_a\dot{U}_1 + Y_b\dot{U}_1}{\dot{U}_1} = Y_a + Y_b$$

$$Y_{21} = \frac{\dot{I}_2}{\dot{U}_1}\bigg|_{\dot{U}_2=0} = \frac{\dot{I}_c - \dot{I}_b}{\dot{U}_1} = \frac{Y_c\dot{U}_2 - Y_b\dot{U}_1}{\dot{U}_1} = \frac{-Y_b\dot{U}_1}{\dot{U}_1} = -Y_b$$

当端口 $1-1'$ 短路时，即 $\dot{U}_1=0$，在端口 $2-2'$ 上加一个电压源，如图 11-7 (c) 所示，可得到

$$Y_{12} = \frac{\dot{I}_1}{\dot{U}_2}\bigg|_{\dot{U}_1=0} = \frac{\dot{I}_a + \dot{I}_b}{\dot{U}_2} = \frac{Y_a\dot{U}_1 + Y_b(-\dot{U}_2)}{\dot{U}_2} = \frac{-Y_b\dot{U}_2}{\dot{U}_2} = -Y_b$$

$$Y_{22} = \frac{\dot{I}_2}{\dot{U}_2}\bigg|_{\dot{U}_1=0} = \frac{\dot{I}_c - \dot{I}_b}{\dot{U}_2} = \frac{Y_c\dot{U}_2 - Y_b(-\dot{U}_2)}{\dot{U}_2} = Y_c + Y_b$$

因此，Y 参数矩阵为

$$Y = \begin{bmatrix} Y_a + Y_b & -Y_b \\ -Y_b & Y_c + Y_b \end{bmatrix}$$

解法二 在图 11-7（d）中，以端口电压 $\dot{U}_1$、$\dot{U}_2$ 为自变量（当作已知量），则

$$\left. \begin{array}{l} \dot{I}_1 = \dot{I}_a + \dot{I}_b = Y_a\dot{U}_1 + Y_b(\dot{U}_1 - \dot{U}_2) = (Y_a + Y_b)\dot{U}_1 - Y_b\dot{U}_2 \\ \dot{I}_2 = \dot{I}_c - \dot{I}_b = Y_c\dot{U}_2 - Y_b(\dot{U}_1 - \dot{U}_2) = -Y_b\dot{U}_1 + (Y_b + Y_c)\dot{U}_2 \end{array} \right\} \tag{11-8}$$

由式（11-8）与式（11-6）对比，可得到 Y 参数为

$$Y_{11} = Y_a + Y_b; \quad Y_{12} = Y_{21} = -Y_b; \quad Y_{22} = Y_b + Y_c$$

即 Y 矩阵为

$$Y = \begin{bmatrix} Y_a + Y_b & -Y_b \\ -Y_b & Y_b + Y_c \end{bmatrix}$$

同样可以证明，对于不含独立电源和受控源的线性二端口网络来说，$Y_{12} = Y_{21}$ 总是成立的，称为互易二端口网络。如果互易二端口网络中还有 $Y_{11} = Y_{22}$ 成立，则该网络为互易对称二端口网络。

三、传输（A 或 T）参数和方程

在图 11-2（b）中，以 $\dot{U}_2$、$(-\dot{I}_2)$ 为自变量，$\dot{U}_1$、$\dot{I}_1$ 为因变量，二端口网络的传输参数方程为

$$\left. \begin{array}{l} \dot{U}_1 = A\dot{U}_2 + B(-\dot{I}_2) \\ \dot{I}_1 = C\dot{U}_2 + D(-\dot{I}_2) \end{array} \right\} \tag{11-9}$$

式中，A、B、C 和 D 称为二端口网络的传输参数也称 A 参数或 T 参数。它们的具体含义可用以下各式说明。

$$\left. \begin{array}{ll} A = \dfrac{\dot{U}_1}{\dot{U}_2}\bigg|_{\dot{I}_2=0}, & B = \dfrac{\dot{U}_1}{-\dot{I}_2}\bigg|_{\dot{U}_2=0} \\ C = \dfrac{\dot{I}_1}{\dot{U}_2}\bigg|_{\dot{I}_2=0}, & D = \dfrac{\dot{I}_1}{-\dot{I}_2}\bigg|_{\dot{U}_2=0} \end{array} \right\} \tag{11-10}$$

可见，参数 A 是两个电压之比，是一个无量纲的量，参数 B 是短路转移阻抗，单位为欧姆（Ω）；参数 C 是开路转移导纳，单位是西门子（S）；参数 D 是两个电流之比，也是无量纲量。

对于互易二端口网络满足条件

$$AD - BC = 1 \text{❶} \tag{11-11}$$

对于互易对称二端口网络既满足式（11-11），还满足条件

$$A = D \text{❷} \tag{11-12}$$

式（11-9）写成矩阵式为

$$\begin{bmatrix} \dot{U}_1 \\ \dot{I}_1 \end{bmatrix} = \begin{bmatrix} A & B \\ C & D \end{bmatrix} \begin{bmatrix} \dot{U}_2 \\ -\dot{I}_2 \end{bmatrix} = A \cdot \begin{bmatrix} \dot{U}_2 \\ -\dot{I}_2 \end{bmatrix} \tag{11-13}$$

---

❶、❷ 参阅邱关源主编《电路》（第四版）。

式中：A 为传输参数矩阵，即

$$A = \begin{bmatrix} A & B \\ C & D \end{bmatrix}$$

四、混合（H）参数和方程

在图 11 - 2（b）中，以电流 $\dot{I}_1$、$\dot{U}_2$ 作为自变量，电压 $\dot{U}_1$、$\dot{I}_2$ 作为因变量，二端口的混合（H）参数方程为

$$\left. \begin{array}{l} \dot{U}_1 = H_{11}\dot{I}_1 + H_{12}\dot{U}_2 \\ \dot{I}_2 = H_{21}\dot{I}_1 + H_{22}\dot{U}_2 \end{array} \right\} \tag{11 - 14}$$

式中：H_{11}、H_{12}、H_{21} 和 H_{22} 为 H 参数。H 参数具体意义可用式（11 - 15）予以说明，即

$$\left. \begin{array}{ll} H_{11} = \dfrac{\dot{U}_1}{\dot{I}_1}\bigg|_{\dot{U}_2=0}, & H_{12} = \dfrac{\dot{U}_1}{\dot{U}_2}\bigg|_{\dot{I}_1=0} \\[3mm] H_{21} = \dfrac{\dot{I}_2}{\dot{I}_1}\bigg|_{\dot{U}_2=0}, & H_{22} = \dfrac{\dot{I}_2}{\dot{U}_2}\bigg|_{\dot{I}_1=0} \end{array} \right\} \tag{11 - 15}$$

式中：H_{11} 和 H_{21} 具有短路参数的性质，H_{12} 和 H_{22} 具有开路参数的性质。H_{11} 为输入端阻抗也称策动点阻抗，单位为欧姆；H_{22} 为输出端导纳，单位为西门子；H_{12} 为输入端开路后输入端电压与输出端电压之比；H_{21} 为输出端短路后，输出电流与输入电流之比。H 参数广泛的应用于电子技术中用来描述电子器件的端口特性。

式（11 - 14）用矩阵形式表示为

$$\begin{bmatrix} \dot{U}_1 \\ \dot{I}_2 \end{bmatrix} = \begin{bmatrix} H_{11} & H_{12} \\ H_{21} & H_{22} \end{bmatrix} \begin{bmatrix} \dot{I}_1 \\ \dot{U}_2 \end{bmatrix} = \boldsymbol{H} \cdot \begin{bmatrix} \dot{I}_1 \\ \dot{U}_2 \end{bmatrix} \tag{11 - 16}$$

式中：

$$\boldsymbol{H} = \begin{bmatrix} H_{11} & H_{12} \\ H_{21} & H_{22} \end{bmatrix}$$

对于互易性二端口网络满足条件

$$H_{12} = -H_{21} \text{❶} \tag{11 - 17}$$

对于互易性对称二端口网络既满足式（11 - 17），还满足式（11 - 18），即

$$H_{11}H_{22} - H_{12}H_{21} = 1 \text{❷} \tag{11 - 18}$$

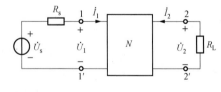

图 11 - 8 【例 11 - 4】图

【例 11 - 4】 图 11 - 8 所示电路中，已知 $\dot{U}_s = 4\underline{/0°}\text{V}$，$R_s = 5\Omega$，$R_L = 4\Omega$，二端口网络的 Z 参数矩阵为 $Z = \begin{bmatrix} 3 & 4 \\ 1 & 3 \end{bmatrix}\Omega$，求 $\dot{U}_2$。

解 由二端口网络的 Z 参数矩阵可以写出 Z 参数方程为

$$\left. \begin{array}{l} \dot{U}_1 = 3\dot{I}_1 + 4\dot{I}_2 \\ \dot{U}_2 = 1\dot{I}_1 - 3\dot{I}_2 \end{array} \right\} \tag{11 - 19}$$

---

❶、❷ 参阅邱关源主编《电路》（第四版）。

输入、输出端口和外接电路有关系为

$$\left.\begin{array}{l}\dot U_1=\dot U_s-R_s\dot I_1=4-5\dot I_1\\[2mm]\dot U_2=-R_L\dot I_2=-4\dot I_2\end{array}\right\}\qquad(11\text{-}20)$$

联立方程（11-19）和（11-20）解得

$$\dot I_1=1(\text{A}),\dot I_2=1\underline{/180^\circ}(\text{A})$$

$$\dot U_2=4(\text{V})$$

四种参数之间可以进行相互转换，其转换表见表 11-1。

表 11-1   二端网络矩阵参数转换表

	Z 参数	Y 参数	T 参数	H 参数
Z 参数	$Z_{11}\quad Z_{12}$ $Z_{21}\quad Z_{22}$	$\dfrac{Y_{22}}{\Delta Y}\quad -\dfrac{Y_{12}}{\Delta Y}$ $-\dfrac{Y_{21}}{\Delta Y}\quad \dfrac{Y_{11}}{\Delta Y}$	$\dfrac{A}{C}\quad \dfrac{\Delta T}{C}$ $\dfrac{1}{C}\quad \dfrac{D}{C}$	$\dfrac{\Delta H}{H_{22}}\quad \dfrac{H_{12}}{H_{22}}$ $-\dfrac{H_{21}}{H_{22}}\quad \dfrac{1}{H_{22}}$
Y 参数	$\dfrac{Z_{22}}{\Delta Z}\quad -\dfrac{Z_{12}}{\Delta Z}$ $-\dfrac{Z_{21}}{\Delta Z}\quad \dfrac{Z_{11}}{\Delta Z}$	$Y_{11}\quad Y_{12}$ $Y_{21}\quad Y_{22}$	$\dfrac{D}{B}\quad -\dfrac{\Delta T}{B}$ $-\dfrac{1}{B}\quad \dfrac{A}{B}$	$\dfrac{1}{H_{11}}\quad -\dfrac{H_{12}}{H_{11}}$ $\dfrac{H_{21}}{H_{11}}\quad \dfrac{\Delta H}{H_{11}}$
T 参数	$\dfrac{Z_{11}}{Z_{21}}\quad \dfrac{\Delta Z}{Z_{21}}$ $\dfrac{1}{Z_{21}}\quad \dfrac{Z_{22}}{Z_{21}}$	$-\dfrac{Y_{22}}{Y_{21}}\quad -\dfrac{1}{Y_{21}}$ $-\dfrac{\Delta Y}{Y_{21}}\quad -\dfrac{Y_{11}}{Y_{21}}$	$A\quad B$ $C\quad D$	$-\dfrac{\Delta H}{H_{21}}\quad -\dfrac{H_{11}}{H_{21}}$ $-\dfrac{H_{22}}{H_{21}}\quad -\dfrac{1}{H_{21}}$
H 参数	$\dfrac{\Delta Z}{Z_{22}}\quad \dfrac{Z_{12}}{Z_{22}}$ $-\dfrac{Z_{21}}{Z_{22}}\quad \dfrac{1}{Z_{22}}$	$\dfrac{1}{Y_{11}}\quad -\dfrac{Y_{12}}{Y_{11}}$ $\dfrac{Y_{21}}{Y_{11}}\quad \dfrac{\Delta Y}{Y_{11}}$	$\dfrac{B}{D}\quad \dfrac{\Delta T}{D}$ $-\dfrac{1}{D}\quad \dfrac{C}{D}$	$H_{11}\quad H_{12}$ $H_{21}\quad H_{22}$

注 $\Delta Z=\begin{vmatrix}Z_{11}&Z_{12}\\Z_{21}&Z_{22}\end{vmatrix}$ $\Delta Y=\begin{vmatrix}Y_{11}&Y_{12}\\Y_{21}&Y_{22}\end{vmatrix}$ $\Delta T=\begin{vmatrix}A&B\\C&D\end{vmatrix}$ $\Delta H=\begin{vmatrix}H_{11}&H_{12}\\H_{21}&H_{22}\end{vmatrix}$。

第三节　二端口网络的等效电路

对于任何给定的一个线性二端口网络，若阻抗参数或者导纳参数已知，只要找到一个简单的二端口网络与给定的二端口网络的参数相等，则这两个二端口网络的外部特性也就完全相同，即它们是等效的。

对于一个线性互易二端口网络的阻抗或导纳参数只有三个参数独立，由三个独立参数组成的二端口网络有两种形式，即 T 形电路和 Π 形电路，如图 11-9（a）和图 11-9（b）所示。

对于一个含有受控源的线性二端口网络则有四个独立的阻抗或导纳参数。反之，由四个独立参数组成的二端口网络的等效电路会含有受控源。

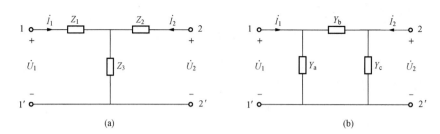

图 11 - 9　无源二端口等效电路图

(a) T 形等效电路；(b) Ⅱ形等效电路

一、互易二端口网络等效电路

1. Z 参数等效 T 形电路

如果给定二端口网络的 Z 参数已知，则该二端口网络的 T 形等效电路如图 11 - 9 (a)所示，其中 Z_1、Z_2 和 Z_3 的值可以按照下列方法计算。

由例 11 - 1 可知，图 11 - 9 (a) 中 T 形电路的 Z 参数为

$$\left.\begin{aligned}
Z_{11} &= Z_1 + Z_3 \\
Z_{12} &= Z_{21} = Z_3 \\
Z_{22} &= Z_2 + Z_3
\end{aligned}\right\} \tag{11-21}$$

由式 (11 - 21) 解出

$$\left.\begin{aligned}
Z_1 &= Z_{11} - Z_{12} \\
Z_3 &= Z_{12} = Z_{21} \\
Z_2 &= Z_{22} - Z_{21}
\end{aligned}\right\} \tag{11-22}$$

2. Y 参数等效 Ⅱ 形电路

如果给定二端口网络的 Y 参数已知，则该二端口网络的 Ⅱ 形等效电路如图 11 - 9 (b)所示，其中 Y_a、Y_b、Y_c 的值可以按照下列方法求得。

由例 11 - 3 可知，图 11 - 9 (b) 中 Ⅱ 形电路的 Y 参数为

$$\left.\begin{aligned}
Y_{11} &= Y_a + Y_b \\
Y_{12} &= Y_{21} = -Y_b \\
Y_{22} &= Y_b + Y_c
\end{aligned}\right\} \tag{11-23}$$

由式 (11 - 23) 解出

$$\left.\begin{aligned}
Y_a &= Y_{11} + Y_{12} \\
Y_b &= -Y_{12} = -Y_{21} \\
Y_c &= Y_{22} + Y_{21}
\end{aligned}\right\} \tag{11-24}$$

如果已知二端口网络的其他参数，则可根据表 11 - 1 或者用方程变换的方法求出 Z 参数或者 Y 参数然后做出相应的 T 形或 Ⅱ 形二端口网络的等效电路。

【例 11 - 5】　已知某二端口网络的 Z 参数矩阵为

$$\mathbf{Z} = \begin{bmatrix} 3 & 1 \\ 1 & 6 \end{bmatrix} \Omega$$

作出它的 T 形和 Ⅱ 形等效电路。

解　由于 $Z_{12} = Z_{21} = 1\Omega$，所以该二端口网络为互易二端口即不含受控源，只有三个参

数独立，它的 T 形和 Ⅱ 形等效电路如图 11 - 9（a）和图 11 - 9（b）所示。由方程式
（11 - 22）容易求出

$$Z_1 = 2\Omega, \quad Z_3 = 1\Omega, \quad Z_2 = 5\Omega$$

由 **Z** 矩阵可以写出 Z 参数方程为

$$\left. \begin{aligned} \dot{U}_1 = 3\dot{I}_1 + 1\dot{I}_2 \\ \dot{U}_2 = 1\dot{I}_1 + 6\dot{I}_2 \end{aligned} \right\} \tag{11 - 25}$$

由方程式（11 - 25）可得到 Y 参数方程为

$$\left. \begin{aligned} \dot{I}_1 = \frac{6}{17}\dot{U}_1 - \frac{1}{17}\dot{U}_2 \\ \dot{I}_2 = -\frac{1}{17}\dot{U}_1 + \frac{3}{17}\dot{U}_2 \end{aligned} \right\} \tag{11 - 26}$$

由方程式（11 - 26）得到 Y 参数为

$$Y_{11} = \frac{6}{17}\text{S}, \quad Y_{12} = Y_{21} = -\frac{1}{17}\text{S}, \quad Y_{22} = \frac{3}{17}\text{S}$$

由式（11 - 24）求出

$$Y_a = \frac{5}{17}\text{S}, \quad Y_b = \frac{1}{17}\text{S}, \quad Y_c = \frac{2}{17}\text{S}$$

二、非互易二端口网络等效电路

对于非互易性二端口网络四个参数均独立，将二端口网络 Z 参数方程或者 Y 参数方程
中的某一个方程进行适当变形，可以做出相应的 T 形和 Ⅱ 形等效电路。下面以例子说明非
互易性二端口网络的等效电路的求取过程。

【例 11 - 6】 已知某二端口网络的 Z 参数矩阵为

$$\boldsymbol{Z} = \begin{bmatrix} 5 & 3 \\ 8 & 4 \end{bmatrix} \Omega$$

作出 T 形等效电路。

解 由于 $Z_{12} \neq Z_{21}$，所以该二端口网络为非互易二端口网络，即该二端口网络含有受控
源，四个参数均独立。由 Z 矩阵可以写出 Z 参数方程为

$$\dot{U}_1 = 5\dot{I}_1 + 3\dot{I}_2 \tag{11 - 27}$$

$$\dot{U}_2 = 8\dot{I}_1 + 4\dot{I}_2 \tag{11 - 28}$$

对式（11 - 28）进行变形，可得

$$\dot{U}_2 = 3\dot{I}_1 + 4\dot{I}_2 + 5\dot{I}_1 \tag{11 - 29}$$

取出式（11 - 29）前两项与式（11 - 27）构成方程组得

$$\left. \begin{aligned} \dot{U}_1 = 5\dot{I}_1 + 3\dot{I}_2 \\ \dot{U}_2 = 3\dot{I}_1 + 4\dot{I}_2 \end{aligned} \right\} \tag{11 - 30}$$

作出式（11 - 30）等效电路如图 11 - 10（a）所示，由式（11 - 22）求得

$$Z_1 = 2\Omega, \quad Z_2 = 1\Omega, \quad Z_3 = 3\Omega$$

本例 **Z** 参数矩阵对应的 T 形等效电路是在图 11 - 10（a）所示的电路的基础上，在端口 2—
2′处附加了一个电流控制电压源（$5\dot{I}_1$），所以实际的 T 形等效电路如图 11 - 10（b）所示。

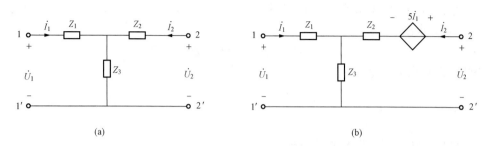

图 11 - 10 二端口等效电路图

（a）T 形等效电路（无源）；（b）T 形等效电路（含源）

本题是对式（11 - 28）进行变形，得到一种 T 形等效电路，有兴趣的读者也可以对式（11 - 27）进行变形，在端口 1—1′处附加受控源，得到另外一种 T 形等效电路。

第四节 二端口网络的连接

一个复杂的二端口网络可以分解为若干个简单的二端口网络，并按照某种连接方式连接而成，这样做可以使电路分析得到简化。另一方面，在设计和实现一个复杂的二端口网络时，也可以用简单的二端口网络作为"积木块"，把它们按照一定的连接方式进行连接起来。

二端口网络连接方式有多种，常见的有三种即级联、串联和并联，下面分别予以讨论。

一、二端口网络级联

当两个无源二端口网络 P_1 和 P_2 按照级联方式连接后，它们构成了一个复杂的二端口网络，如图 11 - 11 所示。

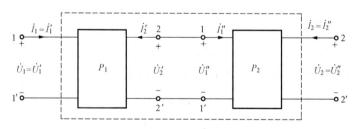

图 11 - 11 二端口网络级联

设二端口网络 P_1 和 P_2 的 A 参数矩阵分别为

$$\boldsymbol{A}' = \begin{bmatrix} A' & B' \\ C' & D' \end{bmatrix}, \quad \boldsymbol{A}'' = \begin{bmatrix} A'' & B'' \\ C'' & D'' \end{bmatrix}$$

根据传输参数方程有

$$\begin{bmatrix} \dot{U}'_1 \\ \dot{I}'_1 \end{bmatrix} = \begin{bmatrix} A' & B' \\ C' & D' \end{bmatrix} \begin{bmatrix} \dot{U}'_2 \\ -\dot{I}'_2 \end{bmatrix} = \boldsymbol{A}' \cdot \begin{bmatrix} \dot{U}'_2 \\ -\dot{I}'_2 \end{bmatrix} \tag{11 - 31}$$

$$\begin{bmatrix} \dot{U}''_1 \\ \dot{I}''_1 \end{bmatrix} = \begin{bmatrix} A'' & B'' \\ C'' & D'' \end{bmatrix} \begin{bmatrix} \dot{U}''_2 \\ -\dot{I}''_2 \end{bmatrix} = \boldsymbol{A}'' \cdot \begin{bmatrix} \dot{U}''_2 \\ -\dot{I}''_2 \end{bmatrix} \tag{11 - 32}$$

由图 11 - 11 可见，两个二端口网络端口的电压电流关系分别为

$$\dot{U}_1 = \dot{U}'_1, \dot{U}_2 = \dot{U}''_2, \dot{U}'_2 = \dot{U}''_1; \dot{I}_1 = \dot{I}'_1, \dot{I}_2 = \dot{I}''_2, \dot{I}'_2 = -\dot{I}''_1 \text{。}$$

所以有

$$\begin{bmatrix} \dot{U}_1 \\ \dot{I}_1 \end{bmatrix} = \begin{bmatrix} \dot{U}'_1 \\ \dot{I}'_1 \end{bmatrix} = \boldsymbol{A}' \cdot \begin{bmatrix} \dot{U}'_2 \\ -\dot{I}'_2 \end{bmatrix} = \boldsymbol{A}' \cdot \begin{bmatrix} \dot{U}''_1 \\ \dot{I}''_1 \end{bmatrix} = \boldsymbol{A}' \cdot \boldsymbol{A}'' \cdot \begin{bmatrix} \dot{U}''_2 \\ -\dot{I}''_2 \end{bmatrix} = \boldsymbol{A} \cdot \begin{bmatrix} \dot{U}_2 \\ -\dot{I}_2 \end{bmatrix}$$

$$(11 - 33)$$

式中：$\boldsymbol{A}$ 为两个二端口网络级联连接后的传输参数矩阵，它与二端口网络 P_1 和 P_2 的传输参数矩阵 $\boldsymbol{A}'$ 和 $\boldsymbol{A}''$ 满足关系为

$$\boldsymbol{A} = \boldsymbol{A}' \cdot \boldsymbol{A}'' \qquad (11 - 34)$$

即

$$\boldsymbol{A} = \begin{bmatrix} A'A'' + B'C'' & A'B'' + B'D'' \\ C'A'' + D'C'' & C'B'' + D'D'' \end{bmatrix}$$

二、二端口网络串联

当两个无源二端口网络 P_1 和 P_2 按照串联方式连接后，它们构成了一个复杂的二端口网络，如图 11 - 12 所示。

设二端口网络 P_1 和 P_2 的 Z 参数矩阵分别为

$$\boldsymbol{Z}' = \begin{bmatrix} Z'_{11} & Z'_{12} \\ Z'_{21} & Z'_{22} \end{bmatrix}, \quad \boldsymbol{Z}' = \begin{bmatrix} Z''_{11} & Z''_{12} \\ Z''_{21} & Z''_{22} \end{bmatrix}$$

根据 Z 参数方程有

$$\begin{bmatrix} \dot{U}'_1 \\ \dot{U}'_2 \end{bmatrix} = \begin{bmatrix} Z'_{11} & Z'_{12} \\ Z'_{21} & Z'_{22} \end{bmatrix} \begin{bmatrix} \dot{I}' \\ \dot{I}'_2 \end{bmatrix} = \boldsymbol{Z}' \cdot \begin{bmatrix} \dot{I}' \\ \dot{I}'_2 \end{bmatrix}$$

$$(11 - 35)$$

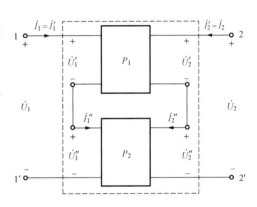

图 11 - 12 二端口网络串联

$$\begin{bmatrix} \dot{U}''_1 \\ \dot{U}''_2 \end{bmatrix} = \begin{bmatrix} Z''_{11} & Z''_{12} \\ Z''_{21} & Z''_{22} \end{bmatrix} \begin{bmatrix} \dot{I}'' \\ \dot{I}''_2 \end{bmatrix} = \boldsymbol{Z}' \cdot \begin{bmatrix} \dot{I}'' \\ \dot{I}''_2 \end{bmatrix} \qquad (11 - 36)$$

由图 11 - 12 可见，两个二端口电压电流关系分别为

$$\dot{U}_1 = \dot{U}'_1 + \dot{U}''_1, \quad \dot{U}_2 = \dot{U}'_2 + \dot{U}''_2, \quad \dot{I}_1 = \dot{I}'_1 = \dot{I}''_1, \quad \dot{I}_2 = \dot{I}'_2 = \dot{I}''_2$$

所以

$$\begin{bmatrix} \dot{U}_1 \\ \dot{U}_2 \end{bmatrix} = \begin{bmatrix} \dot{U}'_1 + \dot{U}''_1 \\ \dot{U}'_2 + \dot{U}''_2 \end{bmatrix} = \begin{bmatrix} \dot{U}'_1 \\ \dot{U}'_2 \end{bmatrix} + \begin{bmatrix} \dot{U}''_1 \\ \dot{U}''_2 \end{bmatrix} = \boldsymbol{Z}' \cdot \begin{bmatrix} \dot{I}'_1 \\ \dot{I}'_2 \end{bmatrix} + \boldsymbol{Z}' \cdot \begin{bmatrix} \dot{I}''_1 \\ \dot{I}''_2 \end{bmatrix}$$

$$= \boldsymbol{Z}' \cdot \begin{bmatrix} \dot{I}_1 \\ \dot{I}_2 \end{bmatrix} + \boldsymbol{Z}' \cdot \begin{bmatrix} \dot{I}_1 \\ \dot{I}_2 \end{bmatrix} = (\boldsymbol{Z}' + \boldsymbol{Z}') \cdot \begin{bmatrix} \dot{I}_1 \\ \dot{I}_2 \end{bmatrix} = \boldsymbol{Z} \cdot \begin{bmatrix} \dot{I}_1 \\ \dot{I}_2 \end{bmatrix} \qquad (11 - 37)$$

式中：$\boldsymbol{Z}$ 为两个二端口网络串联连接后的 $\boldsymbol{Z}$ 参数矩阵，它与二端口网络 P_1 和 P_2 的 $\boldsymbol{Z}$ 参数矩阵 $\boldsymbol{Z}'$ 和 $\boldsymbol{Z}''$ 满足关系为

$$\boldsymbol{Z} = \boldsymbol{Z}' + \boldsymbol{Z}' \qquad (11 - 38)$$

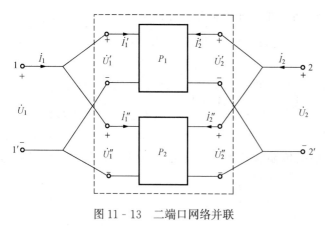

图 11 - 13   二端口网络并联

三、二端口网络并联

当两个无源二端口网络 P_1 和 P_2 按照并联方式连接后，它们构成了一个复杂的二端口网络，如图 11 - 13所示。

设二端口网络 P_1 和 P_2 的 Y 参数矩阵分别为

$$Y' = \begin{bmatrix} Y'_{11} & Y'_{12} \\ Y'_{21} & Y'_{22} \end{bmatrix}$$

$$Y'' = \begin{bmatrix} Y''_{11} & Y''_{12} \\ Y''_{21} & Y''_{22} \end{bmatrix}$$

根据 Y 参数方程有

$$\begin{bmatrix} \dot{I}'_1 \\ \dot{I}'_2 \end{bmatrix} = \begin{bmatrix} Y'_{11} & Y'_{12} \\ Y'_{21} & Y'_{22} \end{bmatrix} \begin{bmatrix} \dot{U}'_1 \\ \dot{U}'_2 \end{bmatrix} = Y' \cdot \begin{bmatrix} \dot{U}'_1 \\ \dot{U}'_2 \end{bmatrix} \tag{11 - 39}$$

$$\begin{bmatrix} \dot{I}''_1 \\ \dot{I}''_2 \end{bmatrix} = \begin{bmatrix} Y''_{11} & Y''_{12} \\ Y''_{21} & Y''_{22} \end{bmatrix} \begin{bmatrix} \dot{U}''_1 \\ \dot{U}''_2 \end{bmatrix} = Y'' \cdot \begin{bmatrix} \dot{U}''_1 \\ \dot{U}''_2 \end{bmatrix} \tag{11 - 40}$$

由图 11 - 13 可见，两个二端口电压电流关系分别为

$$\dot{U}_1 = \dot{U}'_1 = \dot{U}''_1, \dot{U}_2 = \dot{U}'_2 = \dot{U}''_2, \dot{I}_1 = \dot{I}'_1 + \dot{I}''_1, \dot{I}_2 = \dot{I}'_2 + \dot{I}''_2$$

所以

$$\begin{bmatrix} \dot{I}_1 \\ \dot{I}_2 \end{bmatrix} = \begin{bmatrix} \dot{I}'_1 + \dot{I}''_1 \\ \dot{I}'_2 + \dot{I}''_2 \end{bmatrix} = \begin{bmatrix} \dot{I}'_1 \\ \dot{I}'_2 \end{bmatrix} + \begin{bmatrix} \dot{I}''_1 \\ \dot{I}''_2 \end{bmatrix} = Y' \cdot \begin{bmatrix} \dot{U}'_1 \\ \dot{U}'_2 \end{bmatrix} + Y'' \cdot \begin{bmatrix} \dot{U}''_1 \\ \dot{U}''_2 \end{bmatrix}$$

$$= Y' \cdot \begin{bmatrix} \dot{U}_1 \\ \dot{U}_2 \end{bmatrix} + Y'' \cdot \begin{bmatrix} \dot{U}_1 \\ \dot{U}_2 \end{bmatrix} = (Y' + Y'') \cdot \begin{bmatrix} \dot{U}_1 \\ \dot{U}_2 \end{bmatrix} = Y \cdot \begin{bmatrix} \dot{U}_1 \\ \dot{U}_2 \end{bmatrix} \tag{11 - 41}$$

式中：Y 为两个二端口网络并联连接后的 Y 参数矩阵，它与二端口网络 P_1 和 P_2 的 Y 参数矩阵 Y' 和 Y'' 满足关系为

$$Y = Y' + Y'' \tag{11 - 42}$$

本 章 小 结

1. 二端网络是指只有两个端钮与外电路相连的电路。四个端钮的网络不一定是二端口网络，只有满足端口条件的四端网络才是二端口网络。

2. 对线性二端口网络的描述常用四种参数：Z 参数、Y 参数、A 参数和 H 参数。对应四种参数方程：Z 参数方程、Y 参数方程、A 参数方程和 H 参数方程。各参数之间存在着相互转换关系。但是对于某个二端口网络，并不是每种参数和方程都存在的。

3. 对于不含独立源和受控源的线性二端口网络来说，四个参数中只有三个是独立的，如 Z 参数中有 $Z_{12} = Z_{21}$；Y 参数中有 $Y_{12} = Y_{21}$；A 参数中有 $AD - BC = 1$；H 参数中有 $H_{12} = -H_{21}$ 关系成立。具有这种性质的二端口网络称为互易二端口网络。若对于互易二端

口网络，在 Z 参数、Y 参数、A 参数和 H 参数中又分别满足关系：$Z_{11}=Z_{22}$；$Y_{11}=Y_{22}$；$A=D$；$H_{11}H_{22}-H_{12}H_{21}=1$，则该网络称为互易对称二端口网络。

4. 二端口网络的参数可以根据给定的二端口网络从参数的定义求得，也可以先对二端口网络建立参数方程，再从参数方程中获得。若给出二端口网络参数可以先建立参数方程，再作出它所对应的二端口网络。

5. 二端口网络的三种常见连接方式：级联、串联和并联。作级联、串联和并联后的二端口网络参数和单个二端口网络参数之间的关系分别为：$\boldsymbol{A}=\boldsymbol{A}'\times\boldsymbol{A}''$、$\boldsymbol{Z}=\boldsymbol{Z}'+\boldsymbol{Z}''$ 和 $\boldsymbol{Y}=\boldsymbol{Y}'+\boldsymbol{Y}''$。

思考题

11-1 四端网络与二端口网络有何区别？端口条件是什么？

11-2 某个二端口网络的 Z 参数和 Y 参数都存在，试证明 $\boldsymbol{Z}$ 矩阵和 $\boldsymbol{Y}$ 矩阵互为逆阵，即 $\boldsymbol{Y}=\boldsymbol{Z}^{-1}$。

11-3 为什么任意一个线性无源二端口网络，总可以用三个元件构成的简单二端口网络来代替？

11-4 当两个二端口网络 P_1 和 P_2 级联时，有 $T=T'\cdot T''$，若将 P_1 和 P_2 前后位置互换，是否仍有此关系式成立？为什么？

习 题 十 一

11-1 求图 11-14 所示二端口网络的 Z 参数矩阵和 Y 参数矩阵。

11-2 求图 11-15 所示二端口网络的 Z 参数、Y 参数、T 参数和 H 参数。

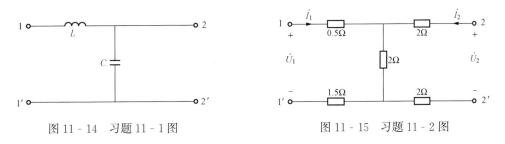

图 11-14 习题 11-1 图   图 11-15 习题 11-2 图

11-3 求图 11-16 所示二端口网络 T 参数矩阵。

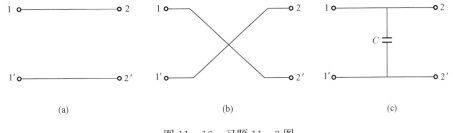

(a)   (b)   (c)

图 11-16 习题 11-3 图

11-4 求图 11-17 所示二端口网络的 Z 和 T 参数矩阵。

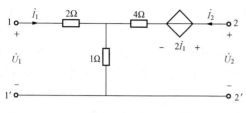

图 11-17 习题 11-4 图

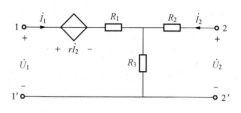

图 11-18 习题 11-5 图

11-5 已知图 11-18 所示二端口网络的 Z 参数矩阵为

$$\boldsymbol{Z} = \begin{bmatrix} 10 & 8 \\ 5 & 10 \end{bmatrix} \Omega$$

求 R_1、R_2、R_3 和 r 的值。

11-6 已知某线性二端口网络的 Y 参数矩阵为

$$\boldsymbol{Y} = \begin{bmatrix} 1.5 & -1.2 \\ -1.2 & 1.8 \end{bmatrix} \text{S}$$

求：（1）H 参数矩阵，并回答该二端口中是否有受控源？

（2）求出该二端口网络的 Π 形等效电路。

11-7 求图 11-19 所示二端口网络的 T 参数矩阵。

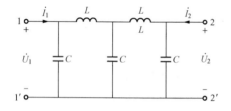

图 11-19 习题 11-7 图

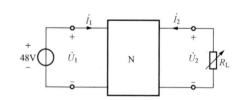

图 11-20 习题 11-8 图

11-8 在图 11-20 中，N 为互易二端口网络。当 $R_L = \infty$ 时，$U_2 = 24\text{V}$，$I_1 = 2.4\text{A}$；当 $R_L = 0$ 时，$I_2 = 1.6\text{A}$。试求：（1）二端口网络 N 的 T 参数；（2）当 $R_L = 5\Omega$ 时，I_1、I_2 各为多少？

11-9 在图 11-21 中，二端口网络 N 的 T 参数为 $A = 4$，$B = 20\Omega$，$C = 0.1\text{S}$，$D = 2$，当 R_L 多大时，R_L 获得的功率最大，并求出最大功率。

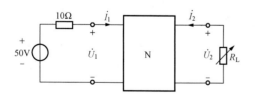

图 11-21 习题 11-9 图

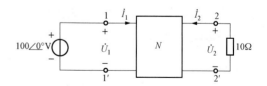

图 11-22 习题 11-10 图

11-10 在图 11-22 中，二端口网络 N 的 Z 参数矩阵为

$$\boldsymbol{Z} = \begin{bmatrix} 40 & 20 \\ 20 & 50 \end{bmatrix} \Omega$$

试求：（1）二端口 N 的 T 形等效电路；（2）电路中电流 $\dot{I}_1$ 和 $\dot{I}_2$。

第十二章　非线性电阻电路简介

本章主要介绍非线性电阻和非线性电阻电路的常用分析方法，如图解法、分段线性化法和小信号分析法等。

本章对非线性电阻和含非线性电阻的电路加以分析讨论。由于电路中存在非线性电阻元件，所以以往在线性电路中的一些分析方法、定理不再适用，但基尔霍夫电流定律（KCL）、电压定律（KVL）和元件伏安关系在非线性电阻电路中仍然成立，依然是分析这类电路的重要依据。

第一节　非线性电阻元件

线性电阻元件的伏安特性可用欧姆定律来表示，即 $u=Ri$，在 $u-i$ 平面上它是通过坐标原点的一条直线。非线性电阻元件的电路符号如图 12-1 所示，其伏安特性满足某种非线性函数关系。

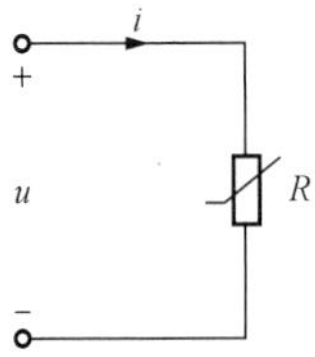

若非线性电阻两端的电压 u 是电流 i 的单值函数，则伏安特性可表示为

$$u = f(i) \qquad (12-1)$$

则称该非线性电阻为流控型电阻，如充气二极管，其伏安特性曲线如图 12-2 所示。从其特性曲线上可以看到：对于同一电压值，与之对应的电流可能是多值的。而对于每一个电流值 i，只有一个电压值 u 与之对应。

图 12-1　非线性电阻的电路符号

若非线性电阻的电流是电压的单值函数，则伏安特性可表示为

$$i = g(u) \qquad (12-2)$$

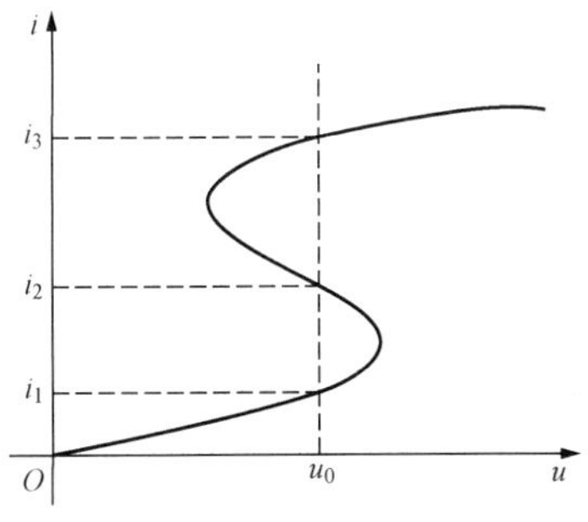

则称该非线性电阻为压控型电阻，隧道二极管就是典型的压控型非线性电阻元件，其伏安特性曲线如图 12-3 所示。从其特性曲线上可以看到：对于同一电流值，与之对应的电压可能是多值的。但是对于每一个电压值 u，只有一个电流值 i 与之对应。

图 12-4(a) 所示是普通二极管，它的伏安特性如图 12-4(b) 所示，属于"单调型"，其伏安特性是单调增长或是单调下降的，它同时是电流控制又是电压控制的。

非线性电阻在任意一个工作点［图 12-4(b) 中 Q 点］上都有两类电阻，分别为静态电阻和动态电阻。静态电阻的定义为，工作点 Q 处电压 u 与电流 i 之比，即

$$R = \frac{u}{i}\Big|_{(U_Q, I_Q)} \qquad (12-3)$$

图 12-2　充气二极管的伏安特性

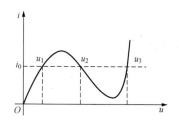 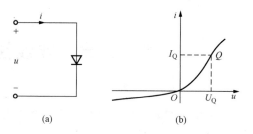

图 12 - 3　隧道二极管的伏安特性　　　　图 12 - 4　普通二极管的电路符号及其伏安特性
　　　　　　　　　　　　　　　　　　　　　　（a）普通二极管的电路的符号；
　　　　　　　　　　　　　　　　　　　　　　（b）普通二极管的伏安特性曲线

动态电阻的定义为，工作点 Q 处电压对电流的导数，即

$$R_{\mathrm{d}} = \frac{\mathrm{d}u}{\mathrm{d}i}\bigg|_{(U_Q, I_Q)} \qquad (12 - 4)$$

动态电阻的精确度与 Q 点附近电压和电流的变化幅度及 Q 点附近曲线形状有关。

第二节　非线性电路的分析方法

一、非线性电阻电路的解析法

对于含一个非线性电阻的电路，我们可以把它分成两个二端网络。一个二端网络 N_1 为

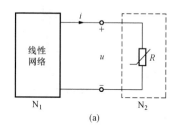 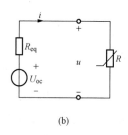

图 12 - 5　含一个非线性电阻元件的电路的分解
（a）含非线性电阻的电路；（b）戴维南等效电路

电路的线性部分；另一个二端网络 N_2 则为电路的非线性部分，由一个非线性电阻元件构成，如图 12 - 5（a）所示。线性部分可以用戴维南等效电路或诺顿等效电路表示，如图 12 - 5（b）所示。

图 12 - 5（b）中，非线性电阻的 VAR 为

$$i = g(u) \qquad (12 - 5)$$

式中：$g(u)$ 为 u 的非线性函数，它也可以在 $u-i$ 平面上用一条特性曲线表示。

在图 12 - 5（b）所示 u 和 i 的参考方向下，线性部分二端网络端口的 VAR 为

$$u = U_{\mathrm{oc}} - R_{\mathrm{eq}} i \qquad (12 - 6)$$

将式（12 - 5）代入式（12 - 6）得

$$u = U_{\mathrm{oc}} - R_{\mathrm{eq}} g(u) \qquad (12 - 7)$$

式中：U_{oc} 和 R_{eq} 分别为二端网络端口开路电压和等效电阻，式（12 - 7）为一非线性方程。

【例 12 - 1】　已知电路如图 12 - 6（a）所示，其中非线性电阻元件 R 的伏安关系为 $i = u + 0.13u^2$，求 u 和 i。

解　首先把电路分为线性和非线性两部分，将非线性电阻元件移去，如图 12 - 6（b）所示。求线性二端网络的戴维南等效电路，求得开路电压为

$$U_{\mathrm{oc}} = \frac{2}{1+2} \times 2 = \frac{4}{3}(\mathrm{V})$$

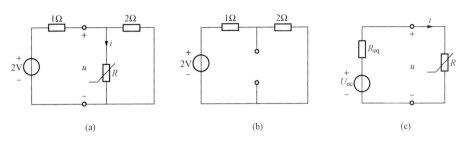

图 12 - 6　【例 12 - 1】图

(a) 含非线性电阻元件的电路；(b) 线性部分电路；(c) 接上非线性部分电路

等效电阻为

$$R_{eq} = \frac{2 \times 1}{2 + 1} = \frac{2}{3}(\Omega)$$

接入非线性电阻，其电路如图 12 - 6 (c) 所示。然后分别列出线性二端网络和非线性二端网络端口的伏安关系式为

$$u = \frac{4}{3} - \frac{2}{3}i$$

$$i = u + 0.13u^2$$

解上方程组得

$$u = 0.769(V) \text{ 和} -20(V)$$

$$i = 0.846(A) \text{ 和} 32(A)$$

显然，第二组解答是不合理的，因为 $\frac{4}{3}$V 的独立电源不可能产生 20V 的电压。

二、图解法

图解法可分为曲线相加法和曲线相交法两种，下面分别讨论。

1. 求等效特性的图解法——曲线相加法

(1) 非线性电阻的串联。当非线性电阻 R_1 与 R_2 串联时，如图 12 - 7 (a) 所示，由 KCL 可知，流过非线性电阻 R_1 和 R_2 的电流相等，即 $i_1 = i_2 = i$。若非线性电阻 R_1 与 R_2 的伏安特性都是流控型的，且它们的解析式分别为 $u_1 = f_1(i_1)$、$u_2 = f_2(i_2)$，则根据 KVL 可得 R_1 与 R_2 串联后的伏安特性为

$$u = u_1 + u_2 = f_1(i) + f_2(i) \tag{12 - 8}$$

可见，两个电流控制型电阻串联后的等效非线性电阻仍为一个电流控制型电阻。

若非线性电阻是电压控制型电阻，则只能用图解法，此时无法写出解析表达式形式的伏安特性，而只能用如图 12 - 7 (b) 中曲线 $i_1 = g_1(u_1)$、$i_2 = g_2(u_2)$ 描述。R_1 与 R_2 串联后的伏安特性如图 12 - 7 (b) 中 $i = g(u)$ 所

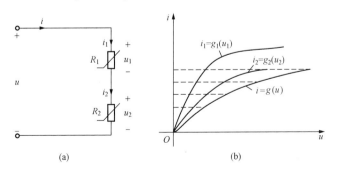

图 12 - 7　非线性电阻的串联

(a) 非线性电阻串联电路；(b) 非线性电阻串联电路的图解法

示，即在同一电流值下将对应曲线的电压值 u_1、u_2 相加。

【例 12 - 2】 图 12 - 8（a）所示电路端口的伏安特性。其中电压源 $U_s > 0$，VD 为理想二极管，其伏安特性如图 12 - 8（b）所示。

解 画出电压源 U_s 的伏安特性曲线，如图 12 - 8（c）所示。由于理想二极管 VD 与电压源 U_s 串联，所以将图 12 - 8（b）和图 12 - 8（c）所示曲线在共有的电流区域内沿电压轴方向相加，即可得到两个元件串联后端口处的伏安特性曲线，如图 12 - 8（d）所示。

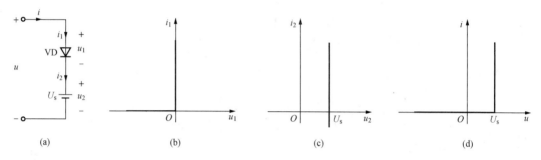

图 12 - 8 **【例 12 - 2】**图
（a）电路图；（b）二极管 VD 的伏安特性曲线；（c）电压源 U_s 的伏安特性曲线；（d）串联后端口处伏安特性曲线

（2）非线性电阻的并联。图 12 - 9（a）是非线性电阻 R_1 与 R_2 的并联电路，R_1 与 R_2 两端的电压与端口电压相等，即 $u_1 = u_2 = u$。若非线性电阻 R_1 与 R_2 的伏安特性是压控型，且它们的解析式分别为 $i_1 = g_1(u_1)$、$i_2 = g_2(u_2)$，则根据 KCL 可得非线性电阻 R_1 与 R_2 并联后的伏安特性为

$$i = i_1 + i_2 = g_1(u_1) + g_2(u_2) \qquad (12 - 9)$$

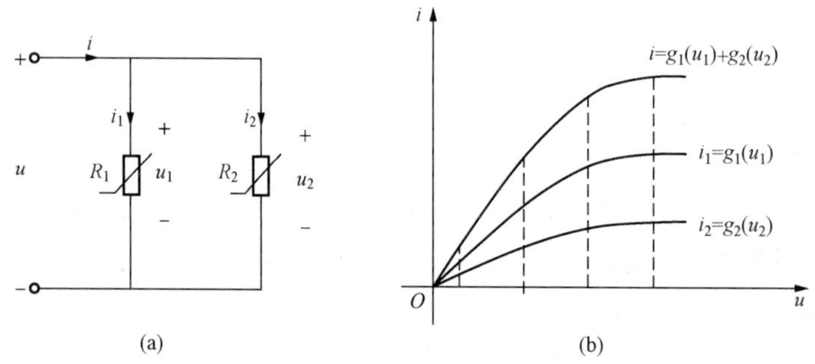

当然也可以通过图解法求得非线性电阻 R_1 与 R_2 并联后端口的伏安特性，如图 12 - 9（b）所示，即在同一电压值下将对应曲线的电流值 i_1、i_2 相加。

若非线性电阻是电流控制型电阻，则只能用图解法，此时无法写出解析表达式形式的伏安特性。显然非线性电阻 R_1、R_2 的串联与并联在电路结构以及分析方法上均具有对偶性。

图 12 - 9 非线性电阻的并联
（a）电路图；（b）伏安特性曲线

2. 求静态工作点的图解法——曲线相交法

如图 12 - 10（a）所示电路中，若非线性电阻 R 为压控型的，则它的伏安特性可描述为

$$i = g(u) \qquad (12 - 10)$$

假设非线性电阻 R 的伏安特性曲线，如图 12 - 10（b）所示。对图 12 - 10（a）中非线性电阻左侧电路建立 KVL 方程，有

$$u = U_s - R_0 i \qquad (12 - 11)$$

根据式（12-11）画出伏安特性曲线，如图 12-10（c）所示。图 12-10（c）中非线性特性曲线和线性特性曲线的交点 Q 所对应的横坐标 U_Q 即为静态工作点电压值，纵坐标 I_Q 即为静态工作点电流值。

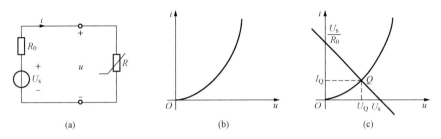

图 12-10　非线性电阻电路的曲线相交法

（a）非线性电阻电路图；（b）伏安特性曲线；（c）线性电阻的伏安曲线

【**例 12-3**】　已知电路如图 12-11（a）所示，A 为非线性二端网络，其伏安特性如图 12-11（b）所示，求二端网络 A 端口的 u 和 i，并求电流 i_1。

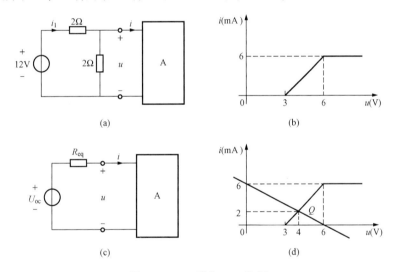

图 12-11　【例 12-3】图

（a）电路图；（b）二端网络 A 端口的伏安曲线；（c）戴维南等效电路；（d）负载伏安曲线

解　首先把图 12-11（a）中非线性网络 A 移去，求余下线性二端网络的戴维南等效电路，如图 12-12（c）所示，其中开路电压和等效电阻分别为

$$U_{oc} = \frac{2}{2+2} \times 12 = 6(\text{V})$$

$$R_{eq} = \frac{2 \times 2}{2+2} = 1(\Omega)$$

其端口的伏安关系为 $u=6-i$。根据伏安关系作一条直线如图 12-11（d）所示，该直线与非线性网络 A 的伏安特性曲线相交于 Q 点，即为工作点。工作点 Q 对应的坐标 $(U_Q，I_Q)$ 便是所求的解 u 和 i。即

$$u = U_Q = 4(\text{V})$$

$$i = I_Q = 2(\text{mA})$$

再根据图 12 - 11（a）可求得

$$i_1 = \frac{12 - u}{2} = \frac{12 - 4}{2} = 4(\mathrm{A})$$

三、小信号分析法

小信号分析法是电子技术中分析非线性电路的一个重要方法。通常在电子电路中遇到的非线性电路，不仅有作为偏置电压的直流电源 U_s 作用，同时还有随时间变化的输入电压 $u_s(t)$ 作用。假设在任何时刻有 $|u_s(t)| \ll U_s$，则把 $u_s(t)$ 称为小信号。分析此类电路，就可采用小信号分析法。

图 12 - 12（a）的电路中，U_s 为直流电压源；$u_s(t)$ 为小信号时变电压源，且 $|u_s(t)| \ll U_s$；R_0 为线性电阻，R 为非线性电阻，根据 KVL 有

$$U_s + u_s(t) = R_0 i(t) + u(t) \tag{12 - 12}$$

当 $u_s(t) = 0$ 时，即只有直流电压源单独作用时，根据曲线相交法可求得直流电源 U_s 作用下的静态工作点 $Q(U_Q, I_Q)$，如图 12 - 12（b）所示。在 $|u_s(t)| \ll U_s$ 的条件下，电路的解 $u(t)$、$i(t)$ 必在工作点 Q 附近，所以可以近似地把 $u(t)$、$i(t)$ 写为

$$u(t) = U_Q + u_1(t) \tag{12 - 13}$$

$$i(t) = I_Q + i_1(t) \tag{12 - 14}$$

式（12 - 13）和式（12 - 14）中，$u_1(t)$ 和 $i_1(t)$ 是电源 $u_s(t)$ 在工作点 Q 附近引起的偏差。

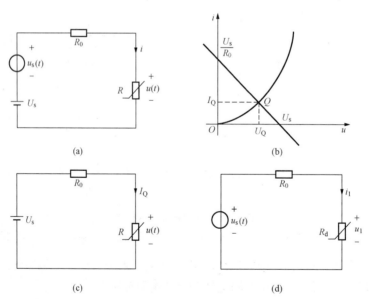

图 12 - 12 非线性电阻电路的小信号分析法

（a）非线性电路图；（b）直流电压源静态工作点；（c）直流源单独作用；（d）时变电压源单独作用

设非线性电阻的伏安特性为

$$i(t) = f[u(t)] \tag{12 - 15}$$

那么

$$i(t) = I_Q + i_1(t) = f[u(t)] = f[U_Q + u_1(t)] \tag{12 - 16}$$

由于 $u_1(t)$ 很小，可以将 $i(t)$ 在 Q 点附近用泰勒级数展开，并忽略一阶以上的高阶导数项，则式（12 - 16）可写为

$$I_{\mathrm{Q}} + i_1(t) \approx f(U_{\mathrm{Q}}) + \frac{\mathrm{d}f}{\mathrm{d}u}\bigg|_{U_{\mathrm{Q}}} \cdot u_1(t) \tag{12-17}$$

由于 $I_{\mathrm{Q}} = f(U_{\mathrm{Q}})$，故从式（12-17）得

$$i_1(t) \approx \frac{\mathrm{d}f}{\mathrm{d}u}\bigg|_{U_{\mathrm{Q}}} \cdot u_1(t) \tag{12-18}$$

又因为 $\dfrac{\mathrm{d}f}{\mathrm{d}u}\bigg|_{U_{\mathrm{Q}}} = \dfrac{1}{R_{\mathrm{d}}}$ 为非线性电阻在静态工作点 Q 处的动态电阻的倒数，所以有

$$u_1(t) = R_{\mathrm{d}} i_1(t) \tag{12-19}$$

综上所述，小信号分析步骤为

（1）令 $u_{\mathrm{s}}(t) = 0$，求得非线性电阻 R 两端电压和电流的静态工作点 $Q(U_{\mathrm{Q}}, I_{\mathrm{Q}})$，电路如图 12-12（b）所示。

（2）将非线性电阻 R 等效为静态工作点处的动态电阻，动态电阻为

$$R_{\mathrm{d}} = \frac{\mathrm{d}u}{\mathrm{d}i}\bigg|_{(U_{\mathrm{Q}}, I_{\mathrm{Q}})} \tag{12-20}$$

令 $U_{\mathrm{s}} = 0$，在 $u_{\mathrm{s}}(t)$ 的作用下，求得 R 上的 $u_1(t)$ 和 $i_1(t)$，如图 12-12（d）所示，得

$$u_1(t) = \frac{R_{\mathrm{d}}}{R_0 + R_{\mathrm{d}}} u_{\mathrm{s}}(t), \quad i_1(t) = \frac{1}{R_0 + R_{\mathrm{d}}} u_{\mathrm{s}}(t)$$

（3）由于 $|u_{\mathrm{s}}(t)| \ll U_{\mathrm{s}}$，所以电路的解为

$$u(t) = U_{\mathrm{Q}} + u_1(t), \quad i(t) = I_{\mathrm{Q}} + i_1(t)$$

【例 12-4】　已知电路如图 12-13（a）所示非线性电阻的伏安特性为 $u = 2i + i^3$，已知 $u_{\mathrm{s}} = 0$ 时，电路中电流为 1A，当 $u_{\mathrm{s}} = 0.7\sin(\omega t)\mathrm{V}$ 时，求电流 i 和电压 u。

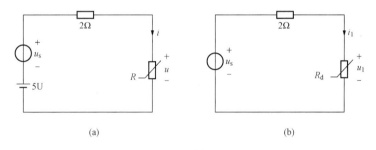

图 12-13　【例 12-4】图
(a) 非线性电阻电路；(b) 小信号等效电路

解　根据已知条件确定静态工作点，令 $u_{\mathrm{s}} = 0$，

$$I_{\mathrm{Q}} = 1(\mathrm{A}), \quad U_{\mathrm{Q}} = 5 - 2I_{\mathrm{Q}} = 3(\mathrm{V})$$

静态工作点处的动态电阻

$$R_{\mathrm{d}} = \frac{\mathrm{d}u}{\mathrm{d}i}\bigg|_{i = I_{\mathrm{Q}}} = 5(\Omega)$$

作小信号等效电路，如图 12-13（b），其中

$$i_1(t) = \frac{0.7\sin\omega t}{2 + R_{\mathrm{d}}} = 0.1\sin(\omega t)(\mathrm{A})$$

$$u_1(t) = R_{\mathrm{d}} i_1(t) = 0.5\sin(\omega t)(\mathrm{V})$$

可得

$$i(t) = I_Q + i_1(t) = [1 + 0.1\sin(\omega t)](A)$$
$$u(t) = U_Q + u_1(t) = [3 + 0.5\sin(\omega t)](V)$$

四、分段线性化法

分段线性化法又称折线法，是研究非线性电路的一种有效方法，其特点在于能把非线性电路的求解过程分成几个线性区段，在每个线性区段中，可以应用线性电路的计算方法。

一个实际二极管的伏安特性曲线如图 12 - 14（b）所示，将其作理想化处理后，便可以得到一个理想二极管模型。理想二极管的特点是，当二极管两端加正向电压时（二极管阳极为正，阴极为负）时导通，此时相当于短路，电压为零；当二极管两端加反向电压时（二极管阴极为正，阳极为负）时截止，相当于开路，电流为零。理想二极管伏安特性曲线如图 12 - 14（a）所示。将理想二极管伏安特性曲线分段线性化后，就每条直线段而言均可用线性元件来等效，图 12 - 14（a）中直线①的等效电路如图 12 - 14（b）所示，直线②的等效电路图如图 12 - 14（c）所示。

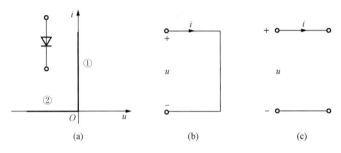

图 12 - 14　理想二极管的伏安特性的分段线性化及其等效电路
（a）理想二极管伏安特性曲线；（b）直线①的等效电路；（c）直线②的等效电路

一个实际二极管的伏安特性曲线也可以用图 12 - 15（a）中折线①和②近似代替。当二极管加正向电压时，特性用直线①表示，它相当于一个线性电阻（$R = u/i$），其等效电路如图 12 - 15（b）所示；当电压反向时，特性用直线②表示，二极管截止，相当于开路（$R = \infty$），电流为零，其等效电路如图 12 - 15（c）所示。

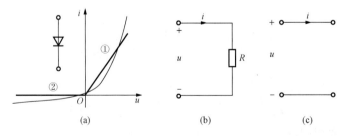

图 12 - 15　二极管的伏安特性的分段线性化及其等效电路
（a）二极管伏安特性分段线性化；（b）直线①的等效电路；（c）直线②的等效电路

用分段线性化分析非线性电阻的方法如下：
（1）用折线近似代替非线性电阻的伏安特性曲线；
（2）确定非线性电阻的线性化模型。

本 章 小 结

1. 一般用伏安特性曲线表示非线性电阻的特性。

2. 对于含非线性电阻的串联、并联和混联电阻电路，可用曲线相加法来求得其端口的 VAR 特性曲线。

3. 对于只含一个非线性电阻的电路而言，适合采用曲线相交法来求解。此时应先把非线性电阻以外的线性含源二端口网络化为戴维南等效电路。戴维南等效电路的伏安特性与非线性电阻的伏安特性相交点的坐标值就是所求的解。

4. 小信号分析法的基本思想是：先求出电路的静态工作点值，然后求出静态工作点值处的非线性电阻值，求出在小信号作用下非线性电阻上的电压和电流，最后两者相加得到总电压和电流。

思考题

12 - 1　某非线性电阻的伏安特性为 $u=i+3i^2$，求该电阻在工作点 $I_Q=0.1\text{A}$ 处的静态电阻和动态电阻。

12 - 2　设有一个非线性电阻元件，其伏安特性为：$u=30i+5i^3$，

(1) 试分别求出 $i_1=5\text{A}$，$i_2=10\text{A}$，$i_3=0.01\text{A}$，$i_4=0.001\text{A}$ 时，对应的电压 u_1、u_2、u_3、u_4 的值；

(2) 设 $u_{12}=f(i_1+i_2)$，试问 u_{12} 是否等于 (u_1+u_2)？思考叠加定理是否适用于非线性电阻？

12 - 3　已知电路如图 12 - 16 所示，非线性电阻为电压控制型，用函数表示则为

$$i=g(u)=\begin{cases} u^2 & (u>0) \\ 0 & (u<0) \end{cases}$$

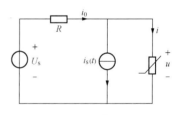

图 12 - 16　思考题 1 - 3 图

已知信号源 $i_s(t)=0.5\cos(\omega t)\text{A}$，而直流电压源 $U_s=6\text{V}$，$R=1\Omega$，求在静态工作点处由小信号所产生的 $u(t)$ 和 $i(t)$。

习 题 十 二

12 - 1　若某非线性电阻的伏安特性为 $u=5i+7i^2$，求该非线性电阻在工作点 $I_Q=0.3\text{A}$ 处的静态电阻和动态电阻。

12 - 2　与电压源 u_s 并联的非线性电阻的伏安特性为 $i=7u+u^2$。试求：(1) $u_s=1\text{V}$ 时的电流；(2) $u_s=2\text{V}$ 时的电流；(3) 验证叠加定理是否适用于非线性电路。

12 - 3　设有一个非线性电阻的特性为 $i=100u+u^3$。(1) 它是压控的还是流控的？(2) 若 $u=\cos\omega t$，则求该电阻上的电流。

12 - 4　如图 12 - 17 所示线性电阻的伏安特性为 $i=u^2-u+1.5$，求 u 和 i。

12 - 5　如图 12 - 18 所示电路，其中非线性电阻元件 R 的伏安关系为 $i=2u+0.1u^2$，求

u 和 i。

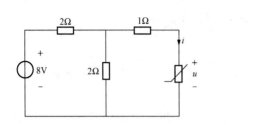

图 12 - 17 习题 12 - 4 图

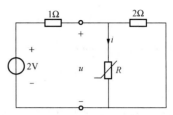

图 12 - 18 习题 12 - 5 图

12 - 6 如图 12 - 19（a）所示电路，已知 $U_s = 3.5\text{V}$，$R_s = 1\Omega$，非线性电阻的伏安特性曲线如图 12 - 19（b）所示，如将曲线分成 oc、cd 与 de 三段，试用分段线性化法计算求 U、I 值。

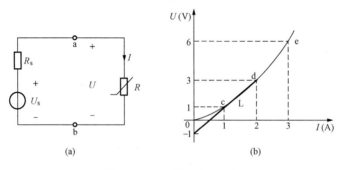

图 12 - 19 习题 12 - 6 图

（a）电路图；（b）非线性电阻伏安特性曲线

第十三章　磁　　　路

本章主要讨论磁路的基本概念、基本定律、恒定磁通磁路的计算和交流铁芯线圈的计算，最后简单介绍电磁铁。

第一节　磁场的基本物理量及全电流定律

前面各章讨论了电路的基本概念、基本定律和基本分析方法。但在工程中应用的各种电工设备如电机、变压器、电磁铁、电工测量仪表等，不仅有电路的问题，还有磁路的问题。只有同时掌握电路和磁路的基本理论、基本分析方法，才能对各种电工设备作全面的分析。

一、磁感应强度

为了研究磁场中各点磁场的强弱和方向，引入磁感应强度这一物理量。磁感应强度是一个矢量，用 $\boldsymbol{B}$ 表示。在磁场中放一小段长度为 Δl，通有电流 I 并与磁场方向垂直的导体，如果导体所受的电磁力为 ΔF，则该点的磁感应强度的大小为

$$B = \frac{\Delta F}{I \Delta l} \tag{13-1}$$

磁感应强度的方向就是该点的磁场方向。

在 SI 中，磁感应强度的单位为 T（特斯拉，简称特）。单位的推导过程为

$$[B] = \frac{[F]}{[I][l]} = \frac{\mathrm{N}}{\mathrm{A \cdot m}} = \frac{\mathrm{J}}{\mathrm{A \cdot m^2}} = \frac{\mathrm{V \cdot S}}{\mathrm{m^2}} = \mathrm{T}$$

工程上曾用电磁制单位 Gs（高斯）作为磁感应强度的单位，$1\mathrm{Gs} = 10^{-4}\mathrm{T}$。

在磁场中某一区域内，如果各点的磁感应强度的大小相等、方向相同，则该区域内的磁场称为均匀磁场。如载流长螺管线圈内部的磁场，一段相同铁芯磁路中的磁场，均可认为是均匀磁场。

二、磁通和磁通连续性原理

磁通是磁感应强度通量的简称，用 Φ 表示。如图 13-1 所示，在磁场中有一个曲面 S，在曲面上取一个面元 $\mathrm{d}S$，$\mathrm{d}S$ 处的磁感应强度的大小为 B，方向为与法线 n 成夹角 α，则此面元的磁通为

$$\mathrm{d}\Phi = B\cos\alpha\mathrm{d}S = B_\mathrm{n}\mathrm{d}S \tag{13-2}$$

在均匀磁场中，有一个面积为 S 的平面，与磁场方向垂直，则该平面的磁通为

$$\Phi = BS \tag{13-3}$$

由式（13-3）可见，磁感应强度在数值上可以看成与磁场方向垂直的单位面积上所通过的磁通，所以又被称为磁通密度。

磁通是一个标量，在 SI 中，其单位为 Wb（韦伯），

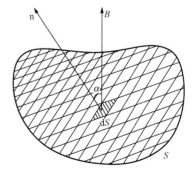

图 13-1　面积 S 的磁通

单位的推导过程为

$$[\varPhi] = [B][S] = \frac{\mathrm{V \cdot S}}{\mathrm{m^2}} \cdot \mathrm{m^2} = \mathrm{V \cdot S} = \mathrm{Wb}$$

工程上曾用 Mx（麦克斯韦）作为磁通的单位，$1\mathrm{Mx} = 10^{-8}\mathrm{Wb}$。

由物理学可知，磁力线是一些无始无终的闭合线，磁力线的这种闭合性说明一定数量的磁力线穿入一闭合面，也一定有同样数量的磁力线从该面中穿出。因此，磁场中任一闭合面的总磁通恒等于零，即

$$\oint B_n \mathrm{dS} = 0 \tag{13-4}$$

式（13-4）中，dS 的方向规定为闭合面的外法线方向，同时规定穿出闭合面的磁通为其参考方向，即穿入闭合面的磁通取负号，穿出闭合面的磁通取正号，两者的绝对值是相等的。

磁场的这一特性称为磁通的连续性原理，它反映了磁场的一个基本性质。如果用磁力线来描述磁场，由于磁通的连续性原理，磁力线应是闭合的空间曲线。

三、磁导率

磁导率就是用来表示媒质导磁性能的物理量，用字母 μ 表示，其单位 H/m（亨利/米）。实验测得真空的磁导率 $\mu_0 = 4\pi \times 10^{-7}\mathrm{H/m}$，为一常数。

为了便于比较媒质对磁场的影响，把任一物质的磁导率与真空的磁导率之比称为相对磁导率，用 μ_r 表示，即

$$\mu_r = \frac{\mu}{\mu_0} \tag{13-5}$$

式中：μ_r 为相对磁导率；μ 为任一物质的磁导率；μ_0 为真空的磁导率。

相对磁导率只是一个比值，它表征在其他条件相同的情况下，媒质的磁感应强度相对真空的磁感应强度的倍数。

自然界中所有物质按导磁性能大体可分为两大类：一类是非磁性材料，另一类是磁性材料。对非磁性材料而言，其导磁性能较差，$\mu \approx \mu_0$，$\mu_r \approx 1$，几乎不具有磁化性质，但空气、铝、铬、铂等材料，其 μ_r 稍大于1，称为顺磁材料；而氢、铜等材料，其 μ_r 稍小于1，称为逆磁材料。对磁性材料而言，如铁、钴、硅铜、坡莫合金、铁氧体等，其相对磁导率 μ_r 远大于1，甚至可以达到数万以上，且不是一个常数，这种材料也称为铁磁质，被广泛应用于电工技术和计算机技术中。

四、磁场强度及全电流定律

在磁场中，某点的磁感应强度大小不仅与励磁电流和通电导体的几何形状有关，还与媒质的性质有关，即与磁导率 μ 有关，而 μ 又不是一个常数，从而导致磁场的计算比较复杂。为了便于计算，引入磁场强度 H 这一物理量，规定在磁场中任一点的磁场强度矢量的大小等于该点的磁感应强度大小与磁介质的磁导率的比值，即

$$H = \frac{B}{\mu} \tag{13-6}$$

磁场强度的方向是该点磁场的方向。磁场强度的单位为 A/m（安培/米）。磁场强度的大小只与产生磁场的电流大小及通电导体的形状有关，而与磁场媒质的磁导率无关。对于磁场中任一闭合曲线，磁场强度的闭合曲线积分等于穿过该闭合回线围成的面中所有电流的代

数和，即

$$\oint H \mathrm{d}l = \sum I \qquad (13-7)$$

这就是全电流定律，也称安培环路定律。式（13-7）中电流 I 的方向规定为：当 I 方向与闭合曲线的方向符合右手螺旋定则时为正，否则为负。全电流定律反映了磁场的又一基本性质。

【例 13-1】　一个均匀密绕的环形螺管线圈，如图 13-2 所示。线圈内半径为 $r_1=10\mathrm{cm}$，外半径为 $r_2=14\mathrm{cm}$，线圈匝数 $N=10$，通电电流 $I=2.5\mathrm{A}$，求线圈内部的磁场强度 H。

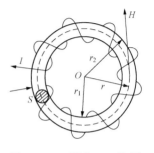

图 13-2　【例 13-1】图

解　由于结构的对称性，环形螺管线圈内的磁感应线都是一些同心圆，而且在同一条磁感应线上的磁场强度都相等，根据全电流定律，得

$$H = \frac{NI}{l} = \frac{NI}{2\pi r}$$

当 $r=14\mathrm{cm}$ 时，H 有最小值；当 $r=10\mathrm{cm}$ 时，H 有最大值。因为环内外半径相差较小，而环半径较大时，可以认为环内磁场是均匀的，故取环形螺管的平均半径 $r=12\mathrm{cm}$，同时代入 N 和 I 的值可得

$$H = 33.2(\mathrm{A/m})$$

第二节　铁磁物质的磁化曲线

一、磁化

铁磁物质本身对外不具有磁性，但在外磁场的作用下，会产生磁性，这种现象叫做磁化。铁磁物质之所以能被磁化，是因为铁磁物质是由许多叫做磁畴的天然磁化区域组成的，这些磁畴在没有外磁场作用时，其中的分子电流就已排列整齐，成为一个个自发磁化区，相当于一个个小磁体，具有很强的磁性。当铁磁物质没有受到外磁场作用时，各磁畴排列紊乱，磁性相互抵消，对外不显示磁性，如图 13-3（a）所示。而当有外磁场作用时，磁畴受磁场力作用趋向外磁场，并在外磁场 H_0 由零逐渐增大时，磁畴开始发生畴壁移动，与外磁场方向一致的那部分磁畴边界扩大，而与外磁场方向相反的那部分磁畴边界缩小，直到体积缩小到零，如图 13-3（b）所示。这个过程称为畴壁移动，畴壁移动是可逆的，即如果此时将外磁场撤销，磁畴就可以恢复原状。当外磁场继续增大，就会发生磁畴转向，即磁畴向外磁场方向转动，直到全部跟外磁场方向一致，即达到饱和状态为止，如图 13-3（c）所示，这时铁磁性物质的磁性很强。磁畴的转向不可逆，即使外磁场撤销，铁磁物质仍然有一定磁性。

二、磁化曲线

铁磁物质的磁性能可以用磁化曲线来表示。磁化曲线就是铁磁物质的磁感应强度 B 与外磁场的磁场强度 H 的关系曲线，简称 $B-H$ 曲线，可由实验测得。由于磁场强度 H 取决于产生外磁场的电流，而磁感应强度 B 相当于电流在真空中所产生的磁场和物质磁化后产生的附加磁场的叠加，所以 $B-H$ 曲线表明了物质的磁状态。真空或空气的磁感应强度 $B=\mu_0 H$，其 $B-H$ 曲线是一条直线。

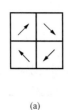
(a)

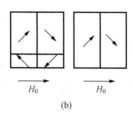
(b)

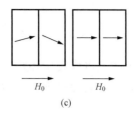
(c)

图 13 - 3　铁磁质的磁化

(a) 未磁化铁磁质；(b) 畴壁移动；(c) 磁畴转向

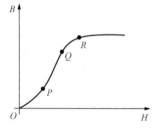

图 13 - 4　起始磁化曲性

1. 起始磁化曲线

当铁磁物质从完全无磁性状态开始进行磁化，即当外磁场 H 从零开始增加时，B 随之从零开始增加，这种 $B-H$ 曲线称为起始磁化曲线，如图 13 - 4 所示。

由图 13 - 4 所示的 $B-H$ 曲线可知，B 与 H 之间存在非线性关系。在曲线开始阶段，即 OP 段曲线上升得很慢，这段曲线表明发生了畴壁移动；在 PQ 段，随着 H 的增加 B 上升得很快，几乎是直线上升，这段曲线表明发生了磁畴的转向；在 QR 段，H 已经很大，磁畴已大部分转向，故 B 的增加很慢；而到 R 以后，磁畴几乎都转到与外磁场一致方向，B 达到饱和，如果再增加 H，则 B 增加很小，接近直线，此时的磁感应强度称为饱和磁感应强度。不同的铁磁物质的饱和磁感应强度并不相同，但同一种材料的饱和磁感应强度是一定的。

由于 $\mu=B/H$，铁磁物质的 $B-H$ 曲线不是直线，表明铁磁物质的磁导率 μ 不是常数，而是随着外磁场的变化而变化。电机和变压器通常要求铁磁物质工作在 R 点（饱和点）附近，因这时的铁磁物质磁导率最强。

2. 磁滞回线与基本磁化曲线

铁磁物质在交变磁场中反复进行磁化时，得到的 $B-H$ 曲线是磁滞回线，如图 13 - 5 所示。

从图 13 - 5 中可以看出，当 B 达到饱和后，若 H 从最大值 H_m 逐渐减小，B 也随之减小，但 B 并不沿着起始磁化曲线下降，而是沿另一条稍高的曲线下降，这说明在去磁过程中，B 的变化落后于 H 的变化，这种现象称为磁滞。铁磁物质的磁滞是由于铁磁物质中磁分子的惯性和摩擦而造成的。当 H 降为零时，B 还保留一定的剩磁值，如图 13 - 5 中的 B_r。为了消除剩磁 B_r，必须加反方向外磁场，当反方向外磁场增加到矫顽力 H_c 时，B 降为零，剩磁消失，这段曲线称为去磁曲线。如果反方向外磁场继续增加，则 B 又开始反向增大，并趋于饱和。然后，若反方向外磁场减小，那么 B 值也会退出饱和并逐渐减小，又会出现反方向剩磁……，经过多次反复磁化，

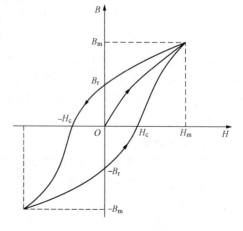

图 13 - 5　磁滞回线

$B-H$关系将沿着一条闭合曲线周而复始地变化，这条闭合曲线由磁滞引起的，因此称为磁滞回线。可以推定，如果铁磁物质的磁化过程中磁场强度增加到一定值后，就使磁场强度在这一值附近的小范围内不断反复变动，还可以形成一个小的磁滞回线，叫作局部磁滞回线。

从磁滞回线可以看到，对于不同的H_m值，铁磁物质有不同的磁滞回线；将不同的H_m值下的各磁滞回线的正顶点连接而成的曲线叫作基本磁化曲线。基本磁化曲线略低于起始磁化曲线，但相差很小。铁磁物质与基本磁化曲线之间存在一一对应关系，工程上对那些磁滞回线窄长的铁磁材料，通常用其基本磁化曲线来表示。

铁磁物质根据磁滞回线的形状或剩磁B_r的大小，可以分为软磁性材料、硬磁性材料、矩磁性材料，如图 13 - 6 所示。其中：软磁性材料，如纯铁、各种电工钢片、铁镍合金、硅钢、铁氧体等，它们的磁滞回线形状比较窄长，几乎与基本磁化曲线重合，剩磁和矫顽力都较小，由磁滞引起的能量损耗也较小，适合制作电动机、变压器、镇流器、电磁铁的铁芯及计算机的磁鼓、磁芯等；硬磁性材料，如钨钢、碳钢、铬钢、钴钢、铝镍合金等，它们的磁滞回线宽而平，所包围的面积大，剩磁和矫顽力都较大，这类材料被磁化后能保留很强的磁性，不适合用于交变磁场中，但适合用于制作永久磁铁，广泛用于无线电的永磁喇叭、耳机、电话受话器及电磁式仪表中；矩磁性材料，如锰镁铁氧体和锂锰铁氧体，很小的外磁场作用，就能使它磁化，并达到饱和，去掉外磁场后，磁性仍然保持与饱和时一样。反映在磁滞回线上是一矩形闭合曲线，具有较小的矫顽力和较大的剩磁，适合用于制作计算机或一些控制系统的存储磁芯、开关元件等。

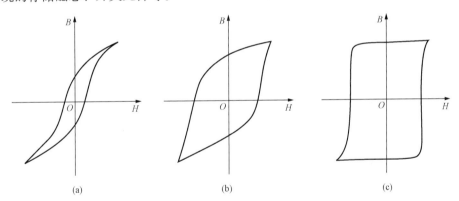

图 13 - 6　不同铁磁性物质的磁滞回线

(a) 软磁材料的磁滞回线；(b) 硬磁材料的磁滞回线；(c) 矩磁材料的磁滞回线

对永久磁铁不可加热、震动和敲打，否则其磁性会减弱。

各种材料的基本磁化曲线或数据可以在产品目录或手册上查到。表 13 - 1 给出了几种常用铁磁材料基本磁化数据。表中数据除第一行与第一列外均是B所对应的H值，其中H的单位为 A/m。如铸钢材料，当$B=0.51T$时，对应的磁场强度$H=408A/m$。

从前面对铁磁材料的磁化和磁滞回线的讨论可以看出，铁磁材料的性能如下。

(1) 高导磁性。铁磁材料的磁导率μ在一般情况下远比非铁磁材料大，而且不是常数，它会随外加磁场强度的改变而变化。

(2) 剩磁性。铁磁材料经磁化后，若外磁场H完全撤销，铁磁材料中仍能保留有一定的磁性，即剩磁。

（3）磁饱和性。铁磁材料的磁感应强度有一饱和值。

（4）磁滞性。在交变磁化过程中，B 的变化滞后于 H 的变化。

表 13 - 1　　　　　　　　　　　　**常用铁磁材料基本磁化数据表**

铸钢

B（T）	0.00	0.01	0.02	0.03	0.04	0.05	0.06	0.07	0.08	0.09
0.4	320	328	336	344	352	360	368	376	384	392
0.5	400	408	417	426	434	443	452	461	470	479
0.6	488	497	506	516	525	535	544	554	564	574
0.7	584	593	603	613	623	632	642	652	662	672
0.8	682	693	703	724	734	745	755	766	776	787
0.9	798	810	823	835	848	860	873	885	898	911
1.0	924	938	953	969	989	1004	1022	1039	1056	1073
1.1	1090	1108	1127	1147	1167	1187	1207	1227	1248	1269
1.2	1290	1315	1340	1370	1400	1430	1460	1490	1520	1555
1.3	1590	1630	1670	1720	1760	1810	1860	1920	1970	2030
1.4	2090	2160	2230	2300	2370	2440	2530	2620	2710	2800
1.5	2890	2990	3100	3210	3320	3430	3560	3700	3830	3960

铸铁

B（T）	0.00	0.01	0.02	0.03	0.04	0.05	0.06	0.07	0.08	0.09
0.5	2200	2260	2350	2400	2470	2550	2620	2700	2780	2860
0.6	2940	3030	3130	3220	3320	3420	3520	3620	3720	3820
0.7	3920	4050	4180	4320	4460	4600	4750	4910	5070	5230
0.8	5400	5570	5750	5930	6160	6300	6500	6710	6930	7140
0.9	7860	7500	7780	8000	8300	8600	8900	9200	9500	9800
1.0	10100	10500	10800	11200	11600	12000	12400	12800	13200	13600
1.1	14000	14400	14900	15400	15900	16500	17000	17500	18100	18600

D_{21}电工钢片

B（T）	0.00	0.01	0.02	0.03	0.04	0.05	0.06	0.07	0.08	0.09
0.4	140	143	146	149	152	155	158	161	164	167
0.5	171	175	179	183	187	191	195	199	203	207
0.6	212	217	222	227	232	237	242	248	254	260
0.7	267	274	281	288	295	302	309	316	324	332
0.8	340	348	356	364	372	380	389	398	407	416
0.9	425	435	445	455	465	475	488	500	512	524
1.0	536	549	562	575	588	602	616	630	645	660
1.1	675	691	708	726	745	765	786	808	831	855
1.2	880	906	933	961	990	1020	1050	1090	1120	1160
1.3	1200	1250	1300	1350	1400	1450	1500	1560	1620	1680
1.4	1740	1820	1890	1930	2060	2160	2260	2380	2500	2640
1.5	2800	2970	3150	3370	3600	3850	4130	4400	4700	5000
1.6	5290	5590	5900	6210	6530	6920	7280	7660	3040	3420

续表

D_{23}电工钢片

B (T)	0.00	0.01	0.02	0.03	0.04	0.05	0.06	0.07	0.08	0.09
0.4	138	140	142	144	146	148	150	152	154	156
0.5	156	160	162	164	166	169	171	174	176	178
0.6	181	184	186	189	191	194	197	200	203	206
0.7	210	213	216	220	224	228	232	236	240	245
0.8	250	255	260	265	270	276	281	287	293	299
0.9	306	313	319	326	333	341	319	357	365	374
1.0	383	392	401	411	422	433	444	456	467	480
1.1	493	507	521	536	552	568	584	600	606	633
1.2	652	672	694	716	738	762	786	810	836	862
1.3	890	920	950	980	1010	1050	1090	1130	1170	1210
1.4	1260	1310	1360	1420	1480	1550	1630	1710	1810	1910
1.5	2010	2120	2240	2370	2500	2670	2850	3040	3260	3510
1.6	3780	4070	4370	4680	5040	5340	5680	6040	6400	6780

第三节 磁路及磁路定律

一、磁路

很多电气设备中需要较强的磁场或较大的磁通，而铁磁性物质的磁导率远比弱磁材料的大，对于用铁磁性物质做成的各种形状的铁芯，只要绕在铁芯上的线圈通有较小的电流就可以产生很强的磁场，而且磁场差不多都限定在铁芯范围内，而周围弱磁性物质中的磁场则很弱。这种磁通集中通过的路径就称为磁路。图 13 - 7 中示出几种常用电气设备的磁路。

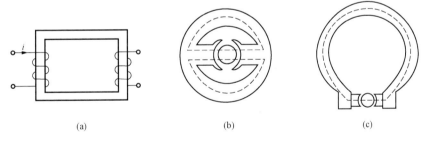

(a)   (b)   (c)

图 13 - 7 几种电气设备的磁路

(a) 单相变压器；(b) 直流电动机；(c) 磁电式仪表

磁路的磁通可以分为两部分：绝大部分经过铁芯（包括空气隙）而形成闭合的磁通，这部分叫作主磁通；小部分经过铁芯外弱磁性物质而形成闭合的磁通，这部分称为漏磁通。一般情况下，工程上会采用各种措施使漏磁通减小，所以在分析计算时可以忽略不计。

磁路按其结构的不同可分为无分支磁路和有分支磁路，有分支磁路又分为对称分支磁路和不对称分支磁路。图 13 - 7 (a) 所示属于无分支磁路，图 13 - 7 (b) 所示属于有分支磁路。

二、磁路欧姆定律

设一段磁路的平均长度为 l，横截面面积为 S，且处处相同，由磁导率为 μ 的材料制成，

该段磁路的磁通为 Φ，则该段磁路的磁场强度为

$$H = NI/l$$

因为 $\Phi=BS$，而 $B=\mu H=\mu \dfrac{NI}{l}$，则有

$$\Phi = \mu \frac{NI}{l}S = \frac{NI}{\dfrac{l}{\mu S}} \tag{13-8a}$$

令 $F_m=NI$，$R_m=\dfrac{l}{\mu S}$，则式（13-8a）可写成

$$\Phi = \frac{F_m}{R_m} \tag{13-8b}$$

如果将磁路中的磁通与电路中的电流对应，则在式（13-8b）中，F_m 相当于电路中的电动势 E，它是产生磁通的源泉，因此称为磁通势（或磁动势），单位为 A。而 R_m 对应于电路中的电阻 R，称为这段磁路的磁阻，它是表示磁路对磁通阻碍作用的物理量。磁阻与电阻 $R=l/\gamma S$（γ 为电导率）相类似，与磁路的几何尺寸及铁磁性物质的磁导率有关，单位为 $(1/H)$。

式（13-8）与电路中的欧姆定律相似，所以称为磁路的欧姆定律。由于铁磁性物质的磁导率不是常数，故其磁阻也不是常数，因此一般情况下不能用式（13-8）来对磁路计算，而只用作定性分析。例如，一个有气隙的铁芯线圈接到直流电压源上，由于线圈电流只取决于电源电压和线圈电阻，而与磁路无关，因此，当气隙增大，磁阻增大（因为铁磁性物质的磁导率远大于空气，故整个磁路中气隙的磁阻为主要磁阻），由磁路的欧姆定律可知磁路中的磁通将减小。

三、磁路的基尔霍夫定律

1. 磁路的基尔霍夫第一定律

在磁路没有分支的部分（称为支路），根据磁通连续性原理，在忽略漏磁通时，磁路的一个支路中的各个截面处均具有相同的磁通，即使存在一段空气隙，空气隙中的磁通仍与该支路的磁通相等。

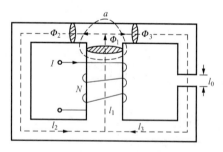

图 13-8 有分支磁路

在磁路有分支的部分，各支路汇聚成磁路的节点，如图 13-8 中 a 处，各磁通 Φ_1，Φ_2，Φ_3 的参考方向如图 13-8 所示，根据磁通连续性原理可得

$$\Phi_1 - \Phi_2 - \Phi_3 = 0$$

即

$$\sum \Phi = 0 \tag{13-9}$$

式（13-9）就是磁路的基尔霍夫第一定律。它表明磁路的任一节点所连各支路的磁通代数和等于零。

2. 磁路的基尔霍夫第二定律

将磁路根据材料和截面积分为若干段（即材料和截面积相同的分为一段），每段磁路上各点磁感应强度 B 和磁场强度 H 均相同，方向与磁路中心线平行。例如图 13-8 中左边回路可分为两段，选择逆时针绕行方向，根据全电流定律可得

$$\oint_l H\,\mathrm{d}l = H_1 l_1 + H_2 l_2 = \sum(Hl) = \sum(NI) \tag{13-10}$$

同理，对图 13-8 中的右边回路，可分为三段，其中一段为气隙，选择顺时针绕行方向，则

$$H_1 l_1 + H_3 l_3 + H_0 l_0 = \sum (NI)$$

式（13-10）中，Hl 称为各段磁路的磁位差，又称磁压，用 U_m 来表示，单位为 A；NI 为磁路的磁动势，用 F_m 来表示。式（13-10）也可写成

$$\sum U_m = \sum F_m \tag{13-11}$$

式（13-10）和式（13-11）都是磁路的基尔霍夫第二定律。它表明磁路的任一回路中各段磁位差的代数和等于各磁动势的代数和。应用式（13-10）时，应先选择回路的绕行方向，当磁通的参考方向与绕行方向一致时，该段的磁位差取"＋"，否则取"－"。磁动势的正负取决于励磁电流的方向是否与绕行方向符合右手螺旋定则，符合的取"＋"，否则取"－"。

第四节　恒定磁通磁路的计算

一、由磁通求磁动势

在对电机等设备或元件进行分析和设计时，常常要进行磁路计算。本节只对恒定磁通磁路计算。如果计算时，已知磁路的磁通及结构、尺寸和材料，要求所需的磁动势，则可以直接按磁路定律计算，这类问题称为正面问题，计算步骤如下。

（1）首先将各磁路按材料和截面积分段，材料和截面积相同的部分为一段，计算出每段磁路的长度和截面积。

所谓长度是指平均长度，以磁路的中心线长度为准。截面积需根据情况计算有效面积。对铁芯，如果是由电工钢片叠成的，由于钢片上涂有绝缘漆，其有效面积为几何尺寸算出的视在面积乘上填充系数（可由手册得到）。对气隙，磁场存在向外扩张的边缘效应，使有效面积比铁芯部分大，如果铁芯截面是矩形，宽为 a，高为 b，气隙长度为 l_0，如图 13-9 所示，则在 $a/l_0 \geqslant 10$，$b/l_0 \geqslant 10$ 时，可以忽略边缘效应，认为气隙面积等于

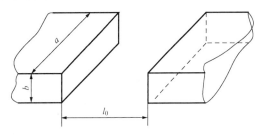

图 13-9　铁芯截面为矩形的气隙

铁芯截面积。如果不满足上述条件，可按下式计算，即

$$S_0 = (a + l_0)(b + l_0) \approx ab + (a + b)l_0$$

实际磁路的气隙一般很小，可以忽略边缘效应。

（2）由已知磁通计算各段的磁感应强度，$B = \Phi/S$，并求出各段的磁场强度 H。对铁芯，通过 $B-H$ 曲线或 $B-H$ 数据表可查得 H。对于气隙或其他非铁磁性材料，应由式（13-12）得到，即

$$H_0 = B_0/\mu_0 = B_0/(4\pi \times 10^{-7}) \approx 0.8 \times 10^6 B_0 \tag{13-12}$$

式中：B_0 单位为 T，H_0 的单位为 A/m。

（3）计算各段磁路的磁位差 $H_1 l_1$，$H_2 l_2$，…。

（4）由磁路的基尔霍夫第二定律，计算总的磁动势 $F_m = NI = \sum (Hl)$。

除了无分支磁路外，在工程中还会常常遇到在结构上具有对称性的有分支磁路，如图 13-8 所示。对称轴两侧的磁路无论是尺寸，还是材料都完全相同，如果励磁线圈绕在中间

柱上，则两侧磁路的磁通分布也相同。这种磁路的分析计算可以在对称轴中间剖开，将磁路一分为二，然后取任意一半按无分支磁路的计算方法进行计算。需要注意的是，剖开后的中间柱截面积和磁通都已变成原来的一半，但是其磁动势并没有变化，即与产生全部磁通的磁动势相同。

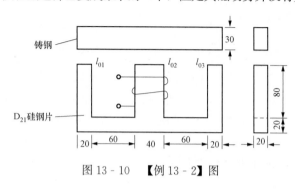

图 13 - 10　【例 13 - 2】图

【例 13 - 2】　图 13 - 10 所示的有分支磁路，铁芯由 D_{21} 型硅钢片和铸钢制成，气隙长度 $l_{01}=l_{02}=l_{03}=1mm$，图中尺寸单位均为 mm，如果要在铁芯 D_{21} 型硅钢片的中间柱内产生 $1.2×10^{-3}$ Wb 的磁通，求所需的磁动势。若线圈匝数为 1500 匝，则励磁电流 I 为多大？

解　此为对称分支电路，将磁路沿对称轴剖开，每边磁通都变为中间柱内磁通的一半，即 $\Phi=0.6×10^{-3}$ Wb，每边的磁路都是无分支磁路，仍然可以用无分支磁路的计算方法分析计算。

由图可知，沿中间柱将磁路一分为二后，每边磁路可分为铁芯、衔铁和气隙三段。

（1）各段磁路的长度

每边铁芯的长度为　$l_1=(80+20/2)×2+60+2×20/2=260(mm)=0.26(m)$

衔铁的长度为　　　　$l_2=60+20+30=110(mm)=0.11(m)$

气隙的长度为　　　　　　$l_0=2(mm)=0.002(m)$

（2）各段磁路的截面积

铁芯与气隙的截面积在忽略边缘效应时相等，为

$$S_0=S_1=20×20=400(mm^2)=4×10^{-4}(m^2)$$

衔铁的截面积为　　$S_2=20×30=600(mm^2)=6×10^{-4}(m^2)$

（3）各段磁路的磁感应强度

由于磁通相同，截面积相等，则铁芯与气隙的磁感应强度也相等，为

$$B_0=B_1=\Phi/S_1=1.5(T)$$

衔铁的磁感应强度为

$$B_2=\Phi/S_2=1(T)$$

由 D_{21} 型硅钢片和铸铁的磁化数据表查得对应的磁场强度分别为

$$H_1=2800(A/m)$$
$$H_2=924(A/m)$$

由气隙的磁导率 $\mu_0=4\pi×10^{-7}$ H/m 和公式 $H_0=B_0/\mu_0$ 可得气隙的磁场强度为

$$H_0=B_0/\mu_0=1.2×10^6(A/m)$$

所需的磁动势为

$$F_m=\sum(Hl)=H_1l_1+H_2l_2+H_0l_0=2800×0.26+924×0.11+1.2×10^6×0.002$$
$$≈3230(A)$$

当 $N=1500$ 时，由磁动势 $F_m=NI$ 得需要的励磁电流为

$$I=\frac{F_m}{N}=\frac{3230}{1500}=2.15(A)$$

磁路中的气隙虽短，但由于气隙磁阻较大，磁动势差不多都降在气隙上，在例 13 - 2 中占了 $2400/3230 \times 100\% = 74.3\%$。

二、由磁动势求磁通

如果计算时已知磁路的磁动势及结构、尺寸和材料，那么要计算磁路中的磁通，对于无分支均匀磁路，这类问题的计算并不复杂，可直接由已知的磁动势求得各段磁路的磁场强度，再通过查表、计算得到磁感应强度和磁通；而对于不均匀磁路来说，由于磁路是非线性的，因此这类问题一般不能正面求解，即不能直接由磁动势求得各段磁路的磁场强度，当然也不能求出磁感应强度和磁通，这种情况叫作反面问题，可以用试探法求解。

第五节　交 变 磁 通 磁 路

第四节介绍了直流激励下，恒定磁通磁路的计算方法。由于励磁电流是直流电，因而不会在线圈中产生感应电动势。若线圈电阻为 R，则线圈电压与电流的关系为 $U = RI$，与磁路无关。本节简单介绍在正弦交流电的激励下，交变磁通磁路的特点。

一、电磁关系

由于交流铁芯线圈中的电流是变化的，因此会引起感应电动势。电路中的电压、电流关系和磁路情况有关，当忽略磁路的漏磁通和线圈电阻，选择线圈电压 u、电流 i，磁通 Φ 和感应电动势 e 的参考方向如图 13 - 11 所示时，有

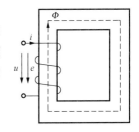

图 13 - 11　交变磁通磁路

$$u = -e = \frac{\mathrm{d}\Psi}{\mathrm{d}t} = N\frac{\mathrm{d}\Phi}{\mathrm{d}t}$$

式中：N 为线圈的匝数。如果磁通为正弦量，设 $\Phi = \Phi_\mathrm{m}\sin\omega t$，则有

$$u = N\frac{\mathrm{d}}{\mathrm{d}t}\Phi_\mathrm{m}\sin\omega t = \omega N\Phi_\mathrm{m}\sin\left(\omega t + \frac{\pi}{2}\right)$$

可知电压也是正弦量，并且电压的相位比磁通超前 $90°$，电压的有效值与磁通的最大值之间的关系为

$$U = \frac{\omega N\Phi_\mathrm{m}}{\sqrt{2}} = \frac{2\pi f N\Phi_\mathrm{m}}{\sqrt{2}} = 4.44 f N\Phi_\mathrm{m} \tag{13 - 13}$$

式（13 - 13）是常用的重要公式，表明线圈电压的有效值与电源频率、线圈匝数及磁通的幅值成正比，当电源的频率及线圈匝数一定时，并且线圈电压的有效值不变，则主磁通的最大值 Φ_m（或磁感应强度的最大值 B_m）不变；当线圈电压的有效值改变时，Φ_m 与 U 成正比地变化，且与磁路情况如铁芯材料、气隙大小无关。

下面分析交流铁芯线圈的电流 i 和 Φ 之间的非线性关系，也就是说当磁通作正弦变化时，电流并不按正弦规律变化。在忽略磁滞和涡流的影响时，铁芯材料的 $B-H$ 曲线就是基本磁化曲线。在 $B-H$ 曲线上，H 正比于 i，B 正比于 Φ，所以可将 $B-H$ 曲线的纵坐标、横坐标各乘于相应的比例常数，就能得到 $\Phi-i$ 曲线，如图 13 - 12 所示。设铁芯中的主磁通 $\Phi = \Phi_\mathrm{m}\sin\omega t$，则所需的电流经描点法可得一尖顶波，如图 13 - 13 所示。

由此可见，铁芯线圈的电压为正弦量时，磁通也为正弦量，而由于磁饱和的影响，磁化电流不是正弦量，其波形是与磁通同步调的尖顶波。

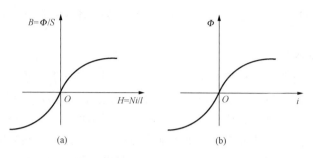

图 13 - 12 $B-H$ 曲线与 $\Phi-i$ 曲线

(a) $B-H$ 曲线；(b) $\Phi-i$ 曲线

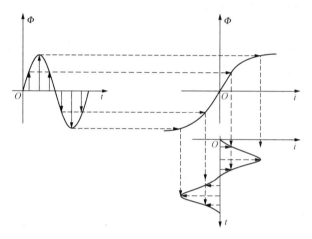

图 13 - 13 交变磁通与电流的波形

二、铁芯线圈的功率损耗

交流铁芯线圈工作时，由于线圈电阻的存在而引起的功率损耗 I^2R 称为铜损耗，用 ΔP_{Cu} 表示；而当交变磁场在铁芯中穿过时，引起铁芯反复磁化，使得铁芯内分子热运动加剧，从而使铁芯发热，所产生的功率损耗，称为铁芯损耗。实验表明：由于磁滞而引起的损耗与磁滞回线的面积成正比，因此一般交流电磁铁选用软磁材料。工程上常用下列经验公式计算磁滞损耗，即

$$P_h = \sigma_h f B_m^n V \tag{13-14}$$

式中：f 为交流电的频率，Hz；B_m 为磁感应强度的最大值，T；n 为指数，$B_m < 1$T 时 $n \approx 1.6$，$B_m > 1$T 时 $n \approx 2$；V 为铁芯的体积，m^3；σ_h 为与铁芯材料性质有关的系数，由实验确定；P_h 为磁滞损耗，W。

铁芯中的磁通变化时，不仅在线圈中产生感应电动势，也会在铁芯中产生感应电动势。铁芯中的感应电动势使铁芯内产生旋涡状的电流，俗称涡流。铁芯中的涡流也要产生能量损耗使铁芯发热，这种功率损耗称为涡流损耗。涡流损耗的大小与铁芯的电阻有关，电阻越大涡流越小，涡流损耗就越小，故可采用两种方法减少涡流损耗：一是增大铁芯材料的电阻率，如在钢中掺入硅杂质使其电阻率大大提高；二是将铁芯制成薄片，使涡流只能在较小的截面内流动，此时电阻增大，因此电机、变压器等设备用彼此绝缘的硅钢片叠成铁芯，大大减小了涡流的损耗。工程上常用下列经验公式计算涡流损耗，即

$$P_e = \sigma_e f^2 B_m^2 V \tag{13-15}$$

式中：σ_e 为与铁芯材料的电阻率、厚度、磁通波形有关的系数；P_e 为涡流损耗，W。

磁滞损耗和涡流损耗的总和称为铁芯损耗，简称铁损耗，用 ΔP_{Fe} 表示。由于铁芯损耗和铁芯内磁感应强度 B_m 的值有关，故 B_m 不宜选得过大，一般选择 0.8～1.2T。在电机、电器的设计与运用中，通常可由实验测得或由经验公式直接计算总铁损，而不需分别计算磁滞损耗和涡流损耗。

第六节 电 磁 铁

电磁铁是利用通电的铁芯线圈对铁磁材料产生电磁吸引力的一种电器设备，它的用途非常广泛，如在钢铁企业中常见的起重吊车上的制动电磁铁、机床电路中常用的交流接触器、电力传动中的电磁离合器、电力工业中各种继电器、作为机械工具用的电动锤、磨床上作夹具用的电磁吸盘等等。

电磁铁由三个部分组成，即软磁材料制成的铁芯、衔铁以及绕在铁芯上的线圈。如图 13 - 14 所示。电磁铁的形式虽然很多，但它们的工作原理大致相同。当线圈通过电流后，铁芯中产生很强磁场，使衔铁受到电磁吸引力，从而改变磁路气隙的大小。当线圈电流被切断时，磁场随之消失，衔铁便被释放。

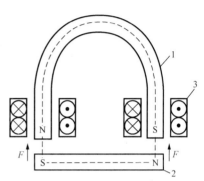

图 13 - 14　电磁铁的结构示意图
1—铁芯；2—衔铁；3—线圈

电磁铁按照励磁电流的性质可分为直流电磁铁和交流电磁铁两大类。

1. 直流电磁铁

直流电磁铁的励磁电流为直流电流，可以证明衔铁所受的吸引力为

$$F = \frac{B_0^2}{2\mu_0}S = \frac{10^7}{8\pi}B_0^2 S \qquad (13 - 16)$$

式中：B_0 为气隙的磁感应强度，T；S 为气隙的磁场截面积，m^2；F 为吸引力，N。

由于线圈的励磁电流仅仅取决于直流电源的电压和线圈电阻，与磁路的磁阻无关，即磁动势 NI 在衔铁吸合过程中为一定值，所以衔铁吸合，气隙减小，磁场增强，吸引力也会随之增大，显然，衔铁吸合以后其吸引力要增强很多。

2. 交流电磁铁

交流电磁铁的励磁电流为交流电，气隙中的磁感应强度和磁通也随时间变化，设气隙中的磁感应强度为

$$B_0 = B_m \sin\omega t$$

则衔铁所受的吸引力

$$f(t) = \frac{1}{2\mu_0}B_0^2 S = \frac{B_m^2 S}{2\mu_0} \cdot \frac{1 - \cos 2\omega t}{2} = F_m \cdot \frac{1 - \cos 2\omega t}{2}$$

式中：$F_m = \dfrac{B_m^2 S}{2\mu_0}$是吸引力的最大值，吸引力的平均值为

$$F_{av} = \frac{1}{T}\int_0^T f(t)\,\mathrm{d}t = \frac{B_m^2 S}{4\mu_0} \approx 2B_m^2 S \times 10^5$$

交流电磁铁的吸引力随时间变化的波形如图 13 - 15（a）所示，吸引力在电源的一个周期内两次为零，但吸引力的方向始终不变，平均吸引力是最大值的一半。这样的吸力会使衔铁发生颤动，产生噪声和造成机械损伤。为了消除这种现象，在铁芯的端面装嵌一个短路铜环，如图 13 - 15（b）所示，装了短路铜环的铁芯，其磁通分成两部分，穿过短路铜环的磁通为 Φ_1，未穿过短路铜环的磁通为 Φ_2。由于磁通的变化，短路环内有感应电流，该电流阻

碍磁通的变化，使 Φ_1 的相位滞后于 Φ_2，从而使它们不会同时达到零值。因此铁芯端面的磁通不会达到零值，吸引力也就不会达到零值，从而可消除衔铁的颤动现象。

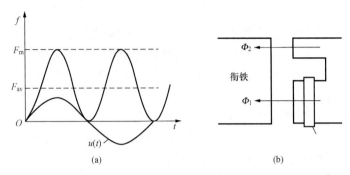

图 13 - 15　交流电磁铁的吸力与短路环
(a) 交流电磁铁的吸力；(b) 交流电磁铁的短路环

　　当交流电磁铁所接电源为电压有效值不变的正弦交流电源时，磁通的最大值 Φ_m 基本不随气隙的大小而变，B_m 基本不变，吸合过程中的平均吸引力基本不变。但是气隙变小后磁路的磁阻变小，为维持磁通不变，励磁电流会相应变小，所以衔铁吸合后励磁线圈中的电流要比吸合前小得多。由于一般交流电磁铁吸合过程时间很短，它的额定电流通常是指衔铁吸合后长时间通过的电流，因此电磁铁不允许长时间吸合不上，否则会使线圈因过热而烧坏。

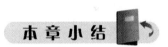

　　1. 磁场的基本物理量

　　磁场的基本物理量有磁感应强度 B、磁通 Φ、磁导率 μ 和磁场强度 H 四个。注意四个物理量的国际单位及其相互关系：均匀磁场中 $\Phi = BS$，$H = B/\mu$。由磁导率的大小可以将物质分为两大类：磁性材料（铁磁性物质）和非磁性材料。

　　2. 反映磁场性质的两个定律

　　反映磁场性质的两个定律包括磁通连续性原理和全电流定律（或称安培环路定律）。

　　(1) 磁通连续性原理。磁场中任一闭合面的总磁通恒等于零，即 $\oint B_n \mathrm{d}S = 0$，称为磁通连续性原理。

　　(2) 全电流定律（或称安培环路定律）。对于磁场中任一闭合回线，磁场强度的闭合回线积分等于穿过该闭合回线围成的面中所有电流的代数和，即 $\oint H \mathrm{d}l = \sum I$，称为全电流定律（或称安培环路定律）。

　　3. 磁化曲线

　　铁磁性物质的磁感应强度 B 与外磁场的磁场强度 H 的关系曲线，称为磁化曲线，简称 $B - H$ 曲线。磁化曲线有起始磁化曲线、磁滞回线、基本磁化曲线等。铁磁质与基本磁化曲线间有一一对应关系。不同的铁磁质有不同的磁滞回线，根据磁滞回线的形状可以将铁磁质分为软磁性材料、硬磁性材料、矩磁性材料。

　　4. 磁路定律

（1）磁路的欧姆定律。$\Phi = F_m / R_m$ 称为磁路的欧姆定律。类似电路的欧姆定律，式中磁阻对应电路的电阻，磁动势对应电路的电动势。

（2）磁路的基尔霍夫定律。磁路的基尔霍夫定律有两个，$\sum \Phi = 0$ 称为磁路的基尔霍夫第一定律。$\oint_l H \mathrm{d}l = H_1 l_1 + H_2 l_2 + \cdots = \sum (Hl) = \sum (NI)$ 称为磁路的基尔霍夫第二定律。

5. 恒定磁通磁路的计算

恒定磁通磁路的计算只要求对正面问题进行求解，即由磁通求磁动势（注意磁路计算与电路的区别，需要计算磁路的长度和截面积等几何尺寸）。

磁路计算的基本步骤：首先，将各磁路按材料和截面积分段，材料和截面积相同的部分为一段，计算出每段磁路的长度和截面积。其次，由已知磁通计算各段的磁感应强度，利用公式 $B = \Phi / S$，并求出各段的磁场强度 H（利用公式 $H = B/\mu$ 或查磁化数据表）。然后，计算各段磁路的磁位差 $H_1 l_1$，$H_2 l_2$，$\cdots$。最后，由磁路的基尔霍夫第二定律，计算总的磁动势 $F_m = NI = \sum (Hl)$。

6. 交变磁通磁路

交变磁通磁路的电磁关系完全不同于电路，电压与磁通间有关系式 $u = N \dfrac{\mathrm{d}\Phi}{\mathrm{d}t}$，电压有效值与磁通间满足关系式 $U = 4.44 f N \Phi_m$。而励磁电流与磁通是非线性关系，受磁滞、涡流、磁饱和等影响。能量损耗不仅有线圈上产生的铜损，还有由磁滞和涡流引起的铁损。铁损跟铁芯的材料、体积，交流电的频率等许多因素有关。

7. 电磁铁

（1）电磁铁的组成。电磁铁由铁芯、线圈和衔铁组成。

（2）电磁铁的分类。电磁铁分交流电磁铁和直流电磁铁两类。

（3）电磁铁的衔铁受力分析。

 思考题

13 - 1　总结磁场的几个基本物理量及其相互之间的联系。

13 - 2　环形螺管线圈的外径为 30cm，内径为 25cm，匝数为 2000 匝，电流为 0.5A，则媒质为空气和铁（$\mu_r = 1500$）两种情况下线圈内部的磁通是多少。

13 - 3　什么是起始磁化曲线？什么是基本磁化曲线？两者有何区别？

13 - 4　磁性材料一般分为哪几类？它们各有什么特点？

13 - 5　磁路有无短路和开路状态？

13 - 6　两个匝数相同的线圈分别绕在两个几何尺寸相同但材料不同的铁芯上，若要在铁芯中产生相同的磁通，哪个线圈中励磁电流大？哪个铁芯的磁动势大？

13 - 7　磁路计算时为何要将磁路分段？分段的原则是什么？

13 - 8　一直流励磁的磁路工作在接近饱和区，如果磁通增加 15%，在线圈匝数不变的情况下，励磁电流是否也增加 15%？如果磁路的几何尺寸保持不变，而在磁路中增大气隙，保持线圈中的励磁电流不变，则磁路中的磁通和线圈的电压如何变化？

13 - 9　交流铁芯线圈的功率损耗有哪两类？这些损耗分别与哪些因素有关？

13-10　铁芯线圈接在有效值一定的正弦交流电压源上，改变电源频率，铁芯中的磁通、铁损、线圈中的电流有何变化？

13-11　一台变压器的电压比为 1000/500，线圈匝数比为 2000/1000，是否可以将线圈匝数比改为 200/100？为什么？

13-12　交、直流电磁铁在结构和工作条件上有何异同？在电磁铁吸合过程中其磁路的磁阻、磁通、线圈的电流及吸引力有何变化？

习　题　十　三

13-1　某磁路是由永久磁铁和气隙构成，如果穿过磁极极面的磁通为 $\Phi = 3.84 \times 10^{-4}$ Wb，永久磁铁磁极边长为：长 8cm，宽 4cm。求磁极间的磁感应强度 B。

13-2　一电工用硅钢片中的磁感应强度 $B = 1.5$T，磁场强度 $H = 5.5$A/cm，求其相对磁导率 μ_r。

13-3　有一线圈的匝数为 1500 匝，套在铸铁制成的闭合铁芯上，铁芯的截面积为 16cm²，中心线长为 50cm，求：

（1）如果要在铁芯中产生 1×10^{-3}Wb 的磁通，线圈中应通入多大的直流励磁电流？

（2）如果线圈中通入 2A 的直流电流，则铁芯中产生多大的磁通？

（3）若将该磁路截去一小段，留下 $l_0 = 1$mm 的气隙，要保持磁通 1×10^{-3}Wb，需要多大的磁动势和励磁电流？

13-4　如图 13-16 所示磁路，铁芯由 D_{21} 硅钢片制成，图中尺寸单位均为 mm，线圈匝数为 2000 匝，气隙中的磁通为 1×10^{-3}Wb，求线圈中的电流。若磁通减小一半，磁动势也降为原来的一半吗？

13-5　如图 13-17 所示的一个直流电磁铁磁路，π 型铁芯由 D_{23} 电工钢片叠成，填充系数取 0.92，衔铁材料为铸钢。图中各长度单位为 mm，要使气隙中磁通为 3×10^{-3}Wb，试求所需的磁动势；如果励磁线圈的匝数 N 为 500，则需多大的励磁电流？

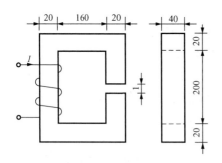

图 13-16　习题 13-4 图

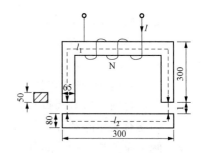

图 13-17　习题 13-5 图

13-6　如图 13-18 所示的有分支磁路，由 D_{21} 电工钢片制成，各段磁路的平均长度和截面积分别为 $l_1 = 160$mm，$l_2 = 90$mm，$l_3 = 155$mm，$S_1 = 800$mm²，$S_2 = 1200$mm²，$S_3 = 1000$mm²，$l_0 = 1$mm。若要求空气隙中的磁通 $\Phi_0 = 3 \times 10^{-3}$Wb，线圈匝数为 1000 匝，则线圈中应通入多大电流？

13-7　如图 13-19 所示磁路的铁芯材料是铸钢，铁芯截面积和中心线长度分别为

$5cm^2$ 和 40cm，磁路中两段气隙长度均为 1mm，线圈匝数为 1650 匝，励磁电流 $I=1A$，试求磁路中磁通 Φ。

13-8　将一个铁芯线圈分别接在直流和交流电源上，当发生下列情况时，铁芯中磁通和线圈的电流有何变化？

（1）铁芯截面积增大，其他条件不变。

（2）线圈匝数增加，线圈电阻及其他条件不变。

（3）电源电压降低，其他条件不变。

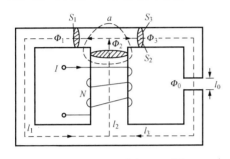 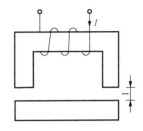

图 13-18　习题 13-6 图　　　　　　图 13-19　习题 13-7 图

13-9　一个交流铁芯线圈接在 220V，50Hz 的交流电源上，线圈匝数为 750 匝，铁芯截面积为 $15cm^2$，求铁芯中磁通和磁感应强度的最大值各为多少？若所接电源频率为 100Hz，其他量不变，则铁芯中磁通和磁感应强度的最大值各为多少？

13-10　有两个材料相同的铁芯线圈，已知线圈匝数 $N_1=N_2$，磁路的平均长度 $l_1>l_2$，截面积 $S_1=S_2$，则在接入相同直流电压时，两个铁芯中的磁通 Φ_1 与 Φ_2 的大小关系如何？B_1 与 B_2 的大小关系又如何？若接入相同正弦交流电压，比较两个铁芯中的磁通 Φ_{1m} 与 Φ_{2m} 的大小关系？

13-11　如果一个直流电磁铁吸合后的电磁吸力与一个交流电磁铁吸合后的平均吸力相同，则在下列情况下它们的吸力是否仍然相等？为什么？

（1）将它们的电压都减小一半。

（2）将它们的励磁线圈匝数都减小一半。

（3）在它们的衔铁与铁芯间都填进同样厚度的木片。

参 考 答 案

第 一 章

1 - 1　图（a）：关联、吸收 4W；图（b）：非关联、发出 12W；图（c）：非关联、吸收 15W

1 - 2　$U_{ab}=4V$；$U_{bc}=-3V$；$U_{cd}=-10V$；$U_{da}=9V$

1 - 3　$U=102.3V$；$I=134mA$

1 - 4　$u_C=\begin{cases} -t^2+1 & \text{(V)} & 0<t\leqslant 1 \text{ (s)} \\ t^2-4t+3 & \text{(V)} & 1\leqslant t\leqslant 3 \text{ (s)} \\ 2t-6 & \text{(V)} & 3\leqslant t\leqslant 4 \text{ (s)} \\ 2 & \text{(V)} & t>4 \text{ (s)} \end{cases}$

1 - 5　$u_R=\begin{cases} t & \text{(V)} & 0\leqslant t\leqslant 1 \text{ (s)} \\ -t+2 & \text{(V)} & 1\leqslant t\leqslant 2 \text{ (s)} \\ 0 & \text{(V)} & t\geqslant 2 \text{ (s)} \end{cases}$　$u_L=\begin{cases} 1 \text{ (V)} & 0<t<1 \text{ (s)} \\ -1 \text{ (V)} & 1<t<2 \text{ (s)} \\ 0 \text{ (V)} & t>2 \text{ (s)} \end{cases}$

$u_C=\begin{cases} \dfrac{1}{2}t^2+1 & \text{(V)} & 0<t\leqslant 1 \text{ (s)} \\ -\dfrac{1}{2}t^2+2t & \text{(V)} & 1\leqslant t\leqslant 2 \text{ (s)} \\ 2 & \text{(V)} & t\geqslant 2 \text{ (s)} \end{cases}$

1 - 6　图（a）：发出 20W；图（b）：吸收 8W；图（c）：发出 5W；图（d）：吸收 16W

1 - 8　$b=6$，$n=4$，$m=3$，$l=7$；（1）×，（2）√，（3）×，（4）√，（5）×，（6）×，（7）√，（8）√，（9）√，（10）×

1 - 9　$U_{cd}=-4V$

1 - 10　$I_2=11A$，$U_{ab}=-15V$，$U_{cd}=74V$

1 - 11　$U=10-8I$，$U=4I-2$，$U=16-5I$

1 - 12　$I=0.8A$，$U=16V$

1 - 13　$P_{s1}=40W$，$P_{s2}=30W$

1 - 14　50W

1 - 15　V_b 为参考点时：$V_a=60V$，$V_b=0$，$V_c=140V$，$V_d=90V$；V_c 为参考点时：$V_a=-80V$，$V_b=-140V$，$V_c=0$，$V_d=-50V$；$U_{ac}=-80V$，$U_{ad}=-30V$，$U_{cd}=50V$

1 - 16　$R=3\Omega$

1 - 17　图（a）：吸收 1W，发出 2W；图（b）：0W，发出 20W；图（c）：发出 1W，发出 6W；图（d）：发出 20W，0W，吸收 16W

1 - 18　（1）$V_c=19V$，$V_e=-19V$；（2）$U_{ae}=36V$，$U_{ce}=38V$；（3）$P_{s1}=12mW$，$P_{s2}=-12mW$（吸收），$P_{s3}=6mW$

1 - 19　（1）$P_{R1}=\dfrac{1}{3}W$，$P_{R2}=\dfrac{1}{5}W$，$P_{R3}=2W$；（2）$I_{s1}=-\dfrac{4}{3}A$，$I_{s2}=\dfrac{2}{15}A$，$I_{s3}=\dfrac{6}{5}A$

1 - 20　$I=-2A$，$R=1.5\Omega$

1 - 21　图（a）：$R=3\Omega$；图（b）：$U_s=1.6V$

第 二 章

2 - 1　图 (a)：8.25Ω，2Ω；图 (b)：14Ω，4Ω；图 (c)：3kΩ，3kΩ；图 (d)：9kΩ，6.5kΩ

2 - 2　图 (a)：$U_x=5$V；图 (b)：$U_x=4$V；图 (c)：$U_x=-1$V

2 - 3　$R_1=2$kΩ，$R_2=2$kΩ

2 - 4　$I_1=1$A，$I_2=2$A，$U_{ab}=15$V，$U_{bc}=-1$V

2 - 5　$R_{ab}=1.6$Ω，$I=1$A

2 - 6　$U_s=24$V，$P_s=72$W

2 - 7　$R_1=90$Ω，$R_2=9$Ω，$R_3=1$Ω

2 - 8　(1) $I=0.5$A，$P_s=57$W；(2) $U=5$V

2 - 11　$U=-1$V

2 - 12　$I=-2$A，$P_s=18$W

2 - 13　80V 电压源；80V 电压源与 8kΩ 电阻的串联

2 - 14　图 (a)：$R_{ab}=10$Ω；图 (b)：$R_{ab}=-4$kΩ

2 - 15　$U=5$V

第 三 章

3 - 3　图 (a)：$I_1=2$A，$I_2=-1$A，$I_3=1$A，$P_{s1}=50$W（发出），$P_{s2}=-10$W（吸收）；图
(b)：$I_1=-0.4$A，$I_2=0.6$A，$I_3=-1$A，$P_{s1}=-1.6$W（吸收），$P_{s2}=-1.2$W
（吸收），$P_{s3}=8$W（发出）

3 - 5　$I_1=9.25$A，$I_2=2.75$A，$I_3=6.5$A

3 - 6　$I=-3$A，$U_{ab}=6$V

3 - 7　$I=3.75$A

3 - 8　图 (a)：$I=1.5$A；图 (b)：$I=0.5$A

3 - 9　令 $U_b=0$，设 6V 电压源支路为 I，其余各节点方程为

节点 a 　　　　　　　$(5+5+9)U_a-5U_d-9U_e=5\times9$

节点 c 　　　　　　　$(7+8)U_c-8U_d=4+8\times4$

节点 d 　　　　　$-5U_a-8U_c+(5+8+2)U_d=-8\times4+I$

节点 e 　　　　　　　$-9U_a+9U_e=-9\times5-I-4$

附加方程为 　　　　　　　$U_d-U_e=6$

令 $U_e=0$，其余各节点的电压方程为

节点 a 　　　　　　　$(5+5+9)U_a-5U_b-5U_d=5\times9$

节点 b 　　　　　$-5U_a+(5+7+2)U_b-7U_c-2U_d=0$

节点 c 　　　　　　　$-7U_b+(7+8)U_c-8U_d=4+8\times4$

节点 d 　　　　　　　$U_d=6$

3 - 11　(1) $U_{ab}=-1$V，$U_{ac}=2$V，$U_{bc}=3$V；(2) $I_1=2$A，$I_2=-2$A，$I_3=-1$A，$I_4=$
1A，$I_5=1$A；(3) $P_{s1}=6$W，$P_{s2}=8$W

3 - 12　$I=1$A，$P_F=4$W

3 - 13　$I_1=-3$A，$U=-1.5$V

第 四 章

4-1　$I=0.25A$

4-2　$U=-30V$，$P_I=150W$

4-3　（1）：$I=2.5A$；（2）：$U=4.5V$

4-4　$U_{ac}=13V$，$P_F=5.8W$（发出功率）

4-5　$I'_4=6mA$

4-6　$P_{2A}=52W$，$P_{3A}=78W$

4-7　$R=50\Omega$

4-8　图（a）：6V 电压源与 6Ω 电阻的串联；图（b）：64.8V 电压源与 6Ω 电阻的串联

4-9　图（a）：1.89A 电流源与 4.5Ω 电阻的并联；图（b）：0.33mA 电流源与 6kΩ 电阻的并联

4-10　图（a）：$I=1.67mA$；图（b）：$I_1=6mA$，$I_2=0$

4-11　图（a）：$\dfrac{4}{15}$V 电压源与 $\dfrac{8}{15}$Ω 电阻的串联；图（b）：9V 电压源与 6Ω 电阻的串联

4-12　图（a）：8A 电流源与 -0.6Ω 电阻的并联；图（b）：5A 电流源与 4Ω 电阻的并联

4-13　1～0.5A

4-14　$I=0.1A$

4-15　$U=-6.13V$

4-16　$R_L=5\Omega$，$P_{Lmax}=45W$

4-17　$R_L=8\Omega$，$P_{Lmax}=10.13W$

4-18　$R_L=9\Omega$，$P_{Lmax}=9W$，$\eta=25\%$

第 五 章

5-1　（1）电流 i_1 滞后电流 i_2 30°，电流 i_2 滞后电流 i_3 30°；

　　　（2）$\dot{I}_1=5\underline{/0°}A$，$\dot{I}_2=5\underline{/30°}A$，$\dot{I}_3=5\underline{/60°}A$；

　　　（3）$i_1+i_2=9.66\sqrt{2}\cos(314t+15°)$（A），$i_1-i_2=2.59\sqrt{2}\cos(314t-75°)$（A）

5-2　（1）$8.41\underline{/64.65°}$；（2）$8.41\underline{/-64.65°}$；（3）$8.41\underline{/115.35°}$；（4）$8.41\underline{/-115.35°}$；

　　　（5）$10\underline{/90°}$；（6）$10\underline{/-90°}$；（7）$10\underline{/\pm180°}$

5-3　（1）$17.32+j10$；（2）$17.32-j10$；（3）$-17.32+j10$；（4）$-17.32-j10$；（5）$j20$；

　　　（6）$-j20$；（7）-20；（8）-20

5-4　（1）$u(t)=100\sqrt{2}\cos(1000t+39°)V$；（2）$u(t)=50\sqrt{2}\cos(1000t+36.87°)V$；

　　　（3）$u(t)=50\sqrt{2}\cos(1000t-36.87°)V$；（4）$u(t)=50\sqrt{2}\cos(1000t-51°)V$；

　　　（5）$u(t)=50\sqrt{2}\cos(1000t+141°)V$；（6）$u(t)=50\sqrt{2}\cos(1000t+143.1°)V$

5-5　（a）70.7V；（b）40V；（c）20V/80V；（d）14.1V；（e）40A；（f）20A

5-6　（a）$Z_{ab}=(3.316+j2.4)\Omega$，$Y_{ab}=(0.2-j0.14)S$；

　　　（b）$Z_{ab}=(4.88-j5.84)\Omega$，$Y_{ab}=(0.084+j0.1)S$

5-7　$R_1=10\Omega$，$C_2=0.02F$，$L_3=0.5H$

5 - 8　(a) $Z_{in}=(-30+j6)\Omega$；(b) $Z_{in}=(2+j)\Omega$

5 - 9　$R=36.3\Omega$，$L=0.208H$，$C=31.8\mu F$

5 - 10　(1) $\dot{I}_1=1\underline{/-30.7°}$ (A)，$\dot{I}_2=0.53\underline{/76.7°}$ (A)；

　　　(2) $Z=(10.3-j2.44)\Omega$，$Y=(0.09+j0.02)S$

5 - 11　8.24V

5 - 12　$R_2=2.5\Omega$，$X_L=2.5\Omega$，$X_C=5\Omega$

5 - 13　网孔电流方程和节点电压方程分别为

$$\begin{cases}(8-j2-j6+2)\dot{I}_{m1}-(-j6)\dot{I}_{m2}-(2-j2)\dot{I}_{m3}=-6\underline{/120°}\\[2mm]-(-j6)\dot{I}_{m1}+(-j6+j12)\dot{I}_{m2}-j12\dot{I}_{m3}=5\underline{/30°}\\[2mm]\dot{I}_{m3}=-1\underline{/60°}\end{cases}$$

$$\begin{cases}\dot{U}_{n1}=5\underline{/30°}\\[2mm]-\dfrac{1}{-j6}\dot{U}_{n1}+\left(\dfrac{1}{-j6}+\dfrac{1}{j12}+\dfrac{1}{2-j2}\right)\dot{U}_{n2}-\dfrac{1}{2-j2}\dot{U}_{n3}=0\\[2mm]-\dfrac{1}{8}\dot{U}_{n1}-\dfrac{1}{2-j2}\dot{U}_{n2}+\left(\dfrac{1}{2-j2}+\dfrac{1}{8}\right)\dot{U}_{n3}=-\dfrac{6\underline{/120°}}{8}+1\underline{/60°}\end{cases}$$

5 - 14　$\dot{I}=44.7\underline{/-10.3°}$ (A)

5 - 15　$\dot{U}=22.36\underline{/63.43°}$ (V)

5 - 16　$-50var$；$-450var$

5 - 17　(1) $\dot{I}_1=(0.351-j0.174)A$，$\dot{I}_2=(-0.004+j0.877)A$

　　　(2) $P=92.25W$；$Q=-61.5var$；$S=110.87V\cdot A$；$\tilde{S}=(92.25-j61.5)V\cdot A$

　　　(3) $\lambda=\cos\varphi=0.832$

5 - 18　(1) $\dot{I}_1=(13.33-j18.85)A$，$\dot{I}_2=20\underline{/0°}A$；

　　　(2) $P=6665.74W$，$Q=3769.93var$，$S=7657.97V\cdot A$

5 - 19　22.7A

5 - 20　(1) $S=8.92kV\cdot A$，$\lambda=\cos\varphi=0.6$；(2) $C=267\mu F$

5 - 21　49.38μF，$-750var$，678var

5 - 22　$Z_L=(2-j2)\Omega$，$P_{max}=4W$

5 - 23　$Z_L=(4+j)\Omega$，$P_{max}=0.4225W$

5 - 24　990kHz，238PF

5 - 25　10Ω，1mH，1000pF，100

5 - 26　$\omega_0=10^4 rad/s$；$Q=20$，2，0.2；$\Delta\omega=5\times10^2 rad/s$，$5\times10^3 rad/s$，$5\times10^4 rad/s$

5 - 27　2mH，0.04μF，2

第 六 章

6 - 1　图 (a)：$u_1=-L_1\dfrac{di_1}{dt}+M\dfrac{di_2}{dt}$；$u_2=-L_2\dfrac{di_2}{dt}+M\dfrac{di_1}{dt}$

　　　图 (b)：$u_1=L_1\dfrac{di_1}{dt}+M\dfrac{di_2}{dt}$；$u_2=-L_2\dfrac{di_2}{dt}-M\dfrac{di_1}{dt}$

图 (c)：$u_1 = L_1 \dfrac{\mathrm{d}i_1}{\mathrm{d}t} + M \dfrac{\mathrm{d}i_2}{\mathrm{d}t}$；$u_2 = L_2 \dfrac{\mathrm{d}i_2}{\mathrm{d}t} + M \dfrac{\mathrm{d}i_1}{\mathrm{d}t}$

6 - 2　$Z_i = \dfrac{\omega^2\ (M^2 - L_1 L_2)\ + \mathrm{j}\omega R L_2}{R + \mathrm{j}\omega\ (L_1 + L_2 + 2M)}$

6 - 3　图 (a)：$u_2 = -30\mathrm{e}^{-2t}\mathrm{V}$；图 (b)：$u_2 = 2\sqrt{2}\cos\ (t + 45°)\ \mathrm{V}$

6 - 4　$Z_i = 3 + \mathrm{j}\dfrac{4\omega - 9\omega^3}{1 - 9\omega^2}$

6 - 5　$L_{ab} = 5H$

6 - 6　$L_{ab} = 3.5H$

6 - 7　$\dot{U} = 3.83\underline{/4.4°}\,\mathrm{V}$，$\dot{U}_{L1} = 4.4\underline{/92°}\,\mathrm{V}$

6 - 8　$i_1 = \sqrt{2} \times 0.11\cos\ (314t - 64.8°)\ \mathrm{A}$，$i_2 = \sqrt{2} \times 0.35\cos\ (314t + 1.1°)\ \mathrm{A}$

6 - 9　$Z_L = (0.2 - \mathrm{j}0.98)\ \mathrm{k\Omega}$，$P_{Lmax} = 2.5\mathrm{mW}$

6 - 10　$R_{ab} = 1.5\mathrm{k\Omega}$

6 - 11　$\dot{U}_3 = 250\sqrt{2}\underline{/-45°}\,\mathrm{V}$

6 - 12　$\dot{I}_2 = 2.5\underline{/0°}\,\mathrm{A}$

6 - 13　$\dot{U}_1 = 20\sqrt{2}\underline{/-45°}\,\mathrm{V}$

6 - 14　$n = 50$ 匝，$\dot{U}_2 = 0.5\underline{/0°}\,\mathrm{V}$，$P_{Lmax} = 31.25\mathrm{mW}$

第 七 章

7 - 1　$i_c = 2\sqrt{2}\cos\ (314t - 170°)\ \mathrm{A}$，$Z = 110\underline{/-100°} = (-19.1 - \mathrm{j}108.3)\ \Omega$

7 - 2　9.5A，16.4A；6.7A，11.6A，268.1V

7 - 3　6.1A，10.6A

7 - 5　10A，0，17.3A

7 - 6　$\dot{I}_{AB} = \dfrac{19}{\sqrt{2}}\underline{/75°}\,\mathrm{A}$，$\dot{I}_A = \dfrac{19}{\sqrt{2}}\sqrt{3}\underline{/45°}\,\mathrm{A}$

7 - 7　(1) 7.3A；(2) 10.6A，18.4A

7 - 8　8.8A，7.8A，11A，11.4A，15A，12.4A，15A

7 - 9　(1) $66\underline{/77°}\Omega$；(2) 0，8.66A，8.66A；(3) 5.77A，5.77A，10；(4) 0，5.77A
　　　5.77A

7 - 10　(1) 12.38A　(2) 4.0kW，2.48kvar，4.71kVA

7 - 11　42.7A，286.4V，74.0A，16.4kW

7 - 12　5.06A，7.8A，8.9A，5.06A；1.7kW，15.6kW

第 八 章

8 - 1　2A，-30V

8 - 2　6A，7A，-2A，1A，4V，-4V

8 - 3　$15\mathrm{e}^{-2.5t}\mathrm{V}$，$0.75\mathrm{e}^{-2.5t}\mathrm{A}$

8 - 4　$R_{eq} = 150\Omega$，$50\mathrm{e}^{-\frac{200}{3}t}\mathrm{V}$

8 - 5 $9\mathrm{e}^{-\frac{1}{1.5}t}\mathrm{V}$

8 - 6 $6\mathrm{e}^{-4t}\mathrm{A}$

8 - 7 $10\mathrm{e}^{-\frac{8t}{3}}\mathrm{A}$, $-13.3\mathrm{e}^{-\frac{8t}{3}}\mathrm{A}$

8 - 8 $12\mathrm{e}^{-100t}\mathrm{mA}$, $60\mathrm{e}^{-100t}\mathrm{V}$

8 - 9 $40\Omega{\leqslant}R_\mathrm{f}{\leqslant}80\Omega$

8 - 10 $u_C=10(1-\mathrm{e}^{-\frac{t}{\tau}})$ (V) $(t{\geqslant}0)$, $i=C\dfrac{\mathrm{d}u_C}{\mathrm{d}t}=2\mathrm{e}^{-0.4t}$ (A) $(t{\geqslant}0_+)$

8 - 11 $4(1-\mathrm{e}^{-10\,000t})$ V, $1-0.4\mathrm{e}^{-10\,000t}$ A

8 - 12 $2(1-\mathrm{e}^{-250t})$ A

8 - 13 $4.4\sqrt{2}\sin(314t-53°)+5\mathrm{e}^{-236t}$ A

8 - 14 $3+6\mathrm{e}^{-2.5t}$ V, $1+2\mathrm{e}^{-2.5t}$ A

8 - 15 $50-20\mathrm{e}^{-\frac{100}{3}t}$ V $(0{\leqslant}t{\leqslant}30\mathrm{ms})$, $30+12.6\mathrm{e}^{-50(t-0.03)}$ V $(t{\geqslant}30\mathrm{ms})$

8 - 16 $1-\mathrm{e}^{-2t}$ A, $3-2\mathrm{e}^{-2t}$ A, $4-3\mathrm{e}^{-2t}$ A

8 - 17 $96-16\mathrm{e}^{-500t}$ V $(t{\geqslant}0)$, $0.04+0.16\mathrm{e}^{-500t}$ A $(t{\geqslant}0_+)$

8 - 18 $2+3\mathrm{e}^{-12t}$ A $(t{\geqslant}0)$, $-18\mathrm{e}^{-12t}$ V $(t{\geqslant}0_+)$

8 - 19 $0.5+0.2\mathrm{e}^{-\frac{10^4}{3}t}-0.2\mathrm{e}^{-3\times10^3t}$ A

8 - 20 $15-10\mathrm{e}^{-100t}$ mA

8 - 21 $4(1-\mathrm{e}^{-7t})$ A

8 - 22 $i_L=\begin{cases}2(1-\mathrm{e}^{-45t})\ (\mathrm{A})\ (0<t{\leqslant}2\mathrm{s})\\ 3.6-1.6\mathrm{e}^{-25(t-2)}\ (\mathrm{A})\ (t>2\mathrm{s})\end{cases}$

8 - 23 $0.026\mathrm{s}$

8 - 25 $u_2=10\mathrm{e}^{-10t}\varepsilon(t)+10\mathrm{e}^{-10(t-0.2)}\varepsilon(t-0.2)$ (V)

8 - 26 $u=3\mathrm{e}^{-t}\varepsilon(t)+3\mathrm{e}^{-(t-1)}\varepsilon(t-1)-6\mathrm{e}^{-(t-2)}\varepsilon(t-2)$ (V)

8 - 27 $u_C=\dfrac{28}{3}(1-\mathrm{e}^{-\frac{t}{\tau}})\varepsilon(t)$ (V)

8 - 28 $i_C=\dfrac{Q}{RC}\delta(t)-\dfrac{Q}{R^2C}\mathrm{e}^{-\frac{t}{RC}}\varepsilon(t)(\mathrm{A})$, $u_C=\dfrac{Q}{RC}\mathrm{e}^{-\frac{t}{RC}}\varepsilon(t)(\mathrm{V})$

8 - 29 $i_L=60\mathrm{e}^{-24t}\varepsilon(t)(\mathrm{A})$, $u_L=-144\mathrm{e}^{-24t}\varepsilon(t)(\mathrm{V})$

8 - 30 $i_0=\mathrm{e}^{-2t}\varepsilon(t)(\mathrm{A})$

8 - 31   (1) $i_L=0.431\mathrm{e}^{-0.268t}-0.031\mathrm{e}^{-3.732t}$ (A), $u_C=16.083\mathrm{e}^{-0.268t}-0.083\mathrm{e}^{-3.732t}$ (V);

　　　　(2) $i_L=1.23\mathrm{e}^{-0.5t}\sin(0.98t+54°)$ (A), $u_C=11.2\mathrm{e}^{-0.5t}\sin(0.98t+117°)$ (V)

8 - 32 $u_C=8.66\mathrm{e}^{-500t}\sin866t-15\mathrm{e}^{-500t}\cos866t+30=17.32\mathrm{e}^{-500t}\sin(866t-60°)+30$ (V),

　　　　$i=1.732\mathrm{e}^{-500t}\sin(866t+60°)$ (A)

第 九 章

9 - 1   图 (a)：$f(t)=\dfrac{2}{\pi}\left(\sin\omega t-\dfrac{1}{2}\sin2\omega t+\dfrac{1}{3}\sin3\omega t-\dfrac{1}{4}\sin4\omega t+\cdots\right)$

　　　　图 (b)：$i(t)=\dfrac{8}{\pi^2}\left(\cos\omega t+\dfrac{1}{9}\cos3\omega t+\dfrac{1}{25}\cos5\omega t+\cdots\right)$

9 - 2　$I=9.1\text{A}$，$P=1031.3\text{W}$

9 - 3　8.9V，4V

9 - 4　$u_{ab}=25+16\sqrt{2}\cos\ (\omega t-53.1°)\ +2\sqrt{2}\cos\ (2\omega t-60°)\ V$，$U_{ab}=29.75\text{V}$

9 - 5　(1) $R=6\Omega$，$L=33.3\text{mH}$，$C=304.4\mu\text{F}$；(2) $\varphi_2=-107.8°$；(3) $P=309.27\text{W}$

9 - 6　$L_1=1\text{H}$，$L_2=66.67\text{H}$

9 - 7　$L=\dfrac{1}{9\omega_1^2}$，$C=\dfrac{1}{49\omega_1^2}$

第 十 章

10 - 1　(1) $\dfrac{1}{s}+\dfrac{2}{s^2}+\dfrac{3}{s+1}$；　(2) $\dfrac{2}{s^3}+\dfrac{3}{s^2}+\dfrac{2}{s}$；　(3) $\dfrac{\omega}{(s+\alpha)^2+\omega^2}$；　(4) $1+\dfrac{2}{s}-\dfrac{3}{s+2}$或

$\dfrac{s^2+s+4}{s\ (s+2)}$；(5) $\dfrac{2s^2+3s+4}{(s+3)\ (s^2+4)}$；(6) $\dfrac{12s^2-16}{(s^2+4)^3}$

10 - 2　$G(s)=10\left(\dfrac{\text{e}^{-2s}}{s}-\dfrac{\text{e}^{-3s}}{s}\right)$；$H(s)=\dfrac{5}{s}(2-\text{e}^{-2s}-\text{e}^{-4s})$

10 - 3　$i=12.5\text{e}^{-t}-9.5\text{e}^{-3t}$

10 - 4　(1) $3\varepsilon(t)-5\text{e}^{-t}+3\sin2t$；(2) $\delta(t)+4\text{e}^{-3t}-5\cos4t$；

(3) $2\varepsilon(t)-3.25\text{e}^{-t}-1.5t\text{e}^{-t}+2.25\text{e}^{-3t}$；

(4) $\text{e}^{-t}-\text{e}^{-2t}\cos3t+\dfrac{1}{3}\text{e}^{-2t}\sin3t$；(5) $5\cos2t+5\text{e}^{-t}\sin2t$

10 - 6　$u_C=8\text{e}^{-2t}-2\text{e}^{-8t}$ (V)，$i=4\text{e}^{-2t}-4\text{e}^{-8t}$ (A)

10 - 7　$i=-\dfrac{8}{3}\text{e}^{-2t}+\dfrac{8}{3}\text{e}^{-8t}$ (A)，$u_C=10-\dfrac{16}{3}\text{e}^{-2t}+\dfrac{4}{3}\text{e}^{-8t}$ (V)

10 - 8　$i=50\text{e}^{-2t}\sin t$ (A)

10 - 9　$\dfrac{U_s}{R}\text{e}^{-t/RC}$ (A) $(0<t\leqslant t_0)$

10 - 10　$\dfrac{U_m}{\sqrt{R^2+\ (\omega L)^2}}$ $\left[\sin\ (\omega t+\theta-\varphi)\ +\sin\ (\theta-\varphi)\ \text{e}^{-\frac{R}{L}t}\right]$，其中$\varphi=\arctan\dfrac{\omega L}{R}$

10 - 11　$1.5t\sin3t\cdot\varepsilon\ (t)$

10 - 12　$\dfrac{sR_2C}{s\ (R_1+R_2)\ C+1}$

10 - 13　$\dfrac{1+s^2R^2C^2+3sRC}{sC+2s^2RC^2}$，$\dfrac{sR^2C}{2sRC+1}$

10 - 14　$\dfrac{1}{(s+1)\ (s^2+s+1)}$，$\dfrac{2s^2+4s+3}{3\ (-s^3+2s^2+2s+1)}$

10 - 15　$\text{e}^{-t}\ (\cos t+4\sin t)\ =4.12\text{e}^{-t}\sin\ (t+14°)$

10 - 16　$(\text{e}^{-t}-\text{e}^{-2t})\varepsilon(t)$

10 - 17　$\dfrac{11s+8}{6s}$

10 - 18　$30\dfrac{s^2+5s+4}{s^3+7s^2+17s+15}$

第 十 一 章

11 - 1　$\mathbf{Z}=\begin{bmatrix} \mathrm{j}\omega L-\mathrm{j}\dfrac{1}{\omega C} & -\mathrm{j}\dfrac{1}{\omega C} \\ -\mathrm{j}\dfrac{1}{\omega C} & -\mathrm{j}\dfrac{1}{\omega C} \end{bmatrix}$,　$\mathbf{Y}=\begin{bmatrix} -\mathrm{j}\dfrac{1}{\omega L} & \mathrm{j}\dfrac{1}{\omega L} \\ \mathrm{j}\dfrac{1}{\omega L} & \mathrm{j}\left(\omega C-\dfrac{1}{\omega L}\right) \end{bmatrix}$

11 - 2　$Z_{11}=4\Omega$，$Z_{12}=Z_{21}=2\Omega$，$Z_{22}=6\Omega$；$Y_{11}=0.3\mathrm{S}$，$Y_{12}=Y_{21}=0.1\mathrm{S}$，$Y_{22}=0.2\mathrm{S}$；$A=2$，$B=10\Omega$，$C=0.5\mathrm{S}$，$D=3$；$H_{11}=\dfrac{10}{3}\Omega$，$H_{12}=\dfrac{1}{3}$，$H_{21}=-\dfrac{1}{3}$，$H_{22}=\dfrac{1}{6}\mathrm{S}$

11 - 3　（a）$\mathbf{T}=\begin{bmatrix} 1 & 0 \\ 0 & 1 \end{bmatrix}$，（b）$\mathbf{T}=\begin{bmatrix} -1 & 0 \\ 0 & -1 \end{bmatrix}$，（c）$\mathbf{T}=\begin{bmatrix} 1 & 0 \\ \mathrm{j}\omega C & -1 \end{bmatrix}$

11 - 4　$\mathbf{Z}=\begin{bmatrix} 3 & 1 \\ 3 & 5 \end{bmatrix}\Omega$，$\mathbf{T}=\begin{bmatrix} 1 & 4 \\ \dfrac{1}{3} & \dfrac{5}{3} \end{bmatrix}$

11 - 5　$R_1=R_2=R_3=5\Omega$，$r=3\Omega$

11 - 6　（1）$\mathbf{H}=\begin{bmatrix} 0.667 & 0.8 \\ -0.8 & 0.84 \end{bmatrix}$，不含受控源；

　　　　（2）等效电路如图 11 - 10（b）所示，$Y_a=0.3\mathrm{S}$，$Y_b=1.2\mathrm{S}$，$Y_c=0.6\mathrm{S}$

11 - 7　$\mathbf{T}=\begin{bmatrix} 1 & \mathrm{j}\omega L \\ \mathrm{j}\omega C & 1-\omega^2 LC \end{bmatrix} \cdot \begin{bmatrix} 1 & \mathrm{j}\omega L \\ \mathrm{j}\omega C & 1-\omega^2 LC \end{bmatrix} \cdot \begin{bmatrix} 1 & 0 \\ \mathrm{j}\omega C & 1 \end{bmatrix}$

11 - 8　（1）$\mathbf{T}=\begin{bmatrix} 2 & 30 \\ 0.1 & 2 \end{bmatrix}$；（2）$I_1=3\mathrm{A}$，$I_2=1.2\mathrm{A}$

11 - 9　当 $R_L=8\Omega$ 时，$P_{\mathrm{Lmax}}=3.125\mathrm{W}$

11 - 10　（1）T 形等效电路如图 11 - 23 所示，其中参数满足 $Z_1=20\Omega$，$Z_2=30\Omega$，$Z_3=20\Omega$，（2）$\dot{I}_1=0.3\mathrm{A}$，$\dot{I}_2=-0.1\mathrm{A}$。

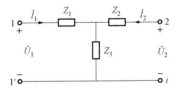

图 11 - 23　习题 11 - 10 图

第 十 二 章

12 - 1　$R=7.1\mathrm{A}$，$R_d=9.2\mathrm{A}$

12 - 2　（1）8A；（2）18A；（3）不适用

12 - 3　（1）由特性方程知是压控；（2）$206\cos(314t)+2\cos(942t)$（A）

12 - 4　$u=1\mathrm{V}$，$i=1.5\mathrm{A}$ 或 $u=-0.5\mathrm{V}$，$i=2.25\mathrm{A}$

12 - 5　$u=0.56$（V），$i=1.16$（A）；$u=-35.56$（V），$i=55.34$（A）（后者舍去）

12 - 6　$U=2\mathrm{V}$，$I=1.5\mathrm{A}$

第 十 三 章

13 - 1　0.12T

13 - 2　2170

13 - 3　(1) 1.07A；(2) 1.33×10^{-3}Wb；(3) 2110A，1.4A

13 - 4　0.91A

13 - 5　1950A，3.9A

13 - 6　2.4A

13 - 7　0.42×10^{-3}Wb

13 - 9　1.33×10^{-3}Wb，0.867T，0.65×10^{-3}Wb，0.433T

参 考 文 献

[1] 邱关源. 电路. 4版. 北京：高等教育出版社，1999.

[2] 李翰荪. 电路分析基础（上、中、下册）. 3版. 北京：高等教育出版社，1992.

[3] 王玫. 电路分析基础. 北京：中国电力出版社，2008.

[4] 姚国依，谢小莉，王玫，等. 电路与电子学. 北京：电子工业出版社，1998.

[5] 陈菊红. 电工基础. 北京：机械工业出版社，2002.

[6] 许小军. 电路分析. 北京：机械工业出版社，2004.

[7] 周围. 电路分析基础. 北京：人民邮电出版社，2003.

[8] 胡翔骏. 电路分析. 北京：高等教育出版社，2001.

[9] 周守昌. 电路原理（上、下册）. 北京：高等教育出版社，1999.

[10] 张永瑞，杨林耀，程增熙.《电路分析基础》实验与题解. 2版. 西安：西安电子科技大学出版社，2007.

[11] 王玫. 电路分析基础学习指导与题解. 北京：中国电力出版社，2010.

[12] 袁良范，梁蕖，谢征. 简明电路分析概念题解与自测. 北京：北京理工大学出版社，2005.

[13] 张美玉. 电路题解400例及学习考研指南. 北京：机械工业出版社，2003.

[14] 公茂法，刘宁. 电路基础学习指导与典型题解. 北京：北京大学出版社，2007.

[15] 钱建平. 电路学习指导与习题详解. 3版. 北京：机械工业出版社，2008.

[16] 陈晓平. 电路原理学习指导与习题全解. 北京：机械工业出版社，2007.